Schriftenreihe des Instituts für Klimaschutz, Energie und Mobilität

Reihe herausgegeben von

Michael Rodi, Institut für Klimaschutz, Energie und Mobilität, Berlin, Deutschland

Simon Schäfer-Stradowsky, Institut für Klimaschutz, Energie und Mobilität, Berlin, Berlin, Deutschland

In dieser Reihe präsentiert das Institut für Klimaschutz, Energie und Mobilität (IKEM) Ergebnisse aus seiner Forschung zum Klimaschutz im Spannungsverhältnis von Recht, Ökonomie, Politik und Technik. Dazu zählen Analysen zu allen Aspekten der Transformation von Wirtschaft und Gesellschaft im Zuge der Energie- und Mobilitätswende. Am IKEM arbeiten Wissenschaftler*innen verschiedener Disziplinen zusammen. Direktor des Instituts ist Prof. Dr. Michael Rodi, der zusammen mit Herrn Dr. Simon Schäfer-Stradowsky die Buchreihe wissenschaftlich konzipiert. Das Institut genießt den Status eines An-Instituts der Universität Greifswald und ist als gemeinnütziger Verein anerkannt. Seit 2017 engagiert sich das IKEM als Nichtregierungsorganisation mit besonderem beratendem Status bei den Vereinten Nationen.

Ilka Dörrfuß

Verfahrensprivilegierung aus Gründen des Gemeinwohls

Eine rechtsvergleichende, systematisierende Betrachtung deutscher und französischer verwaltungsverfahrensrechtlicher Regelungen am Beispiel eines Netzboosters

 Springer

Ilka Dörrfuß
Stuttgart, Deutschland

ISSN 2731-3085 ISSN 2731-3093 (electronic)
Schriftenreihe des Instituts für Klimaschutz, Energie und Mobilität
ISBN 978-3-658-41217-3 ISBN 978-3-658-41218-0 (eBook)
https://doi.org/10.1007/978-3-658-41218-0

Die Deutsche Nationalbibliothek verzeichnet diese Publikation in der Deutschen Nationalbibliografie; detaillierte bibliografische Daten sind im Internet über http://dnb.d-nb.de abrufbar.

Planung/Lektorat: Dr. Daniel Fröhlich
Springer ist ein Imprint der eingetragenen Gesellschaft Springer Fachmedien Wiesbaden GmbH und ist ein Teil von Springer Nature.
Die Anschrift der Gesellschaft ist: Abraham-Lincoln-Str. 46, 65189 Wiesbaden, Germany

Vorwort

Die vorliegende Arbeit wurde im Wintersemester 2022/2023 von der Deutschen Universität für Verwaltungswissenschaften Speyer als Dissertation angenommen. Literatur und Rechtsprechung konnte bis Juni 2022 Berücksichtigung finden.

Mein besonderer Dank gilt meinem Doktorvater, Herrn Univ.-Prof. Dr. Dr. h.c. Karl-Peter Sommermann für die konstruktive Betreuung, während der er mir stets mit wertvollem Rat und Ermutigung zur Seite stand, mir jedoch auch den kreativen Freiraum bei der Ausarbeitung ließ. Herrn Prof. Dr. Jürgen Held danke ich für die zügige Erstellung des Zweitgutachtens. Bei Prof. David Capitant, Dr. Stephanie Lüer und Marie-Liane Schützler bedanke ich mich ferner für ihren herzlichen Empfang und die Unterstützung während der Zeit meiner Recherche an der *Université Paris 1 Panthéon-Sorbonne*. Während der Zeit der Anfertigung dieser Arbeit haben mich noch weitere Personen auf vielfältige Weise unterstützt. Auch ohne namentliche Nennung gilt ihnen mein herzlicher Dank.

Prof. Dr. Michael Rodi und Dr. Simon Schäfer-Stradowsky danke ich für die Aufnahme meiner Arbeit in die Schriftenreihe des Instituts für Klimaschutz, Energie und Mobilität (IKEM).

Zu guter Letzt wende ich mich mit einem besonderen Dank an meine Eltern, die meinen rechtswissenschaftlichen Werdegang durch ihre Inspiration und Unterstützung ermöglicht haben.

Die Dissertation entstand während meiner Tätigkeit in der Umweltverwaltung des Landes Baden-Württemberg. Die enthaltenen Aussagen geben alleine meine persönliche Auffassung wieder.

Stuttgart   Ilka Dörrfuß
im Februar 2023

Einleitung

A. Gegenstand der Untersuchung

„Wir befinden uns an einem Scheideweg. Jetzt ist die Zeit zum Handeln gekommen. Wir haben die Instrumente und das Know-how, um die [globale] Erwärmung zu begrenzen und eine lebenswerte Zukunft zu sichern."[1], mahnte *Hoesung Lee,* Vorsitzender des Weltklimarats (IPCC) am 4. April 2022 in der Pressekonferenz zur Veröffentlichung des dritten und letzten Teils des sechsten Sachstandsberichts des IPCC, der den aktuellen wissenschaftlichen Sachstand über mögliche Anpassungsstrategien an den Klimawandel zusammenfasst. Der deutsche Gesetzgeber hat zur Erreichung seiner Klimaschutz-ziele im Jahr 2019 das Bundes-Klimaschutzgesetz (KSG)[2] geschaffen. Allerdings hat das Bundesverfassungsgericht mit richtungsweisendem Beschluss vom 24. März 2021 das KSG für teilweise verfassungswidrig erklärt, aber nicht weil die Schutzpflichten des Art. 20a GG nicht erfüllt würden, sondern weil keine Regelungen für die Zeit von 2030 – 2050 getroffen worden seien[3]. Infolgedessen wurden die Zielvorgaben des KSG

---

[1] *Lee, „ We are at a crossroads. This is the time for action. We have the tools and know-how required to limit warming and secure a liveable future. ",* Remarks by the IPCC Chair during the Press Conference presenting the Working Group III contribution to the Sixth Assessment Report, 04.04.2022, übersetzt durch die Autorin. Im September 2022 soll eine abschließende Synthese aller drei Teile des sechsten Sachstandsberichts veröffentlicht werden.

[2] Bundes-Klimaschutzgesetz vom 12. 12. 2019 (BGBl. I, S. 2513), zuletzt geändert durch Gesetz v. 18. 08.2021 (BGBl. I, S. 3905).

[3] BVerfG, Beschl. v. 24. 3. 2021 – 1 BvR 2656/18, 1 BvR 78/20, 1 BvR 96/20, 1 BvR 288/20, DVBl 2021, 808ff, Rn. 142: „Allerdings ist diese Gefährdung der Freiheitsrechte nicht bereits wegen einer Verletzung objektiven Verfassungsrechts verfassungswidrig; ein Verstoß gegen Art. 20a GG kann im Ergebnis nicht festgestellt werden [...]. Jedoch fehlt es an den hier grundrecht-lich zur Freiheitssicherung über Zeit und Generationen hinweg gebotenen Vorkehrungen zur Abmilderung der hohen Emissionsminderungslasten, die der Gesetzgeber mit den angegriffenen Vorschriften auf Zeiträume nach 2030 verschoben hat und die er dann wegen Art. 20a GG und wegen des grundrechtlich gebotenen Schutzes vor klimawandelbedingten Schädigungen (auch) den Beschwerdeführenden wird auferlegen müssen."

angepasst und Klimaneutralität bis 2045 festgeschrieben, § 3 Abs. 2 KSG. Damit erfüllt Deutschland die Zielvorgabe des „Green Deals", das heißt des „Europäischen Klimagesetzes", das bis 2050 das verbindliche Ziel der Klimaneutralität vorgibt[4]. Dass in allen Sektoren der CO2-Ausstoß verringert oder sogar auf netto-null zurück-geführt werden muss, dürfte mittlerweile im Bewusstsein eines großen Teils der deutschen Bevölkerung verankert sein. Wie lassen sich also die nun noch wichtiger gewordenen Treibhausgasminderungsziele erreichen?

Die meisten Treibhausgasemissionen können in Deutschland bei der Umstellung von konventioneller zu erneuerbarer Stromerzeugung eingespart werden[5]. Eine Voraussetzung dafür ist, dass der hauptsächlich im Norden Deutschlands größtenteils mittels Wind und Photovoltaik erneuerbar erzeugte Strom möglichst ohne größere Verluste[6] zu den großen Abnahmequellen der Industrie im Süden und Westen transportiert wird[7]. Nachdem gem. § 7 Abs. 1a S. 1 AtG[8] am 31. Dezember 2022 die letzten deutschen Atomkraftwerke Isar 2, Emsland und Neckarwestheim 2 vom Netz gehen werden, gem. § 2 Abs. 2 Nr. 3 KVBG[9] der Kohleausstieg beschlossen ist, und aktuelle außenpolitische, geostrategische Entwicklungen eine unabhängige Energieversorgung immer wichtiger werden lassen, rückt eine reibungslos verlaufende und möglichst preisgünstige Versorgung mit Strom aus erneuerbaren Energien noch mehr in den Fokus. Verstärkt wird dieser Umstand dadurch, dass Deutschland aufgrund seiner Lage in der Mitte Europas ein wichtiges Stromtransitland ist und in Zukunft noch wichtiger werden wird, wenn der EU-Strom-Binnenmarkt vollendet und europaweite Verbundnetze die Regel sind.[10]

---

[4]Verordnung (EU) Nr. 2021/1119 des Europäischen Parlaments und des Rates vom 30. Juni 2021 zur Schaffung des Rahmens für die Verwirklichung der Klimaneutralität und zur Änderung der Verordnungen (EG) Nr. 401/2009 und (EU) 2018/1999 („Europäisches Klimagesetz"), ABl. L 243/1.

[5]*Lauf/Memmler/Schneider*, Emissionsbilanz erneuerbarer Energieträger, S. 46: Im Jahr 2020 wurden 78 % der Emissionen durch Nutzung erneuerbarer Energien im Stromsektor (in Abgrenzung zum Wärme- und Verkehrssektor) vermieden.

[6]Im Jahr 2017 gingen 2,5 % der gesamten Jahresmenge an erneuerbar erzeugtem Strom durch Abriegelung aufgrund Netzengpässen verloren, vgl. *Bons et al.*, Zügiger Verteilnetzausbau, S. 102.

[7]*Franke*, Stand der Energiewende, in: Gundel/Lange (Hrsg.) Neuausrichtung der deutschen Energieversorgung – Zwischenbilanz der Energiewende, S. 68f; *Kment*, Das Planungsrecht der Energiewende, Die Verwaltung 47 (2014), S. 392.

[8]Atomgesetz i. d. F. v. 15. 7. 1985 (BGBl. I, S. 1565), zuletzt geändert durch Gesetz v. 10. 8. 2021 (BGBl. I, S. 3530).

[9]Kohleverstromungsbeendigungsgesetz vom 08.08.2020 (BGBl. I, S. 1818), zuletzt geändert durch Gesetz v. 16.07.2021 (BGBl. I, S. 3026).

[10]Richtlinie (EU) 2019/944 des Europäischen Parlaments und des Rates vom 05.06.2019 mit gemeinsamen Vorschriften für den Elektrizitätsbinnenmarkt und zur Änderung der Richtlinie 2012/27/EU, ABl. L 158/125, insb. Erwägungsgrund 7 und 8; *Sauer*, DVBl 2012, 1082, 1085; *Schmidt-Preuß*, Das Europäische Energierecht, in: Kment (Hrsg.), Das Zusammenwirken von

Nachteilig am Strom aus erneuerbaren Energien ist dessen große Volatilität und die häufig weite Entfernung von Produktionsort und Nachfrageort, was insgesamt zu ständigen Schwankungen im Netz führt, die ausgeglichen werden müssen[11]. Hier kommen sog. Netz-booster ins Spiel: Sie können in sehr kurzer Zeit sehr viel Strom aufnehmen oder abgeben und so das Netz insgesamt verstärken, unabhängig davon, dass der erforderliche Netzausbau noch weit vom Endzustand entfernt ist[12]. Eine von drei bundesweiten Pilotanlagen soll im baden-württembergischen Kupferzell errichtet werden. Diese riesigen Batteriespeicher sollten möglichst reibungslos errichtet werden können, um das Gemeinwohlziel Klimaschutz und gleichzeitig möglichst unabhängige Energieversorgung zu unterstützen. Schon jetzt zeichnet sich eine lange Verfahrensdauer ab, da sich starker Widerstand in der Region regt.

Damit bildet dieses Vorhaben ein ideales Praxisbeispiel zur Veranschaulichung des Konflikts zwischen der Dringlichkeit der Klimaziele und der langen Verfahrens-dauer von Genehmigungsverfahren klimaschützender Projekte. Die politische Debatte um die Beschleunigung von Genehmigungsverfahren ist in vollem Gang. Diese Dissertation leistet am Beispiel von Netzboostern einen Beitrag zur Diskussion um die Frage, ob bzw. wie sich gemeinwohldienliche Projekte genehmigungsrechtlich fördern lassen. Dabei wird untersucht, ob es bisherige umweltrechtliche oder infrastrukturelle (Genehmigungs-)Verfahren in Deutschland gibt, die aus Gründen des Gemeinwohls ver-ändert wurden und ob sich diese Veränderungen gegebenenfalls auf Netzbooster über-tragen lassen. Für eine erweiterte Untersuchungsgrundlage wird der Vergleich zum Nachbarland Frankreich gesucht und das dortige Recht in die Arbeit mit einbezogen.

B. Stand der Forschung und Gang der Untersuchung

Die Dauer von verwaltungsrechtlichen Genehmigungsverfahren ist ein seit den 1990er-Jahren diskutiertes Themenfeld, das in verschiedenen Ausprägungen bereits Eingang in die rechtswissenschaftliche Literatur gefunden hat[13]. Weitgehende Einigkeit besteht

---

deutschem und europäischem öffentlichen Recht, FS-Jarass, S. 127; Schulze-Fielitz, Energie-Infrastrukturrecht im Prozess der Wissenschaftsentwicklung, in: Schlacke/Schubert (Hrsg.), Energie-Infrastrukturrecht, S. 14; *Stracke,* Öffentlichkeitsbeteiligung im Übertra-gungsnetzausbau, S. 44 f.

[11]*Lietz,* Rechtlicher Rahmen für die Power-to-Gas-Stromspeicherung, S. 31 f; *Bundesnetzagentur,* Monitoringbericht zum Stromnetzausbau, Viertes Quartal 2021, S. 4.

[12]*Bundesnetzagentur,* Bedarfsermittlung 2019–2030, Bestätigung Netzentwicklungsplan Strom, S. 59; von den geplanten 12.229 km Höchstspannungsleitungen sind am Stichtag 31.12.2021 erst 1934 km fertiggestellt, Bundesnetzagentur, Monitoringbericht zum Stromnetzausbau, Viertes Quartal 2021, S. 6.

[13]Beispielsweise: *Blümel/Pitschas* (Hrsg.), Reform des Verwaltungsverfahrensrechts; *Bullinger,* Beschleunigte Genehmigungsverfahren für eilbedürftige Vorhaben; *Burgi/Durner,* Modernisierung des Verwaltungsverfahrensrechts durch Stärkung des VwVfG; Eckert, Beschleunigung von

darin, dass andauernder Verbesserungsbedarf hinsichtlich der Dauer von Verwaltungsverfahren, die auch von der Öffentlichkeit gemein hin als zu lang empfundenen wird,
besteht. Als Hauptursachen für die lange Verfahrensdauer lassen sich schon in den
1990er-Jahren komplexe Genehmigungsverhältnisse, umfangreicher Gerichtsschutz,
Bürgerbeteiligung und ein „gewandeltes Staatsbürgerverständnis" ausmachen[14].

Dabei legen die Autorinnen und Autoren in ihren Arbeiten den Fokus entweder auf
einzelne Rechtsgebiete[15]   oder einzelne Abschnitte des Verfahrens, wie beispielsweise die Öffentlichkeitsbeteiligung,[16]   das Anhörungsverfahren[17]   oder die vorzeitige Besitzeinweisung,[18]   oder erörtern allgemeine Verbesserungsvorschläge[19]   des

---

Planungs- und Genehmigungsverfahren; *Löher,* Das Verwaltungsverfahren im Spannungsfeld
zwischen Gewährleistung-sauftrag und Beschleunigungsbestreben; *Mehde,* DVBl 2020, 1312 ff;
Posch/Sitsen, NVwZ 2014, 1423 ff.; *Ronellenfitsch,* Beschleunigung und Vereinfachung der
Anlagenzulassungsverfahren; *Schmidt,* VerwArch 2000, 149 ff; *Schröder,* Genehmigungsver-
waltungsrecht; *Ziekow/Oertel/Windoffer,* Dauer von Zulassungsverfahren; Für einen historischen
Überblick über die bisher erlassene Beschleunigungsgesetzgebung bis 09/2021 siehe *Chladek,*
Rechtsschutzverkürzung als Mittel der Verfahrensbeschleunigung, S. 66–72; des Weiteren *Janson,*
Der beschleunigte Staat, S. 163 ff.

[14]*Brohm,* NVwZ 1991, 1025, 1027; *Ronellenfitsch,* DVBl 1991, 920, 922; *Würtenberger,* NJW
1991, 257, 258.

[15]*Ahlborn,* Die Plangenehmigung als Instrument zur Verfahrensbeschleunigung; *Eding,* Bundesfachplanung und Landesfachplanung; *Kindler,* Zur Steuerungskraft der Raumordnungsplanung;
Rombach, Der Faktor Zeit in umweltrechtlichen Genehmigungsverfahren; *Steinberg et al.,* Zur
Beschleunigung des Genehmigungsverfahrens für Industrieanlagen; *Schneller,* Beschleunigung
und Akzeptanz im Planungsrecht für Hochspannungsleitungen, in: Gundel/Lange (Hrsg.) Neuausrichtung der deutschen Energieversorgung – Zwischenbilanz der Ener-giewende; *Ziekow/Bauer/
Hamann,* Optimierung der Anhörungsverfahren im Planfeststellungsverfahren für Betriebsanlagen
der Eisenbahnen des Bundes.

[16]*Binger,* Grenzen informeller Bürgerbeteiligung im Rahmen von Planfeststellungsverfahren;
Bock/Reimann, Beteiligungsverfahren bei umweltrelevanten Vorhaben; *Bora,* Differenzierung
und Inklusion; *Ewen/Gabriel/Ziekow,* Bürgerdialog bei der Infrastrukturplanung; *Fisahn,* Demo-
kratie und Öffentlichkeitsbeteiligung; Habermas, Strukturwandel der Öffentlichkeit; *Lühr,* Die
Öffentlichkeitsbeteiligung als Instrument zur Steigerung der Akzeptanz von Großvorhaben; *Peters,*
Legitimation durch Öffentlichkeitsbeteiligung?; *Roth* Die Akzeptanz des Stromnetzausbaus;
Stracke, Öffentlichkeitsbeteiligung im Übertragungsnetzausbau; *Wu,* Öffentlichkeitsbeteiligung an
umweltrechtlichen Fachplanungen; *Würtenberger,* Die Akzeptanz von Verwaltungsentscheidungen;
Zschiesche, Öffentlichkeitsbeteiligung in umweltrelevanten Zulassungsverfahren.

[17]*Langenbach,* Der Anhörungseffekt; *Ziekow/Bauer/Hamann,* Optimierung der Anhörungsverfahren im Planfeststellungsverfahren für Betriebsanlagen der Eisenbahnen des Bundes, S. 222 ff.

[18]*Berger,* Die vorzeitige Besitzeinweisung; *Langer,* Die Endlagersuche nach dem Standortauswahlgesetz.

[19]*Roßnagel et al.,* Entscheidungen über dezentrale Energieanlagen in der Zivilgesellschaft; *Ziekow,*
Möglichkeiten zur Verbesserung der Standortbedingungen für kleine und mittlere Unternehmen
durch Einführung von Genehmigungsfiktionen.

Verwaltungsverfahrensgesetzes[20]. Ein Vergleich einzelner Verfahrensabschnitte zum französischen Recht ist teilweise bereits erfolgt[21]. Einzelthemen sind in ihrer vergleichenden Perspektive relativ gut erschlossen, es fehlt an einer vertieften Analyse und systematischen Verknüpfung bzw. an einer aktuelleren Betrachtung der Thematik[22].

Netzbooster haben in der wissenschaftlichen Literatur noch sehr wenig Beachtung gefunden, was wohl darin begründet sein kann, dass sie erst kürzlich gesetzlich kodifiziert wurden[23] und zunächst Pilotanlagen gebaut werden sollen, um eine Anwendung im großen Maßstab zu erproben.[24]

Diese Arbeit knüpft im Wege der Forschungstradition an die bisherige Forschung an und vertieft durch die Systematisierung der Privilegierungen in Deutschland in einer rechtsübergreifenden Betrachtungsweise Erkenntnisse und ermöglicht neue Schlussfolgerungen. Das Werk wird im Wege einer deduktiven[25] Vorgehensweise, praxiorientiert konkrete Lösungen für das aktuelle Problem der Errichtung von Netzboostern liefern. Dafür werden insbesondere die neuesten Gesetzentwicklungen von März 2020[26] und des ersten Halbjahrs 2022[27] mit einbezogen. Mit der Planungsbeschleunigungsgesetzgebung

---

[20]*Burgi/Durner*, Modernisierung des Verwaltungsverfahrensrechts durch Stärkung des VwVfG; *Kürschner*, Legalplanung; *Schneller*, Objektbezogene Legalplanung.

[21]*Bullinger*, Beschleunigte Genehmigungsverfahren für eilbedürftige Vorhaben; *Herbert*, Der Enteignungsbegriff und das Enteignungsverfahren in Deutschland und Frankreich; *Koch*, Verwaltungsrechtsschutz in Frankreich; *Ladenburger*, Verfahrensfehlerfolgen im französischen und im deutschen Verwaltungsrecht; *Pause*, Der französische Conseil d'État als höchstes Verwaltungsgericht und oberste Verwaltungsbehörde; *Peters*, Legitimation durch Öffentlichkeitsbeteiligung?; *Rombach*, Der Faktor Zeit in umweltrechtlichen Genehmigungsverfahren; *Schmidt-Aßmann/Dagron*, ZaöRV 2007, 395 ff; *Ziamos*, Städtebau im Rechtsvergleich.

[22]*Markus*, ZaöRV 2020, 649, 652, 657.

[23]Zur Genehmigungssituation siehe Abschn. 1.3.2.

[24]Der Übertragungsnetzbetreiber TenneT plant ebenfalls in seinem Zuständigkeitsgebiet zwei kleinere Netzbooster mit jeweils 100 MW, Bundesnetzagentur, Bedarfsermittlung 2021–2035, Bestätigung Netzentwicklungsplan Strom, S. 230.

[25]*Sommermann*, Prinzipien des Verwaltungsrechts, in: v. Bogdandy/Cassese/Huber (Hrsg.), Handbuch Ius Publicum Europaeum, Bd. V: Verwaltungsrecht in Europa: Grundzüge, § 86 Rn. 12.

[26]Gesetz zur weiteren Beschleunigung von Planungs- und Genehmigungsverfahren im Verkehrsbereich vom 03.03.2020 (BGBl. I, S. 433) und Maßnahmengesetzvorbereitungsgesetz vom 22.03.2020 (BGBl. I, S. 640), vgl. dazu zunächst *Kürschner*, Legalplanung; *Schneller*, Objektbezogene Legalplanung; *Schmidt/Kelly*, VerwArch 2021, 97 ff und 235 ff; *Ziekow*, Vorhabenplanung durch Gesetz; *Ziekow*, NVwZ 2020, 677.

[27]Gesetzentwurf der Bundesregierung zur Änderung des Energiewirtschaftsrechts im Zusammenhang mit dem Klimaschutz-Sofortprogramm und zu Anpassungen im Recht der Endkundenbelieferung vom 02.05.2022, BT-Drs. 20/1599 (sog. „Osterpaket") und das Gesetz zur Beschleunigung des Einsatzes verflüssigten Erdgases (LNG-Beschleunigungsgesetz – LNGG) vom 24.05.2022 (BGBl. I, S. 802).

aus den Jahren 2018 und 2020 und dem umstrittenen[28] Maßnahmengesetzvorbereitungsg esetz vom 22.03.2020 ist der Bundesgesetzgeber, in einem Teilbereich dieser Arbeit, dem Infrastrukturrecht, rege tätig gewesen, weswegen diese Entwicklungen eines besonderen Augenmerks bedürfen.

Einleitend werden in Kap. 1 die Grundlagen des Forschungsvorhabens erläutert und die Untersuchungsgegenstände definiert. Es folgt in Kap. 2 die Darstellung ausgewählter kodifizierter Verfahrensprivilegierungen. Bei landesrechtlichen Regelungen liegt der Schwerpunkt auf baden-württembergischem Recht. Kap. 3 widmet sich der Privilegierung in Frankreich. Es werden die *„Commission national du débat public"* (CNDP) als Träger einer besonderen Art der Öffentlichkeitsbeteiligung und die „Enteignung im öffentlichen Interesse in besonders dringenden Fällen" *(L'expropriation pour cause d'utilité publique en extrême urgence)*[29] erläutert, eingeordnet und mit den deutschen Privilegierungen auf Gemeinsamkeiten und Unterschiede hin verglichen. Die Übertragbarkeit der gefundenen Ergebnisse auf das deutsche Recht und die Genehmigungssituation des Netzboosters wird in Kap. 4 diskutiert. Daraus werden möglichst konkreten Schlussfolgerungen gezogen. Die Arbeit endet mit einer Zusammenfassung.

---

[28]*Guckelberger,* NuR 2020, 805, 808; *Stüer,* DVBl 2020, 617, 622; *Wegener,* ZUR 2020, 195 ff; *Ziekow,* NVwZ 2020, 677 ff.

[29]Art L-522-1 (alt: Art. L-15-9) code de l'expropriation pour cause d'utilité publique.

Inhaltsverzeichnis

Abkürzungsverzeichnis

a. A.	Andere Ansicht
AAI	Autorité administrative indépendante
ABl.	Amtsblatt der Europäischen Union
Abs.	Absatz
AEUV	Vertrag über die Arbeitsweise der Europäischen Union
AJDA	Actualité Juridique Droit Administratif (Zeitschrift)
AJDI	Actualité juridique droit immobilier (Zeitschrift)
AJPI	Actualité juridique Propriété immobilière (Zeitschrift)
AK	Aarhus-Konvention
Alt.	Alternative
Anm.	Anmerkung
AöR	Archiv des öffentlichen Rechts (Zeitschrift)
Art.	Artikel
Aufl.	Auflage
BASE	Bundesamt für die Sicherheit der nuklearen Entsorgung
BauR	Baurecht (Zeitschrift)
BBPl	Bundesbedarfsplan
Bd.	Band
BDEI	Bulletin du Droit de l'Environnement Industriel (Zeitschrift)
Begr.	Begründer
BGBl.	Bundesgesetzblatt
BMVI	Bundesministerium für Verkehr und digitale Infrastruktur
BT-Drs.	Bundestag-Drucksache
BVerfG	Bundesverfassungsgericht
BVerfGE	Entscheidungen des Bundesverfassungsgerichts
BVerwG	Bundesverwaltungsgericht
BVerwGE	Entscheidungen des Bundesverwaltungsgerichts
C.Env.	Code de l'environnement
C.Ex.	Code de l'expropriation pour cause d'utilité publique
C.J.Ad.	Code de justice administrative

C.Trans.	Code des transports
C.Urb.	Code de l'urbanisme
CAA	Cour Administrative d'Appel
CC	Conseil constitutionnel
CE	Conseil d'État
CF	Constitution française du 4 octobre 1958
CNDP	Commission national du débat public
ders.	derselbe
dies.	dieselbe(n)
DÖV	Die Öffentliche Verwaltung (Zeitschrift)
DUP	Déclaration de l'utilité publique
DVBl	Deutsches Verwaltungsblatt (Zeitschrift)
Ebd.	Ebenda
EnWZ	Zeitschrift für das gesamte Recht der Energiewirtschaft (Zeitschrift)
EU	Europäische Union
EuGH	Europäischer Gerichtshof
EuR	Europarecht (Zeitschrift)
EurUP	Zeitschrift für Europäisches Umwelt- und Planungsrecht (Zeitschrift)
f./ff.	folgende
Fn.	Fußnote
FS	Festschrift
gem.	gemäß
GewArch	Gewerbearchiv (Zeitschrift)
GVR	Grundlagen des Verwaltungsrechts
Hrsg.	Herausgeber
HS	Halbsatz
i. S. d.	im Sinne des
insb.	insbesondere
IR	Infrastrukturrecht (Zeitschrift)
JORF	Journal officiel de la République française
JuS	Juristische Schulung (Zeitschrift)
JZ	Juristenzeitung (Zeitschrift)
KJ	Kritische Justiz (Zeitschrift)
KommJur	Kommunaljurist (Zeitschrift)
LKRZ	Zeitschrift für Landes- und Kommunalrecht Hessen | Rheinland-Pfalz | Saarland (Zeitschrift)
LNGG	LNG-Gesetz
m.w.N.	mit weiteren Nachweisen
MgvG	Maßnahmengesetzvorbereitungsgesetz
MMR	Multimedia und Recht (Zeitschrift)
N&R	Netzwirtschaften und Recht (Zeitschrift)
NABEG	Netzausbaubeschleunigungsgesetz

NBG	Nationales Begleitgremium
NEP	Netzentwicklungsplan
NJ	Neue Justiz (Zeitschrift)
NJW	Neue Juristische Wochenschrift (Zeitschrift)
Nr./n°	Nummer
NuR	Natur und Recht (Zeitschrift)
NVwZ	Neue Zeitschrift für Verwaltungsrecht (Zeitschrift)
NZS	Neue Zeitschrift für Sozialrecht (Zeitschrift)
o. g.	oben genannte
OVG	Oberverwaltungsgericht
PlanSiG	Planungssicherstellungsgesetz
RDP	Revue du droit public et de la science politique en France et à l'étranger (Zeitschrift)
REDE	Revue Européenne de Droit de l'Environnement (Zeitschrift)
RFDA	Revue Français de Droit Administratif (Zeitschrift)
RJE	Revue juridique de l'Environnement (Zeitschrift)
Rn.	Randnummer
S.	Satz/Seite
s.	siehe
SächsVBl.	Sächsische Verwaltungsblätter (Zeitschrift)
StandAG	Standortauswahlgesetz
TA	Tribunal administratif
u. a.	und andere
UPR	Umwelt- und Planungsrecht (Zeitschrift)
VBlBW	Verwaltungsblätter für Baden-Württemberg
VerwArch	Verwaltungsarchiv (Zeitschrift)
vgl.	Vergleich
VVDStRL	Veröffentlichung der Vereinigung der Deutschen Staatsrechtslehrer
ZaöRV	Zeitschrift für ausländisches öffentliches Recht und Völkerrecht (Zeitschrift)
ZD	Zeitschrift für Datenschutz (Zeitschrift)
ZfBR	Zeitschrift für Baurecht (Zeitschrift)
ZfU	Zeitschrift für Umweltpolitik & Umweltrecht (Zeitschrift)
ZNER	Zeitschrift für Neues Energierecht (Zeitschrift)
ZRP	Zeitschrift für Rechtspolitik (Zeitschrift)
ZUR	Zeitschrift für Umweltrecht (Zeitschrift)

Grundlagen

1

Um sich den grundlegenden Begriffen dieser Arbeit zu nähern, sind die Untersuchungsgegenstände „Verfahrensprivilegierung" (Abschn. 1.1), „Gemeinwohl" (Abschn. 1.2) und „Netzbooster" (Abschn. 1.3) zu definieren und in ihren Kontext einzuordnen.

1.1   Der Begriff der Verfahrensprivilegierung

Der Begriff der „Privilegierung" wird in Rechtsprechung, Literatur und Gesetzgebung großzügig verwendet, ohne dass sich eine einheitliche Begriffsdefinition dafür entwickelt hätte.[1] Für den Fortgang dieser Arbeit ist eine einleitende Definition unerlässlich. Zuerst bleibt festzuhalten, dass der Begriff der „Privilegierung" nicht mit dem Begriff des „Privilegs" zu verwechseln ist. Letzteres ist als „das einer Person, einer Gruppe usw. eingeräumte Vorrecht"[2] definiert. Davon unterscheidet sich die „Privilegierung", indem sie nicht personen- sondern gegenstandbezogen ist. Der Begriff der Privilegierung wird hier als Metapher für eine Spezialregelung aus sachlichem Grund, eine Erleichterung. Vereinfachung oder Besserstellung verwendet. Es geht in dieser Arbeit also darum, herauszuarbeiten und zu systematisieren, in welchen Gesetzen aus welchen Gründen

---

[1] Vgl. beispielsweise: Zehntes Gesetz zur Änderung des Bundes-Immissionsschutzgesetzes – Privilegierung des von Kindertageseinrichtungen und Kinderspielplätzen ausgehenden Kinderlärms vom 20. 07. 2011, (BGBl I, S. 1474); BVerwG, Urt. v. 11. 10. 2012–4 C 9/11, DVBl 2013, 511–514; *Gellermann*, in: Landmann/Rohmer, Umweltrecht, BNatschG, § 14 Rn. 22.

[2] *Weber*, Rechtswörterbuch, Privileg; vgl. für einen geschichtlichen Überblick des Rechtsprivilegs als dogmatische Figur: *Rodi*, Das Rechtsprivileg als Steuerungsmittel im Umweltschutz?, in: Kloepfer (Hrsg.), Umweltschutz als Rechtsprivileg, S. 14–27.

© Der/die Autor(en), exklusiv lizenziert an Springer Fachmedien Wiesbaden GmbH, ein Teil von Springer Nature 2023
I. Dörrfuß, *Verfahrensprivilegierung aus Gründen des Gemeinwohls,*
Schriftenreihe des Instituts für Klimaschutz, Energie und Mobilität,
https://doi.org/10.1007/978-3-658-41218-0_1

von den bisherigen Standardverfahren abgewichen wird. Jede Privilegierung erfolgt denklogisch gegenüber einem Vergleichsgegenstand: hier dem bisher üblichen Normalverfahren. Natürlich ist bei der gesetzgeberischen Analyse von Genehmigungsverfahren der gedankliche Anschluss an die schon seit mehreren Jahrzehnten geführte Beschleunigungsdiskussion nicht weit. Beschleunigung ist einer der Hauptgründe dafür, warum Verfahren optimiert werden.[3] Insofern nimmt die aktuelle Beschleunigungsgesetzgebung einen wichtigen Teil dieser Arbeit ein. Sie soll aber nicht darauf beschränkt sein. Der hier zugrunde gelegte Privilegierungsbegriff ist weiter angelegt. Er umfasst auch Abweichungen bzw. Veränderungen des Standardverfahrens im Sinne von Verfahrensvereinfachungen und Regelungen, um das Verfahren insgesamt so effektiv und effizient[4] wie möglich zu gestalten. Diese sind mit dem Ziel einer „formell guten Gesetzgebung im weiteren Sinne" zu begründen, die möglichst systematisch nachvollziehbar, eingängig, klar, beständig und einfach anwendbar sein soll.[5] Dazu wiederum gehört ein transparentes Genehmigungsverfahren, mit ausreichender Öffentlichkeitsbeteiligung in dem der Bürger sich gehört und einbezogen fühlt.

Die Öffentlichkeitsbeteiligung wird, insbesondere mit Blick auf das französische Recht, aus zwei Blickwinkeln untersucht. Aber auch Digitalisierung kann für „gute Gesetzgebung" eine wichtige Rolle spielen. Privilegierungen aus einzelnen Gesetzen oder, unter rechtsvergleichender Perspektive, aus anderen Rechtsordnungen, können, nachdem Sie dort ausreichend „erprobt" wurden, eine Innovationsfunktion für andere Rechtsbereiche einnehmen.[6] Langfristig betrachtet, wird so mittels Vereinheitlichung und Ordnung eine möglichst weitgehende Kodifikation möglich.[7]

Vorhaben können also auf unterschiedliche Weise privilegiert werden. Der Begriff der Vorhabenprivilegierung lässt sich in drei Subkategorien unterteilen: Verfahrensprivilegierung, materielle Privilegierung und organisatorische Privilegierungen. Die hier untersuchte Verfahrensprivilegierung ist von materiellen Privilegierungen einerseits und organisatorischen Eingriffen andererseits abzugrenzen. Die formelle

---

[3] *Kahl/Mödinger,* DÖV 2021, 93, 94; vgl. auch den Entwurf der Bundesregierung für ein Gesetz zur Beschleunigung von Planungs- und Genehmigungsverfahren im Verkehrsbereich vom 24. 09. 2018, BT-Drs. 19/4459, 3.

[4] Zur Begriffsdefinition: effektiv = zielführend, wirksam; effizient = ressourcenschonend, wirtschaftlich, vgl. Schmidt-Aßmann, Das allgemeine Verwaltungsrecht als Ordnungsidee, 6. Kap Rn. 64 ff.; zur Orientierung der Verwaltungstätigkeit am marktmäßigen, unternehmerischen Leitbild: *Fehling,* Verwaltung zwischen Unparteilichkeit und Gestaltungsaufgabe, S. 177.

[5] *Kahl/Mödinger,* DÖV 2021, 93, 94, 96. Der Themenbereich der „Guten Gesetzgebung", „Besseren Rechtssetzung", „good governance" etc. soll hier nicht vertieft werden. Vgl. für einen Einstieg *Mödinger,* Bessere Rechtssetzung: Leistungsfähigkeit eines europäischen Konzepts, S. 26 ff. m. w. N.; Geteilt wird dessen Systematisierungsansatz in formelle und materielle Qualitätskriterien.

[6] *Schoch,* in: Schoch/Schneider, VwVfG, Einl. Rn. 223.

[7] *Schoch,* in: Schoch/Schneider, VwVfG, Einl. Rn. 223.

Verfahrensprivilegierung enthält Veränderungen im Genehmigungs- bzw. Planungs-verfahren. Materielle Privilegierungen bezeichnen die Absenkung der (technischen[8]) Anforderungen an das Projekt[9] und der damit verbundenen Reduzierung des Prüfungs-umfangs, um so den Planungs- und Errichtungsvorgang zu beschleunigen.[10] Durch organisatorische Eingriffe in den Verwaltungsablauf soll die Verwaltung entlastet werden, sodass diese durch frei werdende Kapazitäten andere Aufgaben schneller erledigen kann und die Behörde an sich effizient arbeitet (z. B. Projektmanager[11]; Ein-satz externer Gutachter im Immissionsschutz[12] oder ehrenamtlicher Naturschützer[13]).[14] Im Fall des Einsatzes von Projektmanagern, die nach dem Gesetzeswortlaut des EnWG[15]

---

[8] Die langen Planungsverfahren hängen auch mit den „exorbitant hohen Qualitätsanforderungen" zusammen, die insbesondere im Umweltrecht vom EuGH als verbindlich erklärt wurden, nach der Devise, alles was technisch möglich wäre, müsse gemacht werden. Dies hat durch spezialisierte Gutachterbüros zu erfüllende, zeitaufwendige Ermittlungspflichten zur Folge, *Appel*, NVwZ 2012, 1362 f.; *Durner*, ZUR 2011, 354, 362; *Moench/Ruttloff*, NVwZ 2011, 1040, 1045; *Wysk*, Die Verfahrensdauer als Rechtsproblem, in: Appel/Wagner-Cardenal (Hrsg.), Verwaltung zwischen Gestaltung, Transparenz und Kontrolle, S. 33; Dennoch ist es beispielsweise in Dänemark mög-lich große Infrastrukturprojekte materiell weniger detailliert zu prüfen, ohne gegen Europarecht zu verstoßen, *Chladek*, Rechtsschutzverkürzung als Mittel der Verfahrensbeschleunigung, S. 260 f.

[9] Beispielsweise in: § 35 Abs. 1 Nr. 5 BauGB privilegierte Zulässigkeit von Windrädern im Außenbereich; § 6 LBO geringere Abstandsflächen in Sonderfällen; § 56 LBO Abweichungen, Ausnahmen und Befreiungen von technischen Bauvorschriften; § 44 Abs. 5 S. 2–5 BNatSchG Erleichterungen bei unvermeidbaren Beeinträchtigungen bei unausweichlicher Konsequenz rechtmäßigen Handelns; § 248 BauGB: bundesrechtliche Befreiungsregelung in Bezug auf bau-planungsrechtliche Anforderungen an das Maß der baulichen Nutzung, der Bauweise und der überbaubaren Grundstücksfläche zur Förderung von Maßnahmen zur sparsamen und effizienten Nutzung von Energie, vgl. *Spannowsky*, in: Spannowsky/Uechtritz, BeckOK BauGB, § 248 Rn. 1; *Söfker*, ZfBR 2011, 541, 546.

[10] *Reidt*, DVBl 2020, 597, 598; *Schmidt et al.*, Gesetzgeberische Handlungsmöglichkeiten zur Beschleunigung des Ausbaus der Windenergie an Land, S. 11 f.

[11] Der Einsatz von Projektmanagern ist in folgenden Gesetzen geregelt: § 17h FStrG (Bau von Fernstraßen); § 17a AEG (Bau von Eisenbahntrassen); § 28b PBefG (Bau von Straßenbahntrassen); § 14a WaStrG (Bau von Wasserstraßen); § 29 NABEG (Bau von Über-tragungsnetzen); § 43 g EWG (Bau von Energie(leitungs-)anlagen im weiteren Sinne).

[12] *Häfner*, Verantwortungsteilung im Genehmigungsrecht, S. 196 f.

[13] *Ziekow/Oertel/Windoffer*, Dauer von Zulassungsverfahren S. 57; *Hitschfeld et al.*, Evaluierung des gestuften Planungs- und Genehmigungsverfahrens, S. 61; *Ziekow et al.*, Dialog mit Expertinnen und Experten zum EU-Rechtsakt für Umweltinspektionen, S. 25, 162, 253.

[14] An dieser Stelle und im weiteren Fortgang dieser Arbeit wird zur besseren Lesbarkeit das generische Maskulinum verwendet. Es wird darauf hingewiesen, dass dies geschlechtsunabhängig verstanden werden soll.

[15] Energiewirtschaftsgesetz vom 07. 07. 2005 (BGBl. I, S. 1970, 3621), zuletzt geändert durch Gesetz v. 26. 04. 2022 (BGBl. I, S. 674).

und des NABEG[16] als Verwaltungshelfer beschäftigt werden können, liegt ein Fall der funktionellen Privatisierung vor.[17] In der Gesetzesbegründung wird ausdrücklich betont, dass der Projektmanager den Entscheidungsprozess unterstützen soll, aber nicht an den eigentlichen Entscheidungen mitwirken darf.[18]

Hinsichtlich der Art und Weise dieser Privilegierung lassen sich mittelbare und unmittelbare Elemente unterscheiden.[19] Abgrenzungskriterium ist die direkte oder indirekte Wirkung auf das Verfahren.[20] Zu den unmittelbaren Privilegierungen gehören unter anderem beschleunigende Elemente wie (verkürzte) Fristen, vorläufige Anordnungen bzw. Zulassungen, Ausnahmen vom Erörterungstermin, die Behandlung von Fällen unwesentlicher Bedeutung, Anzeigeverfahren, vereinfachte Verfahren, Genehmigungsfiktion oder Legalplanung oder vereinfachende Elemente wie die Streichung von Verfahrensschritten oder die gesetzgeberische Klarstellung strittiger Begriffe durch Legaldefinitionen.

Mittelbare Privilegierungen sorgen für erhöhten Verwaltungsaufwand und verlängern die Verfahrensdauer zunächst, da einem Verfahrensabschnitt größere Aufmerksamkeit geschenkt wird und es beispielsweise mehr Kommunikation von Behördenseite mit allen Beteiligten erfordert. Im Endeffekt kann die Verfahrensdauer, über den gesamten Zeitraum hinweg betrachtet, möglicherweise verkürzt und verfahrenstechnisch schlank gehalten werden, beispielsweise da aufgrund größerer Akzeptanz seltener Rechtsmittel ergriffen werden und das Verfahren insgesamt effizient geführt wurde.[21] Praxisbeispiel hierfür ist eine gelungene Öffentlichkeitsbeteiligung mit größtmöglicher Transparenz, da damit die Akzeptanz des Verfahrens insgesamt gefördert wird und Antragssteller wie Öffentlichkeit im Idealfall mit der Entscheidung einverstanden sind, was im Ergebnis zu weniger Einwendungen oder Klagen führen kann, sodass die Verfahrensdauer insgesamt verkürzt wird.

---

[16] Netzausbaubeschleunigungsgesetz Übertragungsnetz vom 28. 07. 2011 (BGBl. I, S. 1690), zuletzt geändert durch Gesetz v. 25. 02. 2021 (BGBl. I, S. 298).

[17] *Mehde,* DVBl 2020, 1312, 1316; *Schmidt/Kelly,* VerwArch 2021, 97, 126; zur grundsätzlichen Zulässigkeit des Einsatzes von externen Projektmanagern schon *Erbguth,* UPR 1995, 369, 371; die Beschleunigungswirkung bezweifelnd und mit verfassungsrechtlichen Bedenken *Schmidt/Kelly,* VerwArch 2021, 235, 243 ff.

[18] Gesetzentwurf der Bundesregierung eines Gesetzes zur Beschleunigung von Planungs- und Genehmigungsverfahren im Verkehrsbereich vom 24. 09. 2018, BT-Drs. 19/4459, 36.

[19] *Hitschfeld et al.,* Evaluierung des gestuften Planungs- und Genehmigungsverfahrens, S. 77.

[20] *Hitschfeld et al.,* Evaluierung des gestuften Planungs- und Genehmigungsverfahrens, S. 77.

[21] *Hitschfeld et al.,* Evaluierung des gestuften Planungs- und Genehmigungsverfahrens, S. 37 ff.

1.2 Das Gemeinwohl-Verständnis dieser Arbeit

Der im Titel angesprochene Begriff des Gemeinwohls ist für die Zwecke dieser Arbeit näher zu bestimmen. Über das Gemeinwohl ist ein schier unerschöpflicher Fundus an wissenschaftlichen Abhandlungen aus den verschiedensten rechtlichen Perspektiven verfasst worden.[22] Obwohl in seinem Bestand allseits anerkannt, ist die Bestimmung des eigentlichen Wesens des Gemeinwohls umso schwieriger. Nicht umsonst gilt es „Inbegriff aller legitimen Staatsziele, das Ziel der Ziele"[23] und ist zugleich „von hoher Abstraktheit"[24].

1.2.1 Rechtsphilosophisches Gemeinwohlverständnis

Zurückgehend auf das Verständnis von *Platon* und *Aristoteles* beschreibt der Begriff des Gemeinwohls die Beziehungen zwischen Gesellschaft und Individuum, deren Austarierung allein der Staat legitim durchsetzen kann.[25] Umgekehrt ist die Förderung des Gemeinwohls der „nicht hintergehbare Legitimationsgrund des Staates".[26] Das Gemeinwohl setzt sich laut Bundesverfassungsgericht aus einem Willenselement, dem notwendigen Pluralismus „aller an der Gestaltung des sozialen Lebens beteiligten Menschen und Gruppen" und einem Alternativen ermöglichenden „sorgfältig geregelte[n] Verfahren" zusammen.[27] Dennoch bleibt der Begriff des Gemeinwohls ein unbestimmter Rechtsbegriff, der in jedem Einzelfall zu konkretisieren ist.[28] Nach einer „prozeduralen"

---

[22] Siehe dazu beispielsweise: Brugger/Kirste/Anderheiden (Hrsg.), Gemeinwohl in Deutschland, Europa und der Welt; *Häberle,* Öffentliches Interesse als juristisches Problem; *Isensee,* Gemeinwohl und Staatsaufgaben im Verfassungsstaat, in: Isensee/Kirchhof (Hrsg.), HbStR, Bd. IV, § 71; *Koslowski* (Hrsg.), Das Gemeinwohl zwischen Universalismus und Partikularismus; *Münkler/Fischer* (Hrsg.), Gemeinwohl und Gemeinsinn, Bd. 3: Gemeinwohl und Gemeinsinn im Recht; *Sommermann,* Staatsziele und Staatszielbestimmungen, S. 199 ff.

[23] *Isensee,* Gemeinwohl und Staatsaufgaben im Verfassungsstaat, in: Isensee/Kirchhof (Hrsg.), HbStR, Bd. IV, § 71 Rn. 2.

[24] *Isensee,* Gemeinwohl und Staatsaufgaben im Verfassungsstaat, in: Isensee/Kirchhof (Hrsg.), HbStR, Bd. IV, § 71 Rn. 3.

[25] Flick (Hrsg.), Das Gemeinwohl im 21. Jahrhundert, S. 13 f.; *Böckenförde,* Gemeinwohlvorstellungen bei Klassikern der Rechts- und Staatsphilosophie, in: Münkler/Fischer (Hrsg.), Gemeinwohl und Gemeinsinn, Bd. 3: Gemeinwohl und Gemeinsinn im Recht; S. 45–48.

[26] *Sommermann,* Staatsziele und Staatszielbestimmungen, S. 199.

[27] BVerfG, Urt. v. 17. 08. 1956–1 BvB 2/51, BVerfGE 5, 85, 199 (Urteil zur Verfassungswidrigkeit der KPD); *Denninger,* KJ 2019, 361, 367; vgl. auch *von Arnim,* Gemeinwohl im modernen Verfassungsstaat am Beispiel der Bundesrepublik Deutschland, in: von Arnim/Sommermann (Hrsg.), Gemeinwohlgefährdung und Gemeinwohlsicherung, S. 71 f.

[28] BVerfG, Urt. v. 18. 12. 1968–1 BvR 638, 673/64, 200, 238, 249/56, NJW 1969, 309, 313; vgl. auch *Martin,* Das Steuerungskonzept der informierten Öffentlichkeit, S. 18 f.; für eine

Auffassung kommt es darauf an, worauf sich eine Mehrheit im förmlichen Verfahren geeinigt hat.[29] Eine objektive Sicht lässt das Gemeinwohl zumindest das umfassen, was im „äußersten Existenzinteresse einer sozialen und politischen Gemeinschaft" steht, worunter dann auch der Klimaschutz fallen soll, weil der „Klimawandel als Selbstgefährdung der Menschheit" angesehen wird.[30] Unabhängig davon, auf welche Deutung schlussendlich die Entscheidung fällt, sie ist immer rückblickend zu prüfen und in den zeitlichen Kontext einzuordnen.[31]

1.2.2 Gemeinwohlverständnis in Bezug auf klimafreundliche Projekte

Ziel dieser Arbeit ist, die verfahrensrechtliche Förderung von klimaschutzfreundlichen bzw. nachhaltigen Projekten zu beleuchten, sodass ein Fokus auf diesen Teilbereich des Gemeinwohls angebracht ist. Angesichts aktueller geopolitischer Entwicklungen ist die Energiewende und der damit verbundene Infrastrukturausbau nicht nur von Belang für den Klimaschutz, sondern auch in einem gesellschaftlichen Interesse an unabhängiger Energieversorgung und Preisstabilität. Die folgende Erläuterung des Gemeinwohlverständnisses konzentriert sich daher auf die hier untersuchungsrelevanten Zusammenhänge von Gemeinwohl und Klimaschutz, ohne die rechtsphilosophische Diskussion zu vertiefen.

Seine gesetzliche Kodifizierung findet der Klimaschutz insbesondere in Art. 20a GG.[32] Auch wenn Art. 20a GG dem Wortlaut nach nur die „natürlichen Lebensgrundlagen und Tiere" schützt, ist Klimaschutz als Staatszielbestimmung gem. Art. 20a GG anerkannt.[33] „Art. 20a GG verpflichtet den Staat zum Klimaschutz."[34] Ausformulierte

---

herausgearbeitete Systematisierung von zwölf Gemeinwohltatbeständen siehe *Häberle,* Öffentliches Interesse als juristisches Problem, S. 720.

[29] *Di Fabio,* Das Gemeinwohl der Weltgesellschaft, in: Flick (Hrsg.), Das Gemeinwohl im 21. Jahrhundert, S. 25; *Hartmann,* AöR 134 (2009), 1, 14 m. w. N.; kritisch dazu *Schmidt-Aßmann,* Das allgemeine Verwaltungsrecht als Ordnungsidee, 3. Kap Rn. 76.

[30] *Di Fabio,* Das Gemeinwohl der Weltgesellschaft, in: Flick (Hrsg.), Das Gemeinwohl im 21. Jahrhundert, S. 27 f.

[31] *Meier/Blum,* Gesellschaft.Wirtschaft.Politik, 2019, 391, 393.

[32] Grundgesetz für die Bundesrepublik Deutschland in der im Bundesgesetzblatt Teil III, Gliederungsnummer 100–1, veröffentlichten bereinigten Fassung; zuletzt geändert durch Gesetz v. 29. 09. 2020 (BGBl. I, S. 2048); weitere Nachweise zur normativen Verankerung der Klimabelange in *Frey,* VBlBW 2021, 455 ff.

[33] *Jarass,* in: Jarass/Pieroth, GG, Art. 20a Rn. 3; vgl. BVerfG, Beschl. v. 13. 03. 2007–1 BvF 1/05, BVerfGE 118, 79, 110 f.; BVerfG, Urt. v. 05. 11. 2014–1 BvF 3/11, BVerfGE 137, 350, 368 f. Rn. 47; dazu *Groß,* Die Bedeutung des Umweltstaatsprinzips für die Nutzung Erneuerbarer Energien, in: Müller (Hrsg.), 20 Jahre Recht der Erneuerbaren Energien, S. 109 f.

[34] BVerfG, Beschl. v. 24. 03. 2021–1 BvR 2656/18, 1 BvR 78/20, 1 BvR 96/20, 1 BvR 288/20, DVBl 2021, 808 ff., Rn. 198.

Staatsziele konkretisieren die abstrakten Staatszwecke Gemeinwohl und Sicherheit,[35] weswegen deren Förderung zweifelsohne dem Gemeinwohl dient.[36] Dennoch hat der Gesetzgeber einen weiten Spielraum bei der Umsetzung des Verfassungsauftrags, weil Klimaschutz „nur" als Staatszielbestimmung im Grundgesetz verankert ist, und nicht als eigenes Grundrecht.[37] Hier sind die Klimaschutzgesetze auf Bundes und Landesebene hervorzuheben, die durch Normen, die das Ermessen der Verwaltung bei Einzelfallentscheidungen intendieren, teilweise lenkend eingreifen. Staatsziele und Grundrechte müssen miteinander in praktische Konkordanz gebracht werden.[38] Die Konkretisierung des Schutzauftrags ist dem Bundestag überlassen,[39] nicht ohne weitere Angaben alleine der Bundesregierung im Verordnungswege; sie unterliegt hinsichtlich Auslegung und Anwendung des Art. 20a GG der verfassungsgerichtlichen Kontrolle.[40] In Bezug auf die Bezugsgruppe des Gemeinwohls, also in wessen Interesse zu handeln ist, ist hier die wegweisende Entscheidung des Bundesverfassungsgerichts vom 24. 03. 2021 hervorzuheben, da sie den Fokus verstärkt auf die künftigen Generationen lenkt.[41] Ob der Anspruch auf intertemporale Freiheitssicherung auf andere Rechtsgebiete übertragen werden kann, bedarf noch weiterer wissenschaftlicher oder justizieller Erörterung.[42]

1.2.2.1 Diskussionsansätze in der Literatur

Grundsätzlich ist es Aufgabe des Gesetzgebers, den Gemeinwohlbegriff auf konkrete Sachbereiche zu fixieren.[43] Insbesondere im Bau- und Umweltrecht kommt es aber zu einer

---

[35] *Sommermann*, Staatsziele und Staatszielbestimmungen, S. 198 f.

[36] *Gärditz*, ZfU 2019, 369, 376.

[37] *Voßkuhle*, NVwZ 2013, 1, 8; vgl. auch *Salzwedel*, Schutz natürlicher Lebensgrundlagen, in: Isensee/Kirchhof (Hrsg.), HbStR, Bd. IV, § 97 Rn. 12.

[38] *Sommermann*, Staatsziele und Staatszielbestimmungen, S. 361.

[39] Zur Frage, ob eine parlamentarische Demokratie aufgrund ihrer auf Legislaturperioden angelegten Tätigkeitszyklen überhaupt in der Lage ist nachhaltige, langfristig tragende Entscheidungen zu treffen *Kube*, Nachhaltigkeit und parlamentarische Demokratie, in: Kahl (Hrsg.), Nachhaltigkeit durch Organisation und Verfahren, S. 1137 ff.

[40] BVerfG, Beschl. v. 24. 03. 2021–1 BvR 2656/18, 1 BvR 78/20, 1 BvR 96/20, 1 BvR 288/20, DVBl 2021, 808 ff., Rn. 206 f., 260.

[41] Begriff der „intertemporalen Freiheitssicherung", BVerfG, Beschl. v. 24. 03. 2021–1 BvR 2656/18, 1 BvR 78/20, 1 BvR 96/20, 1 BvR 288/20; Siehe dazu auch unten Abschn. Grenzen durch Art. 20a GG.

[42] So auch *Schlacke*, NVwZ 2021, 912, 917; siehe dazu *Lorenzen*, VBlBW 2021, 485, 493; *Uechtritz/Ruttloff*, NVwZ 2022, 9, 14; *Groß*, ZRP, 2022, 6, 8; *Steenbreker*, ZD 2022, 13, 18 zur Verfassungsmäßigkeit von Sozialkreditsystemen nach Covid-19-Pandemie und Klima-Beschluss; die Übertragbarkeit auf das Sozialversicherungsrecht verneinend *Spitzlei*, NZS 2021, 945, 949.

[43] BVerfG, Urt. v. 18. 12. 1968–1 BvR 638, 673/64, 200, 238, 249/56, NJW 1969, 309, 313.

„dualen Gemeinwohlbestimmung"[44] durch Gesetzgebung und Verwaltung, da die Verwaltung bei ihrer Genehmigungsentscheidung häufig nicht mehr nur konditional („wenn…, dann…") entscheidet, sondern final, in dem Sinne, dass im Gesetz Zielvorgaben für den Genehmigungsgegenstand vorgegeben sind, deren Belange gegeneinander abzuwägen sind, bevor die Genehmigung erteilt werden darf.[45] Die Zielvorgaben, wie beispielsweise Umweltschutz, Interessen der Wirtschaft, Ästhetik des Landschaftsbildes, uvm. gehören alle zu den Belangen des Gemeinwohls. Je detaillierter die Zielvorgaben im Gesetz aufgezählt sind, desto größer wird der Abwägungsspielraum der Verwaltung und desto geringer wird die demokratische Legitimation der Gemeinwohlbestimmung.[46] Verschärft wird dies noch, wenn im Gesetz auf den „Stand der Technik" bzw. von „Wissenschaft und Technik" verwiesen wird. Was darunter gefasst wird, wird maßgeblich von Kommissionen privater Sachverständiger geprägt. Manche gehen sogar so weit, von einer „Teilung der Gemeinwohlverantwortung zwischen öffentlichen und privaten Akteuren" zu sprechen.[47] Deswegen bildet die Beteiligung der Öffentlichkeit ein wichtiges legitimierendes Gegengewicht bei der Abwägung der Gemeinwohlbelange. Mit der geplanten Neufassung des EEG[48] wird in § 2 E-EEG 2023[49] festgeschrieben, dass die Errichtung und der Betrieb von Anlagen zur Erzeugung erneuerbarer Energien im überragenden öffentlichen Interesse liegt und dass diese als vorrangiger Belang in die jeweils durchzuführenden Schutzgüterabwägungen eingebracht werden sollen. Damit wird der Abwägungsspielraum der Exekutive beschränkt und im Umkehrschluss die Legitimation erhöht.

Als ein Indiz für gemeinwohlfördernde Vorhaben kann die europarechtliche Determination von „nachhaltigen Wirtschaftstätigkeit"[50] herangezogen werden, wenn dem Ansatz gefolgt wird, dass Nachhaltigkeit ein Teil des Gemeinwohls sein kann.

---

[44] *Hofmann,* Verfassungsrechtliche Annäherungen den Begriff des Gemeinwohls, in: Münkler/Fischer (Hrsg.), Gemeinwohl und Gemeinsinn, Bd. 3: Gemeinwohl und Gemeinsinn im Recht, S. 33.

[45] Siehe hierzu und zu den weiteren Aspekten des folgenden Absatzes: *Hofmann* (ebd.), S. 33–35; Des Weiteren *Würtenberger,* NJW 1991, 257, 258; noch weitergehend: „Die Verwaltung ist […] für die Definition des Gemeinwohls letztlich allein verantwortlich", *Schmidt-Aßmann,* NVwZ 2007, 40, 41.

[46] *Haug/Schadtle,* NVwZ 2014, 271, 273; *Schmidt/Kelly,* VerwArch 2021, 97, 105.

[47] *Schuppert,* Verwaltungswissenschaft, S. 810–814; *Hofmann,* Verfassungsrechtliche Annäherungen den Begriff des Gemeinwohls, in: Münkler/Fischer (Hrsg.), Gemeinwohl und Gemeinsinn, Bd. 3: Gemeinwohl und Gemeinsinn im Recht, S. 36.

[48] Derzeit noch: Erneuerbare-Energien-Gesetz vom 21. 07. 2014 (BGBl. I S. 1066), zuletzt geändert durch Gesetzes vom 16. 07. 2021 (BGBl. I S. 3026).

[49] Gesetzentwurf der Bundesregierung eines Gesetzes zu Sofortmaßnahmen für einen beschleunigten Ausbau der erneuerbaren Energien und weiterer Maßnahmen im Stromsektor (E-EEG 2023) vom 02. 05. 2022, BT-Drs. 20/1630, 12.

[50] DELEGIERTE VERORDNUNG (EU) …/… DER KOMMISSION zur Ergänzung der Verordnung (EU) 2020/852 des Europäischen Parlaments und des Rates durch Festlegung des Inhalts und der Darstellung der Informationen, die von Unternehmen, die unter Artikel 19a oder

Des Weiteren wird dem Umweltverwaltungsrecht eine Tendenz zur Privatisierung der Durchsetzung von Gemeinwohlbelangen, insbesondere in Bezug auf die umweltrechtliche Verbandsklage, attestiert.[51] Sobald der Staat leistungsfähige Strukturen geschaffen hat, kann er den Fokus von der „Erfüllungsverantwortung" auf die „Gewährleistungsverantwortung" verlagern.[52] Gerade im Bereich der Energieversorgung haben sich dadurch die verschiedensten Formen der Zusammenarbeit des Staates mit Privaten entwickelt.[53] Die Gewährleistungsverantwortung ist unterschiedlich ausgestaltet und hier von besonderem Interesse, da zur ersten Kategorie, der „vorwirkende[n] und vorsorgende[n] Gemeinwohlsicherung/-ermöglichung"[54] auch die Ausgestaltung durch Gesetze gehört.[55] Genau dies ist Thema dieser Arbeit.

Es wird vertreten, dass die bestehenden Instrumente des Raumordnungsrechts, in welchen die Nachhaltigkeit gem. § 1 Abs. 2 ROG[56] als Leitvorstellung verankert ist, unter dem Eindruck des Klimaschutzes neu zu bewerten sind.[57]

Artikel 29a der Richtlinie 2013/34/EU fallen, in Bezug auf ökologisch nachhaltige Wirtschaftstätigkeiten offenzulegen sind, und durch Festlegung der Methode, anhand deren die Einhaltung dieser Offenlegungspflicht zu gewährleisten ist, ABl. C 2021/4987; Im März 2022 wurde eine weitere delegierte Verordnung von der EU-Kommission förmlich angenommen, in der auch Atomenergie als „nachhaltig" klassifiziert wird. Diese soll zum 1.1.2023 in Kraft treten: Entwurf – DELEGIERTE VERORDNUNG (EU) …/… DER KOMMISSION zur Änderung der Delegierten Verordnung (EU) 2021/2139 in Bezug auf Wirtschaftstätigkeiten in bestimmten Energiesektoren und der Delegierten Verordnung (EU) 2021/2178 in Bezug auf besondere Offenlegungspflichten für diese Wirtschaftstätigkeiten, ABl. C 2022/0631; Mittels der EU-Taxonomie sollen private Investitionen in nachhaltige Tätigkeiten gelenkt werden, um auf diesem Weg Tätigkeiten bzw. Vorhaben zu unterstützen, mit denen Klimaneutralität schneller erreicht werden kann.

[51] *Calliess*, NJW 2003, 97, 102.

[52] *Hoffmann-Riem*, in: Terhechte, Verwaltungsrecht der Europäischen Union, § 3 Rn. 18; *Schuppert*, Verwaltungswissenschaft, S. 933 f.; *Voßkuhle*, Öffentliche Gemeinwohlverantwortung im Wandel, VVDStRL 62 (2003), S. 307 f.

[53] *Schulze-Fielitz*, Energie-Infrastrukturrecht im Prozess der Wissenschaftsentwicklung, in: Schlacke/Schubert (Hrsg.), Energie-Infrastrukturrecht, S. 16.

[54] *Hoffmann-Riem*, in: Terhechte, Verwaltungsrecht der Europäischen Union, § 3 Rn. 19.

[55] Zu den übrigen Kategorien zusätzlich zur oben genannten Fundstelle: *Schulze-Fielitz*, Grundmodi der Aufgabenwahrnehmung, in: Hoffmann-Riem/Schmidt-Aßmann/Voßkuhle (Hrsg.), GVR Bd. I: Methoden, Maßstäbe, Aufgaben, Organisation, § 12 Rn. 20 ff., 148 ff.

[56] Raumordnungsgesetz vom 22. 12. 2008 (BGBl. I, S. 2986), zuletzt geändert durch Gesetz v. 03. 12. 2020 (BGBl. I, S. 2694).

[57] *Kufeld/Wagner*, Klimawandel und regenerative Energien: Herausforderungen für die Raumordnung, in: Kufeld (Hrsg.), Klimawandel und Nutzung von regenerativen Energien als Herausforderung für die Raumordnung, S. 253–263; *Kübler/Merz*, Zum Zusammenwirken von Regionalplanung und Regionalmanagement beim Klimaschutz: Konzeptentwurf für die Region Oberland, in: Kufeld (Hrsg.), Klimawandel und Nutzung von regenerativen Energien als Herausforderung für die Raumordnung, S. 124–142.

Einen weiteren Blickwinkel eröffnet die Gemeinwohldiskussion in Bezug auf das Engagement von Bürgerinitiativen. So kommt eine Studie zu dem Ergebnis, dass sich der Widerstand von Bürgerinitiativen, beispielsweise gegen Windräder oder Stromtrassen, nicht vornehmlich an inhaltliche Differenzen entzündet, sondern, dass die Betroffenen viel mehr aus einem grundlegenden Misstrauen gegen die Planer, Entscheidungsträger und Politiker heraus handeln würden, weil sie sich von deren Definition des Gemeinwohls nicht einbezogen fühlen.[58] Die Autoren widersprechen dem bisherigen gesamtgesellschaftlichen Diskussionsansatz[59], dass Bürgerproteste vor allem durch den Gegensatz von Gemeinwohl (Projektbefürworter) und Partikularinteressen (Projektgegner) geprägt werden (NIMBY-Prinzip[60]).[61]

Die letzte hier aufzuführende Ausprägung eines Gemeinwohlgedankens in Bezug auf den Klimaschutz stellt die Thematik der „Umweltgerechtigkeit" dar.[62] Sie behandelt „einen Zustand, in dem unterprivilegierte Bevölkerungsgruppen [...] in ihrer Lebensumwelt überdurchschnittlich stark mit Umweltlasten konfrontiert sind oder unterdurchschnittlich wenige Möglichkeiten haben, Umweltvorteile zu genießen".[63]

1.2.2.2 Einfachgesetzliche Ausprägungen

Als einfachgesetzliche Konkretisierung des Gemeinwohls wird der Klimaschutz in folgenden Gesetzen behandelt: Zum einen findet es Beachtung im besonderen Städtebaurecht beispielsweise bei städtebaulichen Sanierungsmaßnahmen im Sinne von §§ 136 ff. BauGB.[64] Des Weiteren ist das (globale) Klima Schutzgut gem. § 1 Abs. 5 S. 2, Abs. 6 Nr. 7 und § 1a Abs. 5 BauGB, § 2 Abs. 1 Nr. 3 UVPG[65], § 1 Abs. 3 Nr. 4 BNatSchG[66],

---

[58] *Messinger-Zimmer/Zilles,* Vierteljahreshefte zur Wirtschaftsforschung 4/2016, 41, 49.

[59] *Roßnagel et al.,* Entscheidungen über dezentrale Energieanlagen in der Zivilgesellschaft, S. 23 f.; breiter Überblick bei *Stracke,* Öffentlichkeitsbeteiligung im Übertragungsnetzausbau, S. 45–55 m. w. N.

[60] Kürzel für „not in my backyard"; Begriffserläuterung bei *Di Nucci,* NIMBY oder IMBY, in: Brunnengräber (Hrsg.), Problemfalle Endlager, S. 120.

[61] *Messinger-Zimmer/Zilles,* Vierteljahreshefte zur Wirtschaftsforschung 4/2016, 41, 42; ebenfalls kritisch *Kindler,* Zur Steuerungskraft der Raumordnungsplanung, S. 120.

[62] Dazu umfassend: *Ehemann,* Umweltgerechtigkeit.

[63] *Ehemann,* Umweltgerechtigkeit, S. 469; vgl. auch *Peters,* Legitimation durch Öffentlichkeitsbeteiligung?, S. 213:

[64] *Mitschang,* ZfBR 2020, 613 ff.

[65] Gesetz über die Umweltverträglichkeitsprüfung i. d. F. v. 18. 03. 2021 (BGBl. I, S. 540).

[66] Gesetz über Naturschutz und Landschaftspflege (Bundesnaturschutzgesetz) vom 29. 07. 2009 (BGBl. I, S. 2542), zuletzt geändert durch Gesetz v. 18. 08. 2021 (BGBl. I, S. 3908).

§ 1 Nr. 1 BWaldG[67], § 1 TEHG[68], § 2 Abs. 2 Nr. 6 ROG nicht jedoch im BImSchG[69], da sich nach Auffassung des damals zuständigen Bundestagsausschusses die Wechselwirkungen und gegenseitigen Einflüsse nicht hinreichend bestimmen ließen.[70] Zweck des Bundesklimaschutzgesetzes ist gem. § 1 KSG die Mitigation, sprich Begrenzung, des Klimawandels und die Formalisierung der Klimaschutzpolitik.[71] Selbst das für Netzbooster relevante Energiewirtschaftsgesetz bezweckt gem. § 1 Abs. 1 EnWG eine „möglichst [...] umweltverträgliche leitungsgebundene Versorgung der Allgemeinheit mit Elektrizität und Gas, die zunehmend auf erneuerbaren Energien beruht". Hier ist deutliches Verbesserungspotenzial auf Bundes- und Landesebene erkennbar.[72] Gem. § 13 KSG haben Träger öffentlicher Aufgaben bei ihren Planungen und Entscheidungen den Klimaschutz und die zu seiner Erfüllung festgelegten Ziele zu berücksichtigen. Allerdings bleibt es selbst nach dem BVerfG-Beschluss vom 24. 03. 2021 bei einem Berücksichtigungsgebot – es wird nicht zu einem Optimierungsgebot.[73]

Zudem ist das Gemeinwohl häufig Bestandteil von Abwägungsentscheidungen. Alternativ wird dabei im Gesetz der Begriff „Wohl der Allgemeinheit" oder „Allgemeinbelange"[74] verwendet. 2013 hat das Bundesverfassungsgericht festgestellt, dass das eine Enteignung rechtfertigende Gemeinwohl nicht auf „ökologische Energien" beschränkt werden kann.[75]

1.2.2.3 Zwischenfazit

Prägender Rahmenbegriff dieser Arbeit ist das Gemeinwohl. Als Fazit dieses Abschnittes bleibt festzuhalten, dass das Gemeinwohl als Sammelbegriff für das Ziel stehen soll, den

---

[67] Bundeswaldgesetz vom 2. 05. 1975 (BGBl. I, S. 1037), zuletzt geändert durch Gesetz vom 10. 08. 2021 (BGBl. I, S. 3436).

[68] Treibhausgas-Emissionshandelsgesetz vom 21. 07. 2011 (BGBl. I, S. 1475), zuletzt geändert durch Gesetz v. 10. 08. 2021 (BGBl. I, S. 3436).

[69] Bundes-Immissionsschutzgesetz i. d. F. v. 17. 05. 2013 (BGBl. I, S. 1274), zuletzt geändert durch Gesetz v. 24. 09. 2021 (BGBl. I, S. 4458).

[70] Beschlußempfehlung und Bericht des Ausschusses für Umwelt, Naturschutz und Reaktorsicherheit v. 13. 03. 1990, BT-Drs. 11/6633, 33.

[71] *Wickel,* in: Säcker/Ludwigs (Hrsg.) Berliner Kommentar zum Energierecht, KSG, § 1 Rn. 3, 54.

[72] So auch *Frey,* VBlBW 2021, 455, 457 mit konkreten Vorschlägen auch in organisatorischer Hinsicht.

[73] *Uechtritz/Ruttloff,* NVwZ 2022, 9, 11.

[74] Beispiel: Ein Bebauungsplan erfüllt gem. § 1 Abs. 7 BauGB seine Ordnungsfunktion nur, „wenn überhaupt hinreichend gewichtige Allgemeinbelange für eine bestimmte Planung sprechen", BVerwG, Beschl. v. 11. 05. 1999–4 BN 15/99, NVwZ 1999, 1338, 1339.

[75] BVerfG, Urt. v. 17. 12. 2013–1 BvR 3139/08, 1 BvR 3386/08, BVerfGE 134, 242 *(Garzweiler II); Kukk,* Rechtsschutz gegen raumgreifende Großvorhaben insbesondere der „Energiewende" nach „Garzweiler II", in: Quaas/Deutsches Anwaltsinstitut e. V. (Hrsg.), Rechtsprobleme der Energiewende, S. 91 f.

Klimawandel im Interesse der Allgemeinheit zu begrenzen. Es kann auch als „das Gute",
das benötigt wird, um dem Klimawandel bestmöglich zu begegnen, beschrieben werden.
Dabei wird ausdrücklich ergänzt, keine moralische Implikation hineinzulesen.

1.3   Wissenswertes über Netzbooster

1.3.1   Was ist eigentlich ein Netzbooster?

Wie bereits oben erläutert, werden Schwankungen im Stromnetz bei unverändertem
Fortgang der Geschehnisse in Zukunft eher zu- als abnehmen. Ein Netzbooster ist eine
Anlage, mit der Schwankungen im Stromnetz kurzfristig ausgeglichen werden können,
ohne sog. Redispatchmaßnahmen anzuwenden[76] und ohne das eigentliche Stromnetz
erweitern zu müssen.[77] Bei Redispatchmaßnahmen verringern Anlagenbetreiber oder
Übertragungsnetzbetreiber in Stromflussrichtung vor einer Engstelle die Einspeise-
mengen bzw. Stromtransite, diejenigen dahinter erhöhen diese dementsprechend.[78]
Dies kann präventiv erfolgen und im Laufe des Tages geplant werden oder als kurative
Maßnahme zur Behebung von Leitungsüberlastungen angewandt werden.[79] Erstere
müssen aber für das Zurückhalten ihrer eigentlich verfügbaren Kapazitäten gem. § 13a
Abs. 2 S. 1, 2 EnWG vom Übertragungsnetzbetreiber entschädigt werden, soweit kein
bilanzieller mengenmäßiger Ausgleich möglich ist, was dieser wiederum mittels der
Netzentgelte auf den Endverbraucher umlegt.[80] Ein Netzbooster arbeitet reaktiv, d. h.,
wenn bereits eine Störung aufgetreten ist, und kann mittels einer zuschaltbaren Last
(also z. B. eines regelbaren Verbrauchers[81]) die Energie aufnehmen, die nicht mehr

---

[76] Im Jahr 2020 wurden Redispatchmaßnahmen im Volumen von 16.795 GWh angewandt
(Steigerung um 24 % ggü. dem Vorjahr), die Kosten dafür (incl. Einspeisemanagement) lagen bei
1398,6 Mio EUR, vgl. *Bundesnetzagentur,* Quartalsbericht Netz- und Systemsicherheit – Gesamt-
jahr 2020, S. 4, 8.

[77] *Bundesnetzagentur,* Bedarfsermittlung 2019–2030, Bestätigung Netzentwicklungsplan Strom,
S. 59;.

[78] *Svoboda,* Randbedingungen für große stationäre Batteriespeicher, in: Böttcher/Nagel (Hrsg.),
Batteriespeicher. Rechtliche, technische und wirtschaftliche Rahmenbedingungen, S. 485; *Franke,*
Stand der Energiewende, in: Gundel/Lange (Hrsg.) Neuausrichtung der deutschen Energiever-
sorgung – Zwischenbilanz der Energiewende, S. 82 f.

[79] *Bundesnetzagentur,* Bedarfsermittlung 2021–2035, Bestätigung Netzentwicklungsplan Strom,
S. 37.

[80] *Hirth et al.,* Kosten- oder Marktbasiert? Zukünftige Redispatch-Beschaffung in Deutschland,
S. 24.

[81] Als zuschaltbare Last könnten auch Elektrolyseure (power-to-gas-Anlage) eingesetzt werden,
um die Sektorkopplung weiter zu verstärken, vgl. *Engel et al.,* Technik der Batteriespeicher, in:
Böttcher/Nagel (Hrsg.), Batteriespeicher. Rechtliche, technische und wirtschaftliche Rahmenbedingungen, S. 175–179.

durch den Netzengpass transportiert werden kann[82]. Gleichzeitig kann er aus einer Batterie in weniger als einer Sekunde die entstandene Stromlücke schließen und bleibt so lange in Betrieb, bis die Störung behoben ist oder der Strombedarf durch nachträgliche Zuschaltung zusätzlicher Anlagen gedeckt werden kann.[83]

Die Anlage soll eine Spitzenabgabeleistung von 250 MW und einer Speicherkapazität von 250 MWh erbringen können[84] und wäre damit zum Zeitpunkt der Antragstellung eine der größten Batteriespeicheranlagen der Welt.[85] Ferner soll die Anlage in modularer Containerbauweise errichtet werden und ca. 50.000 m^2 Fläche in Anspruch nehmen, was ca. sieben Fußballfeldern entspricht.[86]

In Frankreich hat im Mai 2021 ein Pilotprojekt begonnen, das auch mittels Speichertechnologie arbeitet und eine „virtuelle Hochspannungsleitung" darstellt.[87] Dafür werden an beiden Enden eines Engpasses Stromspeicher, die exakt gleichzeitig aber gegensätzlich Strom aufnehmen bzw. abgeben, aufgestellt, sodass es den Eindruck macht, es wäre Strom geflossen, obwohl das gar nicht passiert ist.[88] Diese Vorgehensweise ist für den Dauereinsatz gedacht und kann den Leitungsausbau teilweise überflüssig machen, weil die übertragene Leistung um 30 % gesteigert werden kann.[89]

1.3.2 Bisherige Genehmigungssituation eines Netzboosters

Netzbooster fallen als Energieanlage im weiteren Sinne in den Anwendungsbereich eines Planfeststellungsverfahrens nach dem EnWG. Seit der Neufassung des EnWG im

---

[82] *BMWi,* Was ist eigentlich ein Netzbooster, Energiewende direkt-Newsletter, 02/2020, www.bmwi-energiewende.de/EWD/Redaktion/Newsletter/2020/02/Meldung/direkt-erklaert.html (zuletzt abgerufen am 20. 06. 2022).

[83] *TransnetBW GmbH,* Netzbooster-Pilotanlage Factsheet, S. 4, www.transnetbw.de/files/pdf/netzentwicklung/projekte/netzbooster-pilotanlage/Factsheet_Netzbooster-Pilotanlage.pdf (zuletzt abgerufen am 20. 06. 2022).

[84] *Bundesnetzagentur,* Bedarfsermittlung 2021–2035, Bestätigung Netzentwicklungsplan Strom, S. 228.

[85] Eine Übersicht findet sich in der laufend aktualisierten Datenbank „DOE Global Energy Storage Database" des US-Department of Energy und den Sandia National Laboratories, https://sandia.gov/ess-ssl/gesdb/public/projects.html, Suchstichwort: Electro-chemical battery and chemical storage (zuletzt abgerufen am 20. 06. 2022).

[86] Eine grafische Darstellung der geplanten Anlage ist unter www.transnetbw.de/files/pdf/netzentwicklung/projekte/netzbooster-pilotanlage/broschuere.pdf, S. 11 abrufbar.

[87] Projekt RINGO des Netzbetreibers RTE: www.rte-france.com/projets/stockage-electricite-ringo (zuletzt abgerufen am 20. 06. 2022).

[88] *Bons et al.,* Zügiger Verteilnetzbau, S. 88.

[89] *Bons et al.,* Zügiger Verteilnetzbau, S. 88.

Mai 2019[90] ist § 43 EnWG systematisch klar in Vorhaben, die der zwingenden Planfeststellung unterliegen (Abs. 1) und solchen, bei denen das Planfeststellungsverfahren nur fakultativ durchgeführt werden kann (Abs. 2), unterteilt. Bei Letzteren ist es die freie Entscheidung des Vorhabenträgers, ob er einen Antrag auf Durchführung eines Planfeststellungsverfahrens stellt, oder stattdessen die sonstigen notwendigen Genehmigungen (einzeln) einholt.[91]

1.3.2.1 Freiwilliges Planfeststellungsverfahren

Netzbooster können als Großspeicheranlagen gem. § 43 Abs. 2 S. 1 Nr. 8 EnWG auf Antrag des Trägers des Vorhabens mittels Planfeststellung durch die nach Landesrecht zuständige Behörde zugelassen werden. Im Fall des Kupferzeller Netzboosters ist dies gem. § 1 Abs. 1 S. 1, 2 EnWGZuVO[92], § 3 Abs. 1 LVwVfG[93] das Regierungspräsidium Stuttgart.

Netzbooster sind nicht nach § 4 Abs. 1 BImSchG i. V. m. Anhang 1 der 4. BImSchV[94] immissionsschutzrechtlich genehmigungspflichtig, da nach aktuellem Gesetzesstand keine der Ziffern einschlägig ist, weshalb als relevante Genehmigungsnormen insbesondere das Bauplanungs- und Bauordnungsrecht verbleiben.[95] Daneben sind gem. §§ 22, 23 BImSchG auch von nicht-genehmigungsbedürftigen Anlagen bestimmte Pflichten und Anforderungen zu erfüllen (immissionsschutzrechtliches Vermeidungsgebot). Dazu gehört auch die Anwendbarkeit der TA-Lärm[96] auf immissionsschutzrechtlich nicht genehmigungspflichtige Anlagen.[97] Netzbooster fallen aufgrund der entstehenden elektromagnetischen Felder in den Anwendungsbereich der 26. BImSchV[98].[99] Wenn die dort vorgegebenen Grenzwerte eingehalten werden, ist

---

[90] Gesetz zur Beschleunigung des Energieleitungsausbaus vom 13. 05. 2019 (BGBl. I, S. 706).

[91] *Fest/Riese,* in: Steinbach/Franke, Kommentar zum Netzausbau, EnWG, § 43 Rn. 50.

[92] Verordnung des Umweltministeriums über energiewirtschaftsrechtliche Zuständigkeiten vom 3. 01. 2008 (GBl. S. 47), zuletzt geändert durch Verordnung v. 08. 05. 2018 (GBl. S. 154).

[93] Verwaltungsverfahrensgesetz für Baden-Württemberg vom 12. 04. 2005 (GBl. S. 350), zuletzt geändert durch Gesetz v. 04. 02. 2021 (GBl. S. 181).

[94] Verordnung über genehmigungsbedürftige Anlagen i. d. F. v. 31. 05. 2017 (BGBl. I, S. 1440), zuletzt geändert durch Verordnung v. 12. 01. 2021 (BGBl. I, S. 69).

[95] *Lang,* in: Säcker/Ludwigs (Hrsg.), Berliner Kommentar zum Energierecht, BImSchG, § 22 Rn. 17.

[96] Sechste Allgemeine Verwaltungsvorschrift zum Bundes-Immissionsschutzgesetz (Technische Anleitung zum Schutz gegen Lärm – TA Lärm) vom 26. 08. 1998 (GMBl. Nr. 26/1998, S. 503), zuletzt geändert durch Verwaltungsvorschrift v. 01. 06. 2017 (BAnz AT v. 08. 06. 2017 B5).

[97] *Lang,* in: Säcker/Ludwigs (Hrsg.), Berliner Kommentar zum Energierecht, BImSchG, § 22 Rn. 10.

[98] Verordnung über elektromagnetische Felder i. d. F. v. 14. 08. 2013 (BGBl. I, S. 3266).

[99] *Helmes,* Genehmigung und Netzanschluss von Batteriegroßspeichern, in: Böttcher/ Nagel (Hrsg.), Batteriespeicher. Rechtliche, technische und wirtschaftliche Rahmenbedingungen, S. 355, 357.

davon auszugehen, dass sich die Beeinträchtigung durch elektromagnetische Strahlung als unwesentlich darstellt.[100]

Ein Planfeststellungsverfahren bietet als bewährtes Verfahren ein geordnetes Rechtsregime für ein „neues" Vorhaben wie den Netzbooster.[101] Die Schaffung größtmöglicher Transparenz ist neben der enteignungsrechtlichen Vorwirkung gem. § 45 Abs. 2 EnWG ein weiteres Argument für die Durchführung eines Planfeststellungsverfahrens.[102] Ferner hat es eine sogenannte „Überwindungsfunktion", die besagt, dass in der Abwägung öffentliche oder private Belange als weniger schützenswert eingestuft und deswegen zurückgestellt werden können.[103] Gem. § 38 S. 1 BauGB genießen planfeststellungspflichtige Vorhaben von überörtlicher Bedeutung, wozu der Netzbooster aufgrund seines überregionalen Funktionszusammenhangs gehören dürfte, eine Befreiung von der strikten Bindung an die §§ 30–37 BauGB, weswegen städtebauliche Belang zum bloßen Abwägungsgegenstand werden.[104] Außerdem ist gem. § 74 Abs. 1 S. 2 i. V. m. § 70 LVwVfG und § 74 Abs. 6 S. 3 LVwVfG gegen die Entscheidung kein Widerspruchsverfahren statthaft, sondern den Projektgegnern steht nur noch der Verwaltungsgerichtsweg als Rechtsschutzmöglichkeit offen.

Dem steht nachteilig gegenüber, dass ein Planfeststellungsverfahren sehr aufwendig ist und ein förmliches Verfahren mit Öffentlichkeitsbeteiligung durchgeführt wird, was ansonsten nicht nötig gewesen wäre.[105] Selbst im Idealfall kann bei perfekt vorbereiteten Antragsunterlagen eine Entscheidung selten in unter einem Jahr, gerechnet ab Vollständigkeit der Unterlagen, erwartet werden.[106] Möglicherweise dürften die jeweiligen Einzelgenehmigungen, auch im Falle einer nachträglichen Änderung, schneller und mit weniger Aufwand zu erlangen sein.[107] Hinzu kommt, dass der Kreis der Klage-

---

[100] *Pleiner,* Überplanung von Infrastruktur, S. 373.

[101] *Mann,* Großvorhaben als Herausforderung für den demokratischen Rechtsstaat, VVDStRL 72 (2013), S. 552; *Rodi,* ZUR 2017, 658, 662.

[102] *Helmes,* Genehmigung und Netzanschluss von Batteriegroßspeichern, in: Böttcher/ Nagel (Hrsg.), Batteriespeicher. Rechtliche, technische und wirtschaftliche Rahmenbedingungen, S. 356; *Gaentzsch,* Der Erörterungstermin im Planfeststellungsverfahren, in: Dolde et al. (Hrsg.), Verfassung-Umwelt-Wirtschaft, FS-Sellner, S. 235.

[103] *Kümper,* ZUR 2021, 33, 36.

[104] *Reidt,* in Battis/Krautzberger/Löhr, BauGB, § 38 Rn. 10; *Deutsch,* ZUR 2021, 67 ff.; deswegen wird in der Diskussion um die Beschleunigung des Windradausbaus an Land vorgeschlagen, für Windräder den Anwendungsbereich der Planfeststellung zu eröffnen, *Kümper,* ZUR 2021, 33, 35 f.; *Rodi,* ZUR 2017, 658, 661.

[105] *Helmes,* Genehmigung und Netzanschluss von Batteriegroßspeichern, in: Böttcher/ Nagel (Hrsg.), Batteriespeicher. Rechtliche, technische und wirtschaftliche Rahmenbedingungen, S. 357.

[106] Vgl. auch *Ziekow/Bauer/Hamann,* Optimierung der Anhörungsverfahren im Planfeststellungsverfahren für Betriebsanlagen der Eisenbahnen des Bundes, S. 339 f.

[107] *Kment,* in: ders., Energiewirtschaftsgesetz, § 43 Rn. 23 ff.

befugten und der Prüfungsumfang gegen einen Planfeststellungsbeschluss größer ist als gegen die einzelnen Genehmigungen, da Enteignungsbetroffene nicht nur dann i. S. d. § 113 Abs. 1 S. 1 VwGO[108] in eigenen Rechten sind, wenn der Planfeststellungsbeschluss gegen spezifisch drittschützende Normen verstößt.[109] Sie haben stattdessen einen „Vollüberprüfungsanspruch" hinsichtlich aller Rechtsfehler, die kausal das Eigentum betreffen.[110]

1.3.2.2 Darstellung des Ablaufs eines Planfeststellungsverfahrens

Im Folgenden wird in der gebotenen Kürze das Planfeststellungsverfahren für Netzbooster nach den §§ 43 ff. EnWG i. V. m. §§ 72–78 LVwVfG dargestellt.[111] Das EnWG ist dabei *lex specialis* gegenüber den Regelungen des Verwaltungsverfahrensrechts,[112] was gem. § 43 Abs. 5 EnWG auch für die Landes-Verwaltungsverfahrensgesetze gilt. Es handelt sich dabei um einen Fall des qualifizierten Vorbehalts für Bundesgesetze gem. Art. 84 Abs. 1 S. 5–6 GG: Ein „besonderes Bedürfnis" für bundeseinheitliche Regelungen ohne Abweichungsmöglichkeit für die Länder ist aufgrund der Notwendigkeit eines beschleunigten Planungsverfahrens für den bundeseinheitlichen Netzausbau gegeben.[113]

Vor der eigentlichen Antragstellung ist zum einen gem. § 5 UVPG über die UVP-Pflicht zu entscheiden. Für Netzbooster dürfte, vorbehaltlich der Kenntnis der genauen Planungen, letzteres der Fall sein. Zwar wäre aufgrund des Flächenverbrauchs der geplanten Anlage an Nr. 18.5.2 der Anlage 1 zum UVPG („Bau einer Industriezone für Industrieanlagen von 20.000 m² bis 100.000 m²") zu denken, wonach das Vorhaben einer allgemeinen UVP-Vorprüfungspflicht unterläge, jedoch ist charakteristisches Merkmal einer Industriezone, dass sie „für die gleichzeitige Nutzung durch mehrere benachbarte Unternehmen ausgelegt sind"[114], was hier nicht der Fall sein dürfte.

Zum anderen sollte der Vorhabenträger eine frühe Öffentlichkeitsbeteiligung nach § 25 Abs. 3 LVwVfG durchführen. Zwar enthält das EnWG keine Spezialregelung, die dies vorschreibt, sodass die Behörde nach Bundesrecht nur auf den Vorhabenträger hinzuwirken hat, um diesen dazu zu veranlassen, besitzt aber keine

---

[108] Verwaltungsgerichtsordnung i. d. F. v. 19. 03. 1991 (BGBl. I, S. 686), zuletzt geändert durch Gesetz v. 08. 10. 2021 (BGBl. I, S. 4650).

[109] BVerfG, Beschl. v. 15. 02. 2007–1 BvR 300/06, NVwZ 2007, 573, 574.

[110] BVerwG, Urt. v. 12. 08. 2009–9 A 64/07, BVerwGE 134, 308, 310; *Neumann/Külpmann*, in: Stelkens/Bonk/Sachs, VwVfG, § 75 Rn. 30.

[111] Vgl. dazu auch den Überblick bei *Thon*, Beschleunigung energierechtlicher Leitungsvorhaben durch Parallelführung von Planfeststellungs- und Enteignungsverfahren, S. 55–86, m. w. N.

[112] *Kment*, in: ders., Energiewirtschaftsgesetz, Einl., Rn. 13.

[113] *Pielow*, in: Säcker, Berliner Kommentar zum Energierecht, EnWG, § 43 Rn. 30; *Kment*, in: ders., Energiewirtschaftsgesetz, § 43 Rn. 67; *Wickel*, UPR 2007, 201, 202.

[114] *Europäische Kommission, Generaldirektion Umwelt*, Die Auslegung der Definitionen der in den Anhängen I und II der UVP-Richtlinie aufgeführten Projektkategorien, S. 56.

Sanktionsmöglichkeit.[115] Nach baden-württembergischem Landesrecht ist die frühe Öffentlichkeitsbeteiligung hier gem. § 2 Abs. 1 UVwG[116] verpflichtend. Im Rahmen der frühen Öffentlichkeitsbeteiligung soll der betroffenen Öffentlichkeit gem. § 25 Abs. 3 S. 3 LVwVfG bereits Gelegenheit zur Äußerung und Erörterung gegeben werden. Die Ergebnisse sollen Behörde und Öffentlichkeit spätestens mit Antragstellung mitgeteilt werden, § 25 Abs. 3 S. 4 LVwVfG.

Mit der eigentlichen Antragstellung beginnt gem. § 22 Nr. 1 Alt. 2 LVwVfG das formelle Verwaltungsverfahren nach § 73 VwVfG. Der Verfahrensbeginn setzt die dort genannten Fristen, verkürzt durch § 43a EnWG, in Gang, bis wann und für welchen Zeitraum die Antragsunterlagen nach vorheriger öffentlicher Bekanntmachung auszulegen sind, Einwendungen vorgebracht werden können und die beteiligten Träger öffentlicher Belange und anerkannten Naturschutzvereinigungen ihre Stellungnahmen abzugeben haben. Alle Einwendungen und Stellungnahmen sind gem. § 73 Abs. 6 LVwVfG mit denjenigen, die sie geäußert haben und dem Vorhabenträger unter Leitung der Behörde zu erörtern. Aus den in § 43a Nr. 3 EnWG genannten Gründen kann auf einen Erörterungstermin verzichtet werden. Gem. § 73 Abs. 6 S. 7 LVwVfG ist die Erörterung innerhalb von drei Monaten nach Ablauf der Einwendungsfrist abzuschließen. Die genannten Fristen werden häufig nicht eingehalten[117] und die Fristversäumnisse haben weder Einfluss auf die Rechtmäßigkeit des Verfahrens[118] noch einen Amtshaftungsanspruch zur Folge.[119] Damit unterscheiden sich die Fristen des Planfeststellungsverfahrens von denen des immissionsschutzrechtlichen Genehmigungsverfahrens, da bei Letzteren bei Fristversäumnissen zwar die Genehmigung nicht fingiert wird, jedoch dann Untätigkeitsklage, § 75 VwGO, und ggf. Amtshaftungsansprüche möglich sind.[120]

Gem. § 74 Abs. 2 S. 1 LVwVfG entscheidet die Behörde im Planfeststellungsbeschluss über die Einwendungen, über die bei der Erörterung vor der Anhörungsbehörde keine Einigung erzielt worden ist. Gem. S. 2 hat sie dem Träger des Vorhabens Vorkehrungen oder die Errichtung und Unterhaltung von Anlagen aufzuerlegen, die zum Wohl der Allgemeinheit oder zur Vermeidung nachteiliger Wirkungen auf Rechte anderer

---

[115] Entwurf der Bundesregierung für ein Gesetz zur Verbesserung der Öffentlichkeitsbeteiligung und Vereinheitlichung von Planfeststellungsverfahren (PlVereinhG) vom 30. 03. 2012, BR-Drs. 171/12, 22; *Kment,* in: ders., Energiewirtschaftsgesetz, § 43 Rn. 70.

[116] Umweltverwaltungsgesetz vom 25. 04. 2014 (GBl. S. 592), zuletzt geändert durch Gesetz v. 11. 02. 2020 (GBl. S. 37, 43).

[117] *Ziekow/Bauer/Hamann,* Optimierung der Anhörungsverfahren im Planfeststellungsverfahren für Betriebsanlagen der Eisenbahnen des Bundes, S. 149, 228.

[118] *Neumann/Külpmann,* in: Stelkens/Bonk/Sachs, VwVfG, § 73 Rn. 29; vgl. zur Fragestellung der Einführung sanktionsbewährter Entscheidungsfristen, im Ergebnis aber ablehnend: *Ziekow/Bauer/ Hamann,* Optimierung der Anhörungsverfahren im Planfeststellungsverfahren für Betriebsanlagen der Eisenbahnen des Bundes, S. 223–228.

[119] *Lieber,* in: Mann/Sennekamp/Uechtritz, VwVfG, § 73 Rn. 50.

[120] *Dietlein,* in: Landmann/Rohmer, Umweltrecht, BImSchG, § 10 Rn. 244.

erforderlich sind. Materiell-rechtlicher Entscheidungsmaßstab ist zum einen das aus dem Wortlaut des § 43 Abs. 3 EnWG und dem Rechtsstaatsgebot abzuleitende Abwägungsgebot aller öffentlichen und privaten Belange. Darüber hinaus sind der Grundsatz der Planrechtfertigung und die Einhaltung zwingender Rechtsvorschriften (Planungsleitsätze[121]) zu beachten.[122] Der Plan ist gerechtfertigt, wenn das Vorhaben erforderlich ist. „Für die Erforderlichkeit des Vorhabens genügt vielmehr, dass es zum Wohl der Allgemeinheit vernünftigerweise geboten ist. Das ist der Fall, wenn das konkrete Vorhaben in der Lage ist, einen substanziellen Beitrag zur Erreichung des Gemeinwohlziels zu leisten.“[123] Bis auf zwei Ausnahmen[124] hat der Vorhabenträger keinen subjektiv-öffentlichen Anspruch auf Planfeststellung, sondern nur auf Durchführung des Verfahrens und ermessensfehlerfreie Entscheidung.[125]

Der bestandskräftige Planfeststellungsbeschluss[126] hat umfassende Genehmigungswirkung hinsichtlich des geplanten Vorhabens und aller notwendigen Folgemaßnahmen, § 75 Abs. 1 S. 1 HS 1 LVwVfG.[127] Gem. § 43e Abs. 1 S. 1 EnWG hat eine Anfechtungsklage gegen ihn keine aufschiebende Wirkung. Die übrigen in § 75 LVwVfG geregelten Rechtswirkungen der Planfeststellung sind folgende: formelle Konzentrationswirkung[128], Gestaltungswirkung ab Bekanntgabe[129] und Duldungswirkung ab Unanfechtbarkeit[130]. Die in § 45 Abs. 1 Nr. 1, Abs. 2 EnWG enthaltene enteignungsrechtliche Vorwirkung besagt, dass eine eventuelle Enteignung zur Verwirklichung des Vorhabens dem Grunde nach zulässig ist, aber noch der konkret-individuellen Enteignung im nachgelagerten

---

[121] *Kment,* in: ders., Energiewirtschaftsgesetz, § 43 Rn. 39 ff. mit weiteren Beispielen.

[122] BVerwG, Urt. v. 03. 05. 2013–9 A 16/12, NVwZ 2013, 1209, 1210; BVerwG, Urt. v. 20. 05. 1999–4 A 12/98, NVwZ 2000, 555; *Hermes/Kupfer,* in: Britz/Hellermann/Hermes, EnWG, § 43 Rn. 16.

[123] BVerfG, Urt. v. 17. 12. 2013–1 BvR 3139/08, 1 BvR 3386/08, BVerfGE 134, 242 *(Garzweiler II).*

[124] Atomrecht: BVerwG, Beschl. v. 26. 03. 2007–7 B 72/06, NVwZ 2007, 841, 842; Bergrecht: BVerwG, Urt. v. 15. 12. 2006–7 C 1/06, BVerwGE 127, 259, 264.

[125] *Huck,* in: Huck/Müller, VwVfG, § 72 Rn. 16.

[126] Selbiges gilt auch für die in einem vereinfachten Verfahren zu erteilende Plangenehmigung.

[127] *Kment,* in: ders., Energiewirtschaftsgesetz, § 43 Rn. 50.

[128] BVerwG, Beschl. v. 26. 06. 1992–4 B 1–11/92, NVwZ 1993, 572; *Kupfer,* in: Britz/Hellermann/Hermes, EnWG, § 43c Rn. 5; *Stecher,* Das Prinzip der umweltverträglichen Energieversorgung in energiewirtschaftsrechtlichen Ausprägungen und umwelt(energie)rechtlichen Verzahnungen, S. 123.

[129] *Neumann/Külpmann,* in: Stelkens/Bonk/Sachs, VwVfG, § 74 Rn. 19.

[130] BGH, Urt. v. 10. 12. 2004 – V ZR 72/04, BGHZ 161, 323, 330 f.; *Neumann/Külpmann,* in: Stelkens/Bonk/Sachs, VwVfG, § 75 Rn. 25; Ausnahme laut BGH für den Fall von nach Unanfechtbarkeit des Planfeststellungsbeschlusses aufgetretenen, nicht vorhersehbaren und durch Schutzvorkehrungen nicht mehr zu verhindernden Schäden am Eigentum Dritter, BGH, Urt. v. 23. 04. 2015 – III ZR 397/13, NVwZ 2015, 1317.

Enteignungsverfahren bedarf, was verfassungsrechtlich nicht zu beanstanden ist.[131] Dort wird allerdings nur noch über die Höhe der Entschädigung und ob im Einzelfall eine Teilenteignung genügt, entschieden.[132] Der Planfeststellungsbeschluss stellt damit außerdem fest, dass das Vorhaben dem Wohl der Allgemeinheit i. S. d. Art. 14 Abs. 3 S. 1 GG dient.[133]

1.3.2.3 Aufnahme in den Netzentwicklungsplan

Der Kupferzeller Netzbooster ist Teil des Netzentwicklungsplans 2030 und wurde gem. § 12c EnWG von der Bundesnetzagentur bestätigt.[134] Im Netzentwicklungsplan 2035 ist der aktuelle Umsetzungsstand konkretisiert.[135] Der Netzentwicklungsplan bildet gem. § 12e Abs. 1 EnWG die Grundlage für den Bundesbedarfsplan. Gem. § 12e Abs. 4 EnWG wird mit Erlass des Bundesbedarfsplans durch den Bundesgesetzgeber für die darin enthaltenen Vorhaben die energiewirtschaftliche Notwendigkeit und der vordringliche Bedarf festgestellt. Die Feststellungen sind für die Übertragungsnetzbetreiber sowie für die Planfeststellung und die Plangenehmigung nach den §§ 43 – 43d EnWG und §§ 18–24 NABEG verbindlich. Die Prüfungsstufe der Planrechtfertigung wird damit abgeschichtet und vom Gesetzgeber vorweggenommen.[136]

1.3.2.4 Exkurs: Eigentum an Batteriespeicheranlagen

Gem. § 118b Abs. 1 EnWG, der im Februar 2021 neu geschaffen wurde[137], können ausnahmsweise Übertragungsnetzbetreiber Eigentümer von Batteriespeicheranlagen sein oder Batteriespeicheranlagen errichten oder betreiben, wenn sie dies bei der Regulierungsbehörde beantragt haben und diese ihre Genehmigung erteilt hat. Normalerweise ist dies nicht erlaubt. Die Norm gilt übergangsweise für die Anlagen, bei denen bis 2024 eine Investitionsentscheidung getroffen wird.[138] Die Genehmigungsvoraussetzungen sind in § 118b Abs. 2 EnWG genannt. Das grundsätzlich gem. § 7b EnWG

---

[131] *Kment,* in: ders., Energiewirtschaftsgesetz, § 43 Rn. 53; § 45 Rn. 10.

[132] *De Witt,* ZUR 2021, 80, 81.

[133] *Kümper,* NVwZ-Extra 13/2020, 1, 5.

[134] *Bundesnetzagentur,* Bedarfsermittlung 2019–2030, Bestätigung Netzentwicklungsplan Strom, S. 58 f.

[135] *Bundesnetzagentur,* Bedarfsermittlung 2021–2035, Bestätigung Netzentwicklungsplan Strom, S. 227 ff.

[136] *Franke,* in Steinbach/Franke, Kommentar zum Netzausbau, BBPlG, § 1 Rn. 1.

[137] Gesetz zur Änderung des Bundesbedarfsplangesetzes und anderer Vorschriften vom 25. 02. 2021, (BGBl. I, 298, 302); Mit der gleichen Gesetzesänderung wurde auch § 118a EnWG eingefügt, der Übergangsregelungen zur Ausschreibung von Batteriespeicheranlagen trifft.

[138] Beschlussempfehlung und Bericht des Ausschusses für Wirtschaft und Energie vom 27. 01. 2021 zu dem Gesetzentwurf der Bundesregierung zur Änderung des Bundesbedarfsplangesetzes und anderer Vorschriften, BT-Drs. 19/26.241, 34.

geltende Entflechtungsgebot von Speicheranlagenbetreibern und Transportnetzeigentümern soll Quersubventionierungen zwischen wettbewerblichem Speicherbetrieb und reguliertem Netzbetrieb vermeiden.[139] § 118b EnWG dient der Umsetzung von Art. 54 Abs. 5 der RL 2019/944 (Elektrizitätsbinnenmarkt-RL), nach der Batteriespeicheranlagen, die der Wiederherstellung des sicheren und zuverlässigen Netzbetriebs nach einer Störung dienen, privilegiert werden sollen.[140] Grund dafür ist, dass es sich dann um vollständig integrierte Netzkomponenten gem. Art. 2 Nr. 51 Elektrizitätsbinnenmarkt-RL handelt. Diese sind definiert als Netzkomponenten, die in das Übertragungs- oder Verteilernetz integriert sind, einschließlich Energiespeicheranlagen, und die ausschließlich der Aufrechterhaltung des sicheren und zuverlässigen Betriebs des Übertragungs- oder Verteilernetzes und nicht dem Systemausgleich- oder Engpassmanagement dienen. Der geplante Netzbooster in Kupferzell soll gerade der Aufrechterhaltung des sicheren und zuverlässigen Netzbetriebs dienen und ein Engpassmanagement überflüssig machen. Die Norm hat für die Vorhabenträgerin des Projekts, die TransnetBW GmbH, große Auswirkungen, da sie als Übertragungsnetzbetreiberin nun grds. auch Betreiberin des Kupferzeller Netzboosters sein kann. Im Rahmen der Konsultation zum Netzentwicklungsplan 2035 wurde die Eigentumssituation kritisiert.[141]

---

[139] Beschlussempfehlung RegE BBPlÄndG, BT-Drs. 19/26.241, 35 unten.

[140] Beschlussempfehlung RegE BBPlÄndG, BT-Drs. 19/26.241, 36.

[141] *Bundesnetzagentur,* Bedarfsermittlung 2021–2035, Bestätigung Netzentwicklungsplan Strom, S. 228.

Vorhandene ausgewählte Privilegierungen in Deutschland

2

2.1 Gang der Untersuchung

In diesem Teil der Arbeit werden zuerst die unmittelbaren (Abschn. 2.2) und dann die mittelbaren (Abschn. 2.3) Privilegierungen erläutert. Zu den jeweiligen Normen werden jeweils Entstehungsgeschichte (falls relevant), Zielsetzung bzw. Begründung und rechtliche Hintergründe erörtert. Daraus folgend wird eine herausgearbeitete Struktur bzw. Systematik, wie Gemeinsamkeiten, Unterschiede oder Grenzen der Privilegierung als Vergleich zwischen den Rechtsgebieten, dargestellt (Abschn. 2.4).

2.2 Unmittelbare Privilegierung per Gesetz

Die im Gesetz vorhandenen Privilegierungen werden nach Rechtsbereichen und dann nach den einzelnen typologischen Privilegierungen sortiert, vorgestellt. Der Untersuchungsrahmen richtet sich auf das Umwelt- und Infrastrukturrecht. Grund dafür ist der Anwendungsbezug auf klimaschutzfreundliche Projekte und deren thematische Verwandtschaft mit jenen Rechtsbereichen. Konkret werden nacheinander die Rechtsbereiche Infrastruktur, Raumordnung, Baurecht, Immissionsschutz und Digitalisierung behandelt. Da der Netzbooster als Infrastrukturanlage einzustufen ist und hier in jüngster Zeit einige gesetzliche Änderungen vorgenommen wurden, beginnt die Analyse der Privilegierungen mit diesem Rechtsbereich.

© Der/die Autor(en), exklusiv lizenziert an Springer Fachmedien Wiesbaden GmbH, ein Teil von Springer Nature 2023
I. Dörrfuß, *Verfahrensprivilegierung aus Gründen des Gemeinwohls,*
Schriftenreihe des Instituts für Klimaschutz, Energie und Mobilität,
https://doi.org/10.1007/978-3-658-41218-0_2

2.2.1 Privilegierungen bei der Planfeststellung von Infrastrukturvorhaben

Das Infrastrukturrecht ist ein Rechtsbereich, der seit Anfang des 21. Jahrhunderts als eigenständiger Begriff in der Literatur Verwendung findet und mittlerweile mit eigenen Schriftenreihen, Zeitschriften und Lehrstuhlbezeichnungen etabliert ist.[1] Ihm liegt ein sehr weiter, ganzheitlich betrachtender, Infrastrukturbegriff zugrunde, der sowohl „Einrichtungen, die unmittelbar von der Allgemeinheit genutzt werden können"[2], die Leistungen, die mit ihnen erbracht werden können, und darüber hinaus auch die gesamte Planung, Bereitstellung, Nutzung und Pflege der Infrastruktureinrichtungen umfasst.[3] Das vorliegende Forschungsvorhaben konzentriert sich auf Verkehrsinfrastruktur und Energieleitungsinfrastruktur. Für erstere, d. h. Autobahnen, Eisenbahn- und Straßenbahnstrecken und Bundeswasserstraßen ist insbesondere das FStrG[4], AEG[5], PBefG[6], WaStrG[7] und MgvG[8] relevant, für Letztere das EnWG und NABEG[9]. Das Infrastrukturrecht ist als Querschnittsmaterie besonders gut für eine systematisierende Arbeit geeignet, da es prinzipiell der grundsätzlichen Verwaltungsrechtsdogmatik folgt, aber auch viele inter- und intradisziplinäre Bezüge zum Zivilrecht und Wirtschafts-, Ingenieurs- und Sozialwissenschaften aufweist.[10] Gleichzeitig wird der Gesetzestext

---

[1] *Schulze-Fielitz,* Energie-Infrastrukturrecht im Prozess der Wissenschaftsentwicklung, in: Schlacke/Schubert (Hrsg.), Energie-Infrastrukturrecht, S. 10.

[2] *Wißmann,* Die Anforderungen an ein zukunftsfähiges Infrastrukturrecht, VVDStRL 73 (2014), S. 375.

[3] *Schulze-Fielitz,* Energie-Infrastrukturrecht im Prozess der Wissenschaftsentwicklung, in: Schlacke/Schubert (Hrsg.), Energie-Infrastrukturrecht, S. 12; *Wißmann,* Die Anforderungen an ein zukunftsfähiges Infrastrukturrecht, VVDStRL 73 (2014), S. 408–410; zur grundrechtlichen Bedeutung von Infrastrukturnetzen: *Kloepfer,* Infrastrukturnetze und Grundrechte – eine Struktur-skizze, in: Schlacke/Beaucamp/Schubert (Hrsg.), Infrastruktur-Recht, FS-Erbguth, S. 167 ff.

[4] Bundesfernstraßengesetz i. d. F. v. 28. 06. 2007 (BGBl. I, S. 1206), zuletzt geändert durch Gesetz v. 10. 09. 2021 (BGBl. I, S. 4147).

[5] Allgemeines Eisenbahngesetz vom 27. 12. 1993 (BGBl. I, S. 2378, 2396; 1994 I, S. 2439), zuletzt geändert durch Gesetz v. 10. 09. 2021 (BGBl. I, S. 4147).

[6] Personenbeförderungsgesetz i. d. F. v. 08. 12. 1990 (BGBl. I, S. 1690), zuletzt geändert durch Gesetz v. 16. 04. 2021 (BGBl. I, S. 822).

[7] Bundeswasserstraßengesetz i. d. F. v. 23. 05. 2007 (BGBl. I, S. 962; 2008 I, S. 1980), zuletzt geändert durch Gesetz v. 18. 08. 2021 (BGBl. I, S. 3901).

[8] Maßnahmengesetzvorbereitungsgesetz vom 22. 03. 2020 (BGBl. I, S. 640), zuletzt geändert durch Gesetz v. 08. 08. 2020 (BGBl. I, 1795).

[9] Geltungsbereich: länder-/grenzüberschreitende Höchstspannungsleitungen, die im Bundes-bedarfsplangesetz (BBPlG) aufgezählt sind, aber nicht unter das Energieleitungsgesetz (EnLAG) fallen.

[10] *Schulze-Fielitz,* Energie-Infrastrukturrecht im Prozess der Wissenschaftsentwicklung, in: Schlacke/Schubert (Hrsg.), Energie-Infrastrukturrecht, S. 22 f.

immer weiter ausdifferenziert („Regelungspluralismus"[11]), weswegen im Umkehrschluss sogar von einer Dekodifikation des VwVfG gesprochen wird, da in den einzelnen Fachgesetzen bereits ein großer Teil des allgemeinen Fachrechts abweichend vom VwVfG geregelt ist.[12] Grundsätzlich finden die §§ 72–78 LVwVfG auf das Planfeststellungsverfahren von Infrastrukturvorhaben Anwendung, soweit nicht das Fachrecht etwas anderes bestimmt.

Diese Abweichungen gilt es zu systematisieren. In den folgenden Ziff. 2.2.1. 1–8 werden diese dargestellt (jeweils getrennt nach Verkehrsinfrastruktur und Energieinfrastruktur) woraufhin in Ziff. 2.2.1.9 ein Zwischenfazit mit einem Vergleich innerhalb des Infrastrukturrechts folgt. Der Vergleich zwischen den Rechtsgebieten erfolgt später im Kontext der Systematisierung.[13]

2.2.1.1 Vorläufige Anordnung bzw. vorzeitiger Baubeginn

Die erste darzustellende Privilegierung ist das Regelungsinstitut einer vorläufigen Anordnung bzw. eines vorzeitigen Baubeginns, die abweichend vom VwVfG zur Folge haben, dass mit Baumaßnahmen begonnen werden kann, bevor der offizielle Planfeststellungsbeschluss ergangen ist.

2.2.1.1.1 Verkehrsinfrastruktur

Ist das Planfeststellungsverfahren eingeleitet, kann die Planfeststellungsbehörde gem. § 17 Abs. 2 S. 1 FStrG; § 18 Abs. 2 S. 1 AEG; § 28 Abs. 3a S. 1 PBefG oder § 14 Abs. 2 S. 1 WaStrG nach Anhörung der betroffenen Gemeinde eine vorläufige Anordnung erlassen, in der vorbereitende Maßnahmen oder Teilmaßnahmen zum Bau oder zur Änderung festgesetzt werden, soweit es sich um reversible Maßnahmen handelt (Nr. 1), wenn an dem vorzeitigen Beginn ein öffentliches Interesse besteht (Nr. 2), wenn mit einer Entscheidung zugunsten des Trägers des Vorhabens gerechnet werden kann (Nr. 3)[14] und wenn die nach § 74 Abs. 2 des VwVfG zu berücksichtigenden Interessen gewahrt werden (Nr. 4). Das bedeutet, dass für die Prognoseentscheidung die Stellungsnahmen der Träger öffentlicher Belange und Einwendungen der Öffentlichkeit abgewartet werden sollten.

Die wortlautgleichen Gesetzesänderungen wurden in Anlehnung an den bereits vorhandenen § 14 Abs. 2 WaStrG[15] durch das Gesetz zur Beschleunigung von Planungs- und Genehmigungsverfahren im Verkehrsbereich (VerkBeschlG) vom 29. 11. 2018 (BGBl. I, S. 2237) und durch das Gesetz zur weiteren Beschleunigung von Planungs-

---

[11] *Kment,* Das Planungsrecht der Energiewende, Die Verwaltung 47 (2014), S. 392.

[12] *Burgi,* JZ 2010, 105, 109.

[13] Siehe unten Abschn. 2.4.

[14] *Baumann/Brigola,* DVBl 2020, 324, 329 kritisieren, dass in der Norm kein Mindestdurchführungsstand der UVP enthalten ist, was die Gefahr von Abwägungsfehlern erhöhe.

[15] Bereits in der Urfassung des WaStrG enthalten (BGBl. 1968 II, S. 173, 175).

und Genehmigungsverfahren im Verkehrsbereich (WVerkBeschlG) vom 03. 03. 2020
(BGBl. I, S. 433) eingefügt. Das erstgenannte Mantelgesetz knüpft in seiner Gesetz-
entwurfsbegründung an die Beschleunigungsgesetzgebung aus den 1990er-Jahren an
und konstatiert, dass die Verfahren immer noch zu viel Zeit in Anspruch nehmen.[16] Es
beruht dem Ursprung nach auf den Handlungsempfehlungen des Innovationsforums
Planungsbeschleunigung[17], welche im Jahr 2017, unter Mitwirkung von Experten
aller Institutionen, die mit der Planung von Verkehrsprojekten befasst sind, entstanden
sind. Ziel des Gesetzes ist, „die Planungs- und Genehmigungsverfahren effizienter zu
gestalten".[18] Das anderthalb Jahre später erlassene zweitgenannte Mantelgesetz ergänzt
die Möglichkeit der vorläufigen Anordnung im PBefG.[19]

Die Normen zur vorläufigen Anordnung werden jeweils durch eine Duldungs-
pflicht der betroffenen Eigentümer für vorbereitende Maßnahmen (aber nicht für
Teilmaßnahmen) ergänzt.[20] Vorbereitende Maßnahmen sind nach der Gesetzesbe-
gründung beispielsweise „Kampfmittelbeseitigungen, archäologische Grabungen,
Beseitigung von Gehölzen unter den Voraussetzungen des § 39 Absatz 5 Nummer 2
Bundesnaturschutzgesetz (BNatSchG), Verlegung von Leitungen oder naturschutz-
rechtliche Maßnahmen, insbesondere des europäischen Arten- und Gebietsschutzes
(Maßnahmen zur Schadensbegrenzung, vorgezogene Ausgleichsmaßnahmen nach §
44 Absatz 5 BNatSchG und Maßnahmen zur Kohärenzsicherung nach § 34 Absatz 5
BNatSchG)."[21] Davon unterscheiden sich Teilmaßnahmen dahingehend, dass sie das
eigentliche Bauvorhaben betreffen, wobei der Umfang nicht entscheidend ist, sondern
nur, dass das Bauvorhaben nicht fertiggestellt wird.[22] Das OVG-Berlin-Brandenburg
hat in der Causa Tesla entschieden, dass Waldrodungen als reversibel gelten können.[23]
Bei Fortführung dieser Rechtsprechung schwindet der Unterschied zu den nach dem
Energieinfrastrukturrecht zulässigen irreversiblen Maßnahmen.[24]

Die Einführung der Norm wird damit begründet, dass Planungs- und Bauzeiten
dadurch verkürzt werden sollen, dass schon vor Erlass des Planfeststellungsbeschlusses
mit den Arbeiten begonnen werden kann. Folgerichtig haben Rechtsbehelfe gegen die
vorläufige Anordnung keine aufschiebende Wirkung und es findet kein Vorverfahren

---

[16] Begründung RegE VerkBeschlG, BT-Drs. 19/4459, 3.

[17] BMVI (Hrsg.), Innovationsforum Planungsbeschleunigung Abschlussbericht S. 10.

[18] Begründung RegE VerkBeschlG, BR-Drs. 389/18, 12.

[19] Begründung RegE WVerkBeschlG, BT-Drs. 19/15626, 1; *Siegel/Himstedt,* DÖV 2021, 137, 138.

[20] § 16a FStrG; § 17 Abs. 1 AEG; § 32 Abs. 1 PBefG; § 16 WaStrG; *Buschmann/Reidt,* UPR 2020, 292, 294.

[21] Begründung RegE VerkBeschlG, BT-Drs. 19/4459, 29.

[22] Begründung RegE VerkBeschlG, BT-Drs. 19/4459, 29.

[23] OVG Berlin-Brandenburg, Beschl. v. 20. 02. 2020 – 11 S 8/20, DVBl 2020, 1417 ff.

[24] *Schmidt/Kelly,* VerwArch 2021, 235, 267.

statt.[25] Dies harmoniert mit der schon seit 1993[26] geltenden Regelung, dass die Anfechtungsklage gegen den Planfeststellungsbeschluss von Vorhaben des vordringlichen Bedarfs keine aufschiebende Wirkung hat.[27] Es wird kritisiert, dass die materielle Prüfdichte im einstweiligen Rechtsschutzverfahren geringer sei.[28]

Das Bundesverfassungsgericht hat keine grundlegenden verfassungsrechtlichen Bedenken gegen vorläufige Anordnungen, insbesondere, da die Rechtsschutzgarantie nicht verletzt sei.[29]

2.2.1.1.2 Energieinfrastruktur

Das Energie-Infrastrukturrecht sieht in § 44c EnWG vor, dass bereits vor Feststellung des Plans oder der Erteilung der Plangenehmigung teilweise mit der Errichtung oder Änderung eines Vorhabens begonnen werden kann. Dies schließt Vorarbeiten der Ausführungsphase mit ein. Damit korrespondiert die Duldungspflicht für Vorarbeiten (in der Planungs- und Genehmigungsphase) gem. § 44 EnWG.

Dem Wortlaut nach sind die Anordnungsvoraussetzungen grds. ähnlich zu denen des Verkehrsinfrastrukturrechts. Zu den Voraussetzungen kommt als noch hinzu, dass sich der Vorhabenträger gem. § 44c Abs. 1 Nr. 5 EnWG verpflichtet, a) alle Schäden zu ersetzen, die bis zur Entscheidung im Planfeststellungs- oder Plangenehmigungsverfahren durch die Maßnahmen verursacht worden sind, und b) sofern kein Planfeststellungsbeschluss oder keine Plangenehmigung erfolgt, den früheren Zustand wiederherzustellen. Es bedarf als Zulassungsvoraussetzung nicht ausschließlich eines öffentlichen Interesses. Es genügt bereits ein berechtigtes Interesse des Vorhabenträgers am vorzeitigen Baubeginn, wofür bereits ausreichen soll, den geplanten Fertigstellungstermin einhalten zu wollen.[30] Ferner muss der Vorhabenträger über die für die Maßnahmen notwendigen privaten Rechte verfügen.

Ziel der Regelung ist, mehr Flexibilität zu schaffen, um beispielsweise bei engen Bauzeitfenstern wegen zu beachtender Brut- oder Vegetationszeiten nicht ein halbes Jahr warten zu müssen, bis mit den Arbeiten begonnen werden kann.[31] So soll das

---

[25] § 17 Abs. 2 S. 9 FStrG; § 18 Abs. 2 S. 9 AEG; § 28 Abs. 3a S. 9 PBefG; § 14 Abs. 2 S. 9 WaStrG.

[26] Gesetz zur Vereinfachung der Planungsverfahren für Verkehrswege vom 17. 12. 1993 (BGBl. I, S. 2123) und Art. 5 des Gesetzes zur Neuordnung des Eisenbahnwesens vom 27. 12. 1993 (BGBl. I, S. 2378, 2396).

[27] § 17e Abs. 2 S. 1 FStrG; § 18e Abs. 2 S. 1 AEG; § 29 Abs. 6 S. 2 PBefG; § 14e Abs. 2 WaStrG.

[28] *Kelly/Schmidt*, AöR 144 (2019), 577, 636 f.

[29] Zu § 14 Abs. 2 WaStrG: BVerfG, Beschl. v. 29. 11. 2020 – 7 B 68/10, NVwZ 2011, 242.

[30] Gesetzentwurf der Bundesregierung eines Gesetzes zur Beschleunigung des Energieleitungsausbaus vom 28. 01. 2019 (EnBeschlG), BT-Drs. 19/7375, 64 oben.

[31] Begründung RegE EnBeschlG, BT-Drs. 19/7375, 63; *Baumann/Brigola*, DVBl 2020, 324, 329.

übergeordnete Ziel der besseren Verzahnung der Planungsschritte gefördert werden, um im Endeffekt einen schnelleren Energieleitungsausbau zu erreichen.[32]

Im Unterschied zum Verkehrsinfrastrukturrecht sind beim Energieleitungsausbau gem. § 44c S. 2 EnWG irreversible Maßnahmen möglich, wenn sie nur wirtschaftliche und keine ökologischen Schäden verursachen und für diese Schäden eine Entschädigung in Geld geleistet wird. Als Beispiel werden Schneisen durch (Fichten-)Monokulturen für Stromleitungen genannt.[33] Die Regelung korrespondiert mit der o. g. Selbstverpflichtung zu Schadensersatzzahlungen. Auch hier wird eine größere Flexibilität wegen engen Bauzeitfenstern angestrebt. Außerdem erfolgt die Zulassung des vorzeitigen Baubeginns gem. § 44c Abs. 1 S. 3 EnWG unter dem Vorbehalt des Widerrufs, sodass ggf. kurzfristig ein Baustopp erreicht werden kann. Ein weiterer Unterschied zeigt sich in der Möglichkeit der Behörde gem. § 44c Abs. 2 S. 1 eine Sicherheitsleistung zur Erfüllung der Schadensersatz- und Rückbauverpflichtung zu verlangen.

Zusammenfassend betrachtet sind die Regelungen des Energieinfrastrukturrechts für den vorzeitigen Baubeginn zwar mit mehr Voraussetzungen verbunden als die des Verkehrsinfrastrukturrechts für die vorzeitige Anordnung, die aber insgesamt leichter zu erfüllen sein dürften.

Für den Bau von LNG-Terminals werden die Durchführung (aller) irreversiblen Maßnahmen, auch ohne die notwendigen privaten Rechte zu haben, gestattet, § 8 Abs. 1 Nr. 4 LNGG.

Die Normen der vorläufigen Anordnung bzw. des vorzeitigen Baubeginns können durch die zusätzliche Flexibilität zu einer gewissen Beschleunigung und damit zu einem effizienteren Planungsprozess führen. Allerdings wird kritisiert, dass die Zulassung erst bei einer positiven Prognose möglich sei, wofür die Planungen weit fortgeschritten sein müssten.[34] Nach derzeitiger Auffassung von Rechtsprechung und Literatur soll für die Prognose die Beteiligung der Träger öffentlicher Belange und die Öffentlichkeitsbeteiligung (nicht zwingend mit Erörterungstermin) abgeschlossen sein.[35] Dennoch ist das Verfahren mit diesen Normen schneller als ohne, insofern ist deren Einführung zu begrüßen.[36]

---

[32] Begründung RegE EnBeschlG, BT-Drs. 19/7375, 1.

[33] Begründung RegE EnBeschlG, BT-Drs. 19/7375, 64 unten; dies wegen der Befürchtung der Vernachlässigung des Umwelt- und Naturschutzes stark kritisierend: *Baumann/Brigola*, DVBl 2020, 324, 330.

[34] *Leidinger*, NVwZ 2020, 1377, 1380; kritisch auch *Wysk*, Die Verfahrensdauer als Rechtsproblem, in: Appel/Wagner-Cardenal (Hrsg.), Verwaltung zwischen Gestaltung, Transparenz und Kontrolle, S. 44.

[35] Statt vieler *Hermeier/Kalinna*, in: Assmann/Peiffer, BeckOK EnWG, § 44c Rn. 11–15.

[36] So auch *Riege*, EnWZ 2020, 305, 311; der scheidende Chef der Stuttgart-21-Projektgesellschaf Manfred Leger lobt die neue rechtliche Möglichkeit: „[eine] vorläufige Genehmigung des Eisenbahn-Bundesamtes […] für das Umsiedeln der Eidechsen […] wäre früher nicht denkbar gewesen", *Milankovic*, Stuttgarter Nachrichten v. 30. 04. 2021, S. 25.

2.2.1.2 Ausnahmen vom Erörterungstermin

Als Nächstes werden die Möglichkeiten dargestellt, unter denen a) im Anhörungsverfahren und b) nach Verfahrensende, aber noch vor Fertigstellung des Baus für den Fall von notwendig gewordenen Planänderungen abweichend vom VwVfG vom Erörterungstermin abgesehen werden kann. Innerhalb des Anhörungsverfahrens umfasst 1) die Fälle der ersten Anhörung und 2) den Fall, dass ein ausgelegter Plan geändert werden soll, bevor das Ausgangsverfahren abgeschlossen wurde. Es wird wieder jeweils zwischen Verkehrsinfrastruktur aa) und Energieinfrastruktur bb) unterschieden.

2.2.1.2.1 Ausnahmen vom Erörterungstermin im Anhörungsverfahren

Das LVwVfG sieht grundlegen gem. § 73 Abs. 6 S. 6 i. V. m. § 67 Abs. 2 Nr. 1 und 4 LVwVfG vor, dass in zwei Fällen auf einen Erörterungstermin verzichtet werden kann: erstens, wenn einem Antrag im Einvernehmen mit allen Beteiligten in vollem Umfang entsprochen wird, oder zweitens, wenn alle Beteiligten auf dessen Durchführung verzichtet haben.

aa) Verkehrsinfrastruktur
1. Abweichend davon kann im ersten Anhörungsverfahren gem. § 17a Nr. 1 FStrG, § 18a Nr. 1 AEG, § 29 Abs. 1a Nr. 1 PBefG oder § 14a Nr. 1 WaStrG ohne weitere Voraussetzungen auf einen Erörterungstermin verzichtet werden, auch wenn er eigentlich gem. § 18 Abs. 1 S. 4 UVPG vorgeschrieben wäre.

2. Selbiges gilt, in Abweichung von § 73 Abs. 8 LVwVfG, gem. § 17a Nr. 2 FStrG, § 18a Nr. 2 AEG, § 29 Abs. 1a Nr. 2 PBefG oder § 14a Nr. 2 WaStrG für den Fall, dass ein ausgelegter Plan geändert werden soll, bevor das Verfahren abgeschlossen wurde.

Diese Regelung der jeweiligen Nr. 1 geht im Ursprung auf die Beschleunigungsgesetzgebung des Jahres 2006 zurück und diente damals größtenteils noch der Sicherung des Wirtschaftsstandorts Deutschland.[37] Mit dem VerkBeschlG 2018 bzw. WVerkBeschlG 2020 wurde neu geregelt, dass die sich aus § 18 Abs. 1 S. 4 UVPG ergebende Pflicht zur Durchführung eines Erörterungstermins ausgehebelt werden soll, da das Europarecht dies nicht vorschreibe.[38] Da die Regelung als Ermessensvorschrift ausgestaltet ist, soll die Behörde von Einzelfall zu Einzelfall entscheiden, ob ein Erörterungstermin nötig ist, um Konflikte bereits frühzeitig auszuräumen und damit Gerichtsverfahren zu verhindern,[39] oder aber auch, wenn in einem besonders umstrittenen Fall absehbar ist, dass die Einwendungen nicht ausgeräumt werden

---

[37] Gesetzentwurf der Bundesregierung eines Gesetzes zur Beschleunigung von Planungsverfahren für Infrastrukturvorhaben (InfBeschlG) vom 04.11.2005, BT-Drs. 16/54, 24.

[38] Begründung RegE VerkBeschlG, BT-Drs. 19/4459, 31, 40.

[39] Begründung RegE InfBeschlG, BT-Drs. 16/54, 26.

können.[40] In der Praxis wird dies durchaus praktiziert, beispielsweise, wenn offene Punkte im laufenden Verfahren bereits ausgeräumt sind und mit Privat-Betroffenen Einigungen erzielt werden konnten.[41]

Problematisch ist aber, dass § 18 UVPG nur die in § 18 Abs. 2 UVPG genannten Ausnahmen vom Erörterungstermin zulässt. Fraglich ist, welche Norm Vorrang hat.[42] Fachgesetze dürfen die Norm gem. § 1 Abs. 4 S. 1 UVPG nur dann konterkarieren, wenn die wesentlichen Anforderungen des UVPG beachtet werden.[43] Ob die neuen Beschleunigungsnormen dies gewährleisten, ist umstritten.[44] Dagegen spricht, dass der Erörterungstermin aus traditionellen Gründen[45] gerade wesentlicher Teil des deutschen UVP-Rechts ist.[46] Außerdem müsse der systematische Unterschied zu § 22 Abs. 2 UVPG beachtet werden: Nur weil § 22 Abs. 2 S. 1 UVPG ebenfalls ein Absehen von der Öffentlichkeitsbeteiligung bei Planänderung vorsieht, kann per Fachgesetz bei Plan-änderungen (aber nur dann) auf den Erörterungstermin verzichtet werden (Nr. 2 der o. g. Normen),[47] aber nicht beim erstmaligen Anhörungsverfahren (Nr. 1 der o. g. Normen).[48]

---

[40] Beschlussempfehlung und Bericht des Verkehrsausschusses zum RegE InfBeschlG, BT-Drs. 16/3158, 38; dies kritisierend: *Schink*, DVBl 2011, 1377, 1381 f.

[41] Siehe dazu auch § 5 Abs. 1 PlanSiG, der es gestattet, bei der Ermessensentscheidung auch Belange der Pandemiebekämpfung mit einzubeziehen. Mehr zum Planungssicherstellungsgesetz unter Abschn. 2.2.5.2.

[42] Der Bundesrat hat vergeblich versucht, fachrechtlichen Regelungen den Vorrang einzuräumen (§ 18 Abs. 1 S. 5 UVPG-E), siehe dazu Unterrichtung durch die Bundesregierung zu dem Entwurf eines Gesetzes zur Modernisierung des Rechts der Umweltverträglichkeitsprüfung vom 12. 04. 2017, BT-Drs. 18/11948, 5 (Nr. 11 und 12) und die Gegenäußerung der Bundesregierung, S. 22.

[43] *H.-J. Peters*, NuR 2018, 457, 458 f.

[44] Zustimmend: *Hagmann*, in: Hoppe/Beckmann/Kment, UVPG, § 18 Rn. 29; *Neumann/ Külpmann*, in: Stelkens/Bonk/Sachs, VwVfG, § 73 Rn. 113c; *Siegel/Himstedt*, DÖV 2021, 137, 143; Ablehnend: *Peters/Balla/Hesselbarth*, in: dies., UVPG, § 18 Rn. 11; *H.-J. Peters*, NuR 2018, 457, 459; *Lieber*, in: Mann/Sennekamp/Uechtritz, VwVfG, § 73 Rn. 282; *Schmidt/Kelly*, VerwArch 2021, 235, 241.

[45] *H.-J. Peters*, NuR 2018, 457, 459.

[46] *Neumann/Külpmann*, in: Stelkens/Bonk/Sachs, VwVfG, § 73 Rn. 112; *Peters/Balla/Hesselbarth*, in: dies., UVPG, § 18 Rn. 11; *Stüer/Probstfeld*, DÖV 2000, 701, 704; *Wickel*, in: Fehling/Kastner/ Störmer, Verwaltungsrecht, VwVfG, § 73 Rn. 113; aA: *Spieth/Hantelmann/Stadermann*, IR 2017, 98, 104; Zur Bedeutung des Erörterungstermins für das Ziel einer rechtmäßigen Entscheidung *Gaentzsch*, Der Erörterungstermin im Planfeststellungsverfahren, in: Dolde et al. (Hrsg.), Verfassung-Umwelt-Wirtschaft, FS-Sellner, S. 220.

[47] *Hagmann*, in: Hoppe/Beckmann/Kment, UVPG, § 22 Rn. 23.

[48] *H.-J. Peters*, NuR 2018, 457, 459.

Dafür spricht, dass das EU-Recht keinen Erörterungstermin vorschreibt, sondern dass nach Art. 6 Abs. 5 UVP-RL[49] ein schriftliches Anhörungsverfahren genügt.[50] Außerdem wird der Erörterungstermin gerade nicht komplett gestrichen, sondern dessen Durchführung in das Ermessen der Behörde gestellt.[51] Zudem werden durch den Erörterungstermin aufgrund der Präklusionsvorschriften nur selten neue Informationen bekannt, die nicht schon schriftlich eingebracht wurden.[52] Die angedachte Verbreiterung der Informationsbasis wird selten erreicht.[53] Dennoch gilt weiterhin der Amtsermittlungsgrundsatz, der nicht von den Präklusionsvorschriften durchbrochen wird.[54] Die fachgesetzlichen Beschleunigungsnormen haben also Vorrang und können grds. ihre Wirkung entfalten.

Gerade diese Beschleunigungswirkung lässt sich jedoch in Zweifel ziehen: Durch den Verzicht auf den Erörterungstermin kann die Akzeptanz[55] und Legitimation[56] des Vorhabens schwinden. Der Erörterungstermin sorgt nicht nur für Transparenz im Verwaltungsverfahren,[57] verbreitert theoretisch die Informations- und Entscheidungsgrundlage[58] und führt damit bestenfalls im Ergebnis zu richtigen und zügigen Entscheidungen,[59] sondern kann im Idealfall, insbesondere bei kleineren Vorhaben,

---

[49] Richtlinie 2014/52/EU des Europäischen Parlaments und des Rates vom 16. 04. 2014 zur Änderung der Richtlinie 2011/92/EU über die Umweltverträglichkeitsprüfung bei bestimmten öffentlichen und privaten Projekten, ABl. L 124/1.

[50] BVerwG, Urt. v. 16. 06. 2016 – 9 A 4/15, Rn. 17, NVwZ 2016, 1641 1642; Guckelberger, DÖV 2006, 97, 104; Gurlit, JZ 2012, 833, 837; Hagmann, in: Hoppe/Beckmann/Kment, UVPG, § 18 Rn. 24.

[51] Hagmann, in: Hoppe/Beckmann/Kment, UVPG, § 18 Rn. 29; Auch die Bundesregierung ging wohl davon aus, dass der Erörterungstermin regelmäßiger Bestandteil der Öffentlichkeitsbeteiligung bleibt, vgl. die in Fn. 183 genannte Gegenäußerung auf S. 22.

[52] Guckelberger, DÖV 2006, 97, 101. Es dürfen überhaupt nur die bereits vorgebrachten Einwendungen erläutert werden, alle anderen sind präkludiert (§ 73 Abs. 4 S. 3, Abs. 6 S. 1 LVwVfG), es sei denn, es handelt sich um ein UVP-pflichtiges Vorhaben (§ 7 Abs. 5 und § 5 UmwRG).

[53] Wickel, in Fehling/Kastner/Störmer, Verwaltungsrecht, VwVfG, § 73 Rn. 114; Steinberg, ZUR 2011, 340, 344.

[54] BVerwG, Beschl. v. 18. 12. 2012 – 9 B 14/12, Rn. 6, juris; Wickel, in Fehling/Kastner/Störmer, Verwaltungsrecht, VwVfG, § 73 Rn. 123.

[55] Antweiler, NVwZ 2019, 29, 30; zum Thema „Akzeptanz durch Öffentlichkeitsbeteiligung" als mittelbare Privilegierung siehe Abschn. 2.3.1.

[56] Schmidt/Kelly, VerwArch 2021, 235, 239.

[57] Gaentzsch, Der Erörterungstermin im Planfeststellungsverfahren, in: Dolde et al. (Hrsg.), Verfassung-Umwelt-Wirtschaft, FS-Sellner, S. 235; Ziekow, NVwZ 2013, 754, 755.

[58] BVerfG, Urt. v. 24. 07. 2008 – 4 A 3001/07, NVwZ 2009, 109, 111.

[59] Appel, NVwZ 2012, 1361, 1362; Antweiler, NVwZ 2019, 29, 30; dazu kritisch Steinberg, ZUR 2011, 340, 343.

Gegner und Befürworter befrieden bzw. für Akzeptanz sorgen.[60] So kann bereits im Verfahren ein gewisser „Grundrechtsschutz durch Verfahrensgestaltung"[61] gewährleistet werden.[62] Diese positiven Wirkungen entfallen zu lassen, falls die Behörde ihr Ermessen dahingehend ausüben sollte, trägt nicht unbedingt effektiv zur Verfahrensbeschleunigung und einer formell guten Gesetzgebung bei. Stattdessen wird vorgeschlagen, die Frist zum Abschluss des Erörterungstermins zu verkürzen.[63]

bb) Energieinfrastruktur

1. Das EnWG sieht keine § 17a Nr. 1 FStrG, § 18a Nr. 1 AEG, § 29 Abs. 1a Nr. 1 PBefG oder § 14a Nr. 1 WaStrG entsprechende Möglichkeit vor, im Ausgangsverfahren in Abweichung vom UVPG vom Erörterungstermin abzusehen.

Die in § 43a Nr. 3 a-d EnWG genannten Ausnahmen vom Erörterungstermin[64] ähneln sehr stark denen des allgemeinen Verwaltungsrechts gem. § 73 Abs. 6 S. 6 i. V. m. § 67 Abs. 2 Nr. 1 und 4 LVwVfG (kein Erörterungstermin mangels „qualifizierter" Einwendungen oder bei Verzicht).[65] Nur für die höchst prioritären Vorhaben des EnLAG[66] ist gem. § 43b Nr. 1 b EnWG ein Verfahren vorgeschrieben, das zwar einen Verzicht vom Erörterungstermin vorsieht, aber im Übrigen die Anforderungen des § 18 Abs. 2 UVPG zu beachten hat. Damit beschränkt sich die Teilnahmemöglichkeit auf Einsichtnahme, Äußerung und Abgabe schriftlicher Stellungnahmen.[67]

Auch im NABEG sind gem. § 22 Abs. 6 S. 2 i. V. m. § 10 Abs. 3 NABEG keine weitergehenden Ausnahmen des Absehens vom Erörterungstermin vorgesehen. Dagegen ist in § 43a Nr. 3 EnWG der Behörde kein Ermessen eingeräumt, was aber nur dann

---

[60] *Guckelberger,* DÖV 2006, 97, 100; *Hagmann,* in: Hoppe/Beckmann/Kment, UVPG, § 18 Rn. 25; *Knauff,* DÖV 2012, 1 3; zu weiteren Funktionen der Öffentlichkeitsbeteiligung vgl. *Appel,* NVwZ 2012, 1361, 1362.

[61] BVerfG, Beschl. v. 20. 12. 1979 – 1 BvR 385/77, BVerfGE 53, 30, 57 *(Mühlheim-Kärlich).*

[62] *Antweiler,* NVwZ 2019, 29, 30; *Groß,* VerwArch 2013, 1, 13; vgl. statt vieler *Held,* Der Grundrechtsbezug des Verwaltungsverfahrens, S. 95 ff.

[63] *Knauff,* DÖV 2012, 1, 7; *Pfannkuch/Schönfeldt,* NVwZ 2020, 1557, 1558; auch wurde (noch vor Einführung der frühen Öffentlichkeitsbeteiligung, § 25 Abs. 3 LVwVfG) statt einer Streichung des Erörterungstermins vorgeschlagen, dessen Termin in ein Verfahrensstadium vorzuziehen, in dem die Planung noch effektiv verändert werden kann, *Franzius,* GewArch 2012, 225, 228.

[64] § 43a Nr. 3 S. 1 EnWG: „Ein Erörterungstermin findet nicht statt, wenn a) Einwendungen gegen das Vorhaben nicht oder nicht rechtzeitig erhoben worden sind, b) die rechtzeitig erhobenen Einwendungen zurückgenommen worden sind, c) ausschließlich Einwendungen erhoben worden sind, die auf privatrechtlichen Titeln beruhen, oder d) alle Einwender auf einen Erörterungstermin verzichten."

[65] Kritisch dazu: *Stecher,* Das Prinzip der umweltverträglichen Energieversorgung in energiewirtschaftsrechtlichen Ausprägungen und umwelt(energie)rechtlichen Verzahnungen, S. 149 f.

[66] Energieleitungsausbaugesetz vom 21. 08. 2009 (BGBl. I, S. 2870), zuletzt geändert durch Gesetz v. 02. 06. 2021 (BGBl. I, S. 1295).

[67] *Kment,* in: ders., Energiewirtschaftsgesetz, § 43b Rn. 5.

greift, wenn keine UVP-Pflicht besteht.[68] Dennoch ist durch diese Normen ein Zeit-
gewinn von zwei bis drei Wochen zu erwarten.[69]

2. Lediglich § 43a Nr. 4 EnWG sieht wie § 17a Nr. 2 FStrG, § 18a Nr. 2 AEG, § 29
Abs. 1a Nr. 2 PBefG oder § 14a Nr. 2 WaStrG bei Änderung eines bereits ausgelegten
Plans vom Erörterungstermin ab, auch wenn dieser nach dem UVPG vorgeschrieben ist.
Der im Februar 2021[70] neu gefasste § 10 Abs. 4 NABEG sieht eine dementsprechende
Regelung vor. Diese ist dem Wortlaut nach anders gestaltet und nimmt nicht den
problematischen Bezug auf § 18 Abs. 1 S. 4 UVPG, sondern bezieht sich direkt auf
§ 22 UVPG. Dies ist grundsätzlich zu begrüßen, missachtet aber eine möglichst einheitliche sprachliche Gestaltung gleicher Regelungsgegenstände. Die unterschiedliche
Formulierung des Ermessens „soll absehen" statt „kann im Regelfall absehen" dürfte auf
dasselbe Ergebnis hinauslaufen. Ob der Verweis des § 22 Abs. 6 auf den genannten § 10
Abs. 4 für den Fall der Planänderung während des Verfahrens gilt, ist nicht abschließend
geklärt, aus Beschleunigungsgründen und aus Gründen eines formell guten Verfahrens
aber zu befürworten.

2.2.1.2.2 Ausnahmen vom Erörterungstermin nach Verfahrensende vor Fertigstellung wegen Planänderungen des festgestellten Plans

Soll nach Verfahrensende aber vor Fertigstellung des Vorhabens der festgestellte Plan
geändert werden, bedarf es gem. § 76 Abs. 1 LVwVfG grundsätzlich eines neuen Planfeststellungsverfahrens. Gem. § 17d S. 1 FStrG, § 18d S. 1 AEG, § 29 Abs. 5 S. 1
PBefG, § 14d S. 1 WaStrG, oder § 43d EnWG kann dem Wortlaut nach ohne weitere
Voraussetzungen auf einen Erörterungstermin verzichtet werden, auch wenn er eigentlich
gem. § 18 Abs. 1 S. 4 UVPG vorgeschrieben wäre und wenn es sich um eine wesentliche Änderung handelt.[71] Grund dafür ist, dass „das Vorhaben bereits der Kontrolle der
Exekutive unterzogen wurde".[72]Ein Anhörungsverfahren muss trotzdem durchgeführt
werden, nur auf eine mündliche Erörterung der Einwendungen (in Präsenz oder online)
darf verzichtet werden.[73]

---

[68] *Lieber,* in: Mann/Sennekamp/Uechtritz, VwVfG, § 73 Rn. 279.

[69] Begründung RegE InfBeschlG, BT-Drs. 16/54, 26.

[70] Gesetz zur Änderung des Bundesbedarfsplangesetzes und anderer Vorschriften vom 25. 02. 2021
(BGBl. I, S. 298).

[71] Für unwesentliche Änderungen kann die Planfeststellungsbehörde schon gem. § 76 Abs. 2
LVwVfG von einem neuen Planfeststellungsverfahren absehen, wenn die Belange anderer
nicht berührt werden oder wenn die Betroffenen der Änderung zugestimmt haben. Siehe dazu
Abschn. 2.2.1.5.

[72] *Pleiner,* Überplanung von Infrastruktur, S. 345.

[73] *Deutsch,* in: Mann/Sennekamp/Uechtritz, VwVfG, § 76 Rn. 59; *Missling,* in: Theobald/Kühling,
Energierecht, EnWG, § 43d Rn. 17.

Es wird gefordert, das neue Planfeststellungsverfahren aus verfahrensökonomischen Gründen nur auf die Änderungen beschränkt bleiben.[74] Etwas anderen gilt, wenn Betroffene oder Belange durch die Änderung erstmals berührt werden, dann soll eine Stellungnahme zum gesamten Verfahren möglich sein.[75] Zusätzlich regt sich die gleiche Kritik, die bereits oben erläutert wurde, dass nur bei nicht UVP-pflichtigen Änderungen auf den Erörterungstermin verzichtet werden dürfte.[76] Es wird vertreten, dass es bei wesentlichen Änderungen schnell ermessensfehlerhaft sei, keinen Erörterungstermin durchzuführen.[77]

Hier ist zurecht den fachgesetzlichen Beschleunigungsnormen der Vorrang einzuräumen. Wenn keine europarechtliche Pflicht besteht, darf der Gesetzesspielraum genutzt werden. Der Umstand, dass die Öffentlichkeit schon einmal beteiligt wurde, überwiegt. Außerdem sieht sogar § 22 Abs. 2 UVPG, der für das UVPG-Verfahren die erneute Beteiligung der Öffentlichkeit bei Änderungen im Lauf des Verfahrens regelt, eine „Soll-Vorschrift" vor, um von erneuter Öffentlichkeitsbeteiligung abzusehen. Aus dem systematischen Vergleich lässt sich damit für den Verzicht auf den Erörterungstermin argumentieren.

2.2.1.2.3 Zwischenbemerkung

Alleine in diesem Themenkomplex zeigt sich wie kleinteilig und zersplittert das Infrastrukturrecht mittlerweile aufgebaut ist. Mal greift die eine Ausnahme nur für das Verkehrsinfrastrukturrecht, mal auch für das Energieinfrastrukturrecht oder andersherum. Dies macht es für alle Beteiligten schwierig, den Überblick zu behalten. Hier kann mit einfachen Mitteln eine Angleichung und Verbesserung erreicht werden.

2.2.1.3 Erneute Beteiligung der Öffentlichkeit bei Änderungen während des laufenden Verfahrens

Abgesehen vom Erörterungstermin gibt es noch viele weitere Vorschriften zur Beteiligung der Öffentlichkeit am laufenden Verfahren. Der Erörterungstermin ist nur der letzte Schritt. Wenn unter bestimmten Voraussetzungen vom Erörterungstermin abgesehen werden kann, ist es nur konsequent, wenn auch Regelungen für die bereits davor stattfindende sonstige Öffentlichkeitsbeteiligung getroffen werden. Der Normalfall des § 73 Abs. 8 LVwVfG sieht vor, dass die komplette Öffentlichkeitsbeteiligung, wie beim ersten Mal, erneut durchzuführen ist, sobald die Änderungen eine gewisse Relevanzschwelle überschreiten.

---

[74] *Pleiner,* Überplanung von Infrastruktur, S. 345.

[75] Vgl. BVerwG, Urt. v. 09. 06. 2010 – 9 A 25/09, NVwZ 2011, 175 ff.

[76] *Pleiner,* Überplanung von Infrastruktur, S. 345.

[77] *Kupfer,* in: Britz/Hellermann/Hermes, EnWG, § 43d Rn. 6.

2.2.1.3.1 Energieinfrastrukturrecht

aa) Die neue Fassung des NABEG enthält in § 22 Abs. 8 erstmals vereinfachte Regelungen darüber, wie zu verfahren ist, wenn sich Änderungen während des laufenden Verfahrens ergeben. Die Behördenbeteiligung ist demnach auf diejenigen Träger öffentlicher Belange zu beschränken, die durch die Änderung in ihrem Aufgabenbereich berührt sind. Die Auslegung der geänderten Unterlagen erfolgt nach dem Wortlaut nur in den Gemeinden, auf die sich die Änderung voraussichtlich auswirken wird. Die Bekanntmachung wird nur in lokalen Tageszeitungen durchgeführt, die in dem Gebiet auflagenstark sind, auf das sich die Änderung bezieht, sowie auf der Internetseite der Planfeststellungsbehörde. Die Äußerungsfrist wird auf die Hälfte verkürzt. Diese Privilegierungen sind aus Beschleunigungsgründen und aus Gründen eines geringeren Verwaltungsaufwandes zu begrüßen.

bb) Das EnWG enthält solche Privilegierungen nicht, sodass es bei der allgemeinen Regelung des § 73 Abs. 8 LVwVfG bleibt.

2.2.1.3.2 Verkehrsinfrastrukturrecht

Selbiges gilt für das Verkehrsinfrastrukturrecht.

2.2.1.4 Plangenehmigung

Gem. § 74 Abs. 6 LVwVfG kann unter drei Voraussetzungen statt der normalen Planfeststellung eine in einem einfacheren Verfahren zu erteilende Plangenehmigung erteilt werden: wenn Rechte anderer nicht oder nur unwesentlich beeinträchtigt werden oder die Betroffenen sich mit der Inanspruchnahme ihres Eigentums oder eines anderen Rechts schriftlich einverstanden erklärt haben (Nr. 1), wenn mit den Trägern öffentlicher Belange, deren Aufgabenbereich berührt wird, das Benehmen hergestellt worden ist (Nr. 2) und wenn nicht andere Rechtsvorschriften eine Öffentlichkeitsbeteiligung vorschreiben, die den Anforderungen des § 73 Abs. 3 S. 1 und Abs. 4–7 LVwVfG (Bekanntmachung, öffentliche Auslegung der Planunterlagen, Möglichkeit privater Einwendungen, Erörterung) entsprechen muss (Nr. 3). Im Plangenehmigungsverfahren gibt es gem. § 74 Abs. 6 S. 2 HS 2 LVwVfG keine Öffentlichkeitsbeteiligung, sondern nur eine Anhörung gem. § 28 Abs. 1 LVwVfG.[78] Auch die Plangenehmigung hat enteignungsrechtliche Vorwirkung.[79] Die Plangenehmigung hat gegenüber dem Planfeststellungsverfahren aufgrund dessen deutliches Beschleunigungspotenzial[80] und Potenzial zu Vereinfachung des Verfahrens und wird rege genutzt.[81]

---

[78] *Kämper,* in: Bader/Ronellenfitsch, BeckOK VwVfG, § 74 Rn. 139.

[79] *Neumann/Külpmann,* in: Stelkens/Bonk/Sachs, VwVfG, § 75 Rn. 27.

[80] *Ahlborn,* Die Plangenehmigung als Instrument zur Verfahrensbeschleunigung, S. 535; *Eckert,* Beschleunigung von Planungs- und Genehmigungsverfahren, S. 104.

[81] *Spieth/Hantelmann/Stadermann,* IR 2017, 98, 102.

2.2.1.4.1 Verkehrsinfrastruktur

Eine systematisch ähnliche Regelung zu den eben behandelten Ausnahmen vom Erörterungstermin findet sich in den Beschleunigungsnormen des Verkehrsinfrastrukturrechts zur Plangenehmigung.

Gem. § 17b Abs. 1 Nr. 1 S. 1 FStrG, § 18b S. 1 AEG, § 28 Abs. 2 S. 1 PBefG oder § 14b Abs. 2 S. 1 WaStrG kann abweichend von § 74 Abs. 6 S. 1 Nr. 3 LVwVfG für ein UVP-pflichtiges Vorhaben, welches eigentlich eine Öffentlichkeitsbeteiligung vorsieht, eine Plangenehmigung erteilt werden. Im Übrigen findet gem. des jeweiligen S. 3 das Gesetz über die Umweltverträglichkeitsprüfung mit Ausnahme des § 21 Abs. 3 UVPG Anwendung. Das bedeutet, dass in dem eigentlich nicht förmlichen Plangenehmigungsverfahren, nun die Öffentlichkeitsbeteiligungsvorschriften des UVPG ergänzend beachtet werden müssen.[82] § 18 Abs. 1 S. 4 UVPG verweist für die Öffentlichkeitsbeteiligung auf § 73 Abs. 3 S. 1, Abs. 5–7 LVwVfG. Gem. des jeweiligen S. 2 der o. g. Fachgesetze kann im Anhörungsverfahren auf den Erörterungstermin verzichtet werden.[83] Trotzdem ist der Ablauf der Umweltverträglichkeitsprüfung dem des Anhörungsverfahrens in der Planfeststellung sehr ähnlich, mit der Ausnahme, dass die Beteiligungsschritte auf umweltrelevante Aspekte beschränkt sind.[84] Im Ergebnis bieten die Spezialnormen zur Plangenehmigung kein echtes Beschleunigungs- und Vereinfachungspotenzial[85], vor allem, da § 74 Abs. 6 S. 1 Nr. 1 und 2 LVwVfG in jedem Fall beachtet werden müssen, sodass nur ein Anwendungsbereich für einfach gelagerte Fälle, in denen Rechte anderer nicht oder nur unwesentlich[86] beeinträchtigt werden und das Benehmen mit den betroffenen Trägern öffentlicher Belange hergestellt ist, verbleibt.[87]

2.2.1.4.2 Energieinfrastruktur

Das Energieinfrastrukturrecht sieht keine derartigen Spezialvorschriften zur Plangenehmigung vor. § 24 Abs. 4 NABEG verweist klarstellend auf § 74 Abs. 6 VwVfG.

---

[82] *Sterz,* UPR 2021, 54, 55.

[83] Siehe dazu und zur diesbezüglichen Kritik Abschn. 2.2.1.2.1.

[84] *Wickel,* in: Fehling/Kastner/Störmer, Verwaltungsrecht, VwVfG, § 74 Rn. 188.

[85] *Sterz,* UPR 2021, 54, 62; *Lieber,* in: Mann/Sennekamp/Uechtritz, VwVfG, § 74 Rn. 432; *Siegel/Himstedt,* DÖV 2021, 137, 146; aA: *Ahlborn,* Die Plangenehmigung als Instrument zur Verfahrensbeschleunigung, S. 535; *Spieth/Hantelmann/Stadermann,* IR 2017, 98, 103.

[86] Das ist beispielsweise dann der Fall, „wenn ein Grundstück in sehr geringem Maße oder nur vorübergehend in Anspruch genommen werden soll, etwa als vorübergehende Baufläche im Rahmen einer Straßenbaumaßnahme oder durch die Behinderung einer Grundstückszufahrt, wenn andere Zufahrtsmöglichkeiten nur mit unverhältnismäßigen Mehraufwand genutzt werden können" (Begründung RegE PlVereinhG v. 16. 05. 2012, BT-Drs. 17/9666, 20).

[87] Begründung RegE VerkBeschlG, BT-Drs. 19/4459, 31, 40, 49; Zur alten Fassung der Norm, die keinen Verweis auf das UVPG enthielt, und deren Unvereinbarkeit mit der Staatszielbestimmung des Art. 20a GG: *Steinberg,* NJW 1996, 1985, 1994.

2.2.1.5 Vorhaben von unwesentlicher Bedeutung: Verfahrensfreiheit vs. Anzeigeverfahren

Die nächste Privilegierung behandelt Vorhaben von unwesentlicher Bedeutung. Dem Grundsatz nach sind diese gem. § 74 Abs. 7 S. 1 LVwVfG verfahrensfrei. Gem. S. 2 handelt es sich um eine unwesentliche Bedeutung, wenn andere öffentliche Belange nicht berührt sind oder die erforderlichen behördlichen Entscheidungen vorliegen und sie dem Plan nicht entgegenstehen (Nr. 1), Rechte anderer nicht beeinflusst werden oder mit den vom Plan Betroffenen entsprechende Vereinbarungen getroffen worden sind (Nr. 2) und nicht andere Rechtsvorschriften eine Öffentlichkeitsbeteiligung vorschreiben, die den Anforderungen des § 73 Abs. 3 S. 1 und Abs. 4–7 LVwVfG entsprechen muss (Nr. 3). Dem Wortlaut nach, tritt die Wirkung von Gesetzes wegen ein.[88] Ein zusätzlicher Bescheid der Behörde ist als zusätzlicher Service nicht schädlich.[89] Die Subsumtion und damit verbundene Entscheidung, ob ein Verfahren verfahrensfrei ist oder nicht, trifft die Behörde nach den allgemeinen Regeln des § 9ff LVwVfG.[90] Aus der Systematik ergibt sich, dass eine Entscheidung der Behörde gewollt ist, so wie es schon in § 17 Abs. 2 der Urfassung des FStrG von 1953[91] ausdrücklich präzisiert war. Die Behördenentscheidung ist nur eine Feststellung, ohne Ermessen. Dem Vorhabenträger kann dennoch nicht zugemutet werden, diese Subsumtion alleine zu treffen und ggf. ohne Planfeststellungsbeschluss mit der Ausführung zu beginnen.[92] Als Rechtsfolge des Freistellungsbescheids darf nur mit der Vorhabenausführung begonnen werden, falls keine Zulassungserfordernisse aus anderen Gesetzen bestehen, denn der Unterbleibensbescheid entfaltet als feststellender Verwaltungsakt mangels Konzentrationswirkung keine Zulassungswirkung, sondern regelt nur den Wegfall des Planfeststellungs-/ Genehmigungsverfahrens.[93]

---

[88] *Kämper*, in: Bader/Ronellenfitsch, BeckOK VwVfG, § 74 Rn. 148.

[89] Dazu und zum gesamten tlw. umstrittenen Problembereich „Unterlassungsbescheid": *Kämper*, NVwZ 2016, 1280, 1282 m. w. N.; *Neumann/Külpmann*, in: Stelkens/Bonk/Sachs, VwVfG, § 74 Rn. 258; *Wickel*, in: Fehling/Kastner/Störmer, Verwaltungsrecht, VwVfG, § 74 Rn. 210.

[90] *Wickel*, in: Fehling/Kastner/Störmer, Verwaltungsrecht, VwVfG, § 74 Rn. 198.

[91] Bundesfernstraßengesetz (FStrG) vom 06. 08. 1953 (BGBl. I, S. 903, 908).

[92] *Wickel*, in: Fehling/Kastner/Störmer, Verwaltungsrecht, VwVfG, § 74 Rn. 210, 212.; aA: *Kämper*, DÖV 2017, 856, 859 m. w. N.

[93] Strittig; so auch *Kämper*, NVwZ 2016, 1280, 1284, der die unten genannte BVerwG-Rechtsprechung als nicht mehr aufrechterhaltensfähig bezeichnet; *ders.*, DÖV 2017, 856, 859 ff.; *Lieber*, in: Mann/Sennekamp/Uechtritz, VwVfG, § 74 Rn. 506; *Neumann/Külpmann*, in: Stelkens/Bonk/Sachs, VwVfG, § 75 Rn. 258; *Wickel*, in: Fehling/Kastner/Störmer, Verwaltungsrecht, VwVfG, § 74 Rn. 211; aA: BVerwG, Urt. v. 15. 01. 1982 – 4 C 26/78, BVerwGE 64, 325; BVerwG, Urt. v. 08. 10. 1976 – VII C 24/73, NJW 1977, 2367; OVG Münster, Urt. v. 29. 09. 2011 – 11 D 93/09. AK, DVBl 2012, 36.

2.2.1.5.1 Verkehrsinfrastruktur

Im Verkehrsinfrastrukturrecht sind abweichend[94] von § 74 Abs. 7 VwVfG gem.
§ 18 Abs. 1a und 3 AEG und § 28 Abs. 1a und 5 PBefG bestimmte Einzel- und
Unterhaltungsmaßnahmen explizit verfahrensfrei, beispielsweise für Lärmschutz,
Elektrifizierung, Digitalisierung und Barrierefreiheit, sofern keine UVP-Pflicht besteht
und die Nebenbedingungen der S. 4 und 5 gewahrt werden.[95] In der Gesetzesbegründung
wird diese Maßnahme mit dem beschleunigten Ausbau der Schieneninfrastruktur
zur Erreichung der Klimaziele begründet.[96] Hervorzuheben ist, dass die Planungs-
erleichterung auch dann anwendbar ist, „wenn der Träger des Vorhabens die Einräumung
einer Mitnutzungsmöglichkeit der Bahnbetriebsanlagen für bahnfremde Zwecke, zum
Beispiel durch Mobilfunkanbieter beabsichtigt."[97] Ein flächendeckendes Mobilfunknetz
gehört zu einer vollständigen Infrastruktur hinzu, sodass dessen Förderung zu begrüßen
ist.

Durch die Festlegung von Regelbeispielen der Verfahrensfreiheit verringert sich der
Prüfungsaufwand der Behörde und die Rechtsunsicherheit bei der Subsumption unter
Ausnahmevorschriften, was beschleunigend wirkt und eine formell gute Rechtssetzung
verkörpert.[98]

Im FStrG und WaStrG fehlt eine Privilegierung für Einzelmaßnahmen. In den
Beratungen des Verkehrsausschusses wurde dahingehend Stellung genommen,
zum damaligen Zeitpunkt, Ende des Jahres 2020, wegen der Reform der
Bundesfernstraßenverwaltung keine Maßnahmengesetze für Fernstraßen einführen zu
wollen.[99] Eine echte Begründung für die daraus entstehende Inkonsistenz des Verkehrsinfrastrukturrechts liefert dies jedoch nicht.

2.2.1.5.2 Energieinfrastruktur

Im Energieinfrastrukturrecht gibt es keine explizit genannten verfahrensfreien Vorhaben. § 74 Abs. 7 VwVfG findet grds. gem. § 43 Abs. 4 EnWG nach Maßgabe des

---

[94] *Lieber,* in: Mann/Sennekamp/Uechtritz, VwVfG, § 74 Rn. 486.

[95] Siehe auch *Siegel/Himstedt,* DÖV 2021, 137, 139.

[96] Gesetzentwurf der Bundesregierung eines Gesetzes zur Beschleunigung von Investitionen
(InvBeschlG) vom 04. 09. 2020, BT-Drs. 19/22139, 22; Beschlussempfehlung und Bericht des
Ausschusses für Verkehr und digitale Infrastruktur vom 04. 11. 2020 zu dem Gesetzentwurf
der Bundesregierung zum Entwurf eines Gesetzes zur Beschleunigung von Investitionen, BT-
Drs. 19/24040, 27 f.

[97] Begründung RegE InvBeschlG, BT-Drs. 19/22139, 22; Beschlussempfehlung InvBeschlG, BT-
Drs. 19/24040, 28.

[98] Vgl. dazu *Franke/Karrenstein,* EnWZ 2019, 195, 196; *Ohms,* Verfahrensbeschleunigung in der
Verwaltungspraxis, in: Sauer/Schneller (Hrsg.), Beschleunigung von Planungsverfahren für Freileitungen, S. 48: „Gesetzlich provozierte Unsicherheiten bei Verfahrensschritten führen zu ver-
meidbaren Verfahrensverzögerungen"; *Pleiner,* Überplanung von Infrastruktur, S. 343.

[99] Beschlussempfehlung InvBeschlG, BT-Drs. 19/24040, 19.

EnWG trotzdem Anwendung. Stattdessen kennt das Gesetz ein Anzeigeverfahren. Es ist in § 43f Abs. 1 und 3 EnWG und § 25 Abs. 1 und 3 NABEG geregelt. Danach können unwesentliche Änderungen oder Erweiterungen anstelle des Planfeststellungsverfahrens durch ein Anzeigeverfahren zugelassen werden. Eine Änderung oder Erweiterung ist gem. S. 2 nur dann unwesentlich, wenn nach dem Gesetz über die Umweltverträglichkeitsprüfung oder nach Abs. 2 hierfür keine Umweltverträglichkeitsprüfung durchzuführen ist (Nr. 1), andere öffentliche Belange nicht berührt sind oder die erforderlichen behördlichen Entscheidungen vorliegen und sie dem Plan nicht entgegenstehen (Nr. 2) und Rechte anderer nicht beeinträchtigt werden oder mit den vom Plan Betroffenen entsprechende Vereinbarungen getroffen werden (Nr. 3). Die Voraussetzungen sind denen des LVwVfG sehr ähnlich: Nr. 1 EnWG/NABEG entspricht Nr. 3 LVwVfG, mit der Ausnahme, dass Änderungen des Betriebskonzepts, Umbeseilungen oder Zubeseilungen gem. § 43f Abs. 2 / § 25 Abs. 2 NABEG privilegiert werden, indem für sie durch gesetzgeberische Festlegung keine UVP-Prüfung notwendig ist.[100] Diese gesetzliche Ausnahmenaufzählung ist gem. Art. 4 Abs. 2 S. 2 UVP-RL zulässig.[101] Nr. 2 EnWG/NABEG entspricht Nr. 1 LVwVfG, mit der Ausnahme, dass gem. § 43f Abs. 3 EnWG / § 25 Abs. 3 NABEG die Schutzanforderungen in Bezug auf elektromagnetische Felder gewahrt sind. Und Nr. 3 EnWG/NABEG entspricht Nr. 2 LVwVfG, mit der Ausnahme, dass EnWG/NABEG „weiter" gefasst sind, weil für eine unwesentliche Änderung zwar eine „Beeinflussung", aber keine „Beeinträchtigung" vorliegen darf. Zudem greift § 74 Abs. 7 LVwVfG auch bei Neuerrichtungen, das Anzeigeverfahren nur bei Änderungen und Erweiterungen.[102] Es kommt durch den leicht erweiterten Anwendungsbereich nur zu einer kleinen Beschleunigung. Erschwerend kommt hinzu, dass die Prognose des Tatbestands der Unwesentlichkeit schwierig sein kann und damit leicht angreifbar ist.[103] Sinn und Zweck der Normen ist im Übrigen, die „Verfahrenshoheit der Planfeststellungsbehörde" zu sichern.[104]

Nach Eingang der Anzeigeunterlagen entscheidet die Behörde gem. § 43f Abs. 4 S. 4 EnWG bzw. § 25 Abs. 4 S. 4 NABEG innerhalb eines Monats, ob anstelle des Anzeigeverfahrens ein Plangenehmigungs- oder Planfeststellungsverfahren durchzuführen

---

[100] *Kranke/Karrenstein,* EnWG 2019, 195, 196 f.; *Leidinger,* NVwZ 2020, 1377, 1379; vgl. zur Gewährleistung des effektiven Rechtsschutzes im Rahmen des § 25 Abs. 2 NABEG: *Baumann/Brigola,* DVBl 2020, 324, 328; gegen einen Verstoß der Norm gegen die Anforderungen von § 9 UVPG: *Schlacke/Römling,* DVBl 2019, 1429, 1434.

[101] Begründung RegE EnBeschlG, BT-Drs. 19/7375, 60; *Grigoleit/Klanten,* EnWZ 2020, 435, 436; aA *Kelly/Schmidt,* AöR 144 (2019), 577, 625, 627.

[102] *Kümper,* UPR 2017, 211 f.

[103] *Hitschfeld et al.,* Evaluierung des gestuften Planungs- und Genehmigungsverfahrens, S. 205.

[104] *Kümper,* UPR 2017, 211, 213; Gesetzentwurf der Bundesregierung eines Gesetzes über Maßnahmen zur Beschleunigung des Netzausbaus Elektrizitätsnetze vom 06. 06. 2011, BT-Drs. 17/6073, 30; *Riese/Nebel,* in: Steinbach/Franke, Kommentar zum Netzausbau, NABEG, § 25 Rn. 24, 67.

ist oder die Maßnahme von einem förmlichen Verfahren freigestellt ist. Das Bedürfnis dieser konstitutiven Entscheidung stellt einen weiteren Unterschied zur allgemeinen kraft Gesetzes eintretenden Verfahrensfreistellung gem. § 74 Abs. 7 LVwVfG dar.[105] Prüfgegenstand ist gem. § 43f Abs. 4 S. 5 EnWG bzw. § 25 Abs. 4 S. 5 HS 1 NABEG nur die jeweils angezeigte Änderung oder Erweiterung. Die Entscheidung bewirkt nur in Bezug auf das Energierecht die Zulassung des Vorhabens, entfaltet aber keine Konzentrationswirkung,[106] weil sie nur bescheinigt, dass es keines Planfeststellungsverfahrens bedarf und keine materiell-rechtlichen Aussagen insbesondere auf andere Rechtsgebiete trifft.[107] § 43f EnWG hat in seinem begrenzten Anwendungsbereich eine größere Wirkung als § 74 Abs. 7 VwVfG.[108] Die Einführung einer Entscheidungsfrist geht dem Telos nach in dieselbe Richtung, wie die Festlegung von Regelbeispielen, da damit die Behörde ebenfalls zu zügigerem Tätigwerden angehalten wird. Außerdem erhält der Vorhabenträger damit so früh wie möglich Rechtsklarheit über die Verfahrensart und kann dementsprechend so effizient wie möglich die nötigen Unterlagen zusammenstellen.[109] Das Gesetz sieht keine Fiktion nach Ablauf der Frist vor, wie sie beispielsweise in § 6 Abs. 4 S. 4 BauGB[110] enthalten ist, sodass sich der durch die Fristsetzung auf die Behörde ausgeübte Druck in Grenzen hält.[111] Das Anzeigeverfahren wirkt beschleunigend[112] und realisiert ein formell gutes Genehmigungsverfahren.

2.2.1.6 „Vor-vorzeitige Besitzeinweisung" bereits nach dem Anhörungsverfahren

Eine weitere Privilegierung stellt die „vor-vorzeitige Besitzeinweisung" gegenüber der „normalen" vorzeitigen Besitzeinweisung dar. Mit der Besitzeinweisung erlangt der Antragsteller die privatrechtliche Befugnis, auf dem Grundstück das im Antrag auf Besitzeinweisung bezeichnete Bauvorhaben durchzuführen und die dafür erforderlichen

---

[105] *Grigoleit/Klanten*, EnWZ 2020, 435 f.; *Kümper*, DÖV 2017, 856, 863.

[106] Vgl. § 43c EnWG verweist nur für die Planfeststellung und die Plangenehmigung auf § 75 VwVfG.

[107] VGH Kassel, Urt. v. 12. 12. 2016 – 6 C 1422/14, BeckRS 2016, 110641 Rn. 19; *Grigoleit/ Klanten*, EnWZ 2020, 435, 439 f.; *Kümper*, UPR 2017, 211, 217 m. w. N.; *Riese/Nebel*, in: Steinbach/Franke, Kommentar zum Netzausbau, NABEG, § 25 Rn. 71 f.; *Kämper*, in: Bader/ Ronellenfitsch, BeckOK VwVfG, § 74 Rn. 149; aA: *Missling*, in: Theobald/Kühling, Energierecht, EnWG, § 43f Rn. 29.

[108] VGH Kassel, Urt. v. 12. 12. 2016 – 6 C 1422/14, BeckRS 2016, 110641 Rn. 19.

[109] Begründung RegE EnBeschlG, BT-Drs. 19/7375, 60; *Hitschfeld et al.*, Evaluierung des gestuften Planungs- und Genehmigungsverfahrens, S. 75; an der Beschleunigungswirkung aufgrund der zahlreichen Rechtsschutzmöglichkeiten gegen Anzeigeentscheidungen zweifelnd: *Holznagel*, ZUR 2020, 515, 519; *Schlacke/Römling*, DVBl 2019, 1429, 1434.

[110] Siehe dazu m. w. N. Abschn. 2.2.3.2.

[111] *Eckert*, Beschleunigung von Planungs- und Genehmigungsverfahren, S. 45 f.

[112] Begründung RegE EnBeschlG, BT-Drs. 19/7375, 60; *Grigoleit/Klanten*, EnWZ 2020, 435,440.

Maßnahmen zu treffen.[113] Er wird rechtlicher Besitzer, noch ohne tatsächliche Sachherrschaft, aber mit Recht zum Besitz i. S. d § 986 BGB.[114] Damit wird verbotene Eigenmacht i. S. d. § 858 BGB ausgeschlossen.[115] Es handelt sich um einen ausschließlich privatrechtsgestaltenden Verwaltungsakt.[116]

a) Für das Verkehrsinfrastrukturrecht existieren schon sehr lange[117] in § 18 f. FStrG, § 21 AEG, § 29a PBefG, § 20 WaStrG und für das „ursprüngliche" Energieinfrastrukturrecht gem. § 44b EnWG Normen zur vorzeitigen Besitzeinweisung[118]. Aufgrund der einzelnen Aufzählung der tatbestandlich von § 44b Abs. 1 EnWG erfassten Vorhaben, ist der Netzbooster vom Anwendungsbereich ausgenommen.[119] Dies dürfte damit zu begründen sein, dass § 44 Abs. 1 EnWG diesbezüglich seit 2006 unverändert und nicht dynamisch formuliert ist und Netzbooster damals noch gar nicht vom EnWG erfasst waren.

Die vorzeitige Besitzeinweisung hat gem. des jeweiligen Abs. 1 auf Antrag nach Feststellung des Plans oder Erteilung der Plangenehmigung zu erfolgen, wenn der sofortige Beginn von Bauarbeiten geboten ist und der Eigentümer oder Besitzer sich weigert, den Besitz eines Grundstücks durch Vereinbarung unter Vorbehalt aller Entschädigungsansprüche zu überlassen, und der Planfeststellungsbeschluss bzw. die Plangenehmigung vollziehbar ist.

Telos der Norm ist eine Straffung des Gesamtverfahrens durch eine frühzeitige und möglichst parallele Durchführung von Zulassungs- und Enteignungsverfahren.[120] Im Schnitt können so zehn Wochen eingespart werden.[121]

Rechtsfolge der vorzeitigen Besitzeinweisung ist, dass dem ursprünglichen Besitzer sein Recht zum Besitz entzogen wird und dass der Vorhabenträger neuer gesetzlich fingierter Besitzer (ähnlich des Erbenbesitzes, § 857 BGB, ohne tatsächliche Sachherrschaft[122]) mit

---

[113] *Wichert,* in: Theobald/Kühling, Energierecht, NABEG, § 27 Rn. 5.

[114] *Kümper,* VerwArch 2020, 404, 410.

[115] *Wichert,* in: Theobald/Kühling, Energierecht, NABEG, § 27 Rn. 3.

[116] *Kümper,* VerwArch 2020, 404, 410.

[117] Im FStrG existierte eine solche Regelung schon in der Urfassung vom 06. 08. 1953 (BGBl. I, S. 903, 908); im AEG, PBefG und WaStrG wurden die Normen im Dezember 1993 eingefügt (BGBl. I, S. 2123 ff. und 2378 ff.); das EnWG wurde 2006 auf denselben Stand gebracht (BGBL. I, S. 2833, 2847).

[118] Vgl. hierfür insbesondere die umfassende Analyse in: *Berger,* Die vorzeitige Besitzeinweisung, S. 14–168 und zu einer dogmatischen Einordnung *Kümper,* VerwArch 2020, 404 ff.

[119] *Riege,* in: Assmann/Peiffer, BeckOK EnWG, § 44b Rn. 3.

[120] Gesetzentwurf der Bundesregierung eines Gesetzes über Maßnahmen zur Beschleunigung des Netzausbaus Elektrizitätsnetze vom 06. 06. 2011, BT-Drs. 17/6073, 30 f., 35.

[121] *Kment,* NVwZ 2012, 1134, 1136, Fn. 44.

[122] *Kümper,* NVwZ-Extra 13/2020, 1, 3.

Recht zum Besitz i. S. d. § 986 BGB wird.[123] Infolgedessen darf gem. § 44b Abs. 4 S. 5 EnWG mit dem angestrebten Bauvorhaben begonnen werden.[124] Gem. § 44b Abs. 7 EnWG ist der Besitzeinweisungsbeschluss sofort vollziehbar und Rechtsbehelfe haben keine aufschiebende Wirkung.[125]

b) Im Unterschied dazu ist der vorzeitige Baubeginn im Energieinfrastrukturrecht schon deutlich früher möglich. Aufgrund der 2011[126] geschaffenen Normen § 44b Abs. 1a EnWG und § 27 Abs. 1 NABEG kann der Vorhabenträger schon nach Abschluss des Anhörungsverfahrens (d. h. nach Durchführung des Erörterungstermins[127]) verlangen, dass unter aufschiebender Bedingung und Zugrundelegung des erwarteten Planfeststellungsbeschlusses eine „vor-vorzeitige Besitzeinweisung"[128] durchgeführt wird.

Falls aufgrund anderer Normen kein Erörterungstermin stattfindet, kann die vorzeitige Besitzeinweisung auf den Zeitpunkt nach Anhörung der Träger öffentlicher Belange vorgezogen werden.[129] Ein Fall davon könnte die Plangenehmigung sein, was jedoch im Ergebnis abzulehnen ist, da der Wortlaut entgegensteht und die fehlende Anhörung keinen Anknüpfungspunkt bietet, sodass die Erfolgsaussichten zu unsicher sind.[130] Hauptsächlicher Kritikpunkt an der der Regelung der vor-vorzeitigen Besitzeinweisung ist, dass es zu einer Vorfestlegung der Behörde kommen würde, obwohl die Alternativenprüfung zu diesem Zeitpunkt noch nicht abgeschlossen sei.[131] Diese theoretische Möglichkeit führt alleine nicht zur Verfassungswidrigkeit.[132]

---

[123] *Kment,* in: ders., Energiewirtschaftsgesetz, § 44b Rn. 18; *Hermes* in: Britz/Hellermann/Hermes, EnWG, § 44b Rn. 13.

[124] *Nebel/Fest,* in: Steinbach/Franke, Kommentar zum Netzausbau, EnWG, § 44b Rn. 58.

[125] *Kment,* NVwZ 2012, 1134, 1136.

[126] Gesetz über Maßnahmen zur Beschleunigung des Netzausbaus Elektrizitätsnetze v. 28. 07. 2011 (BGBl. I, S. 1690).

[127] *Nebel/Fest,* in: Steinbach/Franke, Kommentar zum Netzausbau, EnWG, § 44b Rn. 28; *Rude/ Wichert,* in: de Witt/Scheuten, NABEG, § 27 Rn. 29.

[128] *Berger,* Die vorzeitige Besitzeinweisung, S. 48; *Kümper,* NVwZ-Extra 13/2020, 1, 4; *Nebel/ Fest,* in: Steinbach/Franke, Kommentar zum Netzausbau, EnWG, § 44b Rn. 26.

[129] *Rude/Wichert,* in: de Witt/Scheuten, NABEG, § 27 Rn. 30; *Thon,* Beschleunigung energierechtlicher Leitungsvorhaben durch Parallelführung von Planfeststellungs- und Enteignungsverfahren, S. 159. In § 8 Abs. 1 Nr. 3 LNGG wird festgelegt, dass der Vorhabenträger dies bereits nach Ablauf der Einwendungsfrist verlangen kann.

[130] Für eine Erweiterung: *Nebel/Fest,* in: Steinbach/Franke, Kommentar zum Netzausbau, EnWG, § 44b Rn. 30; zweifelnd: *Missling,* in: Theobald/Kühling, Energierecht, EnWG, § 44b Rn. 10c; *Pielow,* in: Säcker, Berliner Kommentar zum Energierecht, EnWG, § 44b Rn. 11; ablehnend: *Berger,* Die vorzeitige Besitzeinweisung, S. 51; *Kment,* in: ders., Energiewirtschaftsgesetz, § 44b Rn. 10; *Kümper,* NVwZ-Extra 13/2020, 1, 4; *ders.,* 404, 434; *Thon,* Beschleunigung energierechtlicher Leitungsvorhaben durch Parallelführung von Planfeststellungs- und Enteignungsverfahren, S. 163.

[131] *Moench/Ruttloff,* NVwZ 2011, 1040, 1044 f.

[132] *Kment,* in: ders., Energiewirtschaftsgesetz, § 44b Rn. 12; im Ergebnis auch: *Berger,* Die vorzeitige Besitzeinweisung, S. 50.

Das Instrument der vor-vorzeitigen Besitzeinweisung bietet echtes Beschleunigungspotenzial (von ca. 10 Wochen[133]), sowohl für den Verfahrensabschluss als auch für die
eigentliche Vorhabenrealisierung, sodass es zur Effizienzsteigerung beiträgt.[134] Da die
Rechtsfolge der vorläufigen Besitzeinweisung unter aufschiebender Bedingung eintritt,
kann zwar erst mit diesem Zeitpunkt (Bestandskraft des Planfeststellungsbeschlusses[135])
mit irreversiblen Maßnahmen begonnen werden.[136] Das spart auf den ersten Blick, nur
die kurze Zeit von 2 Wochen ab Zustellung gem. § 44b Abs. 4 S. 3, die dem ursprünglichen Besitzer sonst eingeräumt werden würde, um seine „Sachen zu packen".[137] Auf
den Zweiten Blick ist die Beschleunigung größer, da schon vor Eintritt der Bedingung
aufgrund der erhöhten Rechtssicherheit mit Ausschreibung und Vergabe begonnen
werden kann.[138] Die beste Anwendungsmöglichkeit ist dann gegeben, wenn sich früh im
Verfahren der konkrete Standort bzw. Linienverlauf herauskristallisiert.[139] Übertragen
auf den Netzbooster wäre das eigentlich immer der Fall, weil es sich um ein kompaktes
Vorhaben handelt, das nicht mit der Größe einer Stromleitung vergleichbar ist.

c) Warum in den letzten zehn Jahren im Verkehrsinfrastrukturrecht keine Angleichung
an das Energieinfrastrukturrecht vorgenommen wurde, ist nicht nachvollziehbar.[140]

2.2.1.7 Vorzeitiges Enteignungsverfahren

In § 45b EnWG und § 27 Abs. 2 NABEG existieren neben[141] der vorzeitigen Besitzeinweisung noch Normen zur vorzeitigen Enteignung.[142] Damit wird das Planfeststellungs-

---

[133] *Kment,* in: ders., Energiewirtschaftsgesetz, § 44b Rn. 9.

[134] Vgl. *Hitschfeld et al.,* Evaluierung des gestuften Planungs- und Genehmigungsverfahrens,
S. 208; *Kment,* NVwZ 2012, 1134, 1137; *Scheidler,* NuR 2012, 247, 252; im Ergebnis auch: *Thon,*
Beschleunigung energierechtlicher Leitungsvorhaben durch Parallelführung von Planfeststellungs-
und Enteignungsverfahren, S. 121, 207.

[135] *Thon,* Beschleunigung energierechtlicher Leitungsvorhaben durch Parallelführung von
Planfeststellungs- und Enteignungsverfahren, S. 110 Fn. 394.

[136] *Pielow,* in: Säcker, Berliner Kommentar zum Energierecht, EnWG, § 44b Rn. 16; *Rude/Wichert,*
in: de Witt/Scheuten, NABEG, § 27 Rn. 63; wegen der aufschiebenden Bedingung verneint
Kümper, VerwArch 2020, 404, 409, 437 die Beschleunigungswirkung. An der aufschiebenden
Bedingung wurde auch im LNGG nichts geändert.

[137] *Nebel/Fest,* in: Steinbach/Franke, Kommentar zum Netzausbau, EnWG, § 44b Rn. 55.

[138] *Pielow,* in: Säcker, Berliner Kommentar zum Energierecht, EnWG, § 44b Rn. 16.

[139] *Hitschfeld et al.,* Evaluierung des gestuften Planungs- und Genehmigungsverfahrens, S. 77.

[140] Schon damals für eine Übertragung ins Verkehrsinfrastrukturrecht plädierend: *Kment,* NVwZ
2012, 1134, 1139; unter der Bedingung der Einführung einer Ermessensklausel ebenfalls
zustimmend: *Thon,* Beschleunigung energierechtlicher Leitungsvorhaben durch Parallelführung
von Planfeststellungs- und Enteignungsverfahren, S. 304.

[141] Für ein kumulatives Wahlrecht des Vorhabenträges zwischen vorzeitiger Besitzeinweisung und
vorzeitiger Enteignung plädierend: *Thon,* Beschleunigung energierechtlicher Leitungsvorhaben
durch Parallelführung von Planfeststellungs- und Enteignungsverfahren, S. 126.

[142] Zu deren Verfassungsmäßigkeit: *Kümper,* NVwZ-Extra 13/2020, 1, 6–11.

und das Enteignungsverfahren parallel geführt. Das Ziel ist die möglichst schnelle Klärung der dinglichen Rechtsverhältnisse.[143] Aus Zwecken der Beschleunigung sind solche Regelungen unnötig, weil unter den gleichen Voraussetzungen die vorzeitige Besitzeinweisung beantragt werden kann, und es für den Baubeginn nur auf den Besitz, nicht auf das Eigentum ankommt.[144] Außerdem hat die Öffentlichkeit nur ein Interesse an der schnellen Realisierung des Vorhabens, nicht an der Klärung des Sachenrechts.[145] Der Bundesrat hatte wegen fehlender Praxisrelevanz eine Streichung der Norm empfohlen.[146] Durch § 45b EnWG und § 27 Abs. 2 NABEG wird nur das Enteignungsverfahren vorgezogen und der Enteignungserfolg tritt aufgrund aufschiebender Wirkung erst mit Abschluss des Planfeststellungsverfahrens ein.[147]

2.2.1.8 Legalplanung am Beispiel des Maßnahmengesetzvorbereitungsgesetzes

Mit dem Maßnahmengesetzvorbereitungsgesetz[148] wurde versucht einen weiteren Schritt in Richtung eines effektiven und effizienten Verwaltungsverfahrens zu gehen, um bestimmte Projekte zu privilegieren. Ob dies gelungen ist, wird der weitere Fortgang der Arbeit zeigen.

2.2.1.8.1 Inhalt des Gesetzes

Mit dem Maßnahmengesetzvorbereitungsgesetz (MgvG) wird gem. § 1 MgvG ein Verfahren geschaffen, um Verkehrsinfrastrukturprojekte durch formellen Gesetzesbeschluss des Bundestags statt durch Planfeststellungsbeschluss zuzulassen.[149] Energieinfrastrukturanlagen sind nicht Regelungsgegenstand des MgvG. Der Begriff der Maßnahmengesetzgebung kann dabei mit der Legalplanung durchaus gleichgesetzt werden, da bei beiden eine größere Sachnähe und stärkere Situationsbezogenheit gegeben ist, als bei abstrakt-generellen Gesetzen.[150] Als konkrete Projekte, die den Anwendungsbereich eröffnen, sind in § 2 und § 2a MgvG größtenteils bundesweite Bahn-Schienen-Projekte genannt, sowie wenige Wasserstraßenvorhaben und vereinzelte Fernstraßenausbauten in vom Kohle-Strukturwandel betroffenen Gebieten. Ein

---

[143] *Missling,* in: Theobald/Kühling, Energierecht, EnWG, § 45b Rn. 2.

[144] *De Witt,* ZUR 2021, 80, 83; *Thon,* Beschleunigung energierechtlicher Leitungsvorhaben durch Parallelführung von Planfeststellungs- und Enteignungsverfahren, S. 113.

[145] *Moench/Ruttloff,* NVwZ, 2013, 463 f.

[146] Stellungnahme des Bundesrats zum Gesetzentwurf der Bundesregierung eines Gesetzes über Maßnahmen zur Beschleunigung des Netzausbaus Elektrizitätsnetze, BT-Drs. 17/6249, 11, 15.

[147] *Kment,* NVwZ 2012, 1134, 1138.

[148] Maßnahmengesetzvorbereitungsgesetz vom 22. 03. 2020 (BGBl. I, S. 640), zuletzt geändert durch Gesetz v. 08. 08. 2020 (BGBl. I, S. 1795).

[149] Siehe zum Begriff der Legalplanung *Kürschner,* Legalplanung, S. 6–9.

[150] *Kürschner,* Legalplanung, S. 11 f.

Maßnahmengesetz für Fernstraßen war Ende des Jahres 2020 in der Diskussion, wurde aber wegen der Reform der Bundesfernstraßenverwaltung abgelehnt.[151] Die Behörde führt gem. §§ 4 – 8 MgvG ein vorbereitendes Verfahren durch, das einem Planfeststellungsverfahren sehr ähnlich ist, dabei hinsichtlich der verpflichtenden Öffentlichkeitsbeteiligung gem. § 5 MgvG sogar strengere Anforderungen stellt, und legt dem Bundestag ggf. einen Abschlussbericht vor, der gem. § 8 Abs. 3 S. 1 MgvG von Aufbau und Inhalt einem Planfeststellungsbeschluss entsprechen soll. Nicht jedes eingeleitete Verfahren wird vom Bundestag beschlossen. Gem. § 7 Abs. 2 MgvG unterbleibt dies, wenn keine triftigen Gründe für die Annahme bestehen, dass die Zulassung des Verkehrsinfrastrukturprojektes besser durch ein Maßnahmengesetz erreicht werden kann, weil durch das Maßnahmengesetz die Zulassung des Verkehrsinfrastrukturprojektes zugunsten des Gemeinwohls nicht oder nur unwesentlich beschleunigt wird. Dem Bundestagsbeschluss des konkreten Maßnahmengesetzes und dem darin enthaltenen „Vorhaben-Plan" kommt wie einem Planfeststellungsbeschluss ebenfalls enteignungsrechtliche Vorwirkung zu,[152] was bedeutet, dass eine eventuelle Enteignung zur Verwirklichung des Vorhabens dem Grunde nach zulässig ist, aber noch der konkret-individuellen Enteignung im nachgelagerten Enteignungsverfahren bedarf. Dort wird allerdings nur noch über die Höhe der Entschädigung und ob im Einzelfall eine Teilenteignung genügt, entschieden.[153] Gegen das konkrete Maßnahmengesetz ist Rechtsschutz nur noch durch eine Verfassungsbeschwerde zu erlangen, der Rechtsweg zu den Verwaltungsgerichten ist sowohl für unmittelbar Betroffene als auch für Umweltverbände ausgeschlossen.[154] Auch nach dem „Klima-Beschluss" des Bundesverfassungsgerichts vom 24. März 2021 lässt sich aus Art. 20a GG keine eigenständige Beschwerdebefugnis herleiten.[155] Das Bundesverfassungsgericht prüft dann nur die Verletzung spezifischen Verfassungsrechts, eine vollständige fachrechtliche Prüfung des Vorhabens

---

[151] Beschlussempfehlung und Bericht des Ausschusses für Verkehr und digitale Infrastruktur vom 04. 11. 2020 zu dem Entwurf eines Gesetzes für ein Bundesfernstraßen-Baubeschleunigungsgesetz, BT-Drs. 19/24040, 19.

[152] BVerfG, Beschl. v. 17. 07. 1996 – 2 BvF 2/93, BVerfGE 95, 1 Rn. 66 *(Südumfahrung Stendal)*; *Brigola/Heß*, NuR 2021, 104, 106.

[153] *De Witt*, ZUR 2021, 80, 81.

[154] Umkehrschluss aus Art. 100 Abs. 1 GG; *Stüer*, DVBl 2020, 617, 620; *Wegener*, ZUR 2020, 195 f.; *Wissenschaftliche Dienste BT*, Verfassungsrechtliche Zulässigkeit planfeststellender Gesetze, WD 3 – 3000 – 229/16, S. 5 f.; *Kramer*, N&R, 2020, 226, 229; Umweltvereinigungen können gem. § 2 Abs. 1 UmwRG nur Rechtsbehelfe nach der VwGO einlegen, diese Verfahrensposition ist nicht verfassungsrechtlich geschützt, vgl. *Ziekow*, Vorhabenplanung durch Gesetz, S. 70.

[155] BVerfG, Beschl. v. 24. 03. 2021 – 1 BvR 2656/18, 1 BvR 78/20, 1 BvR 96/20, 1 BvR 288/20, DVBl 2021, 808 ff., Rn. 112; *Chladek*, Rechtsschutzverkürzung als Mittel der Verfahrensbeschleunigung, S. 192 ff.

unterbleibt.[156] Da es sich dabei um eine „Legalenteignung im Gewande einer Legalplanung" handelt, ist insbesondere Art. 14 Abs. 3 GG entscheidungserheblich.[157] Die Verfassungsbeschwerde bietet keinen Primärrechtsschutz.[158]

2.2.1.8.2 Wie sich das MgvG in den Untersuchungsrahmen der Verfahrensbeschleunigung einfügt

Zunächst ist das MgvG in den Untersuchungsrahmen dieser Arbeit einzuordnen. Es wird vertreten, dass das Gesetz hauptsächlich zur Rechtswegverkürzung gedacht sei.[159] Dann könnte es hier nicht Untersuchungsgegenstand sein, denn dann würde es in die Kategorie der verwaltungsgerichtlichen und nicht verwaltungsverfahrensrechtlichen Privilegierung fallen. Der Grund, warum es hier dennoch untersucht wird, ist der, dass ein weiter Untersuchungsgegenstand gewählt wurde und alle Abweichungen vom normalen Verwaltungsverfahren grds. untersuchungswürdig sind. Die finale Entscheidung über die Zulassung des Vorhabens durch den Bundestag und nicht durch die Behörde (Kompetenzverlagerung) stellt eine solche verfahrensrechtliche Privilegierung dar.

2.2.1.8.3 Reaktionen auf das MgvG

aa) Kritik

Das MgvG hat teils massive Kritik erfahren. Die wesentlichen Kritikpunkte sind folgende:[160] Zum einen wird ein Verstoß gegen den Gewaltenteilungsgrundsatz aus Art. 20 Abs. 2 S. 2 GG angeführt. Die Vermischung der Aufgaben zwischen Exekutive und Legislative, die das Bundesverfassungsgericht in seinem Urteil zur Südumfahrung Stendal[161] im Jahr 1996 noch gebilligt hatte, sei hinsichtlich der zeitlichen Rahmenbedingungen und der Bedeutung der einzelnen Vorhaben nun kritisch zu betrachten.[162] Schließlich könnten 29 in §§ 2, 2a MgvG aufgezählte Projekte doch gar keinen

---

[156] BVerfG, Beschl. v. 10. 06. 1964 – 1 BvR 37/63, BVerfGE 18, 85, 92 f.; dazu in Bezug auf Art. 2 Abs. 5 UVP-RL 2014/52/EU sehr kritisch: EuGH, Urt. v. 29. 07. 2019 – C-411/17, ECLI:EU:C:2019:622 Rn. 110: „wobei sowohl der Inhalt des erlassenen Gesetzgebungsakts als auch das gesamte Gesetzgebungsverfahren, das zu seinem Erlass geführt hat, und insbesondere die Vorarbeiten und die parlamentarischen Debatten zu berücksichtigen sind".

[157] BVerfG, Beschl. v. 17. 07. 1996 – 2 BvF 2/93, BVerfGE 95, 1 Rn. 77 *(Südumfahrung Stendal)*.

[158] BVerfG, Beschl. v. 17. 01. 2006 – 1 BvR 541/02 u. a., BVerfGE 115, 81.

[159] *Groß*, JZ 2020, 76, 79; *Mehde*; DVBl 2020, 1312, 1314; *Wegener*, ZUR 2020, 195, 196; *Chladek*, Rechtsschutzverkürzung als Mittel der Verfahrensbeschleunigung, S. 216.

[160] Siehe ebenfalls die ausführliche Bearbeitung von *Chladek*, Rechtsschutzverkürzung als Mittel der Verfahrensbeschleunigung, S. 117–182.

[161] BVerfG, Beschl. v. 17. 07. 1996 – 2 BvF 2/93, BVerfGE 95, 1 *(Südumfahrung Stendal)*.

[162] *Groß*, JZ 2020, 76, 78; *Guckelberger*, NuR 2020, 805, 808; kritisch zur Parlamentszuständigkeit für Zulassung von Einzelvorhaben im allgemeinen *Waechter*, Großvorhaben als Herausforderung für den demokratischen Rechtsstaat, VVDStRL 72 (2013), S. 527.

Ausnahmecharakter mehr haben.[163] Ganz zu schweigen davon, dass ursprünglich fünf „Pilotprojekte"[164] angedacht waren und die Vorhabenliste im August 2020[165] zu § 2a MgvG erweitert wurde, ohne zuvor Erfahrungen mit den Vorhaben aus § 2 MgvG gesammelt zu haben.[166]

Des Weiteren wird ein Verstoß gegen das Verbot des Einzelfallgesetzes aus Art. 19 Abs. 1 S. 1 GG gerügt. Die Ausnahmen, die in dem maßgeblichen von der Bundesregierung herangezogenen Gutachten[167] herausgearbeitet wurden, seien zu vage.[168] Außerdem würden die aufgezählten Projekte nicht die vom Bundesverfassungsgericht geprägten Kriterien zur Überwindung des Verbots des Einzelfallgesetzes erfüllen.[169] Klimaschutz möge ein wichtiger Grund sein, Schienenprojekte zu privilegieren, jedoch sei der Klimaschutz stets mit anderen Belangen abzuwägen (Natur- /Artenschutz; Grundrechte Betroffener) und dieses ausdifferenzierte System solle nicht ausgehebelt werden, indem nun das Parlament entscheiden solle, welches sonst sehr selten Detailentscheidungen zu Einzelprojekten treffen muss.[170] Die genannte Abwägung findet zwar auch im vorbereitenden Verfahren statt und wird gerade nicht ersatzlos gestrichen, die finale Entscheidung durch das Parlament darf durch den Abschlussbericht nicht vorweggenommen werden. Ferner würde „die derzeitige Herausforderung, die nationalen wie internationalen Klimaziele zu erreichen, […] unseren Alltag der kommenden Jahre prägen und die «neue Normalität» darstellen."[171]

Die Rechtsschutzgarantie aus Art. 19 Abs. 4 S. 1 GG sei nicht gewahrt, weil der verwaltungsgerichtliche Rechtsschutz komplett ausgehebelt werde.[172] Seit dem Stendal-Urteil, das damals noch keinen Verstoß dagegen feststellen konnte, hat das Bundesverfassungsgericht die daran anzulegenden Anforderungen verschärft.[173] Ferner

---

[163] Empfehlungen der Ausschüsse des Bundesrats zum MgvG vom 9. 12. 2019, BR-Drs. 579/1/19, 3; *von Vittorelli,* Stellungnahme für den Deutschen Bundestag, Ausschuss für Verkehr und digitale Infrastruktur, zum MgvG, Ausschussdrucks. 19(15)308-G; *de Witt,* ZUR 2021, 80, 83; *Brigola/Heß,* NuR 2021, 104, 106.

[164] *CDU/CSU/SPD,* Koalitionsvertrag 19. Legislaturperiode, S. 75.

[165] Gesetz vom 08. 08. 2020 (BGBl. I, S. 1497, 1816).

[166] Das Erfordernis des Ausnahmecharakters betonend: *Wissenschaftliche Dienste BT,* Verfassungsrechtliche Zulässigkeit planfeststellender Gesetze, WD 3 – 3000 – 229/16, S. 11.

[167] *Ziekow,* Vorhabenplanung durch Gesetz, S. 33 f.; *ders,* NVwZ 2020, 677, 678 f.

[168] *Guckelberger,* NuR 2020, 805, 808.

[169] *Zschiesche,* Stellungnahme für den Deutschen Bundestag, Ausschuss für Verkehr und digitale Infrastruktur, zum MgvG, Ausschussdrucks. 19(15)308-D.

[170] *Groß,* JZ 2020, 76, 78.

[171] *Brigola/Heß,* NuR 2021, 104, 107.

[172] *Groß,* ZUR 2021, 75, 78.

[173] BVerfG, Urt. v. 17. 12. 2013 – 1 BvR 3139/08, 1 BvR 3386/08, BVerfGE 134, 242 *(Garzweiler II);* BVerfG, Beschl. v. 30. 06. 2015 – 2 BvR 1282/11, BVerfGE 139, 321, 361 ff. *(Zeugen Jehovas); Groß,* ZUR 2021, 75, 78; *Stüer,* DVBl 2020, 617, 622.

sei die eingeschränkte Prüfungskompetenz eines Verfassungsgerichts, das nur die Verletzung spezifischen Verfassungsrechts und nicht einen Verstoß gegen einfaches Rechts prüft, für die Beurteilung solch komplexer Verfahren ungeeignet.[174] Das Bundesverfassungsgericht muss gem. § 93a Abs. 1 BVerfGG[175]eine Verfassungsbeschwerde nicht zur Entscheidung annehmen. Sie ist „eben kein reguläres Rechtsmittel".[176] An den Eilrechtsschutz nach § 32 Abs. 1 BVerfGG werden strengere Anforderungen gestellt als im Verwaltungsrecht.[177] Auch Art. 11 der UVP-RL[178] gebiete, dass ein Gesetzgebungsakt von einer neutralen Position aus auf formelle und materielle Fehler überprüft werden können müsse.[179] Der Verstoß gegen die Rechtsschutzgarantie werde noch dadurch verstärkt, dass ein Recht auf effektiven Rechtsschutz auch gem. Art. 2 Abs. 5 S. 2 UVP-RL und Art. 9 Abs. 2 S. 1 AK[180] (und gem. Art. 11 Abs. 1, Abs. 3 S. 2 UVP-RL insbesondere für anerkannte Umweltschutzvereinigungen) garantiert werde.[181] Nach einem Leitfaden der EU-Kommission zur Auslegung des Art. 2 Abs. 5 UVP-RL müsse sichergestellt sein, dass „jeder derartige Gesetzgebungsakt in Übereinstimmung mit Artikel 11 der UVP-Richtlinie gemäß nationalen Verfahrensvorschriften vor einem einzelstaatlichen Gericht […] in Bezug auf seine materiell-rechtliche und verfahrensrechtliche Rechtmäßigkeit anfechtbar sein muss."[182]

---

[174] *Groß*, JZ 2020, 76, 80.

[175] Bundesverfassungsgerichtsgesetz i. d. F. v. 11. 08. 1993 (BGBl. I, S. 1473), zuletzt geändert durch Gesetz v. 20. 11. 2019 (BGBl. I, S. 1724).

[176] *De Witt*, ZUR 2021, 80, 83.

[177] *Graßhof*, in: Schmidt-Bleibtreu/Klein/Bethge, BVerfGG, § 32 Rn. 3; *Langer*, Die Endlagersuche nach dem Standortauswahlgesetz, S. 354.

[178] Richtlinie 2014/52/EU des Europäischen Parlaments und des Rates vom 16. 04. 2014 zur Änderung der Richtlinie 2011/92/EU über die Umweltverträglichkeitsprüfung bei bestimmten öffentlichen und privaten Projekten Text von Bedeutung für den EWR, ABl. L 124/1.

[179] *von Vittorelli*, Stellungnahme für den Deutschen Bundestag, Ausschuss für Verkehr und digitale Infrastruktur, zum MgvG, Ausschussdrucks. 19(15)308-G, S. 4; *Langer*, Die Endlagersuche nach dem Standortauswahlgesetz, S. 361.

[180] Übereinkommen über den Zugang zu Informationen, die Öffentlichkeitsbeteiligung an Entscheidungsverfahren und den Zugang zu Gerichten in Umweltangelegenheiten – Erklärungen (Aarhus-Konvention (AK)), ABl. L 124/4, zuletzt geändert durch Beschluss des Rates 2006/957/EG v. 18. 12. 2006, ABl. L 386/46.

[181] Empfehlungen der Ausschüsse des Bundesrats zum MgvG vom 9. 12. 209, BR-Drs. 579/1/19, 5; *Guckelberger* NUR 2020, 805, 809–813; *Kürschner*, Legalplanung S. 171; *Langstädtler*, Effektiver Umweltrechtsschutz in Planungskaskaden, S. 536; *Stüer*, DVBl 2020, 678, 682; *Wegener*, ZUR 2020, 195, 200–203; aA *Ziekow*, NVwZ 2020, 677, 683.

[182] *Europäische Kommission*, Bekanntmachung vom 14. 11. 2019, Leitfaden zur Anwendung der Ausnahmen im Rahmen der Richtlinie über die Umweltverträglichkeitsprüfung (Richtlinie 2011/92/EU des Europäischen Parlaments und des Rates in ihrer durch die Richtlinie 2014/52/EU geänderten Fassung) – Artikel 1 Absatz 3, Artikel 2 Absätze 4 und 5, ABl. C 386/12, Nr. 4.7.

Die gem. Art. 14 Abs. 3 S. 2 GG zulässige Legalenteignung treffe erlaubterweise nur einen klar umrissenen Sachverhalt und eine bestimmte Anzahl an Personen.[183] Bei Maßnahmengesetzen sei dies schwer überschaubar,[184] deswegen könne Art. 14 Abs. 2 GG nicht als Rechtfertigung für einen Verstoß gegen die Rechtsschutzgarantie herhalten, weil durch einen Planfeststellungsbeschluss zusätzlich die Grundrechte aus Art. 2 Abs. 2 GG und Art. 20a GG betroffen sein könnten.[185] Ferner dürfe eine Legalenteignung nur dann stattfinden, wenn der normale behördliche Weg zu erheblichen Nachteilen für das Gemeinwohl führen würde.[186] Es müsse „in concreto dargelegt werden […], worin die negativen und spürbaren Konsequenzen einer administrativen Planung bestanden hätten", was durch das MgvG aber nicht geschehe.[187]

bb) Zustimmung

Der Kritik wird entgegengehalten, dass Schienenausbau wichtig für Klimaschutz sei und die zunehmende Verlagerung des Verkehrs auf die Schiene im Klimaschutzprogramm 2030 angestrebt werde.[188] Der Klimawandel und die daraus bedingte Mobilitätswende und der Strukturwandel würden eine ebenso große Herausforderung wie die Wiedervereinigung darstellen, sodass alle im MgvG genannten Vorhaben, denen fast allen ein vordringlicher Bedarf zur Engpassbeseitigung attestiert wurde, herausragende Bedeutung zukommt, sodass ausnahmsweise vom Verbot des Einzelfallgesetzes und der klassischen Gewaltenteilung abgewichen werden dürfe.[189] Im Übrigen komme dem Grundsatz der Gewaltenteilung nur eine „schwache Direktionswirkung zu".[190] Da die Staatsgewalten nur in ihren typischen Funktionen geschützt seien, von denen Ausnahmen möglich sind, und planerische Einzelfallentscheidungen gerade nicht zum grundrechtlich geschützten Kernbereich der Exekutive gehören und dem Gesetzgeber im Verhältnis zur Verwaltung im MgvG ein Spielraum eingeräumt ist, sei kein Verstoß gegen den Gewaltenteilungsgrundsatz anzunehmen.[191]

---

[183] *Wegener*, ZUR 2020, 195, 196 f.

[184] *Groß*, JZ 2020, 76, 79.

[185] *Groß*, JZ 2020, 76, 79, vgl. auch *Schmidt/Kelly*, VerwArch 2021, 235, 254–256.

[186] BVerfG, Beschl. v. 17. 07. 1996 – 2 BvF 2/93, BVerfGE 95, 1 *(Südumfahrung Stendal)* Rn. 68.

[187] *Brigola/Heß*, NuR 2021, 104, 107.

[188] Gesetzentwurf der Bundesregierung eines Gesetzes zur Vorbereitung der Schaffung von Baurecht durch Maßnahmengesetz im Verkehrsbereich (MgvG) vom 02. 12. 2019, BT-Drs. 19/15619, 11.

[189] RegE MgvG, BT-Drs. 19/15619, 15; Beschlussempfehlung und Bericht des Ausschusses für Wirtschaft und Energie vom 02. 07. 2020 zu dem Gesetzentwurf der Bundesregierung eines Strukturstärkungsgesetzes Kohleregionen, BT-Drs. 19/20714, 186; *Kment*, Die Verwaltung 2014, 377, 405; *Pfannkuch/Schönfeldt*, NVwZ 2020, 1557, 1559.

[190] *Grzeszick*, in: Dürig/Herzog/Scholz, GG, Art. 20 V Rn. 93, 95.

[191] *Kürschner*, Legalplanung, S. 105.

Für einen den Mindeststandards des EuGH genügenden Rechtsschutz[192] reiche es aus, wenn dieser inzident erlangt werden könne.[193] „Weder die Aarhus-Konvention noch EU-Recht [gebiete] die Eröffnung gerichtlichen Rechtsschutzes gegen die Genehmigung von Verkehrsinfrastrukturprojekten durch ein vom Parlament erlassenes Gesetz.“[194] Im Übrigen fordere „das Gebot effektiven Rechtsschutzes nach Art. 19 Abs. 4 GG […] nicht die Eröffnung des Rechtsweges zu den Fachgerichten, da die Gesetzgebung keine «öffentliche Gewalt» im Sinne dieser Vorschrift [darstelle]“.[195] Ferner würden Maßnahmen, die den Rechtsweg lediglich ausgestalten, die Rechtsschutzgarantie nicht verletzen.[196] Art. 19 Abs. 4 S. 1 GG ließe sich kein Anspruch auf Vollüberprüfung von Maßnahmen der Legislative entnehmen.[197] Auch die verfahrensbezogenen Anforderungen aus Art. 2 Abs. 5 S. 2 UVP-RL und Art. 9 Abs. 2 S. 1 AK würden gewahrt: Hinsichtlich der Rechtsschutzgarantie fänden diese auf die Vorhabenzulassungen durch Parlamentsgesetz keine Anwendung.[198]

Die Anforderungen, die aufgrund der enteignungsrechtlichen Vorwirkung eingehalten werden müssten, würden eingehalten.[199] Gemeint ist damit, dass die gesetzliche Anordnung der enteignungsrechtlichen Vorwirkung vorläge. Die konkreten Vorhaben würden dem Wohl der Allgemeinheit dienen, es sei erforderlich, dass die Vorhaben per Maßnahmengesetz statt durch normales Verwaltungsverfahren genehmigt würden und es sei eine Entschädigung vorgesehen.

---

[192] EuGH, Urt. v. 18. 10. 2011 – C-128/09, ECLI:EU:C:2011:667 Rn. 37, 39, 53 f.
EuGH, Urt. v. 17. 11. 2016 – C-348/15, ECLI:EU:C:2016:882 Rn. 27, 29, 30.
EuGH, Urt. v. 29. 07. 2019 – C-411/17, ECLI:EU:C:2019:622 Rn. 105–108.

[193] *Ziekow,* Vorhabenplanung durch Gesetz, S. 68; Empfehlungen der Ausschüsse des Bundesrats zum MgvG vom 09. 12. 2019, BR-Drs. 579/1/19, 7.

[194] *Ziekow,* Vorhabenplanung durch Gesetz, S. 69.

[195] *Ziekow,* Vorhabenplanung durch Gesetz, S. 70.

[196] *Langer,* Die Endlagersuche nach dem Standortauswahlgesetz, S. 353 mit Verweis auf BVerfG, Beschl. v. 12. 01. 1960 – BvL 17/59, BVerfGE 10, 264, 268; BVerfG, Beschl. v. 18. 01. 2000 -1 BvR 321/96, BVerfGE 101, 397.

[197] *Chladek,* Rechtsschutzverkürzung als Mittel der Verfahrensbeschleunigung, S. 138.

[198] *Ziekow,* Vorhabenplanung durch Gesetz, S. 64, 69; ebenso *Europäische Kommission,* Informationen der Organe, Einrichtungen und sonstigen Stellen der Europäischen Union. Mitteilung der Kommission über den Zugang zu Gerichten in Umweltangelegenheiten vom 18. 08. 2017, ABl. C 275/1, Nr. 152; ausführlich dazu *Chladek,* Rechtsschutzverkürzung als Mittel der Verfahrensbeschleunigung, S. 150–163, die die Anwendbarkeit von Art. 9 Abs. 2 AK und Art. 2 Abs. 5 UVP-RL auf Vorhabenzulassungen per Gesetz im Ergebnis bejaht; siehe zu Art. 9 Abs. 2 und 3 AK auch Abschn. 2.4.2.1.3.

[199] *Ziekow,* Vorhabenplanung durch Gesetz, S. 44.

cc) Würdigung der Verfasserin

Die Auffassung der Verfasserin zur Verfassungsmäßigkeit des MgvG wird im Kontext der verfassungsrechtlichen Grenzen von Privilegierungen dargestellt.[200]

2.2.1.8.4 Beschleunigungswirkung

Fraglich ist, ob dem MgvG Beschleunigungswirkung zukommt, sodass es einen Beitrag zu einer effektiveren und effizienteren Vorhabenrealisierung leisten kann.

Die Befürworter des MgvG setzen neben der Beschleunigung durch Rechtswegverkürzung auf die Beschleunigungswirkung durch erhöhte Akzeptanz.[201] Auch wirke sich eine positive Stellungnahme der Politik erfolgserhöhend auf das Projekt aus.[202] Die enteignungsrechtliche Vorwirkung beschleunigt ebenfalls.

Nach Auffassung der Verfasserin ist die Beschleunigungswirkung insgesamt kritisch zu sehen.[203] Auch im Bundesrat gab es kritische Stimmen, die dazu aufgefordert haben, zu prüfen, ob Maßnahmengesetze ein wirksames Beschleunigungsmitttel sein können.[204] Zuallererst ist die enteignungsrechtliche Vorwirkung keine Besonderheit des MgvG, sondern wohnt jedem infrastrukturbezogenen Planfeststellungsbeschluss inne. Zum einen ist durch einen geänderten Rechtsweg keine Beschleunigung zu erwarten, weil das Bundesverfassungsgericht nicht schneller entscheiden wird als das gem. § 50 Abs. 1 Nr. 6 VwGO als einzige Instanz zuständige Bundesverwaltungsgericht.[205] Zwar mag es schneller gehen, wenn nur das Bundesverfassungsgericht eine Entscheidung trifft statt Bundesverwaltungsgericht und ggf. anschließend noch das Bundesverfassungsgericht, jedoch ziehen nicht alle Kläger nach einem Bundesverwaltungsgerichtsurteil noch vor das Bundesverfassungsgericht. Im Übrigen nimmt dieses nur einen Bruchteil der Verfassungsbeschwerden überhaupt zur Entscheidung zu Entscheidung an[206] und die

---

[200] Abschn. 2.4.2.3 „Zur Verfassungsmäßigkeit des MgvG".

[201] RegE MgvG, BT-Drs. 19/15619, 11, aA: *Groß*, JZ 2020, 76, 82; *von Vittorelli*, Stellungnahme für den Deutschen Bundestag, Ausschuss für Verkehr und digitale Infrastruktur, zum MgvG, Ausschussdrucks. 19(15)308-G, S. 3; *Ziekow*, NVwZ 2020, 677, 685 (Ziff. 3); zum Thema Beschleunigung durch Akzeptanz durch Öffentlichkeitsbeteiligung s. Abschn. 2.3.1.

[202] *Hitschfeld et al.*, Evaluierung des gestuften Planungs- und Genehmigungsverfahrens, S. 167, 211; ebenso *Behnsen*, NVwZ 2021, 843, 847.

[203] So auch *Bullinger*, Beschleunigte Genehmigungsverfahren für eilbedürftige Vorhaben, S. 114; *Rombach*, Der Faktor Zeit in umweltrechtlichen Genehmigungsverfahren, S. 230 ff.; *Wegener*, ZUR 2020, 195 f.

[204] Beschlussempfehlung des nicht federführenden Ausschusses für Umwelt, Naturschutz und nukleare Sicherheit vom 05. 02. 2020 zum MgvG, BR-Drs. 41/1/20, 2 f.

[205] *De Witt*, ZUR 2021, 80, 83; *Reidt*, EurUP, 2020, 86, 89; *ders*, DVBl 2020, 597, 561.

[206] 2021 wurden 95 % aller Verfassungsbeschwerden nicht von einer Kammer zur Entscheidung angenommen und die durchschnittliche Erfolgsquote der entschiedenen Verfassungsbeschwerden der letzten 10 Jahre lag bei 1,85 %; Zahlen abrufbar auf der Internetseite des BVerfG > Jahresbericht 2021, S. 41 f. (zuletzt abgerufen am 20. 06. 2022).

durchschnittliche Verfahrensdauer des Bundesverwaltungsgerichts ist vergleichbar mit der des Bundesverfassungsgerichts.[207]

Die Rechtswegbeschleunigung wird zudem dadurch konterkariert, dass trotz MgvG die zumindest theoretische Möglichkeit des Inzidentrechtsschutzes per Feststellungsklage[208] oder Beantragung eines Baustopps[209] besteht, um doch noch zu fachgerichtlichem Rechtsschutz zu kommen. Letzter wäre für Umweltverbände ein probates Mittel.[210] Bis zu einer gefestigten Rechtsprechung des Bundesverfassungsgerichts über den diesbezüglichen Umfang des § 90 Abs. 2 S. 1 BVerfGG ist zumindest ein Versuch, auf diesem Weg fachgerichtlichen Rechtsschutz zu erlangen, notwendig.[211] Außerdem ermöglicht die einstweilige Anordnung gem. § 32 BVerfGG vorläufigen Rechtsschutz vor dem BVerfG, sodass, auch wenn dieser unter strengeren Voraussetzungen zu erlangen ist, als ein Antrag nach § 80 Abs. 5 S. 1 Alt. 2 VwGO, dadurch keine Beschleunigung eintreten kann.[212] Des Weiteren wird der Kreis der Rechtsschutzberechtigten sogar erweitert, da gegen das Maßnahmengesetz eine abstrakte Normenkontrolle einer Landesregierung möglich wäre, die im Verwaltungsgerichtsweg nicht klagebefugt wäre.[213]

Ferner wird das Zulassungsverfahren nicht kürzer, sondern wird durch die verpflichtende Öffentlichkeitsbeteiligung eher länger dauern,[214] zumal die Genehmigung eines Projekts durch Gesetzgebungsakt „die gleichen Merkmale wie eine [herkömmliche] Genehmigung [aufweisen muss].“[215] Eine Beschleunigung ließe sich nur über einen geringeren Detaillierungsgrad der Zulassungsentscheidung erreichen.[216] Die Einführung eines Dispensrechts des Bundestags, um von bestehenden Vorschriften

---

[207] BVerwG 2021: durchschnittliche erstinstanzliche Verfahrensdauer 12 Monate 18 Tage, vgl. Pressemitteilung 16/2022 v. 01. 03. 2022, abrufbar unter www.bverwg.de; BVerfG 2012–2021: 82 % der Verfassungsbeschwerden haben eine durchschnittliche Verfahrensdauer von einem Jahr, vgl. Jahresbericht 2021, S. 39 (zuletzt abgerufen am 20. 06. 2022).

[208] Empfehlungen der Ausschüsse des Bundesrats zum MgvG vom 09. 12. 2019, BR-Drs. 579/1/19, 6.

[209] Zu dessen Zulässigkeit entgegen der gem. § 75 Abs. 2 S. 1 LVwVfG geltenden Duldungswirkung: *Ziekow*, NVwZ 2020, 677, 684; *Reidt*, EurUP, 2020, 86, 90; siehe auch *Behnsen*, NVwZ 2021, 843, 845.

[210] BVerwG, Urt. v. 01. 06. 2017 – 9 C 2/16, NVwZ 2017, 1634; *Ziekow*, NVwZ 2020, 677, 685.

[211] *Behnsen*, NVwZ 2021, 843, 845.

[212] *Reidt*, EurUP, 2020, 86, 91.

[213] Das BVerfG-Urteil zur Südumfahrung Stendal kam aufgrund einer abstrakten Normenkontrolle zustande, Art. 93 Abs. 1 Nr. 2 GG, §§ 13 Nr. 6, 76 ff. BVerfGG; *Reidt*, EurUP, 2020, 86, 90.

[214] *Zschiesche*, Stellungnahme Anhörung des Ausschusses für Verkehr und digitale Infrastruktur des Deutschen Bundestages am 15. 01. 2020, BT-Drs. 19(15)308-D; so auch *Behnsen*, NVwZ 2021, 843f; *Guckelberger*, NuR 2020, 805, 808.

[215] EuGH, Urt. v. 29. 07. 2019 – C-411/17, ECLI:EU:C:2019:622 Rn. 105.

[216] *Siegert*, UPR 2019, 468, 472.

abzuweichen und Alternativenprüfungen entbehrlich zu machen, wurde mit deutlicher Mehrheit abgelehnt.[217] Im MgvG fehlen zudem mit dem LVwVfG vergleichbare Vorschriften über die Unbeachtlichkeit von Verfahrensfehlern, sodass solche schneller zur Nichtigkeit des Gesetzes führen.[218]

Im Fall Stendal hat das Verfahren in Bundestag und Bundesrat ähnlich viel Zeit in Anspruch genommen, wie ein normales Planfeststellungsverfahren.[219] Offen bleibt, wie die Mitglieder des Verkehrsausschusses mehrere Großprojekte gleichzeitig mit der notwendigen Intensität, ohne Qualitätsverluste und zusätzliche Unterstützung prüfen können sollen, oder gar, wie vorgeschlagen,[220] bei Terminen der Öffentlichkeitsbeteiligung anwesend sein sollen. Ohne eine gleichzeitige Bearbeitung ist eine Beschleunigung fernliegend.[221] Ferner benötigt der federführende Ausschuss Zeit, um sich in die komplexen Fragestellungen einzuarbeiten, da das Parlament eine „eigene dokumentierte Abwägung"[222] treffen muss und nicht einfach den Abschlussbericht (kommentarlos) übernehmen darf.[223] Wenn gar mehrere federführende Ausschüsse gebildet werden würden, wäre eine einheitliche Handhabung noch schwieriger zu gewährleisten.

Um die Anforderungen von Art. 2 Abs. 5 RL 2014/52/EU (UVP-RL) zu erfüllen, sieht das vorbereitende Verfahren Öffentlichkeitsbeteiligung, Umweltverträglichkeitsprüfung und Offenhaltung des Abwägungsspielraums des Parlaments vor, was zu begrüßen ist. Zusätzlich muss sich das Parlament in öffentlicher Debatte mit den abwägungsrelevanten Belangen, verschiedenen Optionen, vorbeugenden Maßnahmen, usw. auseinandersetzen,[224] bevor es das Maßnahmengesetz für das konkrete Gesetz beschließen kann. Dies nimmt noch einmal deutlich Zeit in Anspruch, allein schon wegen der (vollen) Terminierung der Sitzungskalender,[225] als wenn die Behörde den Planfeststellungsbeschluss verkündet hätte, als sie eigentlich so weit war und den Abschlussbericht abgegeben hat.

Die Maßnahmengesetze der 1990er-Jahre wurden wegen des schlechten Verhältnisses von Aufwand zu Nutzen und Datenschutzproblemen gestoppt.[226] Diese Probleme

---

[217] Gesetzentwurf eines Gesetzes für ein Bundesfernstraßen-Baubeschleunigungsgesetz, BT-Drs. 19/22106; Beschlussempfehlung InvBeschlG, BT-Drs. 19/24040, 12; PlProt. 19/189, 23796.

[218] *Reidt,* EurUP, 2020, 86, 89.

[219] *Schneller,* Objektbezogene Legalplanung, S. 49 f.; *Groß,* JZ 2020, 76, 78.

[220] *Ziekow,* Vorhabenplanung durch Gesetz, S. 102.

[221] *Groß,* ZUR 2021, 75, 78; *Ziekow,* NVwZ 2020, 677, 685 (Ziff. 5).

[222] BVerfG, Beschl. v. 17. 07. 1996 – 2 BvF 2/93, BVerfGE 95, 1 *(Südumfahrung Stendal).*

[223] *Ziekow,* NVwZ 2020, 677, 680.

[224] *Ziekow,* NVwZ 2020, 677, 681.

[225] *Behnsen,* NVwZ 2021, 843 f.

[226] *Zschiesche,* Stellungnahme Anhörung des Ausschusses für Verkehr und digitale Infrastruktur des Deutschen Bundestages am 15. 01. 2020, BT-Drs. 19(15)308-D, S. 3.

dürften sich heutzutage nicht verbessert haben, zumal das MgvG mehr Öffentlichkeitsbeteiligung vorsieht und die DSGVO den Datenschutz im Vergleich zu vor 30 Jahren nicht einfacher macht.

Abschließend bleibt festzuhalten, dass angesichts der aufgeworfenen Kritik große Rechtsunsicherheit besteht, und das erste Maßnahmengesetz mit großer Wahrscheinlichkeit auf alle möglichen Arten, incl. Einleitung eines Vorabentscheidungsverfahrens gem. Art. 267 AEUV[227], einer gerichtlichen Überprüfung unterzogen werden wird, was für das konkrete Bauvorhaben jahrelangen Stillstand bedeuten würde.[228]

2.2.1.9 Zwischenfazit: Vergleich innerhalb des Infrastrukturrechts

Als Zwischenfazit wird hier die Systematisierung innerhalb des Infrastrukturrechts vorgenommen. Der Vergleich zu den anderen Rechtsgebieten, die im Folgenden noch dargestellt werden, erfolgt später im Kontext der Systematisierung.[229]

Mit den neuesten Gesetzentwicklungen wurden die Regelungen innerhalb des Verkehrsinfrastrukturrechts vereinheitlicht. Alle verstreuten Regelungen der unterschiedlichen Gesetze sind jetzt größtenteils auf dem gleichen Stand. Damit wurde einer Zersplitterung des Planfeststellungsrechts Einhalt geboten und die Fehleranfälligkeit reduziert.[230] Dabei wurden FStrG, AEG und WaStrG häufig zuerst reformiert und die Reglungen nachträglich ins PBefG aufgenommen.[231] Zum Energieinfrastrukturrecht bestehen aber immer noch auffallende Unterschiede. In den Gesetzesbegründungen wird nicht auf das „Parallelrechtsgebiet" Bezug genommen und etwaige Abweichungen nicht begründet. Auch werden für die gleichen Privilegierungen unterschiedliche Begründungen herangezogen. Es ist insbesondere bei der vorläufigen Anordnung spürbar, dass die Gesetzesvorhaben nicht aus einem Guss stammen. Insbesondere dort ist nicht nachvollziehbar, warum im Verkehrsinfrastrukturrecht nur reversible Maßnahmen vorläufig angeordnet werden dürfen, im Energieinfrastrukturrecht dagegen auch irreversible Maßnahmen vorzeitig getätigt werden dürfen. Insofern wäre eine bessere Abstimmung zwischen den federführenden Bundestagsausschüssen wünschenswert.[232]

Bei den Ausnahmen vom Erörterungstermin ist das Energieinfrastrukturrecht deutlich zurückhaltender und lässt weniger Ausnahmen zu. Ebenso ist der Anwendungsbereich

---

[227] Vertrag über die Arbeitsweise der Europäischen Union (Konsolidierte Fassung vom 26. 10. 2012), ABl. C 326/47.

[228] *Kürschner,* Legalplanung, S. 168; *Reidt,* EurUP 2020, 86, 90, 92; *Von Vittorelli,* in der öffentlichen Anhörung des Ausschusses für Verkehr und digitale Infrastruktur zum MgvG am 15. 01. 2020; Wortprotokoll-Nr. 19/63, S. 12 aE.

[229] Siehe unten Abschn. 2.4.

[230] Dies war noch großer Kritikpunkt von *Wickel,* UPR 2007, 201 f.

[231] *Siegel/Himstedt,* DÖV 2021, 137 f.

[232] Der Ausschuss „Klimaschutz und Energie" ist für den Energieinfrastrukturausbau zuständig. Der Ausschuss „Verkehr" ist für den Verkehrsinfrastrukturausbau zuständig.

von Plangenehmigungen im Energieinfrastrukturrecht nicht zusätzlich erweitert wie im Verkehrsinfrastrukturrecht. Im Gegenzug dazu steht, dass das Energieinfrastrukturrecht teilweise Ausnahmen von der kompletten erneuten Beteiligung der Öffentlichkeit bei Änderung während des laufenden Verfahrens zulässt, während das Verkehrsinfrastrukturrecht hier gar keine Abweichungen vom VwVfG zulässt. Gleichlaufend kennt das Verkehrsinfrastrukturrecht im Unterschied zum Energieinfrastrukturrecht keine vor-vorzeitige Besitzeinweisung. Hier ist insgesamt eine systematisch schlüssige Angleichung anzustreben.

Im Vergleich des Regelungskomplexes „Ausnahmen vom Erörterungstermin" zu „Plangenehmigungen" zeigt sich in der Verweisnorm, dass bei letzterem der Vorrang des UVPG ausdrücklich beachtet wurde. Dies ist bei ersterem gerade noch der große Kritikpunkt der Literatur, da keine Einheitlichkeit zwischen Verkehrs- und Energieinfrastrukturrecht zu dieser Problematik herrscht. Aus der Systematik ergibt sich daher, dass den Literaturstimmen Gehör geschenkt werden sollte, und die Behörden ihr Ermessen dahingehend auszuüben haben, beim UVP-pflichtigen Vorhaben eher nicht bzw. nur in absoluten Sonderfällen vom Erörterungstermin abzusehen.

Die Frage der Zulässigkeit von Plangenehmigung und Verfahrensfreiheit richtet sich nach denselben Fragekomplexen: öffentliche Belange, Rechte Dritter, Umweltverträglichkeitsprüfung.[233] Spezialprivilegierungen bei Verfahrensfreiheit im AEG und PBefG für Lärmschutz, Digitalisierung und Barrierefreiheit sind Einzelbeispiele für konkrete Privilegierungen aus Gemeinwohlgründen. Diese Systematik ließe sich zum einen einfach auf die anderen Infrastrukturrechtsbereiche übertragen, und zum anderen auf weitere konkrete klimaschutzfreundliche Maßnahmen ausweiten.

Die vor-vorzeitige Besitzeinweisung harmoniert mit der vorläufigen Anordnung bzw. dem vorzeitigen Baubeginn. Letztere sind dem Zulassungsrecht zuzuordnen, erstere dem Enteignungsrecht.[234] Es handelt sich um unterschiedliche Institute auf unterschiedlichen Ebenen.[235] Die vorläufige Anordnung, mit der Baumaßnahmen begonnen werden können, bevor der offizielle Planfeststellungsbeschluss ergangen ist, ist nicht von einem fixen Zeitpunkt abhängig, dafür wird dem Vorhabenträger keine zivilrechtlich gesicherte Stellung eingeräumt.[236] Die Regelungslücke wurde gewissermaßen dadurch geschlossen, dass sowohl bei der vorläufigen Anordnung als auch bei der vor-vorzeitigen Besitzeinweisung mit einem Teil der tatsächlichen Bauarbeiten begonnen werden kann. Im Zweifel sind beide Institute nötig: einmal um auf Vorhabenseite „wirklich anfangen zu dürfen" und einmal um konkret den fremden Besitz in Anspruch zu nehmen.[237]

[233] *Wickel,* in: Fehling/Kastner/Störmer, Verwaltungsrecht, VwVfG, § 74 Rn. 201.

[234] *Kümper,* VerwArch 2020, 404, 409 f.

[235] *Kümper,* VerwArch 2020, 404, 409.

[236] Vgl. *Berger,* Die vorzeitige Besitzeinweisung, S. 163.

[237] *Kümper,* VerwArch 2020, 404, 435 f.

Ausschüsse des Bundesrats hatten schon im Dezember 2019 gefordert, das Maß
nahmengesetzvorbereitungsgesetz auf Energieinfrastrukturprojekte auszudehnen.[238]
Der Antrag war aber nur hilfsweise gestellt und ist entfallen. Im Januar 2021 hat
der Deutsche Bundestag die Bundesregierung erneut aufgefordert, zu prüfen, ob
Maßnahmengesetze ein geeignetes Mittel sein könnten, um den Stromnetzausbau zu
beschleunigen.[239] Es wird darauf hingewiesen, dass erst die Erfahrungen mit den bisherigen Verkehrsinfrastrukturprojekten abgewartet werden sollten, insbesondere, da die
Rechtsunsicherheit hoch ist.[240]

Hier zeigt sich auch, wie widersprüchlich die Gesetzgebungsaktivitäten der Jahre
2018–2020 waren: Mit dem MgvG werden Vorhaben der Entscheidung der Verwaltung
entzogen, während ihr gleichzeitig in vielen Privilegierungsnormen Ermessensspiel-
räume zu noch unbestimmten Tatbestandsmerkmalen eingeräumt werden.[241]

Von den dargestellten Verfahrensprivilegierungen stellen die vorläufige Anordnung,
Plangenehmigung und die vor-vorzeitige Besitzeinweisung bei optimalem Verfahrensablauf die effektivsten Privilegierungen dar.

2.2.2 Privilegierungen im Raumordnungsverfahren

Das Raumordnungsverfahren regelt, die „Planung der Planung".[242] Die Raumordnung
„ist für alles, aber für alles nur *ein bisschen* zuständig".[243] Das Bundesverfassungsgericht definiert sie als „zusammenfassende, übergeordnete Planung und Ordnung
des Raumes. Sie ist übergeordnet, weil sie überörtliche Planung ist und weil sie vielfältige Fachplanungen zusammenfaßt und aufeinander abstimmt."[244] Die Bedeutung des
Raumordnungsverfahrens für das Thema der Verfahrensprivilegierung aus Gründen des
Gemeinwohls rührt daher, dass es mit seinem fachübergreifenden und konfliktlösenden
Ansatz die Veränderungen mit denen die Energiewende einhergeht, verträglich gestalten
kann.[245] Nicht umsonst bildet eine nachhaltige Raumentwicklung als Dreiklang von
Ökonomie, Ökologie und sozialen Aspekten die Leitvorstellung der Raumordnung.[246]

---

[238] Empfehlung der Ausschüsse des Bundesrats vom 09. 12. 2019 zum MgvG, BR-
Drs. 579/1/19 S. 9 f.

[239] *Bundesrat,* Beschluss des Deutschen Bundestags vom 29. 01. 2021, zu Gesetz zur Änderung
des Bundesbedarfsplangesetzes und anderer Vorschriften, BR-Drs. 85/21, 2.

[240] *Holznagel,* ZUR 2020, 515, 521.

[241] *Schmidt/Kelly,* VerwArch 2021, 235, 259.

[242] *Runkel,* UPR 1997, 1, 3.

[243] *Kindler,* Zur Steuerungskraft der Raumordnungsplanung, S. 226.

[244] BVerfG, Gutachten v. 16. 06. 1954 – 1 PBvV 2/52, BVerfGE 3, 407–439, Rn. 79, juris.

[245] *Wahlhäuser,* ZUR 2021, 3 f; *Guckelberger,* ZUR 2021, 6, 7.

[246] *Runkel,* UPR 1997, 1, 2.

Das Raumordnungsverfahren ist insbesondere in den §§ 15 und 16 ROG geregelt. § 15 ROG wurde durch das Investitionsbeschleunigungsgesetz im Dezember 2020[247] grundlegend reformiert und trat mit Wirkung zum 9. Juni 2021 in Kraft. Neben dem ROG existiert noch das NABEG, das mit der Bundesfachplanung ebenfalls raumordnungsrechtliche Elemente aufweist.[248] Es schafft in seinem Anwendungsbereich ein eigenes „Planungs- und Genehmigungsregime"[249], in welchem zwar immer noch zweistufig geplant wird, aber die im Bundesfachplanungsverfahren festgelegte Linienführung für das Planfeststellungsverfahren gem. § 15 Abs. 1 S. 1 NABEG verbindlich ist.[250] Der Gesetzgeber bezeichnete die Bundesfachplanung als Raumverträglichkeitsprüfung und strategische Umweltprüfung.[251]

Diese Neuerungen und sonstige Verfahrensprivilegierungen des Raumordnungsrechts im weiteren Sinne gilt es in den folgenden Ziff. 2.2.2. 1–5 zu systematisieren. Der Vergleich zwischen den Rechtsgebieten erfolgt später im Kontext der Systematisierung.[252]

2.2.2.1 Verfahrensfreiheit, beschleunigtes Verfahren oder Anzeigeverfahren

Die erste Privilegierung behandelt die Varianten, wann statt eines normalen, vollständigen Raumordnungsverfahrens gem. § 15 Abs. 1–4 ROG zur Bewertung der raumbedeutsamen Auswirkungen des Vorhabens andere Verfahrensarten Anwendung finden.

2.2.2.1.1 Antragsverfahren

Gem. § 15 Abs. 5 S. 1 ROG soll das Raumordnungsverfahren zukünftig im Regelfall nur auf Antrag des jeweiligen Vorhabenträgers durchgeführt werden. Falls der Vorhabenträger von sich aus keinen Antrag stellt, hat nach S. 2 der Behörde den Vorgang anzuzeigen, woraufhin diese gem. S. 3 doch ein Verfahren einleiten soll, falls sie

---

[247] Gesetzt zur Beschleunigung von Investitionen vom 03. 12. 2020 (BGBl. I, S. 2694, 2698).

[248] *Appel,* Die Bundesfachplanung nach §§ 4 ff. NABEG – Rechtsnatur, Bindungswirkungen und Rechtsschutz, in: Gundel/Lange (Hrsg.), Der Umbau der Energienetze als Herausforderung für das Planungsrecht, S. 30 f.; *Kment,* NVwZ 2015, 616, 618; *Koch,* Energie-Infrastrukturrecht zwischen Raumordnung und Fachplanung – das Beispiel der Bundesfachplanung 'Trassenkorridore', in: Schlacke/Schubert (Hrsg.), Energie-Infrastrukturrecht, S. 68 f. m. w. N.; zur Zulässigkeit eines „fachgesetzlichen Sonderraumordnungsrechts": BVerwG, Urt. v. 16. 03. 2006 – 4 A 1075/04, BVerwGE 125, 116, 137; *Durner,* Die neuen Instrumente für den Umbau der Energienetze, in: Gundel/Lange (Hrsg.), Der Umbau der Energienetze als Herausforderung für das Planungsrecht, S. 14 m. w. N.; vgl. auch *Kindler,* Zur Steuerungskraft der Raumordnungsplanung, S. 251.

[249] *Kment,* NVwZ 2015, 616, 618.

[250] *Franke/Recht,* ZUR 2021, 15, 19.

[251] Gesetzentwurf der Bundesregierung eines Gesetzes über Maßnahmen zur Beschleunigung des Netzausbaus Elektrizitätsnetze vom 06. 06. 2011, BT-Drs. 17/6073, 24.

[252] Siehe unten Abschn. 2.4.

befürchtet, dass das Vorhaben zu raumbedeutsamen Konflikten führen wird.[253] Es wird also nur noch dann durchgeführt, wenn es wirklich nötig ist. Wie mit § 5a NABEG (dazu sogleich) wird damit der Versuch unternommen, die Komplexität zu reduzieren, weswegen die Einführung zu begrüßen ist.[254]

2.2.2.1.2 Beschleunigtes bzw. vereinfachtes Verfahren

§ 16 Abs. 1 ROG regelt das beschleunigte Raumordnungsverfahren, in welchem in Abweichung zu § 15 Abs. 3 S. 1 ROG auf die Beteiligung öffentlicher Stellen verzichtet werden kann, wenn die raumbedeutsamen Auswirkungen dieser Planungen und Maßnahmen gering sind oder wenn für die Prüfung der Raumverträglichkeit erforderliche Stellungnahmen schon in einem anderen Verfahren abgegeben wurden, es sei denn, das UVPG schreibt die Beteiligung vor.[255] Die verbindliche Beteiligung der Öffentlichkeit darf im beschleunigten Verfahren nicht entfallen.[256] Weitere Beschleunigung erfährt das Verfahren durch eine von sechs auf drei Monate verkürzte Durchführungsfrist gem. § 16 Abs. 1 S. 2 ROG. Konsequenzen hat eine Überschreitung der Frist aber nicht.[257] Das NABEG sieht in § 11 ebenfalls ein vereinfachtes Verfahren vor, das einem ähnlichen Schema folgt. Danach hat die Bundesnetzagentur im Anwendungsbereich des vereinfachten Verfahrens nur das Benehmen, nicht das Einvernehmen mit den Landesbehörden festzustellen.[258] Das bedeutet, dass im vereinfachten Verfahren auf Antragskonferenz, Umweltbericht und Behörden- und Öffentlichkeitsbeteiligung verzichtet werden kann.[259] Den Ländern ist nur Gelegenheit zu Stellungnahme zu geben, ohne dass die Bundesnetzagentur an die Stellungnahmen gebunden wäre.[260]

2.2.2.1.3 Verzicht auf Raumordnungsverfahren bzw. Bundesfachplanung

Von dem zweistufigen Verfahren zum Bau von räumlich relevanten Vorhaben kann nach § 16 Abs. 2 ROG abgesehen werden, wenn sichergestellt ist, dass ihre Raumverträglichkeit anderweitig geprüft wird. Einer dieser Fälle ist die Bundesfachplanung gem. § 4 ff. NABEG. Wenn nur noch eine Behörde einmal entscheidet, dient das unzweifelhaft der Beschleunigung.[261] Darüber hinaus kann nach den in § 18

---

[253] Begründung RegE InvBeschlG, BT-Drs. 19/22139, 26.

[254] So auch *Chladek*, Rechtsschutzverkürzung als Mittel der Verfahrensbeschleunigung, S. 263.

[255] *Kment*, in: ders., Raumordnungsgesetz, § 16 Rn. 12; *Pleiner*, Überplanung von Infrastruktur, S. 227 f.

[256] *Schmitz*, Die obligatorische Öffentlichkeitsbeteiligung im Raumordnungsverfahren, in: Schlacke/Beaucamp/Schubert (Hrsg.), Infrastruktur-Recht, FS-Erbguth, S. 334.

[257] *Kment*, in: ders., Raumordnungsgesetz, § 16 Rn. 15.

[258] *Durinke*, in: Theobald/Kühling, Energierecht, NABEG, § 11 Rn. 8.

[259] *Durinke*, in: Theobald/Kühling, Energierecht, NABEG, § 11 Rn. 10 f.

[260] Vgl. *Weber*, Rechtswörterbuch, Einvernehmen.

[261] *Kment*, in: ders, Raumordnungsgesetz, § 16 Rn. 23.

Abs. 4 LPlG[262] genannten Gründen von einem Raumordnungsverfahren abgesehen werden. Gem. § 28 NABEG findet ein solches ebenfalls nicht statt.[263]

Da die Einführung der Bundesfachplanung nicht den erhofften Erfolg gebracht hat,[264] kann seit Mai 2019[265] gem. § 5a NABEG zusätzlich von der Bundesfachplanung abgesehen werden.[266] Nach Abs. 1 (enger Bezug zur Bestandstrasse bzw. Realisierung in einem bereits geprüften Korridor; Netzverstärkung, Optimierung)[267] soll dies geschehen. In Fällen des Abs. 2 ist der Behörde diesbezüglich Ermessen eingeräumt, da die Auswirkungen der Vorhaben sehr unterschiedlich ausfallen können.[268] Nach Abs. 4 hat der Gesetzgeber das Absehen im Bundesbedarfsplangesetz (BBPlG)[269] ausdrücklich festgeschrieben, weswegen es genügen soll, die inhaltliche Abwägung und ggf. die Umweltverträglichkeitsprüfung im Planfeststellungsverfahren zu treffen.[270] 2022 neu geschaffen wird zusätzlich die Möglichkeit gem. eines neuen § 5a Abs. 4a NABEG in

---

[262] Landesplanungsgesetz i. d. F. v. 10. 07. 2003 (GBl. S. 385), zuletzt geändert durch Verordnung v. 21. 12. 2021(GBl. 2022, S. 1, 4); „Von einem Raumordnungsverfahren kann abgesehen werden, wenn die Beurteilung der Raumverträglichkeit des Vorhabens bereits auf anderer raumordnerischer Grundlage hinreichend gewährleistet ist; dies gilt insbesondere, wenn das Vorhaben 1. Zielen der Raumordnung entspricht oder widerspricht, 2. den Darstellungen oder Festsetzungen eines den Zielen der Raumordnung angepassten Flächennutzungsplans oder Bebauungsplans nach den Vorschriften des Baugesetzbuchs entspricht oder widerspricht und sich die Zulässigkeit dieses Vorhabens nicht nach einem Planfeststellungsverfahren oder einem sonstigen Verfahren mit den Rechtswirkungen der Planfeststellung für raumbedeutsame Vorhaben bestimmt, 3. in einem anderen gesetzlichen Abstimmungsverfahren unter Beteiligung der höheren Raumordnungsbehörde festgelegt worden ist oder 4. wegen besonders gelagerter Umstände offensichtlich nur an einem bestimmten Standort verwirklicht werden kann und sichergestellt ist, dass eine raumordnerische Prüfung des Vorhabens im Zulassungsverfahren unter Beteiligung der höheren Raumordnungsbehörde erfolgt.“

[263] *Durner,* Die neuen Instrumente für den Umbau der Energienetze, in: Gundel/Lange (Hrsg.), Der Umbau der Energienetze als Herausforderung für das Planungsrecht, S. 13.

[264] *De Witt,* in: Theobald/Kühling, Energierecht, NABEG, § 5a Rn. 1; *Reidt,* DVBl 2020, 597, 598; *Schmidt/Kelly,* VerwArch 2021, 97, 118 f.

[265] Gesetz zur Beschleunigung des Energieleitungsausbaus vom 13. 05. 2019 (BGBl. I, S. 706).

[266] Für eine anschauliche Darstellung des Verfahrensregimes nach dem novellierten NABEG siehe *Kelly/Schmidt,* AöR 144 (2019), 577, 587.

[267] Begründung RegE EnBeschlG, BT-Drs. 19/7375, 69; noch gefordert von *Schneller,* Beschleunigung und Akzeptanz im Planungsrecht für Hochspannungsleitungen, in: Gundel/ Lange (Hrsg.) Neuausrichtung der deutschen Energieversorgung – Zwischenbilanz der Energiewende, S. 121.

[268] Begründung RegE EnBeschlG, BT-Drs. 19/7375, 71.

[269] Bundesbedarfsplangesetz vom 23. 07. 2013 (BGBl. I S. 2543; 2014 I S. 148, 271), zuletzt geändert durch Gesetz v. 02. 06. 2021 (BGBl. I S. 1295).

[270] *Franke/Karrenstein,* EnWZ 2019, 195, 196 f.; vgl. darüber hinausgehend zur Steuerungsintensität von Zielen der Raumordnung: *Heemeyer,* UPR, 2007, 10, 16.

sog. Präferenzräumen nach § 3 Nr. 10 NABEG n.F. keine Bundesfachplanung durchzuführen.[271] Gem. § 5a Abs. 3 S. 3 i. V. m. § 15 Abs. 3 S. 2 NABEG ist die Verzichts-
entscheidung auf die Bundesfachplanung nicht selbstständig anfechtbar. Bei den
Vorhaben nach Abs. 1 und Abs. 2 handelt sich um Fälle, in denen die Öffentlichkeitsbeteiligung und Umweltprüfung bereits stattgefunden haben. Die Ausnahmen entsprechen
größtenteils denen des ehemaligen § 11 NABEG a.F., der für die genannten Fälle damals
noch ein vereinfachtes Verfahren vorgesehen hatte.[272] Insofern kommt es hier zu einer
Verfahrensverkürzung. Kritisiert wird, dass durch die Verschiebung von Verfahrenshandlungen in das Zulassungsverfahren das Rechtsschutzdefizit verstärkt würde.[273]

Alles in allem ist die Norm dennoch zu begrüßen, da der Rechtsschutz nur auf einen
späteren Verfahrensschritt verschoben und nicht gänzlich unmöglich gemacht wird.[274]
Außerdem wird das Verfahren damit weniger komplex und gestrafft, sodass mit einer
deutlichen Beschleunigung zu rechnen ist.[275]

2.2.2.1.4 Zwischenfazit

Verfahrensfreiheit, beschleunigtes Verfahren oder Anzeigeverfahren genügen, um den
materiellen Anforderungen Genüge zu tun. Damit tragen die vom Normalverfahren
abweichenden Normen zu einer effektiveren und effizienteren Verwaltung bei und ver-
körpern eine formal gute Gesetzgebung.

2.2.2.2 Verfahrensprivilegierung zugunsten von Vorhaben des Bundes

Komplizierter wird es bei raumbedeutsamen Planungen und Maßnahmen die Bundes-
ländergrenzen überschreiten und von Bundesbehörden geplant werden. Diese werden
aufgrund ihrer häufig einmaligen Standortmöglichkeit ebenfalls privilegiert.

Grundsätzlich sind gem. § 4 Abs. 1 S. 1 ROG bei raumbedeutsamen Planungen und
Maßnahmen öffentlicher Stellen die Ziele der Raumordnung zu beachten sowie Grundsätze und sonstige Erfordernisse der Raumordnung in Abwägungs- oder Ermessensentscheidungen zu berücksichtigen.[276] Davon macht § 5 Abs. 1 i. V. m. § 4 Abs. 1 S. 3
ROG eine Ausnahme,[277] und räumt den Planungsträgern des Bundes ein Widerspruchsrecht ein, um länder-/ grenzüberschreitende, also bundesweite, Vorhaben zu fördern, da

---

[271] Gesetzentwurf der Bundesregierung zur Änderung des Energiewirtschaftsrechts im Zusammenhang mit dem Klimaschutz-Sofortprogramm und zu Anpassungen im Recht der Endkundenbelieferung vom 02. 05. 2022, BT-Drs. 20/1599, Art. 7 Nr. 2.

[272] Begründung RegE EnBeschlG, BT-Drs. 19/7375, 70.

[273] *Schmidt/Kelly,* VerwArch 2021, 235, 257.

[274] So auch *Leidinger,* NVwZ 2020, 1377, 1378; aA *Kelly/Schmidt,* AöR 144 (2019), 577, 618.

[275] *Chladek,* Rechtsschutzverkürzung als Mittel der Verfahrensbeschleunigung, S. 263.

[276] *Durner,* in: Kment, Raumordnungsgesetz, § 4 Rn. 22; *Potschies,* Raumplanung, Fachplanung
und kommunale Planung, S. 13, 28.

[277] Eine fehlende Systematisierung beklagend: *Durner,* in: Kment, Raumordnungsgesetz, § 4
Rn. 101; vgl. *Wagner,* Die Harmonisierung der Raumordnungsklauseln in den Gesetzen der Fachplanung, S. 146.

sie ggf. auf bestimmte Flächen angewiesen sind, ohne dass es einen Alternativstandort gäbe.[278] Wenn die Länder dies einfach blockieren könnten, wäre der Sinn und Zweck des Gesetzes konterkariert.[279] Das Widerspruchsrecht des § 5 ROG weißt Parallelen zu § 7 BauGB auf.[280] Hier gilt es rechtzeitig zu widersprechen, um die Bindungswirkung aufzuheben. Bei veränderter Sachlage ist rückwirkendes Handeln möglich.

In dieselbe Richtung[281] geht § 15 Abs. 1 S. 2 NABEG, wonach Bundesfachplanungen im Anwendungsbereich des NABEG grds. Vorrang vor Landesplanungen haben.[282] Das heißt, dass in der Folge die bestehenden Landesplanungen bei der Abwägung der Bundesfachplanung zu berücksichtigen sind, aber keine starre Bindung an die Ziele der Raumordnung entfalten und die Bundesfachplanung für die Zukunft für die Länder verbindlich ist.[283] Schließlich wurde das NABEG gerade zur Beschleunigung des länderübergreifenden und grenzüberschreitenden Höchstspannungsleitungsausbaus geschaffen. Dieses Ziel würde bei einer anderen Betrachtung leerlaufen. Entscheidungen teilweise vorwegzunehmen und spätere Verfahren davon zu entlasten, bietet Vorbildwirkung für

---

[278] *Deutsch,* ZUR 2021, 67, 69; *Eding,* Bundesfachplanung und Landesfachplanung, S. 27 ff., 218 ff.; *Koch,* Energie-Infrastrukturrecht zwischen Raumordnung und Fachplanung – das Beispiel der Bundesfachplanung 'Trassenkorridore', in: Schlacke/Schubert (Hrsg.), Energie-Infrastrukturrecht, S. 76 f. m. w. N.; *Potschies,* Raumplanung, Fachplanung und kommunale Planung, S. 38 f..

[279] *Durner,* in: Kment, Raumordnungsgesetz, § 5 Rn. 7; *Wagner,* Die Harmonisierung der Raumordnungsklauseln in den Gesetzen der Fachplanung, S. 40 f..

[280] *Buus,* Bedarfsplanung durch Gesetz, S. 227; *Mitschang,* ZfBR 2017, 28, 37.

[281] Zur Ähnlichkeit von ROG und NABEG: *Durner,* Planfeststellung und Energienetzplanung im System des NABEG, in: Quaas/Deutsches Anwaltsinstitut e. V. (Hrsg.), Rechtsprobleme der Energiewende, S. 66, 91; *Schneller,* Beschleunigung und Akzeptanz im Planungsrecht für Hochspannungsleitungen, in: Gundel/Lange (Hrsg.) Neuausrichtung der deutschen Energieversorgung – Zwischenbilanz der Energiewende, S. 122.

[282] *Buus,* Bedarfsplanung durch Gesetz, S. 187; *Durner,* in: Kment, Raumordnungsgesetz, § 4 Rn. 120; *ders.,* Planfeststellung und Energienetzplanung im System des NABEG, in: Quaas/Deutsches Anwaltsinstitut e. V. (Hrsg.), Rechtsprobleme der Energiewende, S. 73, 91; *Kelly/Schmidt,* AöR 144 (2019), 577, 602 m. w. N.; vgl. dazu kritisch: *Kukk,* Rechtsschutz gegen raumgreifende Großvorhaben insbesondere der „Energiewende" nach „Garzweiler II", in: Quaas/Deutsches Anwaltsinstitut e. V. (Hrsg.), Rechtsprobleme der Energiewende, S. 86.

[283] Zustimmend: *Appel,* NVwZ 2013, 457, 460 f. m. w. N.; *Deutsch,* ZUR 2021, 67, 69; *Eding,* Bundesfachplanung und Landesfachplanung, S. 210 f.; *Mitschang,* UPR 2015, 1, 3 f.; i. E. auch *Pleiner,* Überplanung von Infrastruktur, S. 277–280; *Sangenstedt,* in: Steinbach/Franke, Kommentar zum Netzausbau, NABEG, § 15 Rn. 37 ff.; ablehnend: *Kment* NVwZ 2015, 616, 620; *Koch,* Energie-Infrastrukturrecht zwischen Raumordnung und Fachplanung – das Beispiel der Bundesfachplanung 'Trassenkorridore, in: Schlacke/Schubert (Hrsg.), Energie-Infrastrukturrecht, S. 86; *Kümper,* NVwZ 2014, 1409 ff. m. w. N.; *ders.* NVwZ 2015, 1486 ff.; *Posch/Sitsen,* NVwZ 2014, 1423, 1426; *Potschies,* Raumplanung, Fachplanung und kommunale Planung, S. 231.

andere gestufte Zulassungsverfahren[284] und trägt zu einer formell guten Gesetzgebung bei.

2.2.2.3 Die Sonderregelungen des Standortauswahlgesetzes

Es ist eine historisch bedeutsame Herausforderung ein sicheres Endlager für die im Inland verursachten hoch radioaktiven Abfälle zu finden. Umso raumbedeutsamer ist dessen Standort. Für ein bestmögliches partizipatives, wissenschaftsbasiertes, transparentes, selbsthinterfragendes und lernendes Findungsverfahren wurde das Standortauswahlgesetz[285] geschaffen.

a) Es enthält zum einen mit § 12 Abs. 2 StandAG eine vergleichbare Norm zu der eben dargestellten Vorrangregelung des NABEG. Dieser legt fest, dass seine Zulassungen und Erlaubnisse Vorrang vor Landesplanungen und Bauleitplanungen haben.[286] Dies ist mit der überragenden Bedeutung eines einmaligen sicheren Endlagerstandorts zu begründen. „Im Standortauswahlgesetz soll sichergestellt werden, dass der Bund bei der primär sicherheitsorientierten Standortfestlegung nicht durch Vorgaben der Landesplanung oder der Bauleitplanung behindert oder eingeschränkt wird.“[287]

b) Zusätzlich enthält das StandAG einen „Präzedenzfall“ der Entscheidungsverlagerung auf die Legislative: Gem. § 20 Abs. 2 StandAG wird über den Standortvorschlag, den die Verwaltung erarbeitet hat und der mit dem Bundesrat abgestimmt ist, durch Bundesgesetz entschieden. Anders als beim MgvG ist die Intention des Gesetzgebers nicht die Beschleunigung eines Verfahrens, sondern die größtmögliche demokratische Legitimation und Akzeptanz, dieses besonders grundrechtssensiblen und einmaligen Vorhabens.[288] Es wird ebenfalls die Rechtsschutzdiskussion in Bezug auf die Verfassungsmäßigkeit bzw. Europarechtskonformität geführt. Allerdings besteht der Unterschied, dass die Frage hier zu bejahen ist, da die Einmaligkeit und die Bedeutung der Entscheidung ausschlaggebend sind.[289] Außerdem wurden mit § 17 Abs. 3 S. 3 und

---

[284] *Schink*, Neue Impulse aus dem Energierecht (NABEG) für eine Modernisierung des Planungsrechts?, in: Kment (Hrsg.), Das Zusammenwirken von deutschem und europäischem öffentlichen Recht, FS-Jarass, S. 500.

[285] Standortauswahlgesetz (StandAG) vom 05. 05. 2017 (BGBl. I, S. 1074), zuletzt geändert durch Gesetz v. 07. 12. 2020 (BGBl. I, S. 2760).

[286] *Kürschner*, Legalplanung, S. 68 f.

[287] Abschlussbericht der Kommission Lagerung hoch radioaktiver Abfallstoffe vom 19. 07. 2016, BT-Drs. 18/9100, 59.

[288] Gesetzentwurf eines Gesetzes zur Fortentwicklung des Gesetzes zur Suche und Auswahl eines Standortes für ein Endlager für Wärme entwickelnde radioaktive Abfälle und anderer Gesetze vom 07. 03. 2017, BT-Drs. 18/11398, 47, i. V. m. BT-Drs. 17/13471, 30; *Kment*, Die Verwaltung, 2017, 377, 404; *Bull*, DÖV 2014, 897, 899.

[289] Vgl. hierzu ausführlich *Kürschner*, Legalplanung, S. 173–191 m. w. N.

§ 19 Abs. 2 S. 6 StandAG neue verwaltungsgerichtliche Rechtsschutzmöglichkeiten gegen Bundesgesetze für anerkannte Umweltschutzvereinigungen geschaffen.[290]

Die Privilegierungen des StandAG wurden gut durchdacht und sind ein Beispiel für formell gute Gesetzgebung.

2.2.2.4 Parallelführung von Raumordnungs-/ Bundesfachplanungsverfahren und Planfeststellungsverfahren

Für eine noch bessere Beschleunigung und effizientere Verfahrensweise wurde schon vor Jahren eine parallele Durchführung von Raumordnungs-/ Bundesfachplanungsverfahren und Planfeststellungsverfahren vorgeschlagen, wie es bei Änderungen von Flächennutzungsplan und Bebauungsplan gängig sei.[291] Das Innovationsforum Planungsbeschleunigung hat daraufhin im Jahr 2017 vorgeschlagen, das Raumordnungsverfahren in das Planfeststellungsverfahren zu integrieren.[292] Die wissenschaftlichen Dienste des Bundestags haben diese Möglichkeit kritisch beurteilt.[293]

Stattdessen sieht der neue[294] § 15 Abs. 4 S. 2 ROG eine „zeitnahe Durchführung" des Zulassungsverfahrens im Anschluss an das Raumordnungsverfahren vor. Der Gesetzesbegründung nach „sollen Synergieeffekte zwischen beiden Verfahren möglichst effektiv genutzt werden. Insbesondere soll verhindert werden, dass zwischen den Verfahren ein längerer Zeitraum liegt mit der Folge, dass im Raumordnungsverfahren erhobene Daten, Gutachten etc. zwischenzeitlich überholt sind und daher im Zulassungsverfahren zeit- und kostenaufwendig aktualisiert oder neu erhoben werden müssen."[295] Gem. § 15 Abs. 4 S. 4 ROG soll im Zulassungsverfahren die Prüfung auf Belange beschränkt werden, die nicht Gegenstand des Raumordnungsverfahrens waren. Dies diene der Verfahrensbeschleunigung, da Doppelprüfungen vermieden werden und die Raumordnungs- und Fachplanungsbehörde sich möglichst eng abstimmen.[296] Diese Lösung ist der beste Kompromiss, da die Überalterung der Unterlagen verhindert, und Sachverhalte nicht gleichzeitig doppelt geprüft werden.

---

[290] *Kürschner,* Legalplanung, S. 220–224; *Gärditz,* Rechtsschutz im Standortauswahlverfahren, in: Schlacke/Beaucamp/Schubert (Hrsg.), Infrastruktur-Recht, FS-Erbguth, S. 487; *Langer,* Die Endlagersuche nach dem Standortauswahlgesetz, S. 380–397.

[291] *Posch/Sitsen,* NVwZ 2014, 1423, 1424; die Zulässigkeit eines solchen Vorgehens bejahend: BVerwG, Urt. v. 16. 08. 1995 – 11 A 2/95, NVwZ 1996, 267, 269; vgl. auch *Wagner,* DVBl 1991, 1230, 1237.

[292] BMVI (Hrsg.), Innovationsforum Planungsbeschleunigung Abschlussbericht, S. 26.

[293] *Wissenschaftliche Dienste BT,* Integration des Raumordnungsverfahrens in das Planfeststellungsverfahren, WD 7 – 3000 – 210/18, S. 7.

[294] Gesetzt zur Beschleunigung von Investitionen vom 03. 12. 2020 (BGBl. I, S. 2694, 2698).

[295] Begründung RegE InvBeschlG, BT-Drs. 19/22139, 27 aE.

[296] Begründung RegE InvBeschlG, BT-Drs. 19/22139, 28; *Wahlhäuser,* ZUR 2021, 3, 6.

2.2.2.5 Exkurs: sektorale oder integrative räumliche Steuerung

Während der Diskussion um die im Jahr 2020 geschaffenen Instrumente zur Beschleunigung der Energie- und Verkehrswende wurde in der wissenschaftlichen Diskussion der Fokus auf ein neues „Problem" gerichtet. So sei es auffallend, dass bei Gesetzgebung nur sektoral, also jeweils nur im „eigenen" Fachgebiet, gedacht werde.[297] Es sei bei dem weiteren Ausbau von Energieinfrastruktur eine integrierte Planung anzustreben, um die Energiewende zu meistern.[298] Nach dem Scheitern der Einführung einer integrierten Vorhabengenehmigung in einem neuen Umweltgesetzbuch im Jahr 2009 war ebenfalls die Kritik geäußert worden, dass bloßes sektorales Denken der falsche Weg sei, da Wechselwirkungen und Belastungsverschiebungen zu wenig berücksichtigt werden würden.[299] Um dem Umstand, dass es mit der Verfahrensbeschleunigung bzw. dem Klimaschutz nur langsam vorangehe, besser zu begegnen, wird ein integrativer Ansatz für die räumliche Steuerung vorgeschlagen, der ganzheitlich mehrere Rechtsgebiete und angrenzende gesellschaftliche Fragen in den Blick nehmen soll.[300] Das Europarecht stünde dem nicht im Wege.[301] So würden Großvorhaben besser angenommen werden, wenn man bei der Planung und Genehmigung nicht nur das sektorale fachliche Ziel vor Augen habe, sondern auch ökonomische, soziale und ökologische Aspekte berücksichtigen würde.[302] Gleichzeitig können durch gemeinsame Ausgangsgrößen und zeitliche Synchronisation Synergieeffekte geschaffen werden.[303] § 7 Abs. 4 ROG kann am ehesten als gesetzliche Kodifizierung des Ziels, andere Planungen in die Raumordnung zu integrieren, angesehen werden.[304]

In dieselbe Richtung geht die Forderung nach einer kommunalen Gesamtverkehrsplanung, die parallel zur Bauleitplanung geschaffen werden und alle Verkehrsarten und -träger in ein einheitliches, in sich abgestimmtes Gesamtkonzept einbeziehen soll.[305] Ein

---

[297] *Erbguth,* ZUR 2021, 1 f.; *ders.* ZUR 2021, 22, 23 f.; vgl. auch *Gärditz,* ZfU 2012, 249, 272 ff.

[298] Deutsche Energie-Agentur (Hrsg.), dena-Netzstudie III, S. 6.

[299] *Kahl/Welke,* DVBl 2010, 1414 f..

[300] *Erbguth,* Raumbezogenes Infrastrukturrecht: Entwicklungslinien und Problemlagen, in: Kment (Hrsg.), Das Zusammenwirken von deutschem und europäischem öffentlichen Recht, FS-Jarass, S. 415; *ders.* ZUR 2021, 22, 24; *Grotefels,* ZUR 2021, 25, 26 f., 30, schlägt vor, von „koordinierend" statt von „integrativ" zu sprechen, um Missverständnissen vorzubeugen.

[301] *Guckelberger,* ZUR 2021, 6, 15 m. w. N.

[302] *Erbguth,* ZUR 2021, 22, 24.

[303] Deutsche Energie-Agentur (Hrsg.), dena-Netzstudie III, S. 6.

[304] *Grotefels,* ZUR 2021, 25, 27.

[305] *Reese,* ZUR 2020, 401 ff.; kritisch: *Kümper,* ZUR 2021, 33, 38; Vorbild könnte Frankreich mit seiner städtischen Gesamtverkehrsplanung sein: Verkehrsorientierungsgesetz (Loi n° 82–1153 du 30 décembre 1982 d'orientation des transports intérieurs, JORF n° 304 du 31 décembre 1982), dazu ausführlich *Gniechwitz,* Städtebaupläne in Frankreich, insbesondere S. 219–221; Berlin ist dem mit seinem Mobilitätsgesetz von Juli 2018 (Berliner Mobilitätsgesetz vom 05. 07. 2018, (GVBl. S. 464), zuletzt geändert durch Gesetz v. 27. 09. 2021 (GVBl. S. 1117)) sehr nahegekommen.

weiteres verbindliches Planungsverfahren mit vermehrtem Abstimmungsbedarf würde das Verfahren erst einmal verkomplizieren und verlängern.[306]

In diesem Zusammenhang haben die zuständigen Ministerinnen und Minister der Mitgliedstaaten der Europäischen Union, Norwegens und der Schweiz während der deutschen EU-Ratspräsidentschaft am 1. Dezember 2020 die Territoriale Agenda 2030[307] beschlossen. Sie gibt einen politischen Rahmen für ein gerechtes und grünes Europa, das unter anderem eine ausgewogenere Raumentwicklung anstrebt und zur länder- und fachübergreifenden Zusammenarbeit bei verwaltungsrechtlichen Problematiken ermutigt.[308] Gem. Art. 170–172 AEUV trägt die EU zum Auf- und Ausbau transeuropäischer Netze in den Bereichen Verkehr, Telekommunikation und Energieinfrastruktur bei. Sie kann Großvorhaben durch gesetzliche Vorgaben, die Aufstellung von Leitlinien oder finanzielle Unterstützung fördern.[309]

Angesichts der neuesten geopolitischen Entwicklungen und dem noch dringender werdenden Ausbau erneuerbarer Energien, verfolgt nun auch die Bundesregierung einen ganzheitlichen Ansatz von Klima-, Umwelt-, und Naturschutz, um zu verhindern, dass diese gegenseitig ausgespielt werden.[310]

2.2.2.6 Zusammenfassung

Im Raumordnungsrecht sind ebenfalls Anstrengungen unternommen worden, um das Verfahren zu beschleunigen und effizienter zu gestalten. Aufgrund seines umfassenden Ansatzes sind naturgemäß nicht so „feine" detaillierte Verfahrensprivilegierungen möglich, sondern eher grundlegende systematische Überlegungen. Es wird auf die „Klassiker" eines vereinfachten Verfahrens und Verzicht auf einzelne Verfahrensteile in bestimmten gesetzlich abschließend geregelten Fällen zurückgegriffen. Mit dem StandAG sind bereits Beispiele für formell gute Gesetzgebung vorhanden, und auch die Neuerungen des ROG gehen in die richtige Richtung. Schließlich kommt der räumlichen Steuerung insbesondere für den Ausbau erneuerbarer Energien eine besondere Bedeutung zu, um Konflikte zwischen den verschiedenen Nutzungsarten zu vermeiden. Das StandAG ist ebenfalls ein gutes Beispiel für ein gelungenes Gesetz, das sich seiner

---

[306] Vgl. *Baumgart/Kment*, Die nachhaltige Stadt der Zukunft – Welche Neuregelungen empfehlen sich zu Verkehr, Umweltschutz und Wohnen?, Gutachten D zum 73. Deutschen Juristentag 2020/2022, S. 54 ff.

[307] Siehe dazu auch www.atlasta2030.eu (zuletzt abgerufen am 20. 06. 2022).

[308] https://territorialagenda.eu/de/ Zusammenfassung TA2030 (zuletzt abgerufen am 20. 06. 2022).

[309] *Sauer*, DVBl 2012, 1082, 1085.

[310] Gesetzentwurf der Bundesregierung eines Gesetzes zu Sofortmaßnahmen für einen beschleunigten Ausbau der erneuerbaren Energien und weiterer Maßnahmen im Stromsektor (E-EEG 2023) vom 02. 05. 2022, BT-Drs. 20/1630, 37.

historischen Bedeutung bewusst war, sodass sich daraus möglicherweise Lehren für weitere Privilegierungen aus Gründen des Gemeinwohls ziehen lassen.[311]

2.2.3 Privilegierungen im Baurecht

Für die Darstellung der Privilegierungen im Baurecht[312] sind Bauplanungsrecht, geregelt im BauGB und Bauordnungsrecht, geregelt in der LBO zu unterscheiden.

Festzuhalten bleibt zu Beginn, dass Bebauungspläne gem. § 10 Abs. 1 BauGB als Satzung verabschiedet werden und damit nicht als Verwaltungsverfahren im engeren Sinne des § 9 LVwVfG zu qualifizieren sind.[313] Sie können hier trotzdem Untersuchungsgegenstand sein, da sie einen „Weg hin zum Endprodukt der administrativen Entscheidung"[314] bilden und der Gesetzgeber dem Verwaltungsverfahren ähnliche Regelungen entwickelt hat, sodass von einem Verwaltungsverfahren „im weiteren Sinne" gesprochen werden kann.[315]

2.2.3.1 Vereinfachtes Verfahren

Wie bereits in den anderen beiden Rechtsgebieten wird auch im Baurecht ein vereinfachtes Verfahren als Privilegierung gegenüber dem Normalverfahren beschrieben. In den beiden baurechtlich relevanten Gesetzbüchern gibt es mindestens ein vereinfachtes Verfahren.

2.2.3.1.1 Vereinfachtes Verfahren des Bebauungsplanrechts

Das vereinfachte Verfahren des Bauplanungsrechts ist in § 13 BauGB geregelt. Gem. § 13 Abs. 1 BauGB greift das Verfahren dem Wortlaut nach direkt nur für die die Grundzüge der Planung nicht berührende Änderungen oder Ergänzungen eines Bebauungs- und Flächennutzungsplans, die Aufstellung eines Bebauungsplans für ein Gebiet innerhalb der im Zusammenhang bebauten Ortsteile (§ 34 BauGB), und für Aufstellung eines Bebauungsplanes zum Schutz zentraler Versorgungsbereiche nach § 9 Abs. 2a BauGB oder zur Steuerung von Vergnügungsstätten nach § 9 Abs. 2b BauGB.[316] Über

---

[311] Siehe unten Abschn. 3.4.1.6.1.

[312] Für einen kompakten historischen Überblick der Deregulierung des Baurechts vgl.: *Häfner*, Verantwortungsteilung im Genehmigungsrecht S. 148–155 m. w. N.

[313] *Schmitz*, in: Stelkens/Bonk/Sachs, VwVfG, § 9 Rn. 86; *Sennekamp*, in: Mann/Sennekamp/Uechtritz, VwVfG, § 9 Rn. 14.

[314] *Schmidt-Preuß*, NVwZ 2005, 489; *ders*, Das Allgemeine des Verwaltungsrechts, in: Geis/Lorenz (Hrsg.), Staat, Kirche, Verwaltung, FS-Maurer, S. 785.

[315] *Knauff*, DÖV 2012, 1, 3.

[316] Siehe auch *Schwarz*, Anwendungsbereich und Abgrenzungsfragen beim vereinfachten Verfahren nach § 13 BauGB, in: Mitschang (Hrsg.), Schaffung von Bauland, S. 37 ff.

den Verweis in § 13a Abs. 2 Nr. 1 kommt das vereinfachte Verfahren bei der Aufstellung von Bebauungsplänen der Innenentwicklung zu Anwendung, welche die Schaffung von Arbeitsplätzen, Wohnungen und Infrastruktureinrichtungen *vereinfachen und beschleunigen* soll.[317] Gem. § 13b BauGB gilt dies des Weiteren für Wohnnutzungen in Ortsrandlage, für die der Bebauungsplan bis 31. 12. 2024 beschlossen wird.[318] §§ 13a und b BauGB finden rege Anwendung.[319] Die materiell-rechtlich korrekte Umsetzung gelingt nicht immer.[320] Durch die vereinfachten Normen der Innenentwicklung ergibt sich in Verbindung mit § 1a Abs. 5 S. 2 BauGB (noch) kein Abwägungsvorrang für klimaschutzfreundliche Vorhaben. Dazu können nicht nur Neubauten, sondern umgekehrt auch die Freihaltung von Flächen für Kaltluftschneisen gehören. Der Klimaschutz ist einer von mehreren Abwägungsbelangen.[321]

Danach kann gem. § 13 Abs. 2 Nr. 1 BauGB von der frühzeitigen Unterrichtung der Öffentlichkeit und der Behörden abgesehen werden. Es besteht die Wahl zwischen der Anhörung der betroffenen Öffentlichkeit und öffentlicher Auslegung nach § 3 Abs. 2 BauGB und zwischen Anhörung berührter Behörden und sonstiger Träger öffentlicher Belange und Beteiligung nach § 4 Abs. 2 BauGB (§ 13 Abs. 2 Nr. 2 und 3 BauGB). Außerdem existieren nach § 13 Abs. 3 BauGB umweltbezogene Vereinfachungen: keine Umweltprüfung nach § 2 Abs. 4 BauGB, kein Umweltbericht i. S. d. § 2a BauGB, keine Angabe gem. § 3 Abs. 2 S. 2 BauGB, welche Arten umweltbezogener Informationen verfügbar sind, kein Monitoring nach § 4c BauGB und keine zusammenfassende Erklärung i. S. d. § 6a Abs. 1 BauGB und § 10a Abs. 1 BauGB.

---

[317] *Battis,* in: Battis/Krautzberger/Löhr, BauGB, § 13a Rn. 1; *Spieß,* Anwendungsbereich und Abgrenzungsfragen beim beschleunigten Verfahren nach § 13a BauGB, in: Mitschang (Hrsg.), Schaffung von Bauland, S. 57 ff.

[318] Dies begegnet i. E. keinen (unions-)rechtlichen Bedenken: EuGH, Urt. v. 18. 04. 2013 – C-463/11, ECLI:EU:C:2013:247; *Hofmeister/Meyer,* ZfBR 2017, 551, 560; *Schink,* Vereinbarkeit von baulandschaffenden Satzungen mit Europarecht, in: Mitschang (Hrsg.), Schaffung von Bauland, S. 28 ff.; zum Konflikt dieser Norm mit dem Ziel der Bundesregierung, die tägliche Flächenneuinanspruchnahme bis 2020 auf 30 ha zu senken, das mit 58 ha/d klar verfehlt wurde; *Bovet,* ZUR 2020, 31, 34, 40; *Hamacher,* NuR 2020, 388, 392.

[319] *Mitschang,* Anwendungsfragen und aktuelle Rechtsprechung, in: ders (Hrsg.) Schaffung von Bauland, S. 116; § 13b BauGB, war zur Entspannung der Lage in Großstädten mit besonders großer Wohnungsnot gedacht – genau dort wird das Instrument aber nicht angewendet, sondern insbesondere in kleineren Landgemeinden, *Frerichs et al.,* Qualitative Stichprobenuntersuchung zur kommunalen Anwendung des § 13b BauGB, S. 64.

[320] *Evers,* § 13b BauGB – Anwendungspraxis auf Grundlage einer Feldstudienuntersuchung, in: Mitschang (Hrsg.), Schaffung von Bauland, S. 135.

[321] *Otto,* ZfBR 2013, 434, 436 f; Dies könnte sich durch die Neufassung des EEG 2023 ändern, in welchem in § 2 E-EEG 2023 festgehalten werden soll, dass die Errichtung und der Betrieb von Anlagen zur Erzeugung erneuerbarer Energien im überragenden öffentlichen Interesse liegt und dass diese als vorrangiger Belang in die jeweils durchzuführenden Schutzgüterabwägungen eingebracht werden sollen.

Voraussetzungen für das vereinfachte Verfahren sind gem. § 13 Abs. 1 BauGB, dass keine UVP-Pflicht besteht, keine Anhaltspunkte für FFH-/ Vogelschutzgebietsbeeinträchtigungen vorliegen und dass keine Anhaltspunkte dafür bestehen, dass die Pflicht zur Vermeidung oder Begrenzung der Auswirkungen von schweren Unfällen greifen würde, was der Fall wäre, wenn in einem gewissen Umkreis ein Störfallbetrieb liegt.

Alle drei Voraussetzungen sind europarechtlich geprägt und setzen EU-Richtlinien um: Insbesondere das Störfallrecht wurde erst 2017 als flankierende Regelung zur Umsetzung der Seveso-III-RL[322] bauplanungsrechtlich relevant.[323]

2.2.3.1.2 Vereinfachtes Umlegungsverfahren

Abweichend von § 45ff BauGB kann auch die Bodenneuordnung gem. §§ 80–84 BauGB in einem vereinfachten Verfahren erfolgen. In diesem sind die Verfahrensvoraussetzungen der §§ 47, 51, 53, 54, 66, 69 BauGB nicht einzuhalten.[324] Eine Beschleunigung dadurch ist gegeben.[325]

2.2.3.1.3 Vereinfachtes städtebauliches Sanierungsverfahren

In den §§ 136-164b BauGB sind städtebauliche Sanierungsmaßnahmen geregelt, die seit 2013[326] unter anderem zur Anpassung an den Klimawandel getroffen werden können (§ 136 Abs. 4 S. 2 Nr. 1 BauGB).[327] Auch baulich vorsorgender Klimaschutz ist möglich.[328] Zu den Baumaßnahmen gehören gem. § 148 Abs. 2 S. 1 Nr. 5 BauGB insbesondere die Errichtung oder Erweiterung von Anlagen und Einrichtungen zur dezentralen und zentralen Erzeugung, Verteilung, Nutzung oder Speicherung von Strom, Wärme oder Kälte aus erneuerbaren Energien oder Kraft-Wärme-Kopplung.[329] Der kommunale Klimaschutz ist bei Bauvorhaben „nur" gleichwertiger Bestandteil

---

[322] Richtlinie 2012/18/EU vom 04. 07. 2012 zur Beherrschung der Gefahren schwerer Unfälle mit gefährlichen Stoffen, zur Änderung und anschließenden Aufhebung der Richtlinie 96/82/EG des Rates, ABl. L 197/1.

[323] Gesetz zur Umsetzung der Richtlinie 2014/52/EU im Städtebaurecht und zur Stärkung des neuen Zusammenlebens in der Stadt vom 04. 05. 2017 (BGBl. I, S. 1057); BT-Drs. 18/10942, 33; *Mitschang*, in: Battis/Krautzberger/Löhr, BauGB, § 13 Rn. 8a.

[324] *Burmeister/Aderhold*, in: Ernst/Zinkahn/Bielenberg/Krautzberger, BauGB, § 80 Rn. 61.

[325] *Stüer*, Handbuch des Bau- und Fachplanungsrechts, A. Bauleitplanung, Rn. 1950.

[326] Gesetzes zur Stärkung der Innenentwicklung in den Städten und Gemeinden und weiterer Fortentwicklung des Städtebaurechts vom 11. 06. 2013 (BGBl. I, S. 1548); BT-Drs. 17/11468, 15.

[327] Vgl. *Mitschang*, ZfBR 2020, 613, 615 f.

[328] *Söfker/Runkel*, in: Ernst/Zinkahn/Bielenberg/Krautzberger, BauGB, § 1 Rn. 107b, vgl. auch BVerwG, Urt. v. 13. 03. 2003 – 4 C 4/02, NVwZ 2003, 738, 740.

[329] Diese Vorhaben können stattdessen gem. § 11 Abs. 1 S. 2 Nr. 4 BauGB Gegenstand eines öffentlich-rechtlichen Vertrags sein; *Krautzberger*, in: Ernst/Zinkahn/Bielenberg/Krautzberger, BauGB, § 11 Rn. 18; vgl. *Söfker*, ZfBR 2011, 541, 549.

zu anderen Abwägungsbelangen.[330] Für die Durchführung der Sanierung gibt es seit 1986[331] gem. § 142 Abs. 4 BauGB ein vereinfachtes Sanierungsverfahren, das keine Festsetzung von Ausgleichs- und Entschädigungsleistungen vorsieht (§§ 152–156 BauGB) und optional von der Genehmigungspflicht nach § 144 BauGB befreien kann.

2.2.3.1.4 Vereinfachtes Verfahren im Bauordnungsrecht

Das Bauordnungsrecht kennt mit § 52 LBO ebenfalls ein vereinfachtes Verfahren zur Erteilung der Baugenehmigung. Es handelt sich wie im normalen Verfahren gem. § 49, 58 LBO weiter um ein präventives Bauverbot mit Erlaubnisvorbehalt, jedoch wird in einem beschränken Anwendungsbereich (insbes. Wohnbebauung) nur ein reduziertes Prüfprogramm seitens der Behörde durchgeführt, und damit die Verantwortung für die materielle Rechtmäßigkeit auf den Bauherren verlagert.[332] Die Entscheidungsfrist beträgt gem. § 54 Abs. 5 S. 1 Alt. 2 LBO nur einen statt zwei Monate.

Für den Fall, dass ein (offensichtlicher) Fehler außerhalb des Prüfprogramms auffällt, darf das Prüfprogramm seitens der Behörde zwar nicht eigenmächtig erweitert werden.[333] Da aber gem. § 52 Abs. 3 LBO alle öffentlich-rechtlichen Vorschriften gewahrt sein müssen, auch wenn sie von der Behörde nicht geprüft werden, können bauordnungsrechtliche Maßnahmen für den Fall der Baugenehmigungsnutzung angekündigt und im äußersten Fall der Bauantrag zurückgewiesen werden.[334]

2.2.3.1.5 Zusammenfassung

Die vereinfachten Verfahren des Baurechts leisten ihren angemessenen Beitrag, um im Sinne des Gemeinwohls einen angemessenen Ausgleich[335] zwischen der Privatnützigkeit und Sozialpflichtigkeit des Eigentums herzustellen. Weitestgehend standardisierte Verfahrensabläufe bieten die Chance für eine deutliche Steuerung der Effizienz der Verfahren.[336] Diese könnten noch besser werden, wenn im Zuge der digitalisierten

---

[330] *Kahl,* ZUR 2010, 395, 396; *Mitschang,* ZfBR 2020, 613, 614; *Otto,* ZfBR 2013, 434; *Schrödter/Wahlhäuser,* in: Schrödter, BauGB, § 1 Rn. 222.

[331] Gesetz über das Baugesetzbuch vom 8. 12. 1986 (BGBl. I, S. 2191, 2210); BT-Drs. 10/6166, 160.

[332] *Häfner,* Verantwortungsteilung im Genehmigungsrecht, S. 188 f.; *Krämer,* in: Spannowsky/Uechtritz, BeckOK LBO, § 52 Einl; *Schmidt et al.,* Gesetzgeberische Handlungsmöglichkeiten zur Beschleunigung des Ausbaus der Windenergie an Land, S. 11.

[333] *Krämer,* in: Spannowsky/Uechtritz, BeckOK LBO, § 52 Rn. 36; *Löher,* Das Verwaltungsverfahren im Spannungsfeld zwischen Gewährleistungsauftrag und Beschleunigungsbestreben, S. 64 f. m. w. N.

[334] VGH BW, Urt. v. 21. 02. 2017 – 3 S 1748/14, KommJur 2017, 151, 153; *Krämer,* in: Spannowsky/Uechtritz, BeckOK LBO, § 52 Rn. 37.

[335] BVerwG, Urt. v. 23. 08. 1996 – 4 C 13/94, BVerwGE 101, 364.

[336] *Schröer/Kümmel,* NVwZ 2020, 1401, 1404; siehe zum Thema der Privilegierung durch Digitalisierung Abschn. 2.2.5.

Aktenführung neue standardisierte Prozessabläufe eingeführt und alte Gewohnheiten überdacht werden. Dieses Bewusstsein ist eine behördeninterne Herausforderung und sollte trotz der bereits vorhandenen Genehmigungsverfahrensarten weiter ausgebaut werden.[337]

2.2.3.2 Fiktive Genehmigung im Baurecht

Eine weitere Privilegierung gegenüber dem Normalverfahren, die für mehr Effizienz sorgen soll, ist die fiktive Genehmigung. Das Bauordnungsrecht enthält in § 54 Abs. 5 S. 1 LBO genaue Fristen für die Entscheidung über den Bauantrag. Ein Überschreiten der Frist führt nach baden-württembergischen Landesrecht[338] weder zu einer Fiktion der Genehmigung,[339] noch ist es mit sonstigen Sanktionen verbunden. Der Bauherr kann nur gem. §§ 42 Abs. 1 Alt. 2, 75 VwGO Untätigkeitsklage erheben. Solche Regelfristen haben nur Signalfunktion.[340]

Im städtebaulichen Sanierungsrecht gilt gem. § 144, 145 Abs. 1 S. 1 i. V. m. § 22 Abs. 5 S. 4 BauGB ebenfalls eine Genehmigungsfiktion für die Genehmigung, die erforderlich ist, um Veränderungen im Sanierungsgebiet, die den Sanierungserfolg gefährden könnten, auszuschließen. Vergleichbares gilt gem. § 173 Abs. 1 i. V. m. § 22 Abs. 5 S. 4 BauGB für Erhaltungsgebiete. Eine Beschleunigung kann durch diese Fiktionen selten erreicht werden, da die parallel einzuholende Baugenehmigung keine Fiktion beinhaltet.[341]

Ferner gilt die Genehmigung des Flächennutzungsplans durch die höhere Verwaltungsbehörde gem. § 6 Abs. 4 S. 4 BauGB bei Fristüberschreitung als erteilt.[342]

Zu kritisieren ist angesichts der Rechtssicherheit, dass die verschiedenen Fristläufe nicht transparent sind[343], bzw. die korrekte Fristberechnung für Laien nicht selbstver-

---

[337] *Schröer/Kümmel*, NVwZ 2020, 1401, 1405.

[338] Anders in Bayern (§ 68 Abs. 2 S. 1 BayBauO); Berlin (§ 69 Abs. 4 S. 3 BauO Bln); Hamburg (§ 61 Abs. 3 HHBauO); Hessen (§ 65 Abs. 2 S. 3 BO); Mecklenburg-Vorpommern (§ 63 Abs. 2 S. 2 Bau M-V); Rheinland-Pfalz (§ 66 Abs. 5 S. 5 LBauO-RlPf), kritisch dazu: *Beckmann*, KommJur 2013, 327; Saarland (§ 64 Abs. 3 S. 5 LBO); Sachsen (§ 69 Abs. 5 S. 1 SächsBO); Sachsen-Anhalt (§ 68 Abs. 5 S. 1 LBO LSA); Schleswig-Holstein (§ 69 Abs. 9 LBO); Thüringen (§ 62 Abs. 2 S. 1 LBO TH).

[339] Vgl. § 42a Abs. 1 LVwVfG; *Autorenkollektiv,* in: Sauter, LBO, § 52 Rn. 2; *Gassner,* in: Spannowsky/Uechtritz, BeckOK LBO, § 54 Rn. 66.

[340] *Burgi*, JZ 1993, 492, 494.

[341] *Schröder*, Genehmigungsverwaltungsrecht, S. 107.

[342] *Gierke/Lenz,* in: Brügelmann, BauGB, § 6 Rn. 186 f.; *Jaeger,* in: Spannowsky/Uechtritz, BeckOK BauGB, § 6 Rn. 26 f.; *Reidt,* in: Battis/Krautzberger/Löhr, BauGB, § 6 Rn. 8; aA: *Caspar,* AöR 125 (2000), 131, 133, der die Norm nicht als fiktive Genehmigung im eigentlichen Sinne, sondern nur als eine die interne Zustimmung ersetzende Fiktion bezeichnet.

[343] *Hullmann/Zorn*, NVwZ 2009, 756, 758; *Löher*, Das Verwaltungsverfahren im Spannungsfeld zwischen Gewährleistungsauftrag und Beschleunigungsbestreben, S. 33 ff.

ständlich ist. Es kommt zu einer rechtlichen[344] und finanziellen[345] Risikoverlagerung auf den Antragssteller.[346] Grundsätzlich besteht die Gefahr der Verfahrensverzögerung, wenn aufgrund der Fiktion zusätzliche Rechtsstreitigkeiten geführt werden müssen.[347] Auch die Ausgleichsfunktion zwischen den verschiedenen Belangen ist grds. in Gefahr.[348] Nichtsdestotrotz führen Fiktionen zur Verfahrensbeschleunigung durch zusätzliche Flexibilität, auch wenn sie auf Kosten der Rechtssicherheit gehen.[349] Eine gewisse Effizienzsteigerung kann erwartet werden, allerdings auf Kosten einer formell wirklich guten Gesetzgebung.

2.2.3.3 Enteignung und vorzeitige Besitzeinweisung

Wie im Planfeststellungsverfahren gibt es auch im Baurecht Privilegierungsnormen zur vorzeitigen Besitzeinweisung oder Enteignung, um die Errichtung des Bauvorhabens zu beschleunigen, da die Eigentums- und Besitzlage frühzeitig geregelt wird, indem das Verfahren parallel zum Genehmigungsverfahren durchgeführt werden kann. Die Enteignung ist im fünften Teil des BauGB in den §§ 85–122 BauGB geregelt. Dabei sind folgende privilegierende Normen besonders hervorzuheben.

2.2.3.3.1 Enteignung aus zwingenden städtebaulichen Gründen

Gem. § 88 BauGB wird die Enteignung aus städtebaulichen Gründen dahingehend erleichtert, dass die Nachweispflicht über die Verwendung innerhalb angemessener Frist entschärft wird. So genügt hier schon anstelle des § 87 Abs. 2 BauGB der Nachweis, dass die Gemeinde sich ernsthaft um den freihändigen Erwerb dieses Grundstücks zu angemessenen Bedingungen vergeblich bemüht hat. Nach S. 2 gilt dies entsprechend für städtebauliche Sanierungsgebiete. Zwingende städtebauliche Gründe „liegen vor, wenn die Enteignung des konkreten in Aussicht genommenen Grundstückes nach dem Inhalt

---

[344] *Ortloff*, NVwZ 1998, 932, 933; *Pietzcker*, JZ 1985, 209, 211, 213; *Preschel*, DÖV 1998, 45, 49 f. insbesondere auch zur Gefahr der nachträglich eintretenden formellen Illegalität bei Änderung der Rechtslage nach Baubeginn; *Schröder*, Genehmigungsverwaltungsrecht, S. 561.

[345] Vgl. *Seidel*, NVwZ 2004, 139, 141; *Ekardt/Beckmann/Schenderlein*, NJ 2007, 481, 483.

[346] *Erbguth/Stollmann*, JZ 2007, 868, 872; *Hoffmann-Riem*, AöR 115 (1990), 400, 424; *Löher*, Das Verwaltungsverfahren im Spannungsfeld zwischen Gewährleistungsauftrag und Beschleunigungsbestreben, S. 70 f.

[347] *Häfner*, Verantwortungsteilung im Genehmigungsrecht, S. 210; *Ortloff*, NVwZ 1995, 112, 118; *Stelkens*, in: Stelkens/Bonk/Sachs, VwVfG, § 42a Rn. 11; aA *Rombach*, Der Faktor Zeit in umweltrechtlichen Genehmigungsverfahren, S. 218.

[348] *Spitzhorn*, ZRP 2002, 196, 198.

[349] *Caspar*, AöR 125 (2000), 131, 152 f; *Hullmann/Zorn*, NVwZ 2009, 756, 760; *Löher*, Das Verwaltungsverfahren im Spannungsfeld zwischen Gewährleistungsauftrag und Beschleunigungsbestreben, S. 39; *Spitzhorn*, ZRP 2002, 196, 199; *Ziekow*, LKRZ 2008, 1 ff. m. w. N.; aA: *Bullinger*, Beschleunigte Genehmigungsverfahren für eilbedürftige Vorhaben, S. 68–72; *ders.*, JZ 1993, 492, 495, der Fiktionen sogar als gefährlich bezeichnet.

des Bebauungsplanes oder zur Beseitigung von städtebaulichen Missständen zum gegenwärtigen Zeitpunkt unaufschiebbar geboten ist."[350]

2.2.3.3.2 Vorzeitige Enteignungsverfahrenseinleitung

Gem. § 108 Abs. 2 BauGB kann das Enteignungsverfahren zugunsten einer Gemeinde bereits nach Auslegung des Bebauungsplans (Nr. 1) und den notwendigen Beteiligungen (vgl. Nr. 2) eingeleitet werden. Gem. § 108 Abs. 2 S. 2 BauGB ist das Enteignungsverfahren so zu fördern, dass der Enteignungsbeschluss ergehen kann, sobald der Bebauungsplan rechtsverbindlich geworden ist. Die vorzeitige Einleitung bzw. Durchführung eines Enteignungsverfahrens ist aus dem Planfeststellungsverfahren für Energieinfrastrukturvorhaben bekannt.[351] Sie bezweckt den beschleunigten Planvollzug.[352]

2.2.3.3.3 Vorzeitige Besitzeinweisung

Mit der Besitzeinweisung erlangt der Antragssteller die privatrechtliche Befugnis auf dem Grundstück das im Antrag auf Besitzeinweisung bezeichnete Bauvorhaben durchführen und die dafür erforderlichen Maßnahmen treffen.[353] Damit wird verbotene Eigenmacht i. S. d. § 858 BGB ausgeschlossen.[354] Die vorzeitige Besitzeinweisung ist in § 116 BauGB geregelt.[355] Danach kann die Enteignungsbehörde den Antragsteller auf Antrag durch Beschluss in den Besitz des von dem Enteignungsverfahren betroffenen Grundstücks einweisen, wenn die sofortige Ausführung der beabsichtigten Maßnahme aus Gründen des Wohls der Allgemeinheit dringend geboten ist. Wohl der Allgemeinheit kann in diesem Zusammenhang sowohl ein wesentlicher finanzieller Vorteil, zeitliche oder technische Gründe oder das Abwenden nicht unerheblicher Nachteile für eine größere Personengruppe in Bezug auf alle Güter des § 1 Abs. 5 BauGB bedeuten.[356]

Telos der Norm ist, in einem selbstständigen behördlichen Eilverfahren dem Betroffenen den Zugriff auf das Grundstück zu sichern,[357] ohne den Abschluss des Enteignungsverfahrens, das mit der Anordnung der sofortigen Vollstreckbarkeit kombiniert

---

[350] *Battis,* in: Battis/Krautzberger/Löhr, BauGB, § 88 Rn. 2.

[351] Zu Ähnlichkeiten dieser Norm mit § 45b EnWG, § 27 Abs. 2 NABEG siehe unten Abschn. 2.4 und *Thon,* Beschleunigung energierechtlicher Leitungsvorhaben durch Parallelführung von Planfeststellungs- und Enteignungsverfahren, S. 171–173 m. w. N.

[352] *Battis,* in: Battis/Krautzberger/Löhr, BauGB, § 108 Rn. 3.

[353] *Wichert,* in: Theobald/Kühling, Energierecht, NABEG, § 27 Rn. 5.

[354] *Wichert,* in: Theobald/Kühling, Energierecht, NABEG, § 27 Rn. 3.

[355] Vergleichbare Normen existierten schon 1879 in Bayern und 1922 in Preußen: vgl. *Reisnecker,* in: Brügelmann, BauGB, § 116 Rn. 4.

[356] *Dyong/Groß,* in: Ernst/Zinkahn/Bielenberg/Krautzberger, BauGB, § 116 Rn. 4 f.; *Reisnecker,* in: Brügelmann, BauGB, § 116 Rn. 21.

[357] BayVGH, Beschl. v. 06. 12. 1982 – 8 SC 82 A.1984, BayVBl. 1983, 308 f.

werden könnte, abzuwarten.[358] Denn die Normen zur Beschleunigung des Enteignungsverfahrens (§ 107 BauGB: Vorbereitung der mündlichen Verhandlung, §§ 110, 111 BauGB: Einigung, § 225 BauGB: vorzeitige Ausführungsanordnung) helfen nicht wirklich weiter.[359]

Rechtsfolge der vorzeitigen Besitzeinweisung ist der vorläufige Wechsel des unmittelbaren Besitzes. Der neue unmittelbare Besitzer darf alle nötigen Maßnahmen zur Verwirklichung des Enteignungszweckes treffen.[360] Die vorzeitige Besitzeinweisung hat ebenfalls „Enteignungscharakter."[361] Der endgültige Besitzwechsel tritt erst mit Inkrafttreten des Enteignungsbeschlusses ein.[362]

Frühster Zeitpunkt für den Besitzeinweisungsbeschluss ist die öffentliche Bekanntmachung des Enteignungsantrags.[363] Unabhängig davon, welcher Meinung gefolgt wird, ist das noch deutlich früher als im Planfeststellungsverfahren für Infrastrukturvorhaben, wo, wie oben gezeigt, selbst bei der vor-vorzeitigen Besitzeinweisung zumindest ein Anhörungsverfahren durchgeführt worden sein muss.

Der Vollständigkeit halber ist zu erwähnen, dass § 77 BauGB ebenfalls eine Norm zur vorzeitigen Besitzeinweisung für den Fall der Umlegung im Bodenordnungsrecht enthält.

2.2.3.3.4 Zusammenfassung

„Die Enteignung ist ihrer Funktion nach ein Hilfsmittel zur Bewältigung vom Gemeinwohl geforderter Aufgaben."[364] Die hier vorgestellten Normen sollen dabei helfen, diese Aufgaben möglichst schnell zu erreichen. Sie existieren schon seit mehreren Jahrzehnten und sind in der Anwendung etabliert.

2.2.3.4 Parallelführung von Baugenehmigungsverfahren und Bebauungsplanaufstellung

Wie oben bereits erwähnt, ist die Parallelführung von Bebauungsplan- und Baugenehmigungsverfahren gängige Praxis. Gem. § 33 Abs. 1 BauGB ist unter den Voraussetzungen der formellen und materiellen Planreife, Anerkenntnis des Antragsstellers und

---

[358] *Petz,* in: Spannowsky/Uechtritz, BeckOK BauGB, § 116 Rn. 2 f.; *Scheidler,* BauR 2010, 42, 43.

[359] *Dyong/Groß,* in: Ernst/Zinkahn/Bielenberg/Krautzberger, BauGB, § 116 Rn. 1; *Reisnecker,* in: Brügelmann, BauGB, § 116 Rn. 1.

[360] *Dyong/Groß,* in: Ernst/Zinkahn/Bielenberg/Krautzberger, BauGB, § 116 Rn. 16.

[361] BVerwG, Beschl. v. 08. 05. 2014 – 9 B 3/14; NVwZ-RR 2017, 622 f.

[362] *Battis,* in: Battis/Krautzberger/Löhr, BauGB, § 116 Rn. 7; *Reisnecker,* in: Brügelmann, BauGB, § 116 Rn. 2.

[363] Str. dafür: *Dyong/Groß,* in: Ernst/Zinkahn/Bielenberg/Krautzberger, BauGB, § 116 Rn. 3; *Reisnecker,* in: Brügelmann, BauGB, § 116 Rn. 19; aA: bereits zulässig, wenn die nötigen Unterlagen vollständig bei der Behörde vorliegen: LG Darmstadt, Urt. v. 05. 05. 1999 – 9 O B 17/98, NVwZ 2000, 116 f.; *Petz,* in: Spannowsky/Uechtritz, BeckOK BauGB, § 116 Rn. 9.1.

[364] BVerfG, Urt. v. 10. 03. 1981 – 1 BvR 92/71, 1 BvR 96/71, BVerfGE 56, 249, 261.

gesicherter Erschließung ein Vorhaben bauplanungsrechtlich zulässig, auch wenn das Bebauungsplanverfahren noch nicht abgeschlossen ist, sondern erst der Planaufstellungs- beschluss gefasst wurde. Es wird eine Ausnahme geschaffen für Vorhaben, die nach dem jetzigen Stand unzulässig wären, aber mit dem zukünftigen Bebauungsplan überein- stimmen.[365] Gem. § 33 Abs. 2 und 3 BauGB kann bei Planänderungen im Aufstellungs- verfahren oder unbedeutenden Planungsmaßnahmen auf die formelle Planreife verzichtet werden.[366] Die damit vorliegende Parallelführung von zwei Verfahrensarten ist aus der Diskussion im ROG[367] und im Infrastrukturplanfeststellungsverfahren bekannt.[368] „Mit diesem Zulässigkeitstatbestand will der Gesetzgeber der Tatsache Rechnung tragen, dass das Planaufstellungsverfahren als notwendige Durchgangsstation zu einem wirk- samen Bebauungsplan im Sinne von § 30 Abs. 1 BauGB zwangsläufig von gewisser Dauer ist und mit unvermeidlichen Verzögerungen verbunden sein kann. Dies soll nach dem Willen des Gesetzgebers nicht zulasten eines Bauinteressenten gehen, der bereit ist, sich Festsetzungen, die sich für die Zukunft bereits verlässlich abzeichnen, zu unter- werfen."[369] Die Parallelführung erfüllt ihre effizienzsteigernde Funktion in jedem Fall.

2.2.3.5 Bauliche Maßnahmen von überörtlicher Bedeutung

Eine weitere Privilegierung trifft § 38 BauGB hinsichtlich der Auflösung von Rang- verhältnissen. § 38 BauGB regelt eine Privilegierung von planfeststellungspflichtigen Vorhaben gegenüber Bauplanungsrecht bei baulichen Maßnahmen von überörtlicher Bedeutung.[370] Dadurch wird für diese Vorhaben der Gemeinde die (formelle) Ent- scheidungskompetenz entzogen und das Vorhaben von materiellen gemeindlichen Anforderungen (Festsetzungen des Bebauungsplans und ersatzweise §§ 34, 35 BauGB) ausgenommen.[371] Es handelt sich also um eine Kollisionsnorm. Maßgebend dafür, ob ein Vorhaben von überörtlicher Bedeutung vorliegt, ist „eine typisierende Betrachtung, bei der eine nicht gemeindliche, überörtliche Planungszuständigkeit, vor allem aber das Erfordernis der Einbettung eines Vorhabens in einen über das Gebiet der Gemeinde hinausreichenden planerischen Zusammenhang, eine überörtliche Bedeutung des Vor- habens indiziert, selbst wenn es, isoliert betrachtet, nicht überörtlich bedeutsam ist."[372]

---

[365] *Reidt*, in: Battis/Krautzberger/Löhr, BauGB, § 33 Rn. 1.

[366] *Dürr*, in: Brügelmann, BauGB, § 33 Rn. 26–29.

[367] Vgl. oben Abschn. 2.2.2.4.

[368] Zu Ähnlichkeiten dieser Norm mit § 45b EnWG, § 27 Abs. 2 NABEG siehe unten Abschn. 2.4 und *Thon*, Beschleunigung energierechtlicher Leitungsvorhaben durch Parallelführung von Planfeststellungs- und Enteignungsverfahren, S. 169 f m. w. N.

[369] BVerwG, Urt. v. 12. 12. 2018 – 4 C 6/17, BVerwGE 164, 40 ff., Rn. 14.

[370] *Reidt*, in: Battis/Krautzberger/Löhr, BauGB, § 33 Rn. 14.

[371] *Reidt*, in: Battis/Krautzberger/Löhr, BauGB, § 33 Rn. 8.

[372] *Reidt*, in: Battis/Krautzberger/Löhr, BauGB, § 33 Rn. 8; BVerwG, Beschl. v. 31. 10. 2000 – 11 VR 12/00, NVwZ 2001, 90, 91.

Die Fachplanung hat keinen absoluten Vorrang vor der Bauleitplanung, sondern die städtebaulichen Belange sind im Rahmen der Abwägung zu berücksichtigen und können durchaus großen Einfluss entfalten.[373] Dafür muss die Gemeinde allein schon aufgrund ihrer Planungshoheit im Rahmen des Planfeststellungsverfahrens beteiligt werden.[374] Stets ist § 38 S. 2 BauGB zu berücksichtigen, nach dem § 7 BauGB unberührt bleibt, was bedeutet, dass die Fachplanung an den Flächennutzungsplan gebunden ist.[375] Dies gilt insbesondere für die privilegierten Vorhaben der Fernstraßenplanung.[376] Dies dürfte auf die anderen o. g. Infrastrukturrechtsgebiete übertragbar sein. § 38 BauGB könnte größere Relevanz erlangen, falls sich der Gesetzgeber entschließen sollte, größere Windfarmen per Planfeststellungsverfahren zuzulassen, um so den schnelleren Ausbau der Windkraft zu fördern.

Die Kollisionsnorm § 38 BauGB hat Ähnlichkeiten zu § 5 Abs. 1 ROG und § 15 Abs. 1 S. 2 NABEG.[377] Rangverhältnisse klarzustellen dient einer effizienten Handhabung und ist Teil einer formell guten Gesetzgebung und ist insofern zu begrüßen.

2.2.3.6 Zwischenfazit

Die Privilegierungsnormen im Baurecht sind nicht neu und konnten sich über die Jahre etablieren. Sie werden insgesamt gut angenommen.[378] Nicht vergessen werden darf bei aller Diskussion um ein möglichst effizientes Verfahren, dass die gegebenen Fristen erst ab Vollständigkeit der Antragsunterlagen zu laufen beginnen, sodass die Dauer bis zum rechtmäßigen Baubeginn entscheidend von der Vorarbeit des Bauherren abhängen.[379] Durch die Reduzierung der inhaltlichen Kontrolle auf Behördenseite bei vereinfachten Verfahren oder fiktiven Genehmigungen kommt es zu einer teilweisen Privatisierung von Verfahrensschritten.[380] Wenn im Gegenzug Verbandsklagerechte ausgeweitet werden, um die Verwaltungstätigkeit zu kontrollieren, kann von einer Privatisierung des

---

[373] BVerwG, Beschl. v. 05. 11. 2002 – 9 VR 14/02, NVwZ 2003, 207; *Dürr*, in: Brügelmann, BauGB, § 38 Rn. 13.

[374] BVerwG, Urt. v. 16. 12. 1988 – 4 C 40/86, NVwZ 1989, 750 ff.; *Dürr*, in: Brügelmann, BauGB, § 38 Rn. 38.

[375] Vgl. dazu ausführlich *Kümper*, ZfBR 2012, 631 ff.; Mitschang, ZfBR 2017, 28, 39, der vorschlägt ggf eine (zwangsweise) gemeinsame Planungspflicht für nicht auflösbare Kollisionsfälle einzuführen.

[376] BVerwG, Urt. v. 24. 11. 2010 – 9 A 14/09, IBR 2011, 299.

[377] Siehe dazu oben Abschn. 2.2.2.2.

[378] *Löher*, Das Verwaltungsverfahren im Spannungsfeld zwischen Gewährleistungsauftrag und Beschleunigungsbestreben, S. 52.

[379] *Schröer/Kümmel*, NVwZ 2020, 1401, 1404; aA *Lecheler*, DVBl 2007, 713, 717, der dem Vorhabenträger nur eine allgemeine Mitwirkungspflicht zuspricht und eine darüber hinausgehende Ausforschung des Sachverhalts gem. § 24 VwVfG im Verantwortungsbereich der Behörde sieht.

[380] *Schröder*, Genehmigungsverwaltungsrecht, S. 556 f.; *Schmitz*, in: Stelkens/Bonk/Sachs, VwVfG, § 1 Rn. 121.

Gemeinwohls gesprochen werden.[381] Dem ist mit Vorsicht zu begegnen, damit dies nicht überhandnimmt.

Am Rande sollen hier noch die Normen § 246b BauGB und § 246c BauGB erwähnt werden. Sie gelten befristet aufgrund der Covid-19-Pandemie bzw. der Hochwasserkatastrophe im Sommer 2021. Sie haben größtenteils materiell-rechtliche Wirkung, da dem Wortlaut nach zwar von allen Normen des BauGB abgewichen werden darf, in der Praxis damit aber vor allem die §§ 30, 34 und 35 BauGB gemeint sein dürften.[382] Damit sind sie hier eigentlich nicht Untersuchungsgegenstand.[383] Als Verfahrensprivilegierung ist gem. § 246b Abs. 1 S. 3 BauGB anstelle eines gemeindlichen Einvernehmens lediglich eine Anhörung der Gemeinde vorgesehen und gem. § 246b Abs. 2 bzw. § 246c Abs. 5 S. 2 BauGB die Frist für die Fiktion des gemeindlichen Einvernehmens von zwei auf einen Monat verkürzt und gem. § 246b Abs. 3 bzw. § 246c Abs. 2 BauGB eine Fiktion im Zusammenhang mit der Beteiligung der Naturschutzbehörde eingeführt.[384] Die Normen zeigen aber auch, dass der Gesetzgeber in extremen Notlagen durchaus bereit ist, mehr oder weniger großzügige Ausnahmen zuzulassen, wie so häufig aber wieder vermeidbare Unterschiede bei der konkreten Ausformulierung bestehen. Fiktionen sind, wie oben ausgeführt, ein bewährtes Beschleunigungsmittel.

2.2.4 Privilegierungen im Bundesimmissionsschutzgesetz

Natürlich enthält auch das Bundesimmissionsschutzgesetz Privilegierungen für einzelne Verfahrensschritte. Mit Fortgang dieses Abschnitts der Bearbeitung werden deutliche Parallelen sichtbar. Die einzelnen Normen werden hier kurz vorgestellt, der Vergleich zwischen den Rechtsgebieten erfolgt später im Kontext der Systematisierung.[385].

2.2.4.1 Vereinfachtes Verfahren oder Verfahrensfreiheit

Wie bereits in den anderen Rechtsgebieten wird im Immissionsschutzrecht ein vereinfachtes Verfahren als Privilegierung gegenüber dem Normalverfahren dargestellt. Für die Errichtung von genehmigungspflichtigen Anlagen existiert in Abweichung zu § 10 BImSchG und der 9. BImSchV[386] ein vereinfachtes Verfahren. Es ist in § 19 BImSchG

---

[381] *Calliess,* NJW 2003, 97, 102; *Schmitz,* in: Stelkens/Bonk/Sachs, VwVfG, § 1 Rn. 121.

[382] *Will,* NVwZ 2022, 111, 114.

[383] Selbiges gilt für die materiellen Privilegierungen des § 246 Abs. 8–14 BauGB zur einfacheren Errichtung von Flüchtlingsunterkünften.

[384] *Will,* NVwZ 2022, 111, 114; die Fiktionsnormen wurden von § 246 Abs. 15 und 16 BauGB übernommen.

[385] Siehe unten Abschn. 2.4.

[386] Verordnung über das Genehmigungsverfahren i. d. F. v. 29. 05. 1992 (BGBl. I, S. 1001), zuletzt geändert durch Verordnung v. 11. 11. 2020 (BGBl. I, S. 2428).

geregelt. Welche Verfahren in dessen Anwendungsbereich fallen, ist klar durch ein „V" in Spalte c der 4. BImSchV geregelt. Von ihnen geht regelmäßig nur eine geringere Gefahr für die Schutzgüter aus.[387] Verfahrensfreiheit bei Neuerrichtung tritt dann kraft Gesetzes ein, wenn das Vorhaben unter keine Ziffern der 4. BImSchV fällt. Bei Änderungsvorhaben bedarf es stets einer sorgfältigen Prüfung der Auswirkungen der Änderung seitens der Behörde im Zusammenhang mit der verschachtelten Systematik der §§ 15, 16 BImSchG, um die Frage nach Verfahrensfreiheit, vereinfachtem oder formellem Verfahren zu klären. Die dafür notwendige Beratung läuft weit im Vorhinein ab und hat insbesondere darauf Einfluss, welche Antragsunterlagen zusammengestellt werden müssen. Erst ab Vollständigkeit der Antragsunterlagen beginnt die Bearbeitungsfrist zu laufen.

Über die Einstufung ließen sich klimaschutzfreundliche Projekte sehr leicht fördern, indem die Errichtung weniger kompliziert würde. Als ein Beispiel soll hier, mangels BImSchG-Genehmigungspflicht des Netzboosters, die Wasserstoff-Elektrolyse hervorgehoben werden, die nach derzeitigem Gesetzesstand noch gem. Nr. 4.1.12 der 4. BImSchV im normalen förmlichen Verfahren zu genehmigen ist und es sich um eine Anlage nach der IE-RL[388] handelt, obwohl sich die Auswirkungen auf die Umwelt durch eine solche Anlage in Grenzen halten und sie beispielsweise nicht mit einer Schweinemastanlage mit mehr als 2000 Schweinen vergleichbar ist, die dem gleichen Verfahren unterliegt.[389] Die 4. BImSchV setzt die IE-RL um.[390] Damit ist die Privilegierung von Elektrolyseuren nicht ganz so einfach, wie wenn es nur um deutsches Recht ginge, ausgeschlossen ist dies jedoch nicht, zumal der Ansatz verfolgt werden könnte, Elektrolyseure unter eine andere Ziffer (nämlich 1.15) zu subsumieren.[391]

Im vereinfachten Verfahren findet kraft Gesetz gem. § 19 Abs. 2 BImSchG und § 24 der 9. BImSchV insbesondere keine Öffentlichkeitsbeteiligung[392] und kein Erörterungstermin statt.[393]

Das vereinfachte Verfahren leistet einen angemessenen Beitrag, um im Sinne des Gemeinwohls unangemessenen Verwaltungsaufwand und eine unnötige Belastung des

---

[387] *Dietlein,* in: Landmann/Rohmer, Umweltrecht, BImSchG, § 19 Rn. 2.

[388] Richtlinie 2010/75/EU des Europäischen Parlaments und des Rates vom 24.11.2010 über Industrieemissionen (integrierte Vermeidung und Verminderung der Umweltverschmutzung), ABl. L 334/17.

[389] Vgl. *Lewald,* ZUR 2021, 122, 123.

[390] *Hansmann/Röcklinghausen,* in: Landmann/Rohmer, Umweltrecht, 4. BImSchV, Vorb. Rn. 15 f.

[391] *Langstädtler,* ZUR 2021, 203, 206; *Schäfer/Wilms,* ZNER 2021, 131, 132.

[392] Die beschleunigende Wirkung des Wegfalls der Öffentlichkeitsbeteiligung hinterfragend: *Ziekow et al.,* Dauer von Zulassungsverfahren, S. 329.

[393] Eine beschleunigende Wirkung verneinend *Rombach,* Der Faktor Zeit in umweltrechtlichen Genehmigungsverfahren, S. 194.

Antragsstellers zu vermeiden.[394] Es hat eine überaus große praktische Relevanz.[395] Schließlich handelt es sich bei der immissionsschutzrechtlichen Genehmigung um eine gebundene Entscheidung, auf deren Erteilung der Antragsteller einen Anspruch hat. Weitestgehend standardisierte Verfahrensabläufe bieten die Chance für eine deutliche Steuerung der Effizienz der Verfahren (diese könnten noch besser werden, wenn im Zuge der digitalisierten Aktenführung neue standardisierte Prozessabläufe eingeführt und so alte Gewohnheiten überdacht werden).[396] Dieses Bewusstsein kann trotz der bereits vorhandenen Genehmigungsverfahrensarten noch weiter ausgebaut werden.[397]

Für den Spezialfall des Baus von ausgewählten LNG-Terminals an Nord- und Ostseeküste und den dazugehörigen Anschlussleitungen wurde in § 5 Abs. 1 Nr. 2, 3 LNGG[398] die Möglichkeit geschaffen, die Auslegungs- und Einwendungsfrist auf je eine Woche zu verkürzen und nur dann einen Erörterungstermin durchzuführen, falls es erforderlich oder zweckmäßig ist. Damit wurde ein weiteres Sonderverfahren geschaffen, das zwar der Einheitlichkeit und Systematisierung abträglich ist, jedoch aufgrund der Ausnahmesituation der Sicherung der Energieversorgung gerechtfertigt erscheint.

2.2.4.2 Anzeige statt Genehmigung

Eine weitere Privilegierung enthält das Anzeigeverfahren anstelle eines komplizierteren Änderungsgenehmigungsverfahrens. Für Änderungsvorhaben an einer genehmigungspflichtigen Anlage, die zwar Auswirkungen auf die Schutzgüter des § 1 BImSchG hat, diese Auswirkungen aber nicht nachteilig sind, existiert in § 15 BImSchG ein Anzeigeverfahren. Gem. § 15 Abs. 2 BImSchG hat die Behörde spätestens innerhalb eines Monats nach Eingang der Anzeige und der erforderlichen Unterlagen, zu prüfen, ob die Änderung einer Genehmigung bedarf. Das Verfahren wird als „Zwitter aus Anzeige- und Anmeldeverfahren"[399] bezeichnet. Der Träger des Vorhabens darf die Änderung vornehmen, sobald die zuständige Behörde ihm mitteilt, dass die Änderung keiner Genehmigung bedarf, oder sich innerhalb der Frist nicht geäußert hat. Es existiert eine fiktive Verfahrensfreistellung.[400]

---

[394] *Jarass,* in: ders., BImSchG, § 19 Rn. 1.

[395] *Dietlein,* in: Landmann/Rohmer, Umweltrecht, BImSchG, § 19 Rn. 5.

[396] *Schröer/Kümmel,* NVwZ 2020, 1401, 1404; siehe zum Thema der Privilegierung durch Digitalisierung Abschn. 2.2.5.

[397] *Schröer/Kümmel,* NVwZ 2020, 1401, 1405.

[398] Gesetz zur Beschleunigung des Einsatzes verflüssigten Erdgases (LNG-Beschleunigungsgesetz – LNGG) vom 24. 05. 2022 (BGBl. I, S. 802).

[399] *Häfner,* Verantwortungsteilung im Genehmigungsrecht, S. 120.

[400] *Schiller,* in: Landmann/Rohmer, Umweltrecht, BImSchG, § 15 Rn. 77; aA *Jäde,* ZfBR 1997, 171, 178; kritisch damals noch zur Idee einer Genehmigungsfiktion *Steinberg et al.,* Zur Beschleunigung des Genehmigungsverfahrens für Industrieanlagen, S. 127.

Das Ende der 1990er-Jahre[401] neu gestaltete Verfahren bietet die Möglichkeit, der Beschleunigung, auch wenn daran kritisiert wird, dass Genehmigungsfreistellungsfiktionen „den Kern der Genehmigung, die Ausgleichsfunktion" zwischen den widerstreitenden Belangen verfehlen würde.[402] Das Anzeigeverfahren reicht aus, um den materiellen Anforderungen Genüge zu tun. Damit trägt die vom Normalverfahren abweichenden Normen zu einer effektiveren und effizienteren Verwaltung bei und verkörpert eine formal gute Gesetzgebung.

2.2.4.3 Vorzeitiger Beginn

Ferner kann der vorzeitige Beginn als Privilegierung gegenüber dem normalen Verfahren, bei dem für den Baubeginn die Genehmigungserteilung abzuwarten ist, gesehen werden. § 8a BImSchG, eingefügt ebenfalls 1996, enthält die Norm zur Zulassung des vorzeitigen Beginns, einschließlich der Prüfung der Betriebstüchtigkeit, sowohl bei Neuerrichtungen als auch bei Änderungsvorhaben. Tatbestandsvoraussetzung ist dem Wortlaut nach, dass erstens mit einer Entscheidung zugunsten des Antragstellers gerechnet werden kann, zweitens ein öffentliches Interesse oder ein berechtigtes Interesse des Antragstellers an dem vorzeitigen Beginn besteht und drittens der Antragsteller sich verpflichtet, alle bis zur Entscheidung durch die Errichtung der Anlage verursachten Schäden zu ersetzen und, wenn das Vorhaben nicht genehmigt wird, den früheren Zustand wiederherzustellen. Telos der Norm ist die Beschleunigung von Investitionen unter gleichzeitiger Verhinderung endgültiger Entscheidungen.[403] Der Antrag auf vorzeitigen Beginn kann gleichzeitig mit dem Genehmigungsantrag gestellt werden.[404] Dem Wortlaut nach ist für die Zulassung des vorzeitigen Beginns kein Öffentlichkeitsbeteiligungsvorhaben durchzuführen. Da die Einwendungen der Öffentlichkeit jedoch großen Einfluss auf die Prognose der Genehmigungsfähigkeit haben, kann eigentlich erst nach der Öffentlichkeitsbeteiligung positiv über den Antrag entschieden werden.[405] Im Einzelfall ist eine solche Entscheidung auch schon vor Abschluss der erforderlichen Beteiligungsverfahren möglich, wenn die Behörde der Auffassung ist ausreichend Kenntnis der entscheidungserheblichen Tatsachen erlangt zu haben, die ihr eine solche Prognose ermöglicht.[406] Die

---

[401] Gesetz zur Beschleunigung Gesetz zur Beschleunigung und Vereinfachung immissionsschutzrechtlicher Genehmigungsverfahren vom 9. 10. 1996 (BGBl. I, S. 1498); *Eckert,* Beschleunigung von Planungs- und Genehmigungsverfahren, S. 18.

[402] *Spitzhorn,* ZRP 2002, 196, 198, vgl. auch *Führ,* UPR 1997, 421, 429 f.

[403] *Mann,* in: Landmann/Rohmer, Umweltrecht, BImSchG, § 8a Rn. 1 f; die Vereinbarkeit mit Europarecht bejahend: *Jarass,* in: ders., BImSchG, § 8a Rn. 1a.

[404] *Mann,* in: Landmann/Rohmer, Umweltrecht, BImSchG, § 8a Rn. 30.

[405] *Mann,* in: Landmann/Rohmer, Umweltrecht, BImSchG, § 8a Rn. 52; BVerwG, Beschl. v. 30. 04. 1991 – 7 C 35/90, NVwZ 1991, 994.

[406] OVG Berlin-Brandenburg, Beschl. v. 20. 02. 2020 – 11 S 8/20, DVBl 2020, 1417 ff. Rn. 21.

Zulassung entfaltet keine Bindungswirkung, und es kommt nicht zu einer abschließenden Entscheidung über einzelne Teile des Vorhabens.[407]

Prominentestes Beispiel der Anwendung dieser Norm ist der Bau von Teslas „Gigafactory" für Elektrofahrzeuge und Batterien in Grünheide bei Berlin. Gebaut wurde dort nur aufgrund der Zulassung des vorzeitigen Beginns. Währenddessen wurde mindestens 170 ha[408] Wald gerodet,[409] und alle notwendigen Arbeiten bis zur testweisen Produktion durchgeführt. Die finale Genehmigung wurde am 04. 03. 2022 erteilt, gut zwei Jahre nach Zulassung des ersten zugelassenen vorzeitigen Beginns am 13. 02. 2020 (von insgesamt 20) und Eingang des BImSchG-Genehmigungsantrags am 20. 12. 2019.[410] Mit dem ersten zugelassenen vorzeitigen Beginn wurde die Rodung des Kiefernwaldes gestattet, um das Baufeld freizumachen. Zu dem Zeitpunkt lief noch bis zum 05. 03. 2020 die Einwendungsfrist.

In Bezug auf die geäußerte Kritik, dass der (politische) Druck auf die Genehmigungsbehörde, die finale Genehmigung zu erteilen, immer größer werde, je weiter das Bauvorhaben voranschreite und deswegen nicht mehr ganz objektiv geprüft werde,[411] ist wiederum zu berücksichtigen, dass der Antragssteller bei Einhaltung aller materiell rechtlichen Anforderungen einen Anspruch auf Erteilung der Genehmigung hat. § 8a BImSchG ist eine sehr wirksame Norm, um das Verfahren effizienter zu gestalten. Es wird ein interessengerechter Ausgleich zwischen dem Interesse an einer möglichst schnellen Vorhabenrealisierung und der Beibehaltung der materiellen Genehmigungsvoraussetzungen geschaffen.[412] Jeder Vorhabenträger kann für sich entscheiden, ob er das Investitionsrisiko eingehen möchte.

2.2.5 Privilegierungen durch Digitalisierung

Bei aller Diskussion um Privilegierungen durch Veränderungen im Verfahrensablauf darf ein wichtiger Baustein nicht vergessen werden: die Digitalisierung von Verfahrensabläufen, die viele Vorgänge einfacher, schneller und transparenter machen und

---

[407] *Jarass,* in: ders., BImSchG; § 8a Rn. 19; für eine nur eingeschränkte Anwendung plädierend *Eckert,* Beschleunigung von Planungs- und Genehmigungsverfahren, S. 77 ff.

[408] Zum Vergleich: Das ist 34-mal so groß wie der geplante Netzbooster in Kupferzell.

[409] Zur Frage, wie Rodungsmaßnahmen mit der Wiederherstellungspflicht vereinbar sind, i.E. zustimmend: *van den Berg,* NuR 2020, 729, 736.

[410] OVG Berlin-Brandenburg, Beschl. v. 20. 02. 2020 – 11 S 8/20, DVBl 2020, 1417 ff.; OVG Berlin-Brandenburg, Beschl. v. 18. 12. 2020 – 11 S 127/20, BeckRS 2020, 35970.

[411] OVG Berlin-Brandenburg, Beschl. v. 18. 12. 2020 – 11 S 127/20, BeckRS 2020, 35970, Rn. 21; *Mann,* in: Landmann/Rohmer, Umweltrecht, BImSchG, § 8a Rn. 3.

[412] *Mann,* in: Landmann/Rohmer, Umweltrecht, BImSchG, § 8a Rn. 2.

damit Teil einer formal guten Gesetzgebung sein kann.[413] „Ohne Anpassung dieser außerrechtlichen Faktoren ([…] auch Digitalisierung) sind etwaige Anpassungen des Rechtsrahmens in ihrer Wirkung begrenzt."[414]

2.2.5.1 Allgemeines

Da die Digitalisierung eher als Umsetzungsproblem statt als Problem der Gesetzeslage verstanden wurde, sind digitalisierungsbedingte Gesetzesänderungen nicht von erhöhter Priorität gewesen.[415] Das ändert sich.[416]

a) Ein Beispiel ist der kürzlich geschaffene Verzicht auf die öffentliche Auslegung der Verfahrensunterlagen gem. § 15 Abs. 3 S. 2 ROG und § 9 Abs. 3 S. 2 und § 22 Abs. 3 E-NABEG 2022[417] oder auf die Auslegung der Entscheidung gem. § 13 Abs. 2 E-NABEG 2022. Damit soll die Veröffentlichung im Internet als Regelfall etabliert werden,[418] denn bisher war dies nur ergänzend möglich.[419] Alleine schon die Unabhängigkeit von Veröffentlichungsterminen und der Wegfall der Kommunikation mit dem Verleger des amtlichen Verkündungsblattes spart Zeit und Ressourcen, die

---

[413] *Spieth/Hantelmann/Stadermann,* IR 2017, 98, 104; mangelnde Digitalisierung beklagt auch *Tesla SE,* [ein dem deutschen Recht fremder] Amicus Curiae Brief zum Verfahren OVG 11 A 22/21 vor dem Oberverwaltungsgericht Berlin-Brandenburg in dem Verwaltungsrechtsstreit der Deutschen Umwelthilfe e. V./. Bundesrepublik Deutschland, S. 8. Auch in der Politik ist die Dringlichkeit der Digitalisierung und die damit verbundene Chance Verwaltungsverfahren zu beschleunigen inzwischen angekommen. Im Koalitionsvertrag der neuen baden-württembergischen Landesregierung wird dies ausdrücklich betont: *Die Grünen/CDU,* Koalitionsvertrag 2021–2026, S. 21, ebenso im Koalitionsvertrag der neuen Bundesregierung: *SPD/Die Grünen/FDP,* Koalitionsvertrag 2021 – 2025, S. 12 f.

[414] *Schmidt et al.,* Gesetzgeberische Handlungsmöglichkeiten zur Beschleunigung des Ausbaus der Windenergie an Land, S. 3.

[415] *Denkhaus/Richter/Bostelmann,* in: ders., EGovG, Einl. Rn. 2 f.

[416] Vgl für eine umfassende Darstellung *Guckelberger,* Öffentliche Verwaltung im Zeitalter der Digitalisierung; Das Bundesgesetzblatt soll künftig nur noch digital als alleiniges Verkündungsorgan bereitgestellt werden: Gesetzentwurf der Bundesregierung eines Gesetzes zur Modernisierung des Verkündungs- und Bekanntmachungswesens vom 27. 05. 2022, BR-Drs. 243/22.

[417] Gesetzentwurf der Bundesregierung zur Änderung des Energiewirtschaftsrechts im Zusammenhang mit dem Klimaschutz-Sofortprogramm und zu Anpassungen im Recht der Endkundenbelieferung vom 02. 05. 2022, BT-Drs. 20/1599, Art. 7.

[418] Begründung RegE InvBeschlG, BT-Drs. 19/22139, 27; dahingehend skeptisch *Siegel/Himstedt,* DÖV 2021, 137, 146; nun heißt es in § 15 Abs. 3 S. 6 ROG: „Als zusätzliches Informationsangebot nach Satz 2 sind zusätzlich zur Veröffentlichung im Internet andere leicht zu erreichende Zugangsmöglichkeiten, etwa durch Versendung oder öffentlich zugängliche Lesegeräte, zur Verfügung zu stellen, soweit dies nach Feststellung der nach Absatz 2 Satz 1 zuständigen Behörde angemessen und zumutbar ist.".

[419] § 17 g FStrG; § 18 f. AEG; § 17 WaStrG; § 28c PBefG; § 43a EnWG i. V. m. § 27a VwVfG; § 4a Abs. 4 BauGB; § 10 Abs. 3 BImSchG; § 20 Abs. 2 UVPG.

anderweitig verwendet werden können.[420] Nach Ansicht mancher Autoren verhindert die papierhafte Auslegung in Behörden aufgrund der Öffnungszeiten eine adäquate Wahrnehmung der Beteiligungsrechte durch die berufstätige Bevölkerung, weswegen die Öffentlichkeitsbeteiligung als „unfair" bezeichnet wird.[421] Digital wird eine größere Anstoßwirkung und höhere Reichweite erreicht.[422] Sofern optional einen anderer als der digitale Zugang angeboten wird, wird gem. § 15 EGovG[423] bzw. § 13 EGovG BW[424] und den Grundsätzen der Aarhus-Konvention das Publikationserfordernis bei regelmäßiger Veröffentlichung im Internet gewahrt.

b) Dazu gehört die digitale Einreichung von Antragsunterlagen,[425] die eine schnellere Weiterleitung an die zu beteiligenden Träger öffentlicher Belange bzw. die einfachere Bearbeitung des Falles im Homeoffice durch die Ausgangsbehörde ermöglicht.[426] Damit steht folgerichtig im Zusammenhang, dass die (Landes-)Verwaltung nach und nach auf digitale Aktenführung umstellt.[427] „Digitalisierung als Automation von Prozessen und Geschäftsmodellen durch Vernetzung von Technik, Information und Mensch kann nur gelingen, wenn Mindestvoraussetzungen in der Praxis und damit im Verwaltungsalltag erfüllt sowie einheitliche rechtliche, technische und finanzielle Rahmenbedingungen im Bund und den Ländern bereitgestellt werden."[428] Die beiden dargestellten Beispiele sind solche der bloßen Elektrifizierung bestehender Abläufe, welche noch die geringsten Auswirkungen auf das Verfahren haben.[429]

Die Digitalisierung bietet aber die Chance für eine deutliche Steuerung der Effizienz der Verfahren, wenn sie möglichst medienbruchfrei geführt werden und für das neue

---

[420] *Denkhaus/Richter/Bostelmann,* in: ders., EGovG, § 6 Rn. 3; *Franke/Karrenstein,* EnWZ 2019, 195, 198; *Mehde,* DVBl 2020, 1312, 1318.

[421] Vgl. *Stracke,* Öffentlichkeitsbeteiligung im Übertragungsnetzausbau S. 54.

[422] *Broschart/Kohls,* NVwZ 2020, 1703, 1705; *Schmidt/Kelly,* VerwArch 2021, 235, 246.

[423] E-Government-Gesetz vom 25. 07. 2013 (BGBl. I, S. 2749), zuletzt geändert durch Gesetz v. 16. 07. 2021 (BGBl. I, S. 2941).

[424] Gesetz zur Förderung der elektronischen Verwaltung des Landes Baden-Württemberg vom 17. 12. 2015, (GBl. S. 1191), zuletzt geändert durch Gesetz v. 04. 02. 2021 (GBl. S. 182, 190).

[425] § 15 Abs. 2 S. 2 ROG; § 16 Abs. 9 UVPG; § 10 Abs. 1 BImSchG; § 53 Abs. 2 LBO (wobei die digitale Bauantragstellung derzeit mangels IT-Ausstattung der unteren Baurechtsbehörden noch nicht praxistauglich ist, vgl. *Autorenkollektiv,* in Sauter, LBO, § 53 Rn. 16); Ansatzweise in dieselbe Richtung gehen die Regelungen der §§ 21, 22. NABEG.

[426] Begründung RegE InvBeschlG, BT-Drs. 19/22139, 26; *Broschart/Kohls,* NVwZ 2020, 1703, 1705.

[427] § 6 Abs. 1 EGovG BW: Pflicht zur elektronischen Aktenführung für Landesbehörden; *Berger,* KommJur 2018, 441 ff.; *Oellers,* VBlBW 2020, 454 ff.; bei allen Vorteilen der Digitalisierung dennoch den Datenschutz anmahnend *Çalışkan,* DÖV 2020, 1032.

[428] *Çalışkan,* DÖV 2020, 1032, 1034.

[429] *Guckelberger,* Öffentliche Verwaltung im Zeitalter der Digitalisierung, S. 549 f.

„Medium" neue standardisierte Prozessabläufe eingeführt und so alte Gewohnheiten überdacht werden.[430]

c) Im Zusammenhang mit der „digitalen Öffentlichkeitsbeteiligung" ist die Frage anzusprechen, wie lange die veröffentlichten Antragsunterlagen und Entscheidungen online zugänglich bleiben sollen. Konkrete gesetzliche Vorgaben existieren nur teilweise. In der UVP-Portale-Verordnung[431] sind konkrete Fristen genannt. In § 10 BImSchG und § 27a LVwVfG fehlen genaue Angaben über die digitale Veröffentlichungsdauer. Für eine möglichst lange oder sogar unbegrenzte Frist spricht die bestmögliche Information der Öffentlichkeit und Transparenz der Verwaltung. Für nur eine begrenzte Veröffentlichungsdauer spricht das Recht auf informationelle Selbstbestimmung und die Berufsfreiheit[432] der Vorhabenträger und ihr Interesse, dass ihre Bescheide, die zwar keine Geschäftsgeheimnisse, aber doch unternehmensinterne Planungsentscheidungen beinhalten, nicht unbegrenzt weltweit über das Internet abrufbar sind. Durch die Verbreitung im Internet haben die Daten eine viel größere Reichweite, als wenn sie auf dem traditionellen Wege im Amtsblatt veröffentlicht und nur für einen begrenzten Zeitraum bei der Behörde zur Einsicht ausgelegt wurden.

d) Die Automatisierung von Verwaltungsentscheidungen gem. § 35a LVwVfG, die demgegenüber die stärkste Auswirkung auf das Verwaltungsverfahren an sich hätte, kommt für Planungs- bzw. Genehmigungsverfahren des Umweltverwaltungsrechts nicht in Betracht, da im Einzelfall immer widerstreitende Belange gegeneinander abgewogen werden müssen, sei es auf Tatbestands- oder Rechtsfolgenseite.[433]

2.2.5.2 Privilegierung durch digitale Partizipation: das Planungssicherstellungsgesetz

Die Digitalisierung bietet noch eine weitere Chance: Auch Partizipation kann „online" erfolgen.[434] Dadurch kann das eingeholte Meinungsbild vielfältiger werden, weil so Menschen erreicht werden, die sich auf herkömmlichem Wege nicht eingebracht hätten,[435] oder aber auf digitalem Wege können ganz andere Möglichkeiten genutzt

---

[430] *Schröer/Kümmel,* NVwZ 2020, 1401, 1404; *Schmidt et al.,* Gesetzgeberische Handlungsmöglichkeiten zur Beschleunigung des Ausbaus der Windenergie an Land, S. 14.

[431] Verordnung über zentrale Internetportale des Bundes und der Länder im Rahmen der Umweltverträglichkeitsprüfung (UVP-Portale-Verordnung–UVPPortV) vom 11. 11. 2020 (BGBl. I, S. 2428).

[432] BVerfG, Urt. v. 13. 06. 2007 – 1 BvR 1550/03, 2357/04, 603/05, NJW 2007, 2464; *Jarass,* in: ders., GG, Art. 2 Rn. 43.

[433] *Guckelberger,* Öffentliche Verwaltung im Zeitalter der Digitalisierung, S. 396, 550 ff.; *Mund,* Das Recht auf menschliche Entscheidung, in: Greve et al. (Hrsg.), 60. ATÖR – Der digitalisierte Staat, S. 194; vgl. auch statt vieler *Roth-Isigkeit,* DÖV 2020, 1018 ff.

[434] Dazu ausführlich *Hartmann,* MMR 2017, 383 ff.; siehe auch *Zschiesche,* Öffentlichkeitsbeteiligung in umweltrelevanten Zulassungsverfahren, S. 294.

[435] *Berghäuser/Berghäuser,* NVwZ 2009, 766, 768; *Kment,* MMR 2012, 220, 221.

werden (z. B. mit *virtual reality*), das geplante Vorhaben vorzustellen und dessen Vorteile aufzuzeigen.[436] Die Erfolge von gelungener Öffentlichkeitsbeteiligung lassen sich digital einfacher kommunizieren und können damit zu weiterem bürgerschaftlichen Engagement animieren.[437] Der Einwand, dass digitale Beteiligung nur ein Zusatzangebot sein könne, weil es kein für die Gesamtbevölkerung repräsentatives Meinungsbild abbilde,[438] nimmt immer weiter ab, je selbstverständlicher die Internetnutzung auch bei Älteren wird.[439] Digitalisierte Partizipation in der Planung sorgt für erhöhte Effizienz des Verfahrens und größere Vorhabenakzeptanz (dazu sogleich).[440]

Einen „unerwarteten Katalysator zur Ausweitung der digitalen Möglichkeiten der Verwaltung"[441] bot die Covid-19-Pandemie. Um trotz Kontaktbeschränkungen die öffentlichen Planungsverfahren nicht zum Erliegen zu bringen, wurde im Mai 2020 das Planungssicherstellungsgesetz verabschiedet,[442] dessen Geltungszeitraum inzwischen bis zum 31. 12. 2022 verlängert wurde. Ein Antrag, die Regelungen des PlanSiG dauerhaft ins VwVfG zu übernehmen, wurde abgelehnt.[443]

Das PlanSiG gilt gem. § 1 S. 1 PlanSiG für 24 Bundesgesetze,[444] die in ihrem Verfahrensablauf Öffentlichkeitsbezug haben, darunter insbesondere die bisher hier behandelten. Es enthält formwahrende Regelungen, um die Verfahrensabschnitte, die zwischenmenschlichen Kontakt erfordern, zu digitalisieren, eine Umstellung auf „reine" digitale Verfahrensabwicklung erfolgt nicht.[445]

Besonders interessant[446] sind die Regelungen des § 5 PlanSiG zu Alternativen zum Erörterungstermin. Erörterungstermine, die im Ermessen der Behörde stehen, können

---

[436] *Korn,* International Reports on Socio-Informatics (IRSI) 2011, 41, 46 f.

[437] *Zschiesche,* Öffentlichkeitsbeteiligung in umweltrelevanten Zulassungsverfahren, S. 295, 300 f.

[438] *Hartmann,* MMR 2017, 385.

[439] Im Jahr 2021 nutzten immerhin 79 % der über 65-Jährigen das Internet, *Statistisches Bundesamt,* Private Haushalte in der Informationsgesellschaft, Fachserie 15 Reihe 4, S. 14.

[440] *Hartmann,* MMR 2017, 383, 385 und unten Abschn. 2.3.1.2.

[441] *Broschart/Kohls,* NVwZ 2020, 1703, 1704.

[442] Planungssicherstellungsgesetz (PlanSiG) vom 20. 05. 2020 (BGBl. I, S. 1041), zuletzt geändert durch Gesetz v. 18. 03. 2021 (BGBl. I, S. 353).

[443] Beschlussempfehlung InvBeschlG, BT-Drs. 19/24040, 18.

[444] Auf Landesebene wurde beispielsweise mit § 37a GemO die dauerhafte rechtliche Möglichkeit geschaffen, Gemeinderatssitzungen als Videokonferenz durchzuführen.

[445] Gesetzentwurf eines Gesetzes zur Sicherstellung ordnungsgemäßer Planungs- und Genehmigungsverfahren während der COVID-19-Pandemie vom 05. 05. 2020, BT-Drs. 19/18965, 2: *Broschart/Kohls,* NVwZ 2020, 1703, 1706; *Rebler,* ZUR 2020, 478, 479; *Ruge,* ZUR 2020, 481, 483.

[446] Für allgemeine Abhandlungen über das PlanSiG siehe: *Degen,* NJW-Spezial 2020, 364 f.; *Broschart/Kohls,* NVwZ 2020, 1703, 1705–1708; *Röcker,* VBlBW 2021, 89, 91 ff.; *Ruge,* ZUR 2020, 481 ff.; *Scheidler,* KommJur 2020, 325 ff.; *Wormit,* DÖV 2020, 1026 ff.; *Wysk,* NVwZ 2020, 905 ff.

gem. § 5 Abs. 1 PlanSiG ersatzlos gestrichen werden. Gem. § 5 Abs. 2 PlanSiG sollen verpflichtende Erörterungstermine vorrangig als Online-Konsultation und nachrangig als Video-/Telefonkonferenz durchgeführt werden.[447] Diese setzt voraus, dass die Einwendungen und Stellungnahmen durch die Behörde aufbereitet (was sowieso geschehen müsste) und digital zur Verfügung gestellt werden. Die Teilnahmeberechtigten können darauf gezielt schriftlich und elektronisch[448] antworten. Geschäfts- und Betriebsgeheimnisse bleiben gem. § 5 Abs. 4 S. 5 PlanSiG geschützt. Dieses Vorgehen hat den Vorteil, dass die aufwendige Nachbearbeitung des Erörterungstermins (ggf. Erstellen eines Wortprotokolls, Zusammenfassung der mündlich vorgebrachten Erläuterungen der teilnahmeberechtigten Einwender) deutlich erleichtert wird,[449] wenn die Äußerungen schon schriftlich vorliegen und zugeordnet zu den einzelnen Punkten vorgebracht werden (statt emotionaler ungeordneter Wortmeldungen und politischer Statements im Präsenz-Erörterungstermin).

§ 4 PlanSiG ist sehr hilfreich, indem er erlaubt, dass Einwendungen im Rahmen der Öffentlichkeitsbeteiligung per einfacher E-Mail eingereicht werden können. Er ist damit die Vorstufe von § 5. Angesichts der positiven Wirkungen der Digitalisierung auf die Partizipation wäre es wünschenswert, wenn die Regelungen des PlanSiG dauerhaft ins VwVfG übernommen werden. Während der Pandemie schafft es Rechtssicherheit hinsichtlich des richtigen weiteren Vorgehens.[450] Auch in Literatur und Wirtschaft wurde das Gesetz positiv aufgenommen, nur von Umweltverbänden und Bürgerinitiativen kam Kritik.[451] Die Vereinbarkeit mit Europarecht wird nicht angezweifelt, da weder die UVP-RL noch die Aarhus-Konvention eine mündliche Präsenz-Erörterung vorschreiben.[452] Der Modellcharakter des PlanSiG „der Zurverfügungstellung digitaler Beteiligungsmöglichkeiten bei gleichzeitiger Pflicht zur Bereithaltung «analoger» Alternativen"[453] könnte Vorbild für den später erlassenen, oben erwähnten § 15 ROG gewesen sein.

2.2.5.3 Zusammenfassung
Alle Normen, die die Digitalisierung des Verwaltungshandelns fördern, tragen zu einem effektiveren und effizienteren Verfahren bei und das überarbeitete Gesetz ist ein formell besseres Gesetz als vorher. Natürlich ist es ein großer Aufwand, alle bestehenden

---

[447] *Rebler*, ZUR 2020, 478, 479.

[448] Auch per einfacher E-Mail, die sonst gem. § 3a Abs. 2 LVwVfG zur verbindlichen Behördenkommunikation nicht zugelassen ist (OVG Münster, Urt. v. 19. 08. 2010 – 11 D 26/08.AK, NuR 2010, 808), vgl. RegE PlanSiG, BT-Drs. 19/18965, 14; *Wysk*, NVwZ 2020, 905, 909.

[449] *Renn et al.*, ZUR 2014, 281, 286; ein Wortprotokoll ist nicht zwingend notwendig: *Dippel*, NVwZ 2010, 145, 149.

[450] *Rebler*, ZUR 2020, 478, 480; *Ruge*, ZUR 2020, 481, 486; *Scheidler*, KommJur 2020, 325, 326.

[451] Statt vieler: *Röcker*, VBlBW 2021, 89, 90 m. w. N.

[452] *Ruge*, ZUR 2020, 481, 486.

[453] *Wormit*, DÖV 2020, 1026, 1031.

Gesetze auf überflüssige Schriftformerfordernisse zu durchleuchten und durch eine möglichst einfache elektronische Form zu ersetzen.[454] Doch dieser Aufwand lohnt sich und ist für eine moderne, bürgerfreundliche Verwaltung des 21. Jahrhunderts angemessen. Es dient dem Gemeinwohl, das Volk nicht vor unnötige bürokratische Hürden zu stellen. Denn vorzuschreiben, dass bis Ende 2022 eine bestimmte Anzahl von Verwaltungsleistungen digital beantragbar sein soll,[455] ist nicht zielführend, wenn sie im Folgenden nicht digital bearbeitet werden oder die digitale Beantragung aufgrund von Formerfordernissen so komplex ist, dass sie in der täglichen Anwendung impraktikabel ist.

2.2.6 Zwischenfazit

An dieser Stelle ist ein kurzes Zwischenfazit zu ziehen. Der eigentliche Vergleich zwischen den Rechtsgebieten erfolgt später im Kontext der Systematisierung.[456] Die Privilegierungen sorgen zunächst für zusätzliche Komplexität, aber nur aufgrund dessen kann das Verfahren so flexibel und so passgenau wie möglich geführt und das Projekt ermöglicht werden.[457] Auch gehen diese nicht zulasten des Umweltschutzes, da das materielle Schutzniveau dadurch nicht angetastet wird.[458] Es wird deutlich, dass sich manche Verfahrenselemente in den verschiedenen Gesetzen vom Telos her entsprechen, die Ausgestaltung im Detail aber deutliche Unterschiede aufweisen kann. In Bezug auf eine formell gute Gesetzgebung wäre mehr Einheitlichkeit wünschenswert.

2.3 Mittelbare Privilegierung

Neben den unmittelbaren Privilegierungen durch Gesetz werden mittelbare Privilegierungen anerkannt, die nur indirekten Einfluss auf die Verfahrensdauer und die Effizienz des Verfahrens haben. Mittelbare Privilegierungen sorgen für erhöhten Verwaltungsaufwand und verlängern die Verfahrensdauer zunächst, da eem Verfahrensabschnitt größere Aufmerksamkeit geschenkt wird und es beispielsweise mehr

---

[454] Baden-Württemberg hat mit dem Gesetz zum Abbau verzichtbarer Formerfordernisse vom 11. 02. 2020 (GBl. S. 37) einen ersten Schritt in die richtige Richtung gemacht, auch wenn der Fokus noch auf Prüfungs- und verwaltungsinternen Gesetzen lag, die eine eher geringe Öffentlichkeitswirkung haben.

[455] Gesetz zur Verbesserung des Onlinezugangs zu Verwaltungsleistungen vom 14. 08. 2017 (BGBl. I, S. 3122, 3188), zuletzt geändert durch Gesetz v. 28. 06. 2021 (BGBl. I, S. 2250).

[456] Siehe unten Abschn. 2.4.

[457] *Pleiner,* Überplanung von Infrastruktur, S. 343; gegen eine „Entbürokratisierung" auch: *Ziekow et al.,* Dialog mit Expertinnen und Experten zum EU-Rechtsakt für Umweltinspektionen, S. 200.

[458] *Hitschfeld et al.,* Evaluierung des gestuften Planungs- und Genehmigungsverfahrens, S. 210 f.

Kommunikation von Behördenseite mit allen Beteiligten erfordert. Im Endeffekt kann die Verfahrensdauer, über den gesamten Zeitraum hinweg betrachtet, möglicherweise verkürzt und verfahrenstechnisch schlank gehalten werden, beispielsweise da aufgrund größerer Akzeptanz seltener Rechtsmittel ergriffen werden und das Verfahren insgesamt effizient geführt wurde.[459] Praxisbeispiel hierfür ist eine gelungene Öffentlichkeitsbeteiligung mit größtmöglicher Transparenz, da damit die Akzeptanz des Verfahrens insgesamt gefördert werden kann und Antragssteller wie Öffentlichkeit im Idealfall mit der Entscheidung einverstanden sind, was im Ergebnis zu weniger Einwendungen oder Klagen führen kann, sodass die Verfahrensdauer insgesamt verkürzt wird. „Eine erweiterte Partizipation und Beteiligung der Öffentlichkeit und eine gleichzeitige Beschleunigung der Verfahren [sind] kein Widerspruch."[460]

Im Folgenden wird die Privilegierung durch Öffentlichkeitsbeteiligung (Abschn. 2.3.1) und durch „Sanktionen im weiteren Sinne" (Abschn. 2.3.2) vorgestellt.

2.3.1 Mittelbare Privilegierung durch mehr Öffentlichkeitsbeteiligung

Alle oben dargestellten Maßnahmen für mehr Effektivität und Effizienz werden ihr Ziel nicht vollumfänglich erreichen können, wenn es an der Akzeptanz der Bevölkerung für das Vorhaben fehlt.[461] Das liegt daran, dass die Beschleunigungselemente nur sektoral angelegt sind.[462] Schon in den 1980er und 90er-Jahren wurde der Widerstand gegen Großvorhaben als der entscheidende Verzögerungsgrund benannt und Verbesserung der Akzeptanz als eine Lösungsmöglichkeit identifiziert.[463] Um dieser Problematik zu begegnen, die Akzeptanz zu erhöhen und mehr Partizipation zu ermöglichen, wurden inzwischen verschiedene Normen geschaffen (vgl. 1.), um die Öffentlichkeit besser in

---

[459] *Hitschfeld et al.*, Evaluierung des gestuften Planungs- und Genehmigungsverfahrens, S. 37 ff.

[460] Gesetzentwurf der Bundesregierung eines Gesetzes über Maßnahmen zur Beschleunigung des Netzausbaus Elektrizitätsnetze vom 06. 06. 2011, BT-Drs. 17/6073, 2.

[461] Dies geht zurück auf *Luhmann*, Legitimation durch Verfahren (1969), S. 201 ff.; vgl. des Weiteren *Durner*, Öffentlichkeitsbeteiligung und demokratische Legitimation im Energie-Infrastrukturrecht, in: Schlacke/Schubert (Hrsg.), Energie-Infrastrukturrecht, S. 101 f; *Berger*, Die vorzeitige Besitzeinweisung. S. 71; *Birk*, DVBl 2012, 1000, 1003; *Erbguth*, ZUR 2021, 22, 24; *Peters*, DVBl 2015, 808, 810; *Schmidt-Aßmann*, Das allgemeine Verwaltungsrecht als Ordnungsidee, 2. Kap Rn. 106; aA *Feldmann*, NVwZ 2015, 321, 322 und *Ziekow*, NVwZ 2013, 754, 755 die dies nur im Hinblick auf die Akzeptanz des Verfahrens nicht des Vorhabens bejahen.

[462] Vgl. dazu Abschn. 2.2.2.5; *Erbguth*, ZUR 2021, 22, 24, *ders.*, DÖV 2012, 821, 825.

[463] Blümel (Hrsg.), Frühzeitige Bürgerbeteiligung bei Planungen, Einleitung, S. 9, 13 ff.; *Burgi/Durner*, Modernisierung des Verwaltungsverfahrensrechts durch Stärkung des VwVfG, S. 150 f; *Ronellenfitsch*, Beschleunigung und Vereinfachung der Anlagenzulassungsverfahren, S. 29; *ders.* DVBl 1991, 920, 922; *Würtenberger*, NJW 1991, 257, 258.

das Verwaltungsverfahren und damit letztendlich in das gesamte Projektvorhaben ein-zubeziehen.[464] Dem liegt die These „mehr Öffentlichkeitsbeteiligung schafft mehr Akzeptanz" zugrunde. Ob dies zutrifft und ob damit im zweiten Schritt eine Effizienz-steigerung eintritt, wird im Folgenden untersucht (vgl. 2. und 3.)

2.3.1.1 Normierung

Zur Verbesserung der Akzeptanz wurde im Jahr 2013 die frühe Öffentlichkeitsbe-teiligung in § 25 Abs. 3 LVwVfG kodifiziert. Sie soll erreichen, dass eine breite betroffene[465] Öffentlichkeit noch vor Beginn des förmlichen Verfahrens eines Großvorhabens über die Ziele des Vorhabens, die Mittel, es zu verwirklichen, und die voraussichtlichen Auswirkungen unterrichtet wird, sich äußern kann und es zu einem mündlichen Diskurs kommt.[466] Die Informationsobliegenheit trifft den Vorhabenträger; die Behörde hat darauf hinzuwirken, dass er dieser nachkommt, zwingen kann sie ihn nicht.[467] Die frühe Öffentlichkeitsbeteiligung ist eigenständig und ersetzt bzw. ver-lagert den eigentlichen Erörterungstermin keinesfalls.[468] Ein großer Vorteil ist, dass in diesem frühen Zeitpunkt noch keine Entscheidung über verschiedene Projektvarianten getroffen wurde, sodass Anregungen und Bedenken aus der Öffentlichkeit grundsätzlich

---

[464] Ein weiterer Ansatzpunkt, die Akzeptanz zu erhöhen, ist, finanzielle Anreize für die Bürger zu setzen. Beispiele sind die neu geregelte Möglichkeit der Kompensationszahlung für Strom-leitungen und, insbesondere für den Windkraftausbau, Bürgerwindparks oder regionale Bürger-stromtarife vgl. *Agora Energiewende,* Wie weiter mit dem Ausbau der Windenergie?, S. 33 ff.; *Blum/Kühn/Kühnau,* Natur und Landschaft 2014, 243, 247; *IÖW/IKEM/BBH/BBHC,* Finanzielle Beteiligung von betroffenen Kommunen bei Planung, Bau und Betrieb von erneuerbaren Energie-anlagen, S. 164 ff.; *Rodi,* ZUR 2017, 658, 659 f; *Roth,* Die Akzeptanz des Stromnetzausbaus, S. 141–146; *Schäfer-Stradowsky,* EnWZ 2010, 1 f; *Shirvani,* NVwZ 2014, 1185 ff.; *Weidinger,* REthinking Law 2020, 52, 55; Da damit aber keine verwaltungsverfahrensrechtlichen Änderungen verbunden sind, wird dieser Ansatz hier nicht weiter vertieft.

[465] Entgegen des Wortlauts geht *Ziekow,* NVwZ 2013, 754, 758 von einer allgemeinen Öffentlich-keit als Adressatenkreis aus; zum Begriff der Öffentlichkeit umfassend *Peters,* Legitimation durch Öffentlichkeitsbeteiligung, S. 24–33; *Wu,* Öffentlichkeitsbeteiligung an umweltrechtlichen Fach-planungen, S. 69 m. w. N.; für eine Analyse des Typus ‚bürgerliche Öffentlichkeit' siehe *Haber-mas,* Strukturwandel der Öffentlichkeit.

[466] *Birk,* DVBl 2012, 1000, 1001 f; *Schmitz/Prell,* NVwZ 2013, 745, 746; umfassend damals zu einer Reform der Bürgerbeteiligung: *Ziekow,* Neue Formen der Bürgerbeteiligung?, Gutachten D zum 69. Deutschen Juristentag 2012; vgl. auch *Lühr,* Die Öffentlichkeitsbeteiligung als Instrument zur Steigerung der Akzeptanz von Großvorhaben, S. 59–64.

[467] *Renn et al.,* ZUR 2014, 281, 286; *Schmitz/Prell,* NVwZ 2013, 745, 747. Baden-Württemberg hatte im Gesetzgebungsverfahren eine verpflichtende Regelung gefordert, konnte sich aber nicht durchsetzen, vgl. Antrag des Landes Baden-Württemberg, Entschließung des Bundesrates – Stärkung der Öffentlichkeitsbeteiligung bei Großvorhaben vom 4. 03. 2011, BR-Drs. 135/11, 2.

[468] *Schmitz/Prell,* NVwZ 2013, 745, 748; *Ziekow,* NVwZ 2013, 754, 758.

noch in der Vorhabenplanung berücksichtigt werden können.[469] Inwieweit diese Berücksichtigung in der Praxis wirklich erfolgt ist offen.

Mit § 3 Abs. 1 BauGB existiert für das Baurecht eine verbindliche Regelung für die frühe Öffentlichkeitsbeteiligung mit ähnlichem Inhalt. Beide Normen sind mittlerweile gut etabliert und werden rege genutzt.[470]

Nach dem Scheitern der o. g. Bundesratsinitiative und dem vergeblichen Versuch der Kodifizierung eines Bundes-Umweltgesetzes hat Baden-Württemberg den föderalen Gestaltungsspielraum genutzt und in § 2 (L)UVwG[471] eine verpflichtende frühe Öffentlichkeitsbeteiligung festgeschrieben. Der Anwendungsbereich ist klar auf planfeststellungs- und/oder UVP-pflichtige Vorhaben begrenzt. Nur in atypischen Ausnahmefällen ist ein Absehen möglich.[472]

Des Weiteren hat Baden-Württemberg als einziges Bundesland[473] eine Verwaltungsvorschrift zur (informellen) Öffentlichkeitsbeteiligung erlassen, die nach Ablauf des ersten Geltungszeitraums aktuell um weitere sieben Jahre bis 2028 verlängert wurde.[474] Sie ist von staatlichen Verwaltungsbehörden bei Planung, Zulassung und Realisierung von Vorhaben, für deren Zulassung ein Planfeststellungs- oder Raumordnungsverfahren oder ein Genehmigungsverfahren nach § 10 BImSchG durchzuführen ist, anzuwenden. Ist das Land Vorhabenträger, hat es die Vorgaben verpflichtend zu beachten, bei Vorhaben Dritter hat die Behörde eine Hinwirkungspflicht. Konkret sind frühe Öffentlichkeitsbeteiligung, nicht-förmliche Öffentlichkeitsbeteiligung während des laufenden förmlichen

---

[469] *Ziekow,* NVwZ 2013, 754, 755.

[470] *Durner,* Öffentlichkeitsbeteiligung und demokratische Legitimation im Energie-Infrastrukturrecht, in: Schlacke/Schubert (Hrsg.), Energie-Infrastrukturrecht, S. 101; *Peters,* Legitimation durch Öffentlichkeitsbeteiligung, S. 71; aA: *Agora Energiewende,* Wie weiter mit dem Ausbau der Windenergie?, S. 21; *Bock/Reimann,* Beteiligungsverfahren bei umweltrelevanten Vorhaben, S. 15; *Schwab,* UPR 2016, 377, 378: Um das Wissen um die Notwendigkeit der Öffentlichkeitsbeteiligung auch unter den Industriebetrieben zu verbreiten hat der Verband deutscher Ingenieure e. V. (VDI) zwei Richtlinien zur richtigen Öffentlichkeitsbeteiligung veröffentlicht (VDI-7000 und VDI-7001), die einem Industrieunternehmen den idealen Ablauf einer frühen Öffentlichkeitsbeteiligung näherbringen sollen.

[471] Umweltverwaltungsgesetz vom 25. 04. 2014 (GBl. S. 592), zuletzt geändert durch Gesetz v. 11. 02. 2020 (GBl. S. 37, 43).

[472] *Feldmann,* NVwZ 2015, 321, 323.

[473] *Staatsministerium BW,* Leitfaden für eine neue Planungskultur, S. 19; *Erler/Arndt,* VBlBW 2014, 81, 85 ff.; *Keil et al.,* Bürgerbeteiligung und Verwaltungspraxis, S. 6.

[474] Verwaltungsvorschrift der Landesregierung zur Intensivierung der Öffentlichkeitsbeteiligung in Planungs- und Zulassungsverfahren (VwV Öffentlichkeitsbeteiligung) vom 17. 12. 2013 (GABl. 2014, 22), zuletzt geändert durch Verwaltungsvorschrift v. 10. 11. 2020 (GABl. 2021, 2); dazu die Evaluation in *Keil et al.,* Bürgerbeteiligung und Verwaltungspraxis, S. 5–241; ausführlich zum Thema informelle Bürgerbeteiligung siehe *Binger,* Grenzen informeller Bürgerbeteiligung im Rahmen von Planfeststellungsverfahren.

Verfahrens und nachlaufende Öffentlichkeitsbeteiligung vorgesehen, ganz nach dem Motto „Viel hilft viel". Die Verwaltungsvorschrift hat Vorbildfunktion.[475]

Ferner sehen die meisten der oben untersuchten Verfahrensarten aufgrund des Einflusses des Europarechts mittlerweile Beteiligungsrechte der „Jedermanns-Öffentlichkeit" und nicht nur der betroffenen Öffentlichkeit vor.[476] In den NABEG-Verfahren wird beispielsweise sieben Mal auf verschiedenen Verfahrensstufen eine Öffentlichkeitsbeteiligung zu jeweils einem ganz speziellen Inhalt durchgeführt.[477] Mit § 15 Abs. 3 S. 2–5 ROG wurden 2017 für wichtig erachtete Öffentlichkeitsbeteiligungsnormen ins Gesetz eingefügt: eine verbindliche Öffentlichkeitsbeteiligung und die Alternativenprüfung nur von ernsthaft in Betracht kommenden Varianten, aber mit einer Vorschlagsmöglichkeit für die Öffentlichkeit.[478] Gesetzeszweck war damals ausdrücklich die Akzeptanzsteigerung von Großprojekten.[479] Trotz der Neuformulierung des § 15 Abs. 1 S. 3 ROG müssen ernst gemeinte Vorschläge aus der Öffentlichkeit vor allem den Vorhabenträger überzeugen, sonst gibt es zwar ein ausgearbeitetes Konzept, aber niemanden, der es verwirklichen möchte.[480] Der Vorhabenträger bleibt weiterhin in einer verfahrensbeherrschenden Position.[481]

---

[475] *Lühr,* Die Öffentlichkeitsbeteiligung als Instrument zur Steigerung der Akzeptanz von Großvorhaben, S. 70.

[476] *Durner,* Öffentlichkeitsbeteiligung und demokratische Legitimation im Energie-Infrastrukturrecht, in: Schlacke/Schubert (Hrsg.), Energie-Infrastrukturrecht, S. 89; *Peters,* Legitimation durch Öffentlichkeitsbeteiligung, S. 64 f. Für eine Beschreibung der jeweiligen Öffentlichkeitsbeteiligungsverfahren siehe *dies.* S. 71–106; *Guckelberger,* VerwArch 2012, 31, 34–50; *Wu,* Öffentlichkeitsbeteiligung an umweltrechtlichen Fachplanungen, S. 151–190; *Ziekow,* Neue Formen der Bürgerbeteiligung?, Gutachten D zum 69. Deutschen Juristentag 2012, S. 26–60. Für einen historischen Überblick über die Entwicklung der Öffentlichkeitsbeteiligung von der Nachkriegszeit bis zur Energiewende siehe *Stracke,* Öffentlichkeitsbeteiligung im Übertragungsnetzausbau, S. 62–109.

[477] *Appel,* NVwZ 2012, 1361, 1365; *Durner,* Öffentlichkeitsbeteiligung und demokratische Legitimation im Energie-Infrastrukturrecht, in: Schlacke/Schubert (Hrsg.), Energie-Infrastrukturrecht, S. 96; *Mann,* Großvorhaben als Herausforderung für den demokratischen Rechtsstaat, VVDStRL 72 (2013), S. 575; *Reidt,* DVBl 2020, 597, 560; deren Beschleunigungspotenzial betonend: *Schneider,* Akzeptanz für Energieleitungen durch Planungsverfahren, in: Heckmann/Schenke/Sydow (Hrsg.) Verfassungsstaatlichkeit im Wandel, FS-Würtenberger, S. 420; Für eine Beschreibung der Öffentlichkeitsbeteiligungsstufen siehe *Guckelberger,* Öffentlichkeitsbeteiligung und Netzausbau – zwischen Verfahrenspartizipation und Gewinnbeteiligung, in: Kment (Hrsg.), Netzausbau zugunsten erneuerbarer Energien, S. 64–80.

[478] *Schmitz,* Die obligatorische Öffentlichkeitsbeteiligung im Raumordnungsverfahren, in: Schlacke/Beaucamp/Schubert (Hrsg.), Infrastruktur-Recht, FS-Erbguth, S. 327, 334, 344 f.

[479] Gesetzentwurf der Bundesregierung eines Gesetzes zur Änderung raumordnungsrechtlicher Vorschriften vom 18. 01. 2017, BT-Drs. 18/10883, 1, 30, 34.

[480] *Goppel,* in: Spannowsky/Runkel/Goppel, ROG, § 15 Rn. 49.

[481] *Dietz,* in: Kment, ROG, § 15 Rn. 45; *Goppel,* in: Spannowsky/Runkel/Goppel, ROG, § 15 Rn. 43 f.

2.3.1.2 Pro Akzeptanz und Partizipation als Effizienzsteigerungsmittel

Bei der Analyse der Gründe, die dafürsprechen, dass eine gelungene Öffentlichkeitsbeteiligung mit möglichst viel Partizipation mehr Akzeptanz schafft und damit das Projekt insgesamt effizienter gestaltet werden kann, ist zwischen Akzeptanz des Vorhabens und Akzeptanz des Verfahrens zu differenzieren. Zunächst ist aber kurz festzuhalten, wie die Begriffe der Akzeptanz und Partizipation im Fortgang der Arbeit verstanden werden.

2.3.1.2.1 Akzeptanzbegriff

Mit Akzeptanz wird die „faktische Einstellung zu einer Entscheidung oder Institution"[482] beschrieben. Es handelt sich dabei um eine innere Einstellung, die jeder für sich selbst freiwillig bildet.[483] Dieser Arbeit liegt, wie in der Verwaltungswissenschaft üblich, ein weiter Akzeptanzbegriff zugrunde, der nicht nur aktive Zustimmung, sondern auch neutrales Verhalten mit umfasst.[484] Es ist zwischen gesellschaftlicher und lokaler Akzeptanz zu differenzieren. Gesamtgesellschaftlich ist eine Mehrheit der Energiewende gegenüber positiv eingestellt und erkennt deren Notwendigkeit an.[485] Auf lokaler Ebene bildet sich aus den Kritikern des Vorhabens schnell eine Bürgerinitiative, die versucht, den Bau vor Ort zu verhindern, abzuwandeln oder zu verzögern. Auch anlässlich des Kupferzellers Netzboosters hat sich schnell eine Bürgerinitiative gegründet.

2.3.1.2.2 Partizipationsbegriff

Auf der einen Seite kann Partizipation nach dem herrschenden rechtswissenschaftlichen Verständnis[486] und den unionsrechtlichen Vorgaben zur Öffentlichkeitsbeteiligung[487] so

---

[482] *Langenbach,* Der Anhörungseffekt, S. 28; zur verfassungsrechtlichen Anknüpfung der Akzeptanzfunktion siehe *ders.,* S. 34 ff.

[483] *Langenbach,* Der Anhörungseffekt, S. 28; „Akzeptanz beruht auf einem individual-psychologischen Vorgang des Abwägens, Wertens und Bewertens", *Würtenberger,* Die Akzeptanz von Verwaltungsentscheidungen, S. 61.

[484] *Schmidt-Aßmann,* Das allgemeine Verwaltungsrecht als Ordnungsidee, 2. Kap Rn. 103: „Hinnahme von Entscheidungen"; *Luhmann,* Legitimation durch Verfahren (1969), S. 33: „die Entscheidung als Prämisse [des] eigenen Verhaltens übernehmen"; *Würtenberger,* Die Akzeptanz von Verwaltungsentscheidungen, S. 62: „Bereiche des Dissens"; Für eine ausführliche Erläuterung des Akzeptanzbegriffes siehe *Kindler,* Zur Steuerungskraft der Raumordnungsplanung, S. 42–48 m. w. N; *Lühr,* Die Öffentlichkeitsbeteiligung als Instrument zur Steigerung der Akzeptanz von Großvorhaben, S. 8 f.; *Roth,* Die Akzeptanz des Stromnetzausbaus, S. 30–45 m. w. N.

[485] *Stracke,* Öffentlichkeitsbeteiligung im Übertragungsnetzausbau, S. 47 m. w. N.; *Zoellner/ Schweizer-Ries/Rau,* Akzeptanz erneuerbarer Energien, in: Müller (Hrsg.), 20 Jahre Recht der Erneuerbaren Energien, S. 93–96.

[486] *Peters,* DVBl 2015, 808, 812; vgl. auch *Kindler,* Zur Steuerungskraft der Raumordnung, S. 110 f; *Wu,* Öffentlichkeitsbeteiligung an umweltrechtlichen Fachplanungen, S. 72 ff.

[487] Richtlinie 2010/75/EU des Europäischen Parlaments und des Rates vom 24. 11. 2010 über Industrieemissionen, ABl. L 334/14, Anhang IV; Richtlinie 2001/42/EG des Europäischen Parlaments und des Rates vom 27. 06. 2001 über die Prüfung der Umweltauswirkungen bestimmter Pläne und Programme, ABl. L 197/30.

verstanden werden, dass es allein auf die Zahl der Beteiligungen ankommt, ohne dass qualitative Anforderungen daran gestellt werden.[488]

Auf der anderen Seite existiert schon seit den 1960er-Jahren mit der „Arnstein'schen Partizipationsleiter"[489] ein Modell, das in der Wissenschaft großen Anklang gefunden hat.[490] Dies besagt, dass nur die drei höchsten von sieben Beteiligungsformen als echte Partizipation gewertet werden dürfen, weil den Bürgen nur bei diesen wirkliche Gestaltungsmöglichkeiten eingeräumt werden.[491]

Diese Arbeit schließt sich erstgenannter Ansicht an, da es beim Thema Verfahrensprivilegierung keinen wirklichen Unterschied macht,[492] wie qualifiziert die Partizipation ist oder nicht. Es wird davon ausgegangen, dass jedes zusätzliche Element an Partizipation besser ist und das Verfahren mittelbar fördert, als wenn keine Partizipation stattgefunden hätte.

2.3.1.2.3 Vorhabenakzeptanz

Für eine Effizienzsteigerung des Vorhabens durch erhöhte Akzeptanz infolge von Partizipation spricht zum einen, dass sich mit der Öffentlichkeitsbeteiligung die Möglichkeit bietet, aufgestautem Mitteilungsdrang abzuhelfen,[493] und sich im bestmöglichen Fall mit dem Projekt zu identifizieren.[494] Das durch Social-Media veränderte Kommunikationsverhalten und der individualisierte Zugang zu Informationen sorgt dafür, dass manche Personengruppen denken, jedermann könnte die Planung der Verwaltung beeinflussen.[495] Auch die NIMBY-Problematik, die konkrete Folge des Widerspruchs zwischen genereller Akzeptanz und lokaler Ablehnung ist, spielt hier mit

---

[488] *Durner,* ZUR 2011, 354, 355; *Köck/Salzborn,* ZUR 2012, 203, 204; *Lühr,* Die Öffentlichkeitsbeteiligung als Instrument zur Steigerung der Akzeptanz von Großvorhaben, S. 28–34; *Schmitt Glaeser,* Partizipation an Verwaltungsentscheidungen, VVDStRL 31 (1973), S. 184. Für eine Gegenüberstellung partizipationstheoretischer Sichtweisen siehe *Horelt/Ewen,* Chancen und Grenzen informeller Bürgerbeteiligung, in: Hentschel/Hornung/Jandt (Hrsg.), Mensch-Technik-Umwelt; Verantwortung für eine sozialverträgliche Zukunft, FS-Roßnagel, S. 701.

[489] *Arnstein,* Journal of the American Institute of Planners 1969, 216 ff.

[490] Statt vieler vgl. nur *Arzberger,* ZfU 2019, 1, 6; *Schmitt Glaeser,* Die Position der Bürger als Beteiligte im Entscheidungsverfahren gestaltender Verwaltung, in: Lerche/Schmitt Glaeser/Schmidt-Aßmann (Hrsg.), Verfahren als staats- und verwaltungsrechtliche Kategorie S. 45 ff.

[491] Siehe dazu statt vieler *Peters,* Legitimation durch Öffentlichkeitsbeteiligung, S. 50 f. m. w. N; *dies.* DVBl 2015, 808, 811.

[492] Dies mag bei den genannten Arbeiten, die die Legitimation von Öffentlichkeitsbeteiligung behandeln, anders sein.

[493] *Rombach,* Der Faktor Zeit in umweltrechtlichen Genehmigungsverfahren, S. 224; zur Funktion der Bürgerbeteiligung im speziellen *Appel,* NVwZ 2012, 1361, 1362.

[494] *Blum/Kühn/Kühnau,* Natur und Landschaft 2014, 243, 246.

[495] *Peters,* Legitimation durch Öffentlichkeitsbeteiligung, S. 2 f., 371.

hinein.[496] Diese ist Ausdruck einer wertepluralistischen Gesellschaft, mit sehr unterschiedlichen Vorstellungen vom gemeinwohlfördernden Vorhaben.[497] Hier spiegelt sich ein Systemkonflikt wider: Es fehlt an einem geeigneten Forum, um überregionale Infrastrukturvorhaben (politisch) zu diskutieren.[498] Während Gemeinderatssitzungen und Landtagssitzungen entweder „zu nah dran" oder „zu weit weg" vom Problem sind, sind verwaltungsverfahrensrechtliche Einrichtungen, wie der Erörterungstermin, nicht als politische Bühne, sondern administrative Entscheidungsvoraussetzung gedacht.[499] Trotzdem werden sie teilweise dazu missbraucht.[500]

Es bedarf nicht unbedingt neuer Formen von Öffentlichkeitsbeteiligung, sondern die konsequente Anwendung des bereits bestehenden Rechts.[501] Dazu gehört auch, dass die Öffentlichkeitsbeteiligung auf Behörden- und Vorhabenträgerseite mit ausreichend Ressourcen in finanzieller und personeller Hinsicht ausgestattet ist und dass bei den Handelnden genügend Kommunikations- und Kritikfähigkeit vorherrscht.[502] Es kommt auf die innere Einstellung zum gesamten Dialogprozess an, was sich natürlich schwer rechtlich erzwingen lässt.[503] Eine hohe Qualität und Fehlerfreiheit der Entscheidung ist insbesondere im Umweltrecht von höherer Bedeutung als Schnelligkeit durch die Streichung von Verfahrensschritten.[504] Gerade im Umweltrecht wird die Öffentlichkeitsbeteiligung als maßgebender Baustein und Gradmesser der modernen Rechtsanwendung

---

[496] Kürzel für „not in my backyard"; Begriffserläuterung bei *Di Nucci,* NIMBY oder IMBY, in: Brunnengräber (Hrsg.), Problemfalle Endlager, S. 120; siehe auch breiten Überblick bei *Stracke,* Öffentlichkeitsbeteiligung im Übertragungsnetzausbau, S. 49 f. m. w. N; diesen Ansatz ablehnend: *Kindler,* Zur Steuerungskraft der Raumplanung, S. 120 f.; *Roth,* Die Akzeptanz des Stromnetzausbaus, S. 41.

[497] *Vgl. Burgi/Durner,* Modernisierung des Verwaltungsverfahrensrechts durch Stärkung des VwVfG, S. 149 f.; *Renn et al.,* ZUR 2014, 281, 282; *Stender-Vorwachs,* NVwZ 2012, 1061, 1062; *Wu,* Öffentlichkeitsbeteiligung an umweltrechtlichen Fachplanungen, S. 34 *Würtenberger,* NJW 1991, 257, 258.

[498] *Ewen/Gabriel/Ziekow,* Bürgerdialog bei der Infrastrukturplanung: Erwartungen und Wirklichkeit, S. 38.

[499] *Ewen/Gabriel/Ziekow,* Bürgerdialog bei der Infrastrukturplanung: Erwartungen und Wirklichkeit, S. 39; *Bora,* Differenzierung und Inklusion, S. 381–396; für eine „Entpolitisierung des Zulassungsverfahrens" auch *Waechter,* Großvorhaben als Herausforderung für den demokratischen Rechtsstaat, VVDStRL 72 (2013), S. 507.

[500] *Gaentzsch,* Der Erörterungstermin im Planfeststellungsverfahren, in: Dolde et al. (Hrsg.), Verfassung-Umwelt-Wirtschaft, FS-Sellner, S. 223; vgl. auch *Steinberg,* ZUR 2011, 340, 344.

[501] *Wysk,* Die Verfahrensdauer als Rechtsproblem, in: Appel/Wagner-Cardenal (Hrsg.), Verwaltung zwischen Gestaltung, Transparenz und Kontrolle, S. 60; *Wulfhorst,* DÖV 2014, 730, 740.

[502] *Roth,* Die Akzeptanz des Stromnetzausbaus, S. 158; *Wulfhorst,* DÖV 2014, 730, 740.

[503] *Wulfhorst,* DÖV 2011, 581, 587.

[504] *Blum/Kühne/Kühnau,* Natur und Landschaft 2014, 243, 244; *Renn et al.,* ZUR 2014, 281, 287; *Steinberg,* ZUR 2011, 340, 341; *Wysk,* Die Verfahrensdauer als Rechtsproblem, in: Appel/Wagner-Cardenal (Hrsg.), Verwaltung zwischen Gestaltung, Transparenz und Kontrolle, S. 61.

verstanden.[505] Allerdings nimmt die Bedeutung von Fehlerfreiheit ab, je mehr es sich um eine Vielzahl von gleichartigen Anlagen in derselben Region handelt. Wenn beim ersten Vorhaben eine ausreichende Prüfung und Beteiligung stattgefunden hat, kann für das nächste Vorhaben in Teilen darauf verwiesen werden. Dies bietet sich insbesondere bei Windrädern oder Photovoltaikanlagen an.

2.3.1.2.4 Verfahrensakzeptanz

Akzeptanz infolge von Partizipation kann nicht nur als Vorhabenakzeptanz, sondern auch als Verfahrensakzeptanz verstanden werden. Wenn das Verfahren an sich transparent und fair abgelaufen ist, erhöht dies die Chancen, dass Projektgegner das Ergebnis akzeptieren können, ohne von der inhaltlichen Richtigkeit des Vorhabens überzeugt zu sein.[506] Auf einer „Vertrauensskala" von großem Vertrauen in die Justiz und insbesondere das Bundesverfassungsgericht auf der einen Seite und politische Parteien auf der anderen Seite, nimmt die öffentliche Verwaltung einen der mittleren Plätze ein.[507] Für das äußerst anspruchsvolle Verfahren der Standortauswahl für ein atomares Endlager wurde aus diesem Grund ein Nationales Begleitgremium geschaffen, das das Verfahren nach dem Standortauswahlgesetz unabhängig und vermittelnd begleiten, und insbesondere die Öffentlichkeitsbeteiligung im Blick behalten und so das Vertrauen der Öffentlichkeit stärken soll, § 8 StandAG.[508] Des Weiteren wird die Möglichkeit, im Raumordnungsverfahren aus der Öffentlichkeit heraus Alternativen vorzuschlagen, als sehr vertrauensstiftend bewertet.[509] Auch wenn es für jede geprüfte Alternative immer den Vorhabenträger braucht, der bereit ist diese umzusetzen, zeigt das Mitprüfen von Parallelvorschlägen im Raumordnungsverfahren, dass die Öffentlichkeit ernst

---

[505] *Appel,* NVwZ 2012, 1361; *Guckelberger,* VerwArch 2012, 31 f..

[506] *Bull,* DÖV 2014, 897, 902 f.; *ders.,* Zum Ansehens- und Legitimationsverlust der Parlamente und seiner Kompensation durch Wissenschaft und Öffentlichkeit, in: Sommermann (Hrsg.), Öffentliche Angelegenheiten – interdisziplinär betrachtet, S. 16; *Kindler,* Zur Steuerungskraft der Raumordnung, S. 119; *Held,* NVwZ 2012, 461, 463; *Knauff,* DÖV 2012, 1, 3; *Lecheler* DVBl. 2007, 713, 715; *Roth,* Die Akzeptanz des Stromnetzausbaus, S. 96 f.; 111; *Schink,* DVBl 2011, 1377, 1379; *Stracke,* Öffentlichkeitsbeteiligung im Übertragungsnetzausbau, S. 54; *Ziekow,* NVwZ 2013, 754, 755.

[507] *Würtenberger,* Die Akzeptanz von Verwaltungsentscheidungen, S. 53; skeptischer *Knemeyer,* Good Governance und Bürger-Verantwortung, in: Butzer/Kaltenborn/Meyer (Hrsg.), Organisation und Verfahren im sozialen Rechtsstaat, FS-Schnapp, S. 632.

[508] *Bull,* DÖV 2014, 897, 899; vgl. auch *Koch/Suckow,* Formen der Öffentlichkeitsbeteiligung im Verfahren der Endlagersuche für hoch radioaktive Abfälle, in: Appel/Wagner-Cardenal (Hrsg.), Verwaltung zwischen Gestaltung, Transparenz und Kontrolle, S. 75 ff.

[509] *Schmitz,* Die obligatorische Öffentlichkeitsbeteiligung im Raumordnungsverfahren, in: Schlacke/Beaucamp/Schubert (Hrsg.), Infrastruktur-Recht, FS-Erbguth, S. 345; RegE ROG 2017, BT-Drs. 18/10883, 54.

genommen wird. Wenn sich der Vorhabenträger später umentscheiden sollte, müsste das Verfahren nicht neu aufgerollt werden.[510]

Digitale[511] und verständliche[512] Information der Öffentlichkeit sorgt für mehr Bürgernähe und Transparenz,[513] welche die zentrale Zielbestimmung der Öffentlichkeitsbeteiligung darstellt.[514] Insbesondere bei mehrstufigen Verfahren ist dabei wichtig, den Gegenstand der Beteiligung auf der jeweiligen Ebene klar zu kommunizieren und keine falschen Hoffnungen zu wecken.[515] Formelle und informelle Teile der Öffentlichkeitsbeteiligung sind so weit wie möglich zu verknüpfen.[516] Aus Projektgegnern müssen keine Projektbefürworter werden. Ein neutrales Verhalten, das keinen übermäßigen Gebrauch von Beteiligungsrechten bzw. anschließenden Gerichtsverfahren zur Folge hat, reicht für eine Verfahrensbeschleunigung schon aus.[517]

Es kommt für eine Steigerung der Akzeptanz darauf an, dass die Bürger den Eindruck erlangen, ihre Äußerungen würden gehört, geprüft und verarbeitet.[518] Dazu gehört auch, dass sie bei Nichtbeachtung eine Begründung erhalten,[519] zumindest solange die Anzahl der Einwendungen überschaubar ist. Ausreichend Partizipation kann ein Gegengewicht

---

[510] *Schmitz,* Die obligatorische Öffentlichkeitsbeteiligung im Raumordnungsverfahren, in: Schlacke/Beaucamp/Schubert (Hrsg.), Infrastruktur-Recht, FS-Erbguth, S. 346.

[511] *Hartmann,* MMR 2017, 383, 385.

[512] *Stracke,* Öffentlichkeitsbeteiligung im Übertragungsnetzausbau, S. 303; *Würtenberger,* Die Akzeptanz von Verwaltungsentscheidungen, S. 89.

[513] *Burgi/Durner,* Modernisierung des Verwaltungsverfahrensrechts durch Stärkung des VwVfG, S. 181; *Gaentzsch,* Der Erörterungstermin im Planfeststellungsverfahren, in: Dolde et al. (Hrsg.), Verfassung-Umwelt-Wirtschaft, FS-Sellner, S. 235; *Langer,* Die Endlagersuche nach dem Standortauswahlgesetz, S. 137.

[514] 10. und 11. Erwägungsgrund des Übereinkommens über den Zugang zu Informationen, die Öffentlichkeitsbeteiligung an Entscheidungsverfahren und den Zugang zu Gerichten in Umweltangelegenheiten vom 25. 06. 1998 (Aarhus-Konvention), ABl. 2005 L 124/4; BGBl. 2006 II, S. 1251.

[515] *Dolde,* NVwZ 2013, 769, 771; *Horelt/Ewen,* Chancen und Grenzen informeller Bürgerbeteiligung, in: Hentschel/Hornung/Jandt (Hrsg.), Mensch-Technik-Umwelt; Verantwortung für eine sozialverträgliche Zukunft, FS-Roßnagel, S. 707; *Kindler,* Zur Steuerungskraft der Raumordnung, S. 112; *Lühr,* Die Öffentlichkeitsbeteiligung als Instrument zur Steigerung der Akzeptanz von Großvorhaben, S. 203; *Wulfhorst,* DÖV 2014, 730, 735.

[516] *Bock/Reimann,* Beteiligungsverfahren bei umweltrelevanten Vorhaben, S. 15; *Horelt/Ewen,* Chancen und Grenzen informeller Bürgerbeteiligung, in: Hentschel/Hornung/Jandt (Hrsg.), Mensch-Technik-Umwelt; Verantwortung für eine sozialverträgliche Zukunft, FS-Roßnagel, S. 706.

[517] BVerwG, Beschl. v. 26. 09. 2013 – 4 VR 1/13, UPR 2014, 106 ff. Rn. 46; *Renn et al.,* ZUR 2014, 281 f; *Ronellenfitsch,* Beschleunigung und Vereinfachung der Anlagenzulassungsverfahren, S. 89; *Würtenberger,* NJW 1991, 257, 258.

[518] *Birk,* DVBl 2012, 1000, 1002; *Ewen/Gabriel/Ziekow,* Bürgerdialog bei der Infrastrukturplanung: Erwartungen und Wirklichkeit, S. 31, 40.

[519] *Würtenberger,* Die Akzeptanz von Verwaltungsentscheidungen, S. 96 m. w. N.

zu der, insbesondere in komplexen umwelt-infrastrukturellen Verfahren immer wichtiger werdenden, Expertise von Sachverständigen und Gutachtern bilden.[520] Auch die Neutralität und Unvoreingenommenheit der Behörde ist von besonderer Bedeutung.[521] Dies bietet zwar keine Garantie, erhöht aber zumindest die Chancen auf einen positiven Ausgang. Es ist, nicht nur in Bezug auf umwelt-infrastrukturelle Vorhaben, sondern gesamtgesellschaftlich, eine wachsende „Kluft zwischen Legalität und empfundener Legitimität"[522] zu beobachten.[523] Mit in die Bewertung eines „fairen" Verfahrens spielen immer subjektive Erfahrungen hinein, die der einzelne Bürger bisher mit „der Verwaltung" gemacht hat.[524] Das mag ungenau klingen, aber es passiert nicht selten, dass sich eigene negative Erfahrungen oder Erzählungen von Bekannten zu einem negativen Gesamtvorurteil vermischen. Das Tauziehen um die Akzeptanz des Verfahrens beginnt dann nicht bei null, sondern, aus Sicht der Behörde, „im Minusbereich".[525]

Die Komplexität eines Vorhabens kann infolge von intellektueller Überforderung zu einer Verweigerungshaltung und Reduktion auf einfache Ursachen führen.[526] Dies kann mithilfe von Vertrauensbildung durch korrekte Verfahrensführung verhindert werden.[527] Auch klare und einfache Gesetze fördern dies. Das ist wiederum ein Argument dafür, das Verfahren so transparent, mit so viel Öffentlichkeitsbeteiligung und Information wie möglich durchzuführen und eine Aufforderung an den Gesetzgeber für jedermann verständliche Gesetze zu schaffen.

---

[520] *Rossen-Stadtfeld*, Beteiligung, Partizipation und Öffentlichkeit, in: Hoffmann-Riem/Schmidt-Aßmann/Voßkuhle (Hrsg.), GVR Bd. II: Informationsordnung, Verwaltungsverfahren, Handlungsformen, § 29 Rn. 70; *Bull*, Zum Ansehens- und Legitimationsverlust der Parlamente und seiner Kompensation durch Wissenschaft und Öffentlichkeit, in: Sommermann (Hrsg.), Öffentliche Angelegenheiten – interdisziplinär betrachtet, S. 16.

[521] *Erbguth*, DÖV 821, 825; *Kindler*, Zur Steuerungskraft der Raumordnung, S. 117; *Rombach*, Der Faktor Zeit in umweltrechtlichen Genehmigungsverfahren, S. 226; *Stender-Vorwachs*, NVwZ 2012, 1061, 1064; *Stracke*, Öffentlichkeitsbeteiligung im Übertragungsnetzausbau, S. 154 f m. w. N.; fehlende Neutralität kritisierend *Waechter*, Großvorhaben als Herausforderung für den demokratischen Rechtsstaat, VVDStRL 72 (2013), S. 503: „Die Verwaltung prüft nicht, ob ein Vorhaben unter Abwägung aller Belange wünschenswert ist, sondern sie untersucht, ob das politisch erwünschte Vorhaben auf unüberwindliche Hindernisse stößt. Es fehlt an Neutralität und Fairness jedenfalls im Sinne von rechtsphilosophischen Perfektionsbegriffen"; Zur Idee eines Mediationsverfahrens im (Umwelt-)verwaltungsrecht: *Appel*, NVwZ 2012, 1361, 1364; *Brohm*, NVwZ 1991, 1025 ff.; *Franzius*, GewArch 2012, 225, 233 f; *Groß*, DÖV 2011, 510, 512; *Schink*, DVBl 2011, 1377, 1382; *Steinberg*, ZUR 2011, 340, 345 f; *Teubert*, Mitarbeiter der Verwaltung als Mediatoren in Verwaltungsverfahren?, S. 247–250; *Wulfhorst*, DÖV 2011, 581, 584.

[522] *Renn et al.*, ZUR 2014, 281, 283.

[523] *Stracke*, Öffentlichkeitsbeteiligung im Übertragungsnetzausbau, S. 53.

[524] Vgl. *Ladenburger*, Der Anhörungseffekt, S. 71 f m. w. N.

[525] So auch *Roth*, Die Akzeptanz des Stromnetzausbaus, S. 157.

[526] *Waechter*, DÖV 2015, 121, 122.

[527] *Waechter*, DÖV 2015, 121, 128.

Dass Zivilpersonen an einer staatlichen Entscheidung mitwirken[528] (im Sinne von zumindest teilweiser Umsetzung der eingebrachten Verbesserungsvorschläge), lässt sich damit rechtfertigen, dass das Ziel einer richtigen Entscheidung auch der Gemeinwohlverwirklichung dient und dass dies nicht alleine Aufgabe der Behörde, sondern aller engagierter Bürger ist.[529] Der Grundsatz der repräsentativen Demokratie lässt mehr direkte Mitentscheidung fraglich erscheinen.[530] Gleichzeitig ist die Akzeptanz für ein Vorhaben höher, wenn dessen Maßnahmen das Allgemeinwohl stärken.[531]

In Verfahren, in denen der Behörde ein Gestaltungsspielraum verbleibt, (für Planfeststellungsverfahren zu bejahen, für immissionsschutzrechtliche Verfahren zu verneinen[532]), bietet sich eine ausführliche Öffentlichkeitsbeteiligung besonders an, da sie in diesen Fällen die „schwache gesetzliche Programmierung"[533] durch erhöhte inhaltliche Legitimation ausgleichen kann.[534]

2.3.1.2.5 Zusammenfassung

Zusammenfassend lässt sich festhalten, dass durch die vermehrte und früher einsetzende Öffentlichkeitsbeteiligung, die formelle und informelle Teile verknüpft, Konflikte früher erkannt werden können. Bestenfalls können diese dann infolge von Partizipation im Ver-

---

[528] „Mitwirken" im Unterschied zu „mitentscheiden", *Schmitt Glaeser*, Die Position der Bürger als Beteiligte im Entscheidungsverfahren gestaltender Verwaltung, in: Lerche/Schmitt Glaeser/Schmidt-Aßmann (Hrsg.), Verfahren als staats- und verwaltungsrechtliche Kategorie S. 47. Bisher einzige Beispiele einer normierten Mitwirkung in den oben untersuchten Gesetzen sind § 47d Abs. 3 S. 2 BImSchG (Mitwirkung an Ausarbeitung und Überprüfung der Lärmaktionspläne) und § 137 BauGB (Mitwirkung der Betroffenen städtebaulicher Sanierungsmaßnahmen).

[529] *Schmitt Glaeser*, Die Position der Bürger als Beteiligte im Entscheidungsverfahren gestaltender Verwaltung, in: Lerche/Schmitt Glaeser/Schmidt-Aßmann (Hrsg.), Verfahren als staats- und verwaltungsrechtliche Kategorie, S. 61; *Knemeyer*, Good Governance und Bürger-Verantwortung, in: Butzer/Kaltenborn/Meyer (Hrsg.), Organisation und Verfahren im sozialen Rechtsstaat, FS-Schnapp, S. 634.

[530] *Langer*, Die Endlagersuche nach dem Standortauswahlgesetz, S. 138.

[531] *Renn et al.*, ZUR 2014, 281, 282.

[532] aA *Fisahn*, Demokratie und Öffentlichkeitsbeteiligung, S. 336, der der Behörde auch bei komplexen Vorhaben mit gebundener Verwaltungsentscheidung einen faktischen Spielraum aufgrund der Möglichkeit von Auflagen, Prüf- oder Kontrollmöglichkeiten attestiert und deswegen beispielsweise auch bei immissionsschutzrechtlichen Verfahren die Legitimation durch Öffentlichkeit bejaht, auch, da in diesen Verfahren jedermann und nicht nur Betroffene Einwendungen erheben könnten.

[533] *Haug/Schadtle*, NVwZ 2014, 271, 273.

[534] *Haug/Schadtle*, NVwZ 2014, 271, 273; *Gurlit*, JZ 2012, 833, 835; *Groß*, DÖV 2011, 510, 511; *Mann*, Großvorhaben als Herausforderung für den demokratischen Rechtsstaat, VVDStRL 72 (2013), S. 565; *Ossenbühl*, NVwZ 1982, 465, 466; *Schmidt/Kelly*, VerwArch 2021, 97, 105; *Würtenberger*, NJW 1991, 257, 258; aA: *Dolde*, NVwZ 2013, 769, 770; *Gärditz*, GewArch 2011, 273, 274 f.; *Ronellenfitsch*, NVwZ 1999, 583, 589.

fahren ausgeräumt oder zumindest abgeschwächt werden, sodass sich die Bevölkerung neutral verhält. Dadurch kann die Wahrscheinlichkeit eines Gerichtsverfahrens bzw. dessen Umfang reduziert werden, was insgesamt zu einer kürzeren Zeit bis zur Errichtung des Vorhabens führen kann. Insgesamt kann durch Partizipation besser gewährleistet werden, dass Belange der Umwelt richtig gewichtet werden,[535] was dem Klima- und Umweltschutz als hier herausgehobenem Teil des Gemeinwohls besonders dient.

2.3.1.3 Contra Akzeptanz und Partizipation als Effizienzsteigerungsinstrument und damit mittelbare Privilegierung

Bei aller Diskussion um die beschleunigende Wirkung einer gelungenen Öffentlichkeitsbeteiligung ist stets zu bedenken, dass die Akzeptanz rechtlich (nicht zu verwechseln mit politisch) streng betrachtet grds. keine Rolle spielt, da sie nicht Tatbestandsmerkmal oder Abwägungsgegenstand der materiellen Verwaltungsentscheidung ist.[536] Ein Konsens kann und muss nicht für jede Entscheidung gefunden werden.[537] Akzeptanz ist eine empirisch oder sozialwissenschaftlich festzustellende Größe.[538] Ein Mehr an Öffentlichkeitsbeteiligung ist verfassungsrechtlich nicht notwendig.[539] Nicht übersehen werden darf auch, dass diejenigen, die gegen das Verfahren aufbegehren und Einwendungen geltend machen bzw. anderweitig versuchen das Vorhaben in die Länge zu ziehen oder zu blockieren, nicht automatisch einen repräsentativen Anteil der Betroffenen darstellen.[540] Auch wird für eine funktionierende Partizipation eine

---

[535] *Groß*, VerwArch 2013, 1, 14.

[536] BVerwG, Beschl. v. 26. 09. 2013 – 4 VR 1/13, UPR 2014, 106 ff. Rn. 46; *Dolde*, NVwZ 2013, 769, 770; *Hoffmann-Riem*, AöR 115 (1990), 400, 423; *Kment*, DVBl 2020, 991, 995; *Schmidt-Aßmann*, AöR 116 (1991), 329, 371; *Würtenberger*, NJW 1991, 257, 258; „Akzeptanz- und Ansehensmangel [darf] nicht mit Mangel an Legitimität der Entscheidungen gleichgesetzt werden […] – denn die Legitimität erwächst aus der Verfassung, nicht aus der aktuellen Zustimmung der Bürger-", *Bull*, Zum Ansehens- und Legitimationsverlust der Parlamente und seiner Kompensation durch Wissenschaft und Öffentlichkeit, in: Sommermann (Hrsg.), Öffentliche Angelegenheiten – interdisziplinär betrachtet, S. 9; siehe aber auch die Ausführungen unten unter Abschn. Wahrung der Funktionen des Verwaltungsverfahrens.

[537] *Würtenberger*, Die Akzeptanz von Verwaltungsentscheidungen, S. 62.

[538] *Roth*, Die Akzeptanz des Stromnetzausbaus, S. 36.

[539] *Durner*, ZUR 2011, 354, 359; *ders.*, Öffentlichkeitsbeteiligung und demokratische Legitimation im Energie-Infrastrukturrecht, in: Schlacke/Schubert (Hrsg.), Energie-Infrastrukturrecht, S. 88; *Mann*, Großvorhaben als Herausforderung für den demokratischen Rechtsstaat, VVDStRL 72 (2013), S. 569; deswegen an der Notwendigkeit der Einführung des § 25 Abs. 3 VwVfG zweifelnd *Burgi/Durner*, Modernisierung des Verwaltungsverfahrensrechts durch Stärkung des VwVfG, S. 178.

[540] *Durner*, Öffentlichkeitsbeteiligung und demokratische Legitimation im Energie-Infrastrukturrecht, in: Schlacke/Schubert (Hrsg.), Energie-Infrastrukturrecht, S. 114 f; *Habermas*, Faktizität und Geltung: Beiträge zur Diskurstheorie des Rechts und des demokratischen Rechtsstaats, S. 449; *Hien*, UPR 2012, 128, 131 f; *Jörke*, Politische Vierteljahresschrift 2013, 485, 490, der die Problematik unter einem sozialpolitischen Blickwinkel betrachtet; *Gärditz*, Nachhaltigkeit durch Partizipation der Öffentlichkeit, in: Kahl (Hrsg.), Nachhaltigkeit durch Organisation und Verfahren, S. 358; *Peters*, DVBl 2015, 808, 812 f; *dies.*, Legitimation durch Öffentlichkeitsbeteiligung, S. 40; *Würtenberger*, Die Akzeptanz von Verwaltungsentscheidungen, S. 34.

gewisse „politische Grundkompetenz" und „Gemeinwohlbefähigung" vorausgesetzt, die nicht immer gegeben zu sein scheint, wenn eigene Interessen (Stichwort: NIMBY-Problem) im Vordergrund stehen, oder nur die Gegner eines Vorhabens sich einbringen, die schweigende Mehrheit aber eigentlich nichts einzuwenden hat.[541] Bürgerbeteiligung setzt zu einem gewissen Teil ein Bürgerengagement voraus, das einen Wandel im Anspruchsdenken der Bürger erfordert: nicht immer nur von der Verwaltung Transparenz zu fordern, sondern auch eine zumindest moralische Pflicht zu Engagement für die Mitbürger.[542]

Ein anderes Modell der Bürgerbeteiligung mittels zumindest teilweiser „Fremdselektion" der Teilnehmer nach dem Zufallsprinzip wird selten angewendet.[543] Es besteht die Gefahr, dass es bei zu viel Einbringung von Partikularinteressen der Blick auf das große Ganze verloren geht und ein wachsender Autoritätsverlust des Staates letztendlich dazu führt, dass der staatliche Wille und damit das Gemeinwohl schwerer durchsetzbar wird.[544] Bei einem Planungs- bzw. Genehmigungsverfahren geht es darum, in überschaubarer Zeit die Übereinstimmung mit dem materiellen Recht fest- bzw. herzustellen. Wenn dieser Zweck nicht aufgeweicht werden soll, kann die Öffentlichkeitsbeteiligung nichts als oberste Priorität eingeführt werden.[545] Wenn sich die Proteste gegen materielle Regelungen richten oder grundsätzliche Bedenken gegen die aktuelle Politikrichtung vorgebracht werden,[546] dann ist das Verwaltungsverfahren sowieso der falsche Ort, etwas daran zu ändern. Dann hilft auch die beste Öffentlichkeitsbeteiligung nicht weiter.[547]

---

[541] *Rossen-Stadtfeld,* Beteiligung, Partizipation und Öffentlichkeit, in: Hoffmann-Riem/Schmidt-Aßmann/Voßkuhle (Hrsg.), GVR Bd. II: Informationsordnung, Verwaltungsverfahren, Handlungsformen, § 29 Rn. 71.

[542] *Knemeyer,* Good Governance und Bürger-Verantwortung, in: Butzer/Kaltenborn/Meyer (Hrsg.), Organisation und Verfahren im sozialen Rechtsstaat, FS-Schnapp, S. 634 f, 639.

[543] Vgl. dazu *Blum/Kühn/Kühnau,* Natur und Landschaft 2014, 243, 246; *Bock/Reimann,* Beteiligungsverfahren bei umweltrelevanten Vorhaben, S. 18; *Horelt/Ewen,* Chancen und Grenzen informeller Bürgerbeteiligung, in: Hentschel/Hornung/Jandt (Hrsg.), Mensch-Technik-Umwelt; Verantwortung für eine sozialverträgliche Zukunft, FS-Roßnagel, S. 711.

[544] *Schmitt Glaeser,* Die Position der Bürger als Beteiligte im Entscheidungsverfahren gestaltender Verwaltung, in: Lerche/Schmitt Glaeser/Schmidt-Aßmann (Hrsg.), Verfahren als staats- und verwaltungsrechtliche Kategorie, S. 62; *Sommermann,* in: v. Mangoldt/Klein/Starck, GG, Art. 20 Rn. 79.

[545] Vgl. *Dolde,* NVwZ 2013, 769, 770; *Gärditz,* GewArch 2011, 273, 275; *Wulfhorst,* DÖV 2011, 581, 587.

[546] Zu den Strategien von Bürgerinitiativen siehe *Würtenberger,* Die Akzeptanz von Verwaltungsentscheidungen, S. 35 f.

[547] *Schröder,* Genehmigungsverwaltungsrecht, S. 564 f; vgl. auch *Gaentzsch,* Der Erörterungstermin im Planfeststellungsverfahren, in: Dolde et al. (Hrsg.), Verfassung-Umwelt-Wirtschaft, FS-Sellner, S. 233.

Eine frühe Öffentlichkeitsbeteiligung hilft zwar gegen den Eindruck vollendeter Tatsachen, eine echte „null-Variante" steht nur äußerst selten zur Debatte.[548] Der Vorhabenträger hat die Planungskompetenz und damit eine dominierende Stellung. Allein durch Information und Kommunikation als einziges Mittel lässt sich Akzeptanz nicht erreichen.[549]

Des Weiteren finden sich Stimmen, einen kausalen Zusammenhang zwischen einem Mehr an Information und Partizipation und einer spürbaren Reduzierung von Widersprüchen, Einwendungen oder Klagen verneinen.[550] Wenn dann seien nur „gefühlte Effekte" und wenig Belastbares erkennbar.[551] Nach dem „Partizipations-Dilemma" ist das Interesse der Bürger und Verbände dann am größten, wenn der Freiheitsgrad der Planung aufgrund von Zeitfortschritts am kleinsten ist.[552] Frühzeitig erreichte Akzeptanz wird umso wichtiger, je weiter fortgeschritten die Planungsverfahren sind.[553]

2.3.1.4 Zwischenfazit

Die Kausalität zwischen Öffentlichkeitsbeteiligung und Effizienz darf kritisch gesehen bzw. nicht als Allheilmittel verstanden werden. Da auch gesamtgesellschaftliche

---

[548] *Appel,* NVwZ 2012, 1361, 1365 aE; *Gurlit,* JZ 2012, 833, 837; *Kment,* NVwZ 2015, 616, 622 aE; *Köck,* ZUR 2016, 579, 582; *Kupfer,* in: Schoch/Schneider, VwVfG, § 72 Rn. 232; *Zschiesche,* Öffentlichkeitsbeteiligung in umweltrelevanten Zulassungsverfahren, S:325 f; dies kritisierend *Franzius,* GewArch 2012, 225, 232; eine seltene Ausnahme beschreibt *Wulfhorst,* DÖV 2014, 730, 734 f.

[549] *Renn et al.,* ZUR 2014, 281, 282.

[550] *Dolde,* NVwZ 2013, 769, 771; *Ewen/Gabriel/Ziekow,* Bürgerdialog bei der Infrastrukturplanung: Erwartungen und Wirklichkeit, S. 23, 185; *Janson,* Der beschleunigte Staat, S. 77; *Hitschfeld et al.,* Evaluierung des gestuften Planungs- und Genehmigungsverfahrens, S. 166, 168, 209: Der kausale Zusammenhang ist insbesondere deswegen noch nicht wissenschaftlich belegbar, da es immer noch kein nach dem NABEG durchgeführtes, abgeschlossenes Planfeststellungsverfahren gibt; aA (also für eine positive Wirkung des NABEG) *Durner,* Öffentlichkeitsbeteiligung und demokratische Legitimation im Energie-Infrastrukturrecht, in: Schlacke/Schubert (Hrsg.), Energie-Infrastrukturrecht, S. 99; *Lühr,* Die Öffentlichkeitsbeteiligung als Instrument zur Steigerung der Akzeptanz von Großvorhaben, S. 199 f; kritisch insgesamt auch *Leidinger,* NVwZ 2020, 1377, 1380, der trotz eines positiven Verfahrensbeitrags keine Beschleunigung feststellen kann; *Ronellenfitsch,* Beschleunigung und Vereinfachung der Anlagenzulassungsverfahren, S. 90, *Roth,* Die Akzeptanz des Stromnetzausbaus, S. 110; *Schröder,* Genehmigungsverwaltungsrecht, S. 564; *Waechter,* Großvorhaben als Herausforderung für den demokratischen Rechtsstaat, VVDStRL 72 (2013), S. 505; *Wulfhorst,* DÖV 2014, 730, 738.

[551] *Schwab,* UPR 2016, 377, 380.

[552] *Ewen/Gabriel/Ziekow,* Bürgerdialog bei der Infrastrukturplanung: Erwartungen und Wirklichkeit, S. 42; *Stracke,* Öffentlichkeitsbeteiligung im Übertragungsnetzausbau, S. 296 f; *Bora,* Differenzierung und Inklusion, S. 58 ff.; Deutsche Energie-Agentur (Hrsg.), dena-Netzstudie III, S. 42; *Schäfer/Weidinger/Eschenhagen,* Ein guter Plan für die Energiewende – Maßnahmen zur Beschleunigung des EE-Ausbaus, S. 15.

[553] *Hitschfeld et al.,* Evaluierung des gestuften Planungs- und Genehmigungsverfahrens, S. 209.

Probleme hier eine Rolle spielen, ist ein verwaltungsrechtlicher Lösungsweg alleine nicht erfolgversprechend. (Infrastrukturelle) Großvorhaben sind sehr stark politisch geprägt und müssen als solche auch dort gerechtfertigt werden.[554] Gleichzeitig sollte das Verwaltungsverfahren zumindest in der Theorie nicht von politischer Einflussnahme geprägt sein. Insgesamt kann eine Beschleunigung durch vermehrte Akzeptanz und infolgedessen eine mittelbare Privilegierung durch Öffentlichkeitsbeteiligung nicht ausgeschlossen werden. Neue Verfahrensschritte innerhalb des Verfahrens sind dafür grundsätzlich nicht nötig. Es geht vor allem darum, die bestehenden Regelungen konsequent anzuwenden und das Handeln der Verwaltung bestmöglich transparent zu kommunizieren.

2.3.2   Mittelbare Privilegierung durch „Sanktionen im weiteren Sinne"

2.3.2.1 Ordnungswidrigkeitentatbestand

Auf den ersten Blick mutet die Vorstellung einer Privilegierung durch Ahndung als Ordnungswidrigkeit befremdlich an. Doch auf den zweiten Blick lässt sich erkennen, warum die Normen in diesem Zusammenhang Beachtung verdienen. Sie sind als Beschleunigungselement gedacht.[555] Und da hier ebenfalls vom Standardverfahren abgewichen wird, verlangt diese Entwicklung hier zumindest einer kurzen Erwähnung.

Neben den in allem oben aufgeführten Gesetzen üblichen Bußgeldtatbeständen, wie das Errichten oder Betreiben einer Anlage ohne Genehmigung, oder die Nichtvornahme, nicht vollständige oder nicht rechtzeitige Anzeige einer anzeigepflichtigen Änderung, ist in § 33 Abs. 1 Nr. 1 und 3 NABEG geregelt, dass sogar schon im laufenden Verfahren das entgegen § 8 Abs. 1 NABEG nicht richtige oder unvollständige Vorlegen einer Unterlage bzw. das entgegen § 21 Abs. 1 NABEG nicht richtige Einreichen eines Plans bußgeldbewährt ist.

Damit wird auf den Vorhabenträger im Bundesfachplanungs- und Planfeststellungsverfahren mehr Druck hinsichtlich des Unterlagenmanagements im laufenden Verfahren ausgeübt, damit die Behörde mit der eigentlichen Prüfung beginnen kann. Dabei handelt es sich um den Kern des NABEG.[556] Die Bußgeldvorschriften sollen das Vertrauen der Öffentlichkeit in das Verfahren schützen, in dem die hinterher nur schwer wieder gutzumachende ursprüngliche unrichtige Darstellung des Sachverhalts verhindert werden soll.[557] Auffallend bzw. unvollständig ist hier, dass nur das nicht richtige oder nicht

---

[554] *Franzius*, GewArch 2012, 225, 235.

[555] Gesetzentwurf der Bundesregierung eines Gesetzes über Maßnahmen zur Beschleunigung des Netzausbaus Elektrizitätsnetze vom 06. 06. 2011, BT-Drs. 17/6073, 32 f.

[556] *Hitschfeld et al.*, Evaluierung des gestuften Planungs- und Genehmigungsverfahrens, S. 75.

[557] *Serong/Salm*, in: Steinbach/Franke, Kommentar zum Netzausbau, NABEG, § 33 Rn. 6.

vollständige Vorlegen geahndet wird, nicht, wie sonst üblich auch, wenn gar keine Unterlagen vorgelegt werden.

Im sonstigen Infrastrukturrecht und Raumordnungsrecht ist eine solche Regelung nicht enthalten.

§ 213 Abs. 1 Nr. 1 BauGB nimmt Bezug auf unrichtige Pläne oder Unterlagen. Telos der Norm ist aber Täuschungen zu verhindern, nicht beschleunigend zu wirken.[558] § 62 Abs. 1 Nr. 4 BImSchG soll ebenfalls verhindern, dass jemand Auskünfte nicht, nicht richtig, nicht vollständig oder nicht rechtzeitig erteilt, jedoch nimmt die Norm mit § 52 BImSchG auf Überwachungsmaßnahmen während des laufenden Betriebs Bezug, nicht auf das Genehmigungsverfahren.

Da ein solcher Druck zumindest ansatzweise zu ein wenig Beschleunigung und damit Effizienzsteigerung führt, ist die Einführung der Norm zu begrüßen.

2.3.2.2 Neuauslegung des Fehlerfolgenrechts des § 46 VwVfG?

Nach der oben aufgezeigten Argumentation kann zumindest nicht schaden, eine bestmögliche Öffentlichkeitsbeteiligung durchzuführen, weil der Öffentlichkeitsbeteiligung ein eigenständiger Zweck zukommen kann. Deswegen ist es der nächste konsequente Schritt, zu erörtern, ob § 46 VwVfG erweitert auszulegen ist. Es wird vertreten, dass ein Verstoß gegen die Normen der Öffentlichkeitsbeteiligung immer ein relevanter Verfahrensfehler sei, nicht nur, wenn der Fehler die Entscheidung in der Sache konkret beeinflusst habe.[559] Für § 75 Abs. 1a S. 2 HS 1 LVwVfG ließe sich diese Diskussion in analoger Weise führen, dass ein Verstoß gegen die Normen der Öffentlichkeitsbeteiligung immer ein relevanter Verfahrensfehler ist, nicht nur, wenn er nicht durch Wiederholung behebbar ist. Vergleichbares würde teilweise für das Fehlerfolgenrecht der §§ 214 ff. BauGB gelten.

Für diese Argumentation spricht, dass dies dazu führt, dass Öffentlichkeitsvorschriften besser beachtet werden und fakultative Maßnahmen eher doch durchgeführt werden, was im zweiten Schritt zu mehr Akzeptanz und im dritten Schritt zu mehr

---

[558] *Bank,* in: Brügelmann, BauGB, § 213 Rn. 12; *Hornmann* in: Spannowsky/Uechtritz, BeckOK BauGB, § 213 Rn. 9.

[559] *Berger,* Die vorzeitige Besitzeinweisung, S. 82–85 m. w. N.; *Burgi/Durner,* Modernisierung des Verwaltungsverfahrens durch Stärkung des VwVfG, S. 182; *Erbguth,* DÖV 2012, 821, 825; *Haug/Schadtle,* NVwZ 2014, 271, 274; *Langenbach,* Der Anhörungseffekt, S. 234; *Peters,* DVBl 2015, 808, 815; vgl. in diesem Kontext auch *Held,* NVwZ 2012, 461, 466; *ders.,* Wahrnehmung und Bedeutung des Verwaltungsverfahrensrechts aus der Sicht der Rechtsanwender: Verwaltungsgerichtsbarkeit, in: Hill et al. (Hrsg.), 35 Jahre Verwaltungsverfahrensgesetz – Bilanz und Perspektiven, S. 84 f.

Beschleunigung führt.[560] Es werden verfassungsrechtliche Bedenken an der langen Fehlerheilungsmöglichkeit diskutiert.[561]

Diese Ansichten sind abzulehnen. Nur für mögliche UVP-pflichtige Vorhaben i. S. d. § 2 Abs. 6 UVPG führt das Unterlassen einer erforderlichen Öffentlichkeitsbeteiligung gem. § 4 Abs. 1 S. 2 Nr. 2 UmwRG zu einem absoluten Verfahrensfehler und damit zur Aufhebung der angegriffenen Entscheidung. Diese spezielle Norm soll in ihrem Anwendungsbereich nicht verallgemeinert werden. In den übrigen Fällen, die keine so großen Auswirkungen auf die Umwelt haben, dass sie nicht in den Anwendungsbereich des § 2 Abs. 6 UVPG fallen, hat der Effizienz- und Beschleunigungsgedanke Vorrang vor einer potenziell nicht ganz so ausführlichen Öffentlichkeitsbeteiligung. Fehler der Öffentlichkeitsbeteiligung sollen nur bei gleichzeitiger individueller materiell-rechtlicher Betroffenheit rügefähig sein.[562] Die Verfahrensökonomie überwiegt.[563] Gerade bei langen und aufwendigen Genehmigung-/ Planfeststellungsverfahren, wie den oben dargestellten, wäre es der Verfahrensbeschleunigung sogar abträglich, wenn man die Öffentlichkeitsbeteiligung wiederholen würde, nur um am Ende zum gleichen Ergebnis zu kommen.[564] Dafür spricht auch, dass der Planerhaltungsanspruch extra in § 75 Abs. 1a VwVfG normiert wurde, der mangels anderweitiger Regelungen für alle Planfeststellungsverfahren (i. V. m. § 18 Abs. 3 S. 2 NABEG auch für dort aufgezählten besonders eilbedürftige Vorhaben) gilt. Schließlich hat der Gesetzgeber einen, wenn auch verfassungsrechtlich eingeschränkten, Spielraum bei der Fassung von Sanktionsnormen.[565] Für den kleineren Maßstab der Anhörung nach § 28 VwVfG wird ebenfalls vertreten, dass eine nachträglich durchgeführte Anhörung zur Heilung des Verfahrensfehlers für wenig Akzeptanz sorgen kann.[566] Dann muss dies erst recht für die Öffentlichkeitsbeteiligung gelten. Schließlich darf die Verwaltung nicht unter Generalverdacht gestellt werden, unter dem Hintergedanke, sie würde die Öffentlichkeitsbeteiligung nur dann wirklich sorgfältig ausführen, wenn ein Fehler zur Aufhebung der

---

[560] Vgl. *Langenbach,* Der Anhörungseffekt, S. 173 m. w. N, 207; vgl. auch *Schmidt/Kelly,* VerwArch 2021, 235, 258.

[561] *Fisahn,* Demokratie und Öffentlichkeitsbeteiligung, S. 343 ff., 350 m. w. N, der aber im Ergebnis zur Möglichkeit einer verfassungskonformen Auslegung kommt.

[562] *BVerwG,* Beschl. v. 12. 07. 1993 – 7 B 114/92, NVwZ-RR 1994, 14, 15.

[563] *Schmidt-Aßmann,* Der Verfahrensgedanke im deutschen und europäischen Verwaltungsrecht, in: Hoffmann-Riem/Schmidt-Aßmann/Voßkuhle (Hrsg.), GVR Bd. II: Informationsordnung, Verwaltungsverfahren, Handlungsformen, § 27 Rn. 85.

[564] aA *Kment,* EuR 2006, 201, 231.

[565] *Ladenburger,* Verfahrensfehlerfolgen, S. 239 f.; *Langenbach,* Der Anhörungseffekt, S. 155; *Schmidt-Aßmann,* Der Verfahrensgedanke im deutschen und europäischen Verwaltungsrecht, in: Hoffmann-Riem/Schmidt-Aßmann/Voßkuhle (Hrsg.), GVR Bd. II: Informationsordnung, Verwaltungsverfahren, Handlungsformen, § 27 Rn. 109.

[566] *Langenbach,* Der Anhörungseffekt, S. 167.

Entscheidung führen würde.[567] Der allergrößte Teil der Staatsbediensteten handeln stets nach besten Wissen und Gewissen und hält sich an die dienstrechtlichen Pflichten zur Gesetzestreue.[568]

2.3.2.3 Einführung einer „Missbrauchsgebühr"?

Nicht unerwähnt bleiben soll die Idee der Einführung einer „Missbrauchsgebühr" für extreme Fälle, in denen das Verwaltungsverfahren offensichtlich nur dazu benutzt wird, um das Verfahren in die Länge zu ziehen und das Projekt zu stören.[569] Dieser Idee ist positiv zuzustimmen. § 34 Abs. 2 BVerfGG kennt ebenfalls eine entsprechende Regelung. Der Anwendungsbereich dürfte beschränkt bleiben, weil schwer abzugrenzen sein wird, wann wirklich „nur" ein Störungszweck verfolgt wird. Wenn der Behörde einschlägige „Querulanten" bekannt sind, kann in diesen Einzelfällen eine zusätzliche Handlungsoption nicht schaden.

2.3.2.4 Zwischenfazit

Neben der reinen Öffentlichkeitsbeteiligung gibt es also noch weitere Ansätze zur mittelbaren Privilegierung, die in einzelnen Rechtsgebieten aufgegriffen wurden, aber noch nicht überall einheitlich Anwendung finden. Eine Vereinheitlichung ist wünschenswert, sofern der Maßnahme eine ausreichende beschleunigende Wirkung zugesprochen wird. „Sanktionen im weiteren Sinne" können die Behörden dazu anhalten, die oben vorgestellten unmittelbaren Privilegierungen so konsequent wie möglich anzuwenden. Damit fördern sie mittelbar einen kompakten Verfahrensablauf, der über den gesamten Zeitraum bis zur Fertigstellung des Vorhabens betrachtet, insbesondere aufgrund höherer Akzeptanz kürzer ausfallen kann. Sie gehören damit zu den mittelbaren Verfahrensprivilegierungen aus Gründen des Gemeinwohls.

2.3.3   Zwischenfazit

Der erste Teil dieses Abschn. 2.3.1 hat gezeigt, dass eine mittelbare Privilegierung durch Öffentlichkeitsbeteiligung aufgrund vermehrter Akzeptanz nicht ausgeschlossen werden kann. Es geht nun im ersten Schritt vor allem darum, die bestehenden Regelungen konsequent anzuwenden und das Handeln der Verwaltung bestmöglich transparent zu kommunizieren. Mit weiteren kleinen verfahrenstechnischen Stellschrauben, die im

---

[567] *Ziekow,* NVwZ 2005, 263, 264.

[568] Vgl. auch *Metschke,* Wahrnehmung und Bedeutung des Verwaltungsverfahrensrechts aus Sicht des Anwenders: Verwaltung, in: Hill et al. (Hrsg.), 35 Jahre Verwaltungsverfahrensgesetz – Bilanz und Perspektiven, S. 61.

[569] *Laubinger,* Der Verfahrensgedanke im Verwaltungsrecht, in: König/Merten (Hrsg.), Verfahrensrecht in Verwaltung und Verwaltungsgerichtsbarkeit, S. 55 f.

zweiten Abschnitt untersucht wurden (Abschn. 2.3.2), lässt sich möglicherweise ebenfalls in mittelbarer Weise Einfluss auf die Gesamtverfahrensdauer nehmen.

2.4   Systematisierung der vorhandenen Privilegierungen

Im vierten Abschnitt der Untersuchung der Privilegierungen im deutschen Recht werden
nun die gefundenen Privilegierungen systematisiert und dafür ein Vergleich zwischen
den oben untersuchten Rechtsgebieten gezogen. Es werden Gemeinsamkeiten und Unterschiede (Abschn. 2.4.1) aufgezeigt und erläutert, welche Grenzen dem Gesetzgeber
bei der Formulierung von Privilegierungen gesetzt waren bzw. sind (Abschn. 2.4.2).
Als letzter Punkt wird besprochen, welche auffallenden Privilegierungen, die in älterer
Literatur vorgeschlagen wurden, mittlerweile umgesetzt sind oder nicht (Abschn. 2.4.3).

2.4.1   Gemeinsamkeiten und Unterschiede

Die Darstellung der Gemeinsamkeiten und Unterschiede (ggf. als aa) und bb)) orientiert
sich aus Gründen der besseren Übersicht an der Reihenfolge, in der die unmittelbaren
Privilegierungen vorgestellt wurden. Der Leser oder die Leserin wird gebeten, die hier
folgenden Erläuterungen immer in Kontext mit den unter Abschn. 2.2 oder 2.3 dargestellten Privilegierungserläuterungen zu lesen und gegebenenfalls zurückzublättern,
um hier Wiederholungen zu vermeiden.

2.4.1.1 Durchführung vorläufiger Arbeiten: Vorläufige Anordnung
bzw. Zulassung des vorzeitigen Beginns

Normen, die die Durchführung vorläufiger Arbeiten ermöglichen, finden sich neben dem
Infrastruktur-Planfeststellungsrecht auch im Immissionsschutzrecht (Abschn. 2.4.1.1.1).
Davon abzugrenzen ist die vor-vorzeitige Besitzeinweisung (Abschn. 2.4.1.1.2).

2.4.1.1.1 Vergleich

Vorläufige Anordnungen (bzw. als vorzeitiger Baubeginn im EnWG bezeichnet) wie
die des Infrastrukturrechts[570] existieren als Zulassung des vorzeitigen Beginns auch
in § 8a BImSchG[571]. Bestes überregional bekanntes Praxisbeispiel dafür ist Teslas
„Gigafactory" für Elektrofahrzeuge und Batterien in Grünheide bei Berlin, deren

---

[570] § 17 Abs. 2 S. 1 FStrG; § 18 Abs. 2 S. 1 AEG; § 28 Abs. 3a S. 1 PBefG, § 14 Abs. 2 S. 1
WaStrG oder § 44c EnWG.

[571] Weitere dazu parallele Normen, sind § 17 WHG und § 37 KrWG: BVerwG, Beschl. v. 30.
04. 1991 – 7 C 35/90, NVwZ 1991, 994, 995; *Jarass,* in: ders., BImSchG, § 8a Rn. 1; *Siegel/
Himstedt,* DÖV 2021, 137, 144.

vollständige Errichtung samt Probebetrieb nur aufgrund mehrerer Zulassungen des vorzeitigen Beginns gem. § 8a BImSchG durchgeführt wurde.[572] In beiden Regelungskomplexen sind jeweils größtenteils nur reversible Maßnahmen zulässig, bzw. solche „irreversiblen" Maßnahmen, die nur ökonomische und keine ökologischen Schäden verursachen würden.[573] Bei den Infrastrukturrechtsnormen ergibt sich dies direkt aus dem Wortlaut, im BImSchG ist dies aus dem Umstand zu schließen, dass sich der Vorhabenträger gem. § 8a Abs. 1 Nr. 3 BImSchG verpflichten muss, bei Nichterteilung der Genehmigung den früheren Zustand wiederherzustellen. Der Umfang des Gegenstands der vorzeitigen Maßnahmen ist bei § 8a BImSchG weiter als im Infrastrukturrecht. Gem. § 8a Abs. 1 BImSchG sind neben Maßnahmen der Errichtung ausdrücklich auch Maßnahmen, die zur Prüfung der Betriebstüchtigkeit, beispielsweise eines Probebetriebes, erforderlich sind, möglich. „Eine kurzzeitige Inbetriebnahme der neuen oder geänderten Anlagenteile ist insoweit möglich, was mitunter schon eine bauliche Entwicklung der Anlage voraussetzt, die dem Endzustand, welcher eigentlich Gegenstand der Vollgenehmigung ist, nahekommen wird."[574] In der Gesetzesbegründung der Mantelgesetze für die Infrastrukturvorhaben wird ausdrücklich betont, dass für den Umfang der Teilmaßnahmen nur entscheidend sei, dass das Bauvorhaben nicht fertiggestellt wird.[575]

Weiterer Unterschied ist der Zeitpunkt, ab dem die vorläufigen Arbeiten gestattet werden dürfen, weil bestimmte Erkenntnisse als Prognosegrundlage vorhanden sein sollten: im Planfeststellungsverfahren erst nach Abschluss der Öffentlichkeitsbeteiligung. Für das Immissionsschutzrecht hat das OVG Berlin-Brandenburg zur Rechtsfortbildung beigetragen, indem es in der Causa Tesla den vorzeitigen Beginn ausnahmsweise schon während der noch laufenden Einwendungsfrist zugelassen hat.[576] Bis dahin sah die Rechtsprechung des BVerwG jedenfalls eine durchgeführte Öffentlichkeitsbeteiligung, jedoch nicht zwingend mit Erörterungstermin, als Voraussetzung vor, um eine fundierte Prognose treffen zu können. Es bleibt spannend, wie andere Oberverwaltungsgerichte entscheiden und ob das BVerwG gegebenenfalls seine Rechtsprechung

---

[572] Dieser Umstand wurde in der Tagespresse nicht immer richtig wiedergegeben. Der Unterschied zum Bauen ganz ohne Genehmigung zu einem Baubeginn unter Zulassung des vorzeitigen Beginns dürfte nicht jeder Redaktion geläufig gewesen sein. Das ist ein Beispiel dafür, wie wichtig klare und eingängige Kommunikation der Behörden und deren Pressestellen gerade auch gegenüber den Medien ist, damit diese mit ihrer überregionalen Reichweite die Bevölkerung richtig informieren können. Grundvoraussetzung für Akzeptanz für ein Vorhaben ist zu aller erst richtige und verlässliche Information auf allen Kanälen.

[573] Im Anwendungsbereich des LNGG werden gem. § 8 Abs. 1 Nr. 4 LNGG „alle" irreversiblen Maßnahmen zugelassen.

[574] VG Frankfurt (Oder), Beschl. v. 10. 12. 2020 – 5 L 602/20, Rn. 25, juris; *Jarass*, in: ders. BImSchG § 8a Rn. 4; aA BVerwG, Beschl. v. 30. 04. 1991 – 7 C 35/90, NVwZ 1991, 994, 996; *Mann*, in: Landmann/Rohmer, Umweltrecht, BImSchG, § 8a Rn. 18.

[575] Begründung RegE VerkBeschlG, BT-Drs. 19/4459, 29.

[576] Siehe oben Abschn. 2.2.4.3.

ändert. Diese Situation könnte vom Gesetzgeber auch als Anlass genommen werden, für Planfeststellungs- und Immissionsschutzrecht den Zeitpunkt einheitlich nach vorne zu verlegen.

Worin sich die beiden Komplexe aber wieder ähneln ist, dass die „Zulassung auf solche Maßnahmen zu beschränken [ist], deren Rückgängigmachung technisch möglich und wirtschaftlich vertretbar ist."[577] Denn wenn zu viel zu früh errichtet werden dürfte, würde der Entscheidungsdruck auf die Behörde, die Genehmigung zu erteilen, mit fortschreitender Genehmigungsverfahrensdauer immer größer.[578]

Der Anwendungsfall ‚Tesla' verdeutlicht die teleologische Vergleichbarkeit von § 8a BImSchG und § 44c EnWG, da bei Letzterem Baumrodungen explizit in der Gesetzesbegründung genannt wurden, um unabhängiger von Brut- und Vegetationszeiten zu werden.[579]

Ein Grund dafür, den unterschiedlichen Umfang der Arbeiten vor Genehmigungserteilung bzw. Planfeststellungsbeschluss zu rechtfertigen, könnten die möglicherweise unterschiedlichen Eigentumsverhältnisse sein. Im immissionsschutzrechtlichen Verfahren ist der Vorhabenträger regelmäßig bereits Eigentümer des zu bebauenden Grundstücks. Im Anwendungsbereich der vorläufigen Arbeiten meistens nicht, da mit dem Planfeststellungsverfahren häufig auch die enteignungsrechtliche Vorwirkung angestrebt wird. Dass die Beeinträchtigung (noch) fremder Grundstücke so gering wie möglich zu halten ist, ist selbstverständlich. Ob der Vorhabenträger die Zulassung des vorzeitigen Beginns bzw. die vorläufige Anordnung bzw. den vorzeitigen Baubeginn so exzessiv ausnutzt wie Tesla, liegt in der freien unternehmerischen Risikoentscheidung. Teslas Vorgehen dürfte der amerikanischen „Machermentalität" geschuldet sein.

2.4.1.1.2 Abgrenzung

Die vorläufige Anordnung bzw. Zulassung des vorzeitigen Beginns ist zur (vor-) vorzeitigen Besitzeinweisung abzugrenzen: erstere sind dem Zulassungsrecht zuzuordnen, letztere dem Enteignungsrecht.[580] Es handelt sich um unterschiedliche Institute auf unterschiedlichen Ebenen.[581] Im Zweifel sind beide Institute nötig: Einmal um auf Vorhabenseite „wirklich anfangen zu dürfen" und einmal um konkret den fremden Besitz in Anspruch zu nehmen.[582] Die (vor-) vorzeitige Besitzeinweisung ist ein ausschließlich privatrechtsgestaltender Verwaltungsakt, die öffentlich-rechtlichen Beziehungen werden durch das Zulassungsrecht geregelt.[583]

---

[577] OVG Berlin-Brandenburg, Beschl. v. 18. 12. 2020 – 11 S 127/20, BeckRS 2020, 35970 Rn. 22.

[578] BVerwG, Beschl. v. 30. 04. 1991 – 7 C 35/90, NVwZ 1991, 994, 996.

[579] *Leidinger,* NVwZ 2020, 1377, 1380.

[580] *Kümper,* VerwArch 2020, 404, 409 f.

[581] *Kümper,* VerwArch 2020, 404, 409.

[582] *Kümper,* VerwArch 2020, 404, 435 f.

[583] *Kümper,* VerwArch 2020, 404, 411 f.

2.4.1.1.3 Fazit

Die Normen zur Durchführung vorläufiger Arbeiten können bei optimalem Verfahrensablauf die effektivsten Privilegierungen darstellen. Sie bilden einen guten Kompromiss zwischen Beibehaltung des materiellen Prüfniveaus und einer möglichst schnellen Vorhabenrealisierung.[584] Jeder Vorhabenträger kann für sich entscheiden, ob er das Investitionsrisiko eingehen möchte, die vorläufigen Baumaßnahmen rückabzuwickeln, falls die Verwaltungsentscheidung negativ ausfallen sollte. Je politisch brisanter das Vorhaben ist, desto geringer ist die Wahrscheinlichkeit, dass der beantragte Verwaltungsakt nicht erlassen wird.

2.4.1.2 Parallelführung und Vorverlegung von Verfahrensschritten

Einen weiteren Systematisierungszusammenhang lässt sich zwischen Normen erkennen, die den Beginn von vollständigen Verwaltungsverfahren zeitlich nach vorne verlegen. Zum einen die (vor-)vorzeitige Besitzeinweisung (Abschn. 2.4.1.2.1), die eine Straffung des Gesamtverfahrens durch eine möglichst frühzeitige und möglichst parallele Durchführung von Zulassungs- und Enteignungsverfahren bezweckt.[585] Zum anderen die im Gesetz direkt angeordnete parallele Verfahrensführung (Abschn. 2.4.1.2.2).

2.4.1.2.1 Vorverlegung des Besitzwechsels für frühere Vorhabenrealisierung: die (vor-) vorzeitige Besitzeinweisung

Mit der Besitzeinweisung erlangt der Antragssteller die privatrechtliche Befugnis auf dem Grundstück das im Antrag auf Besitzeinweisung bezeichnete Bauvorhaben durchführen und die dafür erforderlichen Maßnahmen treffen.[586] Damit wird verbotene Eigenmacht i. S. d. § 858 BGB ausgeschlossen.[587]

aa) Die vorzeitige Besitzeinweisung des Baurechts gem. § 116 BauGB ist ähnlich ausgestaltet, wie die „vor-vorzeitige" Besitzeinweisung nach § 44b Abs. 1a EnWG / § 27 NABEG. Beides Mal ist diese schon nach Abschluss der mündlichen Verhandlung bzw. des Anhörungsverfahrens zulässig. Bei beiden wird die vorzeitige bewirkte Besitzänderung endgültig erst mit dem Enteignungsbeschluss bzw. Planfeststellungsbeschluss wirksam.[588] Auch ist vergleichbar, dass in beiden Rechtsgebieten die aufschiebende

---

[584] *Mann,* in: Landmann/Rohmer, Umweltrecht, BImSchG, § 8a Rn. 2.

[585] Gesetzentwurf der Bundesregierung eines Gesetzes über Maßnahmen zur Beschleunigung des Netzausbaus Elektrizitätsnetze vom 06. 06. 2011, BT-Drs. 17/6073, 30 f., 35.

[586] *Wichert,* in: Theobald/Kühling, Energierecht, NABEG, § 27 Rn. 5.

[587] *Wichert,* in: Theobald/Kühling, Energierecht, NABEG, § 27 Rn. 3.

[588] *Battis,* in: Battis/Krautzberger/Löhr, BauGB, § 116 Rn. 7; *Pielow,* in: Säcker, Berliner Kommentar zum Energierecht, EnWG, § 44b Rn. 16; *Rude/Wichert,* in: de Witt/Scheuten, NABEG, § 27 Rn. 63; *Thon,* Beschleunigung energierechtlicher Leitungsvorhaben durch Parallelführung von Planfeststellungs- und Enteignungsverfahren, S. 110 Fn. 394.

Wirkung entfällt.[589] Des Weiteren kann die (vor-) vorzeitige Besitzeinweisung von der Leistung einer Sicherheit in Höhe der voraussichtlichen Entschädigung und von der vorherigen Erfüllung anderer Bedingungen abhängig gemacht werden.

bb) Im Baurecht ist der Behörde Ermessen bei ihrer Entscheidung eingeräumt, im Energieinfrastrukturrecht hat der Vorhabenträger einen Anspruch darauf. Ferner muss gem. § 116 BauGB die vorzeitige Besitzeinweisung aus Gründen des Wohls der Allgemeinheit dringend geboten sein, und setzt damit höhere Anforderungen. Auch ist in § 116 BauGB keine Frist von zwei Wochen nach der mündlichen Verhandlung, in denen der Besitzeinweisungsbeschluss zugestellt werden soll, enthalten.

2.4.1.2.2 Parallelführung von Verfahrensschritten

aa) Die Parallelführung zweier Verfahrensabschnitte aus Beschleunigungsgründen ist im Energieinfrastrukturrecht von der vorzeitigen Enteignung (§ 45b EnWG / § 27 Abs. 2 NABEG) und im Baurecht von der gleichzeitigen Bearbeitung von Bebauungsplan und Baugenehmigung (§ 33 BauGB) bekannt. Bei der Modernisierung des ROG hatte der Gesetzgeber sich (wie oben dargestellt[590]) bewusst dagegen entschieden, dieses Prozedere zu übernehmen und es bei einer „zeitnahen" aufeinanderfolgenden Ausführung von Raumordnungs-/ Bundesfachplanungsverfahren und Planfeststellungsverfahren belassen. Nicht ausdrücklich gesetzlich geregelt, aber im Behördenalltag gängige Praxis, ist die parallele Bearbeitung von (vorhabenbezogenem) Bebauungsplanverfahren und immissionsschutzrechtlicher Genehmigung, evtl. sogar verbunden mit der Zulassung des vorzeitigen Beginns.[591] Schließlich konzentriert die immissionsschutzrechtliche Genehmigung gem. § 13 BImSchG die Baugenehmigung, sodass gedanklich § 33 BauGB herangezogen werden kann. Der Zeitpunkt, ab den die nachfolgende immissionsschutzrechtliche Genehmigung damit erteilt werden kann, ist die Planreife. Um Zeit und Ressourcen zu sparen, kann gegenseitig auf die Verfahren Bezug genommen werden und gleiche Sachverhalte müssen nicht doppelt geprüft werden. Ein Beispiel ist § 50 Abs. 3 UVPG: „Wird die Umweltverträglichkeitsprüfung in einem Aufstellungsverfahren für einen Bebauungsplan und in einem nachfolgenden Zulassungsverfahren durchgeführt, soll die Umweltverträglichkeitsprüfung im nachfolgenden Zulassungsverfahren auf zusätzliche oder andere erhebliche Umweltauswirkungen des Vorhabens beschränkt werden." Bei der parallelen Verfahrensführung ist die transparente Verfahrenskommunikation von noch größerer Bedeutung, damit der Bürger versteht, was genau in welchem Verfahren geprüft wird und welche Einwendungen er wann geltend machen kann. Das ist angesichts der Arbeitsbelastung der Genehmigungsbehörde wichtig, da sie

---

[589] § 224 Nr. 3 BauGB und § 18 f. Abs. 6a S. 1 FStrG; § 21 Abs. 7 S. 1 AEG; § 29a Abs. 7 S. 1 PBefG; § 20 Abs. 7 S. 1 WaStrG; § 44b Abs. 7 S. 1 EnWG.

[590] Siehe Abschn. 2.2.2.4.

[591] *Kohls,* in: Theobald/Kühling, Energierecht, 130. Planung und Zulassung von Energieanlagen, Rn. 243.

sich dann nicht mit „falschen" Einwendungen aufhalten muss, sondern die Genehmigung so schnell wie möglich erteilen kann.

bb) Zum Vergleich der vorzeitigen Enteignung zwischen § 108 BauGB und § 45b EnWG / § 27 Abs. 2 NABEG bleibt festzuhalten, dass im BauGB ein Verfahren nur eingeleitet, aber nicht abgeschlossen werden kann, bevor der Bebauungsplan rechtskräftig wird und nur die Gemeinde in Genuss dieser Privilegierung kommen kann, nicht jedermann.[592]

Bei der parallelen Verfahrensführung von Baugenehmigungsverfahren und Bebauungsplanaufstellung einerseits und vorzeitiger Enteignung/Besitzeinweisung im Infrastrukturrecht andererseits ist zu konstatieren, dass das erstgenannte Verfahren zu einer endgültigen Entscheidung kommen kann, die vorzeitige Enteignung bzw. Besitzeinweisung jeweils nur unter einer aufschiebenden Bedingung erfolgt.[593] Gemeinsam haben sie, dass beides Mal eine Prognoseentscheidung getroffen wird.[594]

Dieser Vergleich lässt die Schlussfolgerung zu, dass bei der oben angesprochenen Parallelführung von Raumordnungs- bzw. Bundesfachplanungsverfahren und Planfeststellungsverfahren, die strukturell den Regelungen des BauGB viel ähnlicher ist, als der vorzeitigen Enteignung/Besitzeinweisung, eine parallele Durchführung möglich gewesen wäre und der Gesetzgeber bei der letzten Reform zu kurz gegriffen hat. Ein formell besseres Gesetz wäre es, wenn möglichst in jedem Gesetz klar geregelt ist, wann Verfahren parallel geführt werden können und wie genau gegenseitig aufeinander Bezug genommen werden kann, um Doppelprüfungen zu vermeiden.

2.4.1.3 Umgang mit der Öffentlichkeit

Den dritten Systematisierungskomplex bilden die Normen, die die Beteiligung der Öffentlichkeit in den verschiedenen Verfahren regeln. In mehreren Gesetzen finden sich Regelungen zum Entfall des Erörterungstermins (Abschn. 2.4.1.3.1) und zur Konstellation, wie im Fall von Änderungen während des laufenden Verfahrens mit einer eventuell nötigen erneuten Öffentlichkeitsbeteiligung zu verfahren ist (Abschn. 2.4.1.3.2).

2.4.1.3.1 Entfall des Erörterungstermins

aa) Abweichungen vom Standardverfahren hinsichtlich des Erörterungstermins enthalten wie oben dargestellt das Verkehrsinfrastrukturrecht (nicht aber das Energieinfrastrukturrecht)[595] und das PlanSiG, sowie das vereinfachte Verfahren des BImSchG. Sollten

---

[592]Vgl. ausführlich *Thon,* Beschleunigung energierechtlicher Leitungsvorhaben durch Parallelführung von Planfeststellungs- und Enteignungsverfahren, S. 171–173 m. w. N.

[593]*Kment,* NVwZ 2012, 1134, 1138; *ders.,* in: Kment, EnWG, § 45b Rn. 1.

[594]Dazu ausführlich *Thon,* Beschleunigung energierechtlicher Leitungsvorhaben durch Parallelführung von Planfeststellungs- und Enteignungsverfahren, S. 169 f m. w. N.

[595]Siehe Abschn. 2.2.1.2.1.

sich die jetzigen Regelungen des PlanSiG in der Praxis bewähren, ist damit zu rechnen, dass das Gesetz entweder entfristet wird, oder die Regelungen in die jeweiligen Fachgesetze übernommen werden. In beiden Fällen hat der Erörterungstermin hauptsächlich ergänzende Funktion und ist europarechtlich nicht vorgeschrieben.[596] Auch beim LNGG wurde zu diesem Mittel gegriffen.

bb) Auf der anderen Seite existieren auffallende Unterschiede. Der Erörterungstermin des BImSchG ist gem. § 18 Abs. 1 S. 1 der 9. BImSchV öffentlich, im Planfeststellungsverfahren des Infrastrukturrechts grds. nicht öffentlich gem. § 73 Abs. 6 i. V. m. § 68 Abs. 1 S. 1 LVwVfG, der Öffentlichkeit kann nach § 68 Abs. 1 S. 3 LVwVfG die Anwesenheit gestattet werden, wenn kein Beteiligter widerspricht,[597] da die Spezialgesetze keine anderweitigen Regelungen dahingehend enthalten.[598] Auch werden gem. § 10 Abs. 5 BImSchG, § 11 der 9. BImSchV im immissionsschutzrechtlichen Erörterungstermin nur die rechtzeitig erhobenen Einwendungen erörtert, nicht die Einwendungen der anderen zu beteiligenden Behörden. Insgesamt lässt sich die Öffentlichkeitsbeteiligung des immissionsschutzrechtlichen Verfahrens als Popularbeteiligung beschreiben und die des Planfeststellungsverfahrens als Interessenbeteiligung.[599] Im BImSchG entfällt gem. § 19 Abs. 2 der Erörterungstermin kraft Gesetz, ohne Ermessen. Dagegen ist den Behörden im Planfeststellungsverfahren durch die Vereinfachungsnormen Ermessen eingeräumt. Im Unterschied dazu haben die Immissionsschutzbehörden gem. § 10 Abs. 6 BImSchG sowie § 16 Abs. 1 S. 1 Nr. 4 der 9. BImSchV auch im normalen förmlichen Verfahren Ermessen hinsichtlich der Durchführung eines Erörterungstermins.[600] Dieses Ermessen wird regelmäßig nicht ausgeübt, sondern der Erörterungstermin durchgeführt.

Der oben angesprochene Konflikt des Entfalls des Erörterungstermins trotz dessen Durchführungspflicht nach dem UVPG stellt sich beim vereinfachten Verfahren im BImSchG nicht, da die 4. BImSchV und die Anlage 1 des UVPG, die die UVP-Pflichtigkeit regelt, so gut aufeinander abgestimmt sind, dass es so gut wie kein Verfahren gibt, dass nach dem BImSchG vereinfacht genehmigt werden kann und trotzdem UVP-pflichtig (x in Sp. 1) ist.

---

[596] *Gaentzsch,* Der Erörterungstermin im Planfeststellungsverfahren, in: Dolde et al. (Hrsg.), Verfassung-Umwelt-Wirtschaft, FS-Sellner, S. 220.

[597] BVerwG, Urt. v. 16. 06. 2016 – 9 A 4/15, NVwZ 2016, 1641 Ls. 1.

[598] *Guckelberger,* DÖV 2006, 97, 98.

[599] *Guckelberger,* DÖV 2006, 97, 98; *Lühr,* Die Öffentlichkeitsbeteiligung als Instrument zur Steigerung der Akzeptanz von Großvorhaben, S. 20 f.; vgl. auch *Schmitt Glaeser,* Die Position der Bürger als Beteiligte im Entscheidungsverfahren gestaltender Verwaltung, in: Lerche/Schmitt Glaeser/Schmidt-Aßmann (Hrsg.), Verfahren als staats- und verwaltungsrechtliche Kategorie, S. 47.

[600] *Hagmann,* in: Hoppe/Beckmann/Kment, UVPG, § 18 Rn. 27; *Dippel,* NVwZ 2010, 145, 152.

2.4.1.3.2 Umgang mit der Öffentlichkeit bei Änderungen während des laufenden Verfahrens: erneute Beteiligung ja oder nein?

Wie mit der Öffentlichkeit bei Änderungen während des laufenden Verfahrens umgegangen wird, wird in den verschiedenen Rechtsgebieten noch unterschiedlich gehandhabt. Es gibt zwar Tendenzen in die gleiche Richtung, aber in den Details nicht immer sinnvolle Unterschiede. Den für das Planfeststellungsverfahren oben dargestellten „neuen" Privilegierungen des § 22 Abs. 8 NABEG zur eingeschränkten erneuten Öffentlichkeitsbeteiligung sind, dem Telos nach, ähnliche Regelungen im Bundesimmissionsschutzrecht, ROG und BauGB schon seit Langem bekannt.

Gem. § 8 Abs. 2 der 9. BImSchV kann in diesem Fall unter gewissen Umständen sogar von der erneuten Öffentlichkeitsbeteiligung komplett abgesehen werden. Für den Fall wie in § 22 NABEG, dass es sich um ein UVP-pflichtiges Vorhaben handelt, darf von einer zusätzlichen Bekanntmachung und Auslegung nur abgesehen werden, wenn keine zusätzlichen erheblichen oder anderen erheblichen Auswirkungen auf in § 1a der 9. BImSchV genannte Schutzgüter zu besorgen sind. Ist eine zusätzliche Bekanntmachung und Auslegung erforderlich, werden die Einwendungsmöglichkeit und die Erörterung auf die vorgesehenen Änderungen beschränkt; hierauf ist in der Bekanntmachung hinzuweisen. Vereinfachte Regelungen zum Ort der Bekanntmachung sind im BImSchG nicht nötig, da es sich um räumlich begrenzte Vorhaben und keine „Streckenvorhaben" wie Stromleitungen handelt.

Gem. § 9 Abs. 3 ROG ist nur der geänderte Teil erneut auszulegen; in Bezug auf die Änderung ist erneut Gelegenheit zur Stellungnahme zu geben. Die Dauer der Auslegung und die Frist zur Stellungnahme können angemessen verkürzt werden. Die Beteiligung kann auf die von der Änderung berührte Öffentlichkeit sowie auf die in ihren Belangen berührten öffentlichen Stellen beschränkt werden, wenn durch die Änderung des Planentwurfs die Grundzüge der Planung nicht berührt werden.

Im BauGB existiert eine vergleichbare Regelung in § 4a Abs. 3 BauGB.

Es wäre wünschenswert, wenn die erneute Beteiligung in allen Rechtsgebieten einheitlich wäre. Zuallererst ist eine solche Regelung aber auf das Verkehrsinfrastrukturrecht zu übertragen. Die Reduktion des Aufwands der Öffentlichkeitsbeteiligung ohne gleichzeitige Entwertung wird als mögliches Beschleunigungsinstrument hervorgehoben.[601]

2.4.1.3.3 Fazit

Einheitliche Normen zum Umgang mit der Öffentlichkeit sind von großer Bedeutung und sollten hinsichtlich eines formell guten Gesetzes eigentlich selbstverständlich sein. Insbesondere, da die Öffentlichkeit diese direkt zu spüren bekommt. Hier wurde in den letzten Jahren viel reformiert, sodass wohl der Gesamtüberblick auf der Strecke

---

[601] *Schmidt et al.*, Gesetzgeberische Handlungsmöglichkeiten zur Beschleunigung des Ausbaus der Windenergie an Land, S. 7.

geblieben ist. Bei den nächsten Reformen wäre eine rechtsgebiets- und verfahrensübergreifende Angleichung aller hier behandelten Gesetze wünschenswert. Unabhängig davon, ob die Öffentlichkeitsbeteiligung eingeschränkt, oder im Zuge einer verstärkten Öffentlichkeitsbeteiligung aufgrund des Phänomens der mittelbaren Privilegierung ausgebaut wird, handelt es sich jedes Mal um verfahrensrechtlich strukturierte Kommunikationsprozesse der Interessenfindung, die für eine einheitliche Anwendung der im Gesetz offengelassenen materiellen Tatbestände sorgen soll.[602]

2.4.1.4 Reduzierung der Komplexität: Vereinfachtes Verfahren / Anzeigeverfahren / Plangenehmigung

Zum Themenkomplex der vereinfachten Verfahren / Anzeigeverfahren / Plangenehmigung, die die Komplexität der Verfahren reduzieren sollen, bleibt festzuhalten, dass in jedem Rechtsgebiet bereits in irgendeiner Form ein vereinfachtes Verfahren existiert. Sie betreffen jeweils Verfahren, von denen eine geringe Gefahr für die Schutzgüter ausgeht. Charakteristisch für die vereinfachten Verfahren ist, dass bei ihnen einzelne Verfahrensschritte wie Öffentlichkeitsbeteiligung, oder besondere Prüfpflichten wegfallen. Anzeige- statt Genehmigungsvorbehalte gehören zu den klassischen Maßnahmen von Verwaltungsrechtsreformen.[603] Solche Erleichterungen kommen vor allem dann in Betracht, wenn anderweitig sichergestellt ist, dass der Vorhabenträger das materielle Recht beachtet: Beispielsweise weil das konkrete Vorhaben in einem größeren Gesamtzusammenhang steht, der sowieso behördlich geprüft wird, oder weil besonders qualifizierte Personen beteiligt werden müssen.[604] Mit den Beschleunigungsgesetzgebungen der letzten Jahre wurde dieser Vereinfachungsweg, der immer mit einer Verringerung der Öffentlichkeitsbeteiligung einhergeht, wie beabsichtigt, deutlich ausgeweitet.[605]

Unwesentliche Änderungen werden im Energieinfrastrukturrecht und BImSchG über ein Anzeigeverfahren gestattet. Allerdings muss sich im Energieinfrastrukturrecht die Behörde tatsächlich äußern; eine fiktive Genehmigungsfreiheit wie im Immissionsschutzrecht existiert nicht.[606] Auch die Entscheidung über die Anwendung der Plangenehmigungsvorschriften erfordern eine aktive Äußerung der Behörde.[607]

---

[602] *Schulze-Fielitz,* Einheitsbildung durch Gesetz oder Pluralisierung durch Vollzug, in: Trute et al. (Hrsg.), Allgemeines Verwaltungsrecht – zur Tragfähigkeit eines Konzepts, S. 151 f; zur Problematik der Prozeduralisierung siehe auch unten Abschn. 4.2.4

[603] *Schröder,* Genehmigungsverwaltungsrecht, S. 553.

[604] Vgl. *Schröder,* Genehmigungsverwaltungsrecht, S. 559.

[605] *Schmidt/Kelly,* VerwArch 2021, 235, 236 f.

[606] *Scheuten,* in: De Witt/Scheuten, NABEG 2013, § 25 Rn. 8, 36; *Naujocks,* in: Säcker, Berliner Kommentar zum Energierecht, NABEG, § 25 Rn. 51; *Pielow,* in: Säcker, Berliner Kommentar zum Energierecht, EnWG, § 43f Rn. 15.

[607] Vgl. dazu, insbesondere auch zur Rechtsnatur dieser Entscheidung, *Ringel,* Die Plangenehmigung im Fachplanungsrecht, S. 225, 230.

Manche Autoren zählen sogar das Maßnahmengesetzvorbereitungsgesetz (MgvG) zur Verfahrensvereinfachung, weil die Durchführung des Planfeststellungsverfahrens entfallen würde.[608] Diese Auffassung teilt die Verfasserin nicht.[609]

Komplexitätsreduzierungen sind aus Sicht einer formell guten Gesetzgebung zu begrüßen. Sie steigern die Effizienz des Verwaltungshandelns bei gleichbleibender Effektivität.

2.4.1.5 Gesetzgeberische Letztentscheidungen im Verwaltungsverfahren

Des Weiteren hat sich eine neue Kategorie der Beschleunigungselemente entwickelt: die gesetzgeberische Letztentscheidung von (mindestens) wichtigen Zwischenschritten für Einzelvorhaben.[610] Darunter fallen das Absehen von der Bundesfachplanung in vorgegebenen Fällen (§ 5a Abs. 4 NABEG)[611], konkrete Auflistung von vom Gesetzgeber definierten verfahrensfreien Vorhaben (§ 18 Abs. 1a und 3 AEG und § 28 Abs. 1a und 5 PBefG)[612], das MgvG[613] und die gesetzgeberische Entscheidung über das Entfallen der UVP-Pflichtigkeit in bestimmten Fällen (§ 43f Abs. 2 EnWG / § 25 Abs. 2 NABEG).[614]

Ähnlich ist auch, dass die energiewirtschaftliche Notwendigkeit und der vordringliche Bedarf gem. § 12e EnWG bzw. genereller Ausbaubedarf nach dem Bundesbedarfsplangesetz durch den Bundesgesetzgeber festgestellt werden.[615]

Das Institut der gesetzgeberischen Letztentscheidung könnte weiter ausgeweitet und mit dem gedanklichen Ansatz einer Typenprüfung verknüpft werden, indem noch mehr umweltfachliche oder technische Fragen standardisiert werden. Schließlich geht es doch häufig um ähnlich gelagerte Strukturen, die juristisch nicht selbst beantwortet werden können, weswegen es spätestens im Gerichtsverfahren Sachverständigengutachten bedarf. Weitestgehend standardisierte Verfahrensabläufe bieten die Chance für eine deutliche Steuerung der Effizienz der Verfahren.[616] Diese könnten noch besser werden, wenn im Zuge der digitalisierten Aktenführung neue standardisierte Prozessabläufe eingeführt werden, statt alte Abläufe digital abzubilden und dafür alte Gewohnheiten überdacht werden.

---

[608] *Schmidt/Kelly,* VerwArch 2021, 97, 120 f.

[609] Siehe dazu die Ausführungen unter Abschn. (2.2.1.8.4).

[610] *Franke/Karrenstein,* EnWZ 2019, 195, 196.

[611] Siehe Abschn. 2.2.2.1.3.

[612] Siehe Abschn. 2.2.1.1.1.

[613] Siehe Abschn. 2.2.1.8.1.

[614] Siehe Abschn. 2.2.1.1.2.

[615] *Franke,* in Steinbach/Franke, Kommentar zum Netzausbau, BBPlG, § 1 Rn. 1.

[616] *Schröer/Kümmel,* NVwZ 2020, 1401, 1404; siehe zum Thema der Privilegierung durch Digitalisierung Abschn. 2.2.5.

Dieser Weg bietet den Vorteil, dass der Prüfungsaufwand der Behörden reduziert wird, solange die Gesetze spezifisch genug formuliert sind. „Insofern scheint der gewählte Beschleunigungsansatz paradox: Einerseits erhöht der Gesetzgeber den Umfang planerischer Letztentscheidungen, andererseits weitet er die Entscheidungsmacht der Exekutive aus, ohne den Behörden dabei hinreichend bestimmte – rechtssichere – Vorgaben an die Hand zu geben."[617] Hier kommt es wieder darauf an, dass eine gute Idee gesetzgebungstechnisch formell gut umgesetzt wird, damit es sich um eine echte Privilegierung handelt.

2.4.1.6 Risikoverlagerung auf Private

Hinsichtlich der Risikoverlagerung auf Vorhabenträger bzw. Bauherrn finden sich Parallelen. Sowohl bei Verfahrensfreiheit in Fällen von unwesentlicher Bedeutung im Planfeststellungsverfahren als auch im vereinfachten Baugenehmigungsverfahren oder der fiktiven Baugenehmigung in manchen Bundesländern soll die Behörde entlastet werden.[618] Die Subsumption, ob ein Fall von unwesentlicher Bedeutung vorliegt, wird grds. auf den Vorhabenträger verschoben, weswegen er ein höheres Risiko trägt. Im Planfeststellungsverfahren wird noch vertreten, dass diese Risikoverlagerung dem Vorhabenträger unzumutbar sei, sodass eine zusätzliche Feststellung der Verfahrensfreiheit nicht unschädlich sei, obwohl die Wirkung der Verfahrensfreiheit von Gesetzeswegen eintritt.[619] Für das Baurecht finden sich kritische Stimmen; von Unzumutbarkeit ist nicht die Rede. Dies lässt sich gut damit begründen, dass es sich hinsichtlich Größe und Bedeutung um ganz unterschiedliche Vorhaben handelt. Außerdem plant der Bauherr in seltensten Fällen alleine, sondern hat ein Planungsbüro als Entwurfsverfasser eingeschaltet, der gem. § 11 Abs. 3 LBOVVO[620] bestätigt, dass die von der Behörde nicht zu prüfenden Normen eingehalten werden.[621] Durch diese Reduzierung der inhaltlichen Kontrolle auf Behördenseite kommt es zu einer teilweisen Privatisierung von Verfahrensschritten.[622] Wenn im Gegenzug Verbandsklagerechte ausgeweitet werden, um die Verwaltungstätigkeit zu kontrollieren, kann von einer Privatisierung des Gemeinwohls gesprochen werden.[623] Gleichzeitig wird mit allen Anmelde- oder

---

[617] *Schmidt/Kelly*, VerwArch 2021, 235, 250 f.

[618] Vgl. *Häfner*, Verantwortungsteilung im Genehmigungsrecht, S. 34, 123; *Hoffmann-Riem*, AöR 115 (1990), 400, 424.

[619] Siehe oben Abschn. 2.2.1.5.

[620] Verordnung der Landesregierung, des Wirtschaftsministeriums und des Umweltministeriums über das baurechtliche Verfahren vom 13. 11. 1995 (GBl. S. 794), zuletzt geändert durch Verordnung v. 12. 01. 2021 (GBl. S. 41).

[621] *Krämer*, in: Spannowsky/Uechtritz, BeckOK LBO, § 52 Rn. 34.

[622] *Schröder*, Genehmigungsverwaltungsrecht, S. 556 f; *Schmitz*, in: Stelkens/Bonk/Sachs, VwVfG, § 1 Rn. 121.

[623] *Calliess*, NJW 2003, 97, 102; *Schmitz*, in: Stelkens/Bonk/Sachs, VwVfG, § 1 Rn. 121.

Genehmigungspflichten eine Informationspflicht von Privaten an die Behörde verbunden, die es der Behörde abnimmt, selbst potenziell gefährliche und deswegen regelungs-bedürftige Sachverhalte aufzuspüren.[624] Im Wege der Produralisierung werden die verschiedenen Formen der Zusammenarbeit zwischen öffentlicher Hand und Privaten verfahrensrechtlich strukturiert.[625]

Die Zulassung des vorzeitigen Beginns in § 8a BImSchG bedient sich eines ähnlichen Mechanismus, auch hier baut der Vorhabenträger auf eigenes Risiko.[626]

Bei § 15 Abs. 2 S. 2 Alt. 2 BImSchG handelt es sich im Unterschied dazu um eine Freistellungsfiktion im Anzeigeverfahren. Der Träger des Vorhabens darf die Änderung vornehmen, sobald die zuständige Behörde ihm mitteilt, dass die Änderung keines förm-lichen Änderungsgenehmigungsverfahrens bedarf, oder sich innerhalb der Frist nicht geäußert hat.[627] Es muss in jeden Fall ein Austausch mit der Behörde stattgefunden haben. Die Fiktion, dass kein förmliches Verfahren durchgeführt werden muss, sondern die erstattete Anzeige ausreicht, tritt nicht von Gesetzeswegen, sondern durch behörd-liche Aussage bzw. durch Zeitablauf ein. Damit ist die Risikoverlagerung in diesem Fall geringer, was angesichts des Gefahrenpotenzials von genehmigungspflichtigen Anlagen i. S. d. 4. BImSchV angemessen erscheint.

Neben dem Baurecht sind fiktive Genehmigungen in den hier behandelten Gesetzen noch in § 15 Abs. 1 S. 5 PBefG (Betriebsgenehmigung) und § 23a Abs. 4 S. 1 HS 2 EnWG (Genehmigung der Entgelte für den Netzzugang) enthalten. Diese betreffen allerdings nicht das Planungsrecht und werden dementsprechend nicht weiter behandelt. Für das Raumordnungs- und Planfeststellungsverfahren wurde kurzzeitig andiskutiert, die raumordnerische Unerheblichkeit, bzw. die positive Entscheidung über den Planfest-stellungsbeschluss zu fingieren, diese wurden jedoch der möglicherweise entstehenden Abwägungsfehler und verletzter Rechte Dritter rasch verworfen.[628]

Der Grundtypus der fiktiven Genehmigung ist seit der Umsetzung der Dienst-leistungsrichtlinie[629] in deutsches Recht in § 42a (L)VwVfG geregelt.[630] Sie wird als

---

[624] *Schulze-Fielitz,* Einheitsbildung durch Gesetz oder Pluralisierung durch Vollzug, in: Trute et al. (Hrsg.), Allgemeines Verwaltungsrecht – zur Tragfähigkeit eines Konzepts, S. 150.

[625] *Schulze-Fielitz,* Einheitsbildung durch Gesetz oder Pluralisierung durch Vollzug, in: Trute et al. (Hrsg.), Allgemeines Verwaltungsrecht – zur Tragfähigkeit eines Konzepts, S. 156.

[626] *Häfner,* Verantwortungsteilung im Genehmigungsrecht, S. 121.

[627] Siehe Abschn. 2.2.4.2.

[628] *Schneller,* DVBl 2007, 529, 531.

[629] Richtlinie 2006/123/EG des Europäischen Parlaments und des Rates vom 12. 12. 2006 über Dienstleistungen im Binnenmarkt, ABl. L 376/36.

[630] Viertes Gesetz zur Änderung verwaltungsverfahrensrechtlicher Vorschriften vom 11. 12. 2008 (BGBl. I, 2418); vgl. dazu auch die Erläuterung von *Löher,* Das Verwaltungsverfahren im Spannungsfeld zwischen Gewährleistungsauftrag und Beschleunigungsbestreben, S. 33–41; *Schröder,* Genehmigungsverwaltungsrecht, S. 76–79.

Instrument der Verwaltungsvereinfachung und -modernisierung gelobt, kann aber auch als Eingeständnis der Überlastung gewertet werden.[631] Durch Genehmigungsfiktion ist nur formelle Legalität zu erreichen.[632] Aufgrund dessen und der oben beschriebenen Risikoverlagerung sollte die Genehmigungsfiktion stets nur „zweite Wahl" des behördlichen Instrumentariums sein.[633]

Für die übrigen Rechtsgebiete bleibt es bei der konstitutiven behördlichen Entscheidung.[634]

Die Risikoverlagerung bildet einen guten Kompromiss zwischen Beibehaltung des materiellen Prüfungsmaßstabs, der nur auf Verdacht hin kontrolliert wird und einer möglichst schnellen Vorhabenrealisierung. Sie ist sowieso nur dann angeordnet, wenn nur eine geringe Gefahr für die Schutzgüter besteht. Insofern dient es der Gemeinwohlsicherung, weder Behörde noch Vorhabenträger bzw. Bauherrn mit einem unnötigen Verfahren zu belasten.

2.4.1.7 Ordnungswidrigkeitentatbestand

Die letzte hier vorzustellende Systematisierungskategorie bildet der Ordnungswidrigkeitentatbestand. Bis auf das NABEG existierte wie oben erläutert[635] in den untersuchten Gesetzen kein Ordnungswidrigkeitentatbestand bei falscher bzw. zu langsamer Antragstellung. Die Intention der Einführung dieser Norm ist, den Vorhabenträger zu konstruktiver Mitwirkung anzuhalten. Der größte Verzögerungsfaktor ist nicht die Öffentlichkeitsbeteiligung, sondern unzureichende Antragsunterlagen, die wiederholte Nachforderungen nötig machen.[636] Die lange Dauer der Vervollständigung der Antragsunterlagen hängt möglicherweise mit dem oben beschriebenen Phänomen des deutschen „Perfektionismus" zusammen. Wenn sich der Sachbearbeiter aus fachlicher Unkenntnis oder fehlender Entscheidungsfreude nicht zu einer Aussage über die Erfüllung der Tatbestandsvoraussetzungen in der Lage sieht, wird ggf. ein zusätzliches Gutachten angefordert. Die Pflicht zur Errichtung, Betrieb und Stilllegung nur auf Grundlage der besten verfügbaren Techniken trifft alle nach der 4. BImSchV

---

[631] *Sommermann,* Das Verwaltungsverfahrensgesetz im europäischen Kontext: eine rechtsvergleichende Bilanz, in: Hill et al. (Hrsg.), 35 Jahre Verwaltungsverfahrensgesetz – Bilanz und Perspektiven, S. 207 f.

[632] *Caspar,* AöR 125 (2000), 131, 138; *Hullmann/Zorn,* NVwZ 2009, 756, 759; *Ziekow,* LKRZ 2008, 1, 5.

[633] *Guckelberger,* DÖV 2010, 109, 117; *Hullmann/Zorn,* NVwZ 2009, 756, 757; *Schröder,* Genehmigungsverwaltungsrecht, S. 561.

[634] Vgl. *Schröder,* Genehmigungsverwaltungsrecht, S. 93 ff.

[635] Siehe Abschn. 2.3.2.1.

[636] *Antweiler,* NVwZ 2019, 29, 30; *Sachverständigenrat für Umweltfragen,* Umweltgutachten 2002, BT-Drs. 14/8792, 25. Dass die Bearbeitungsfristen gem. § 10 Abs. 6a BImSchG erst ab Vollständigkeit der Unterlagen zu laufen beginnen, sorgt bei den Vorhabenträgern regelmäßig für Verwunderung.

genehmigungspflichtigen Anlagen. Im Übrigen sind europarechtlich bedingt, aber nicht optimal ins deutsche Recht umgesetzt, ein „Regelungswust [an] Folgenprüfungen"[637] vorzunehmen. Die Einholung zahlreicher Gutachten benötigt eine gewisse Zeit, die nicht der Behörde anzulasten ist.[638]

Eine Übertragung der Norm auf weitere Rechtsgebiete wäre wünschenswert, obwohl der Behörde nach dem Opportunitätsgrundsatz immer noch ein gewisser Spielraum verbleibt, wann sie eine Ordnungswidrigkeit ahndet und wann nicht. In vielen Fällen ist das Verhältnis von Behörde und Vorhabenträger, gerade bei größeren Unternehmen, von einem langjährigen Miteinander geprägt, in dem Interesse an einem konstruktiven Arbeitsverhältnis besteht. Dementsprechend ist davon auszugehen, dass die Möglichkeit des Bußgeldes nur in äußersten Notfällen angewendet werden würde. Wenn es aber ein Projektvorhaben ist, an dem der Staat aus Gemeinwohlgründen ein gewisses Interesse hat, dann kommt diese Maßnahme schon eher in Betracht.

2.4.1.8 Zwischenfazit

Zusammenfassend lässt sich festhalten, dass echte inhaltliche Gemeinsamkeiten gering sind. Es fehlen klare gesetzesübergreifende Strukturen. Ein Grund dafür kann möglicherweise darin liegen, dass bei der Schaffung des Verwaltungsverfahrensgesetzes vor 45 Jahren die klassische öffentlich-rechtliche Genehmigung trotz Kritik im Schrifttum, keine Berücksichtigung fand und deswegen weitere Bestrebungen nach einer einheitlichen Rechtssetzung im Sande verliefen.[639] Trotz unterschiedlicher Methoden haben Planfeststellungsverfahren und Genehmigungsverfahren beide grds. das Ziel, die Zulassung eines Vorhabens unter Beachtung des rechtlichen Rahmens zu ermöglichen.[640] Ein Planfeststellungsbeschluss ist im weitesten Sinne ebenfalls eine Genehmigung.[641] Das Scheitern des Umweltgesetzbuchs ist prägendes Beispiel für

---

[637] *Kment,* DVBl 2020, 991, 997.

[638] *Appel,* NVwZ 2012, 1362 f; *Durner,* ZUR 2011, 354, 362; *Moench/Ruttloff,* NVwZ 2011, 1040, 1045; *Wysk,* Die Verfahrensdauer als Rechtsproblem, in: Appel/Wagner-Cardenal (Hrsg.), Verwaltung zwischen Gestaltung, Transparenz und Kontrolle, S. 33.

[639] *Durner,* Reform der Eröffnungskontrollen und des förmlichen Verfahrens II: die Normierung eines allgemeinen Genehmigungsverfahrens im Verwaltungsverfahrensgesetz, in: Hill et al. (Hrsg.), 35 Jahre Verwaltungsverfahrensgesetz – Bilanz und Perspektiven, S. 237 f.

[640] *Schröder,* Genehmigungsverwaltungsrecht, S. 80.

[641] *Köck,* Pläne, in: Hoffmann-Riem/Schmidt-Aßmann/Voßkuhle (Hrsg.), GVR Bd. II: Informationsordnung, Verwaltungsverfahren, Handlungsformen, § 37 Rn. 19; *Schröder,* Genehmigungsverwaltungsrecht, S. 81.

fehlendes Kodifikationsbestreben.[642] Das Genehmigungsrecht weist ein „erhebliches Verallgemeinerungspotenzial" auf.[643]

Als ein wichtiger Unterschied ist das Verhältnis von unmittelbarer und mittelbarer Privilegierung hervorzuheben. Da letztere durch vermehrte Öffentlichkeitsbeteiligung das Verfahren verlängern kann, das durch erstere gerade beschleunigt werden soll, sind beide Elemente in ein angemessenes, ausgleichendes Verhältnis zu bringen. Wie oben herausgearbeitet, darf die Öffentlichkeitsbeteiligung nicht als Allheilmittel verstanden werden. Umgekehrt betrifft nur eine der oben dargestellten Privilegierungen den Öffentlichkeitsbezug, nämlich den möglicherweise vermehrt anzuwendenden Verzicht auf den Erörterungstermin. Wie die neuesten Gesetzentwicklungen zum Planungssicherstellungsgesetz gezeigt haben, ist der Gesetzgeber bestrebt, die Öffentlichkeitsbeteiligung soweit es geht aufrecht zu erhalten. Für das Verhältnis von unmittelbarer und mittelbarer Privilegierung heißt das, dass die Öffentlichkeit so viel wie möglich zu beteiligen ist, indem die bestehenden Regelungen konsequent angewendet werden, aber trotzdem alle anderen Elemente zur Verfahrensstraffung – soweit es die Grenzen der Privilegierung zulassen – genutzt werden sollten.

2.4.2 Grenzen der Privilegierung

Das Planungs- und Zulassungsrecht weißt zahlreiche verfassungs- und europarechtliche Bezüge auf, die den Privilegierungsideen Grenzen setzen. Soweit nicht anders gekennzeichnet sind damit Grenzen im Sinne einer „Mindestgewährleistung" gemeint. Auch in sich selbst ist das Planungs- und Zulassungsrecht recht komplex, weswegen Vereinfachungen nicht beliebig möglich sind.[644] Im Folgenden werden die europa- und völkerrechtlichen Grenzen (Abschn. 2.4.2.1) und die verfassungsrechtlichen Grenzen (Abschn. 2.4.2.2) erläutert, gefolgt von der oben angekündigten Stellungnahme der Verfasserin zum Maßnahmengesetzvorbereitungsgesetz (Abschn. 2.4.2.3).

---

[642] *Durner,* Reform der Eröffnungskontrollen und des förmlichen Verfahrens II: die Normierung eines allgemeinen Genehmigungsverfahrens im Verwaltungsverfahrensgesetz, in: Hill et al. (Hrsg.), 35 Jahre Verwaltungsverfahrensgesetz – Bilanz und Perspektiven, S. 242 ff.

[643] *Durner,* Reform der Eröffnungskontrollen und des förmlichen Verfahrens II: die Normierung eines allgemeinen Genehmigungsverfahrens im Verwaltungsverfahrensgesetz, in: Hill et al. (Hrsg.), 35 Jahre Verwaltungsverfahrensgesetz – Bilanz und Perspektiven, S. 241, mit einem umfassenden Reformvorschlag auf S. 245 ff.; zur einheitlichen, umfassenden Umweltgenehmigung in Frankreich siehe unten Abschn. 3.3; für einen neuen Versuch der Kodifikation einer integrierten Vorhabengenehmigung plädierend *Kahl/Welke,* DVBl 2010, 1414, 1420 ff.

[644] *Wulfhorst,* DÖV 2011, 581, 583.

2.4.2.1 Europa- und Völkerrecht

2.4.2.1.1 Primärrecht

Das nationale Verfahrensrecht wird nicht direkt durch europäisches Primärrecht beeinflusst.[645] Die Pflicht zur Beachtung des Europarechts besteht bei der Anwendung europäisch geprägter nationaler Normen nach dem Äquivalenzgrundsatz und dem Effektivitätsgebot.[646] Des Weiteren kann das Primärrecht Gestaltungsimpulse für das nationale Verwaltungsrecht aussenden.[647]

2.4.2.1.2 Sekundärrecht

Die strengsten Grenzen setzen das Europarecht und Völkerrecht in Gestalt der Aarhus-Konvention[648] und dem Übereinkommen über die Umweltverträglichkeitsprüfung im grenzüberschreitenden Rahmen von Espoo vom 25. 02. 1991.[649] Abstrakt gesehen, stehen diese für ein Mehr an Transparenz und für eine bestmöglich informierte Öffentlichkeit.[650]

Konkrete sekundärrechtliche Ausprägungen auf EU-Ebene sind die Umweltverträglichkeitsprüfung,[651] Öffentlichkeitsbeteiligung,[652] und genehmigungspflichtige Vorhaben nach der IE-Richtlinie[653] sowie der Zugang zu Umweltinformationen und verstärkter

---

[645] *Häfner,* Verantwortungsteilung im Genehmigungsrecht, S. 507.

[646] Effektivitätsgrundsatz: EuGH,   Urt.   v.   21. 09. 1983 – verb.   Rs. 205–215/82, ECLI:EU:C:1983:233,   Rn. 19,   22   *(Deutsche   Milch   Kontor);*   EuGH,   Urt. 09. 11. 1983 – Rs. 199/82, ECLI:EU:C:1983:318, Rn. 14 *(San Giorgo);* Äquivalenzgrundsatz: EuGH, Urt. v. 21. 09. 1983 – verb. Rs. 205–215/82, ECLI:EU:C:1983:233, Rn. 19, 22 *(Deutsche Milch Kontor);* EuGH, Urt. v. 09. 02. 1999 – C-343/96 ECLI:EU:C:1999:59, Rn. 35 *(Dilexport).*

[647] *Burgi,* JZ 2010, 105, 106.

[648] Übereinkommen über den Zugang zu Informationen, die Öffentlichkeitsbeteiligung an Entscheidungsverfahren und den Zugang zu Gerichten in Umweltangelegenheiten vom 25. 06. 1998 (Aarhus-Konvention), ABl. 2005 L 124/4; BGBl. 2006 II, S. 1251; für einen Überblick siehe *Schwerdtfeger,* Der deutsche Verwaltungsrechtsschutz unter dem Einfluss der Aarhus-Konvention, S. 21–34; *Wu,* Öffentlichkeitsbeteiligung an umweltrechtlichen Fachplanungen, S. 94–105.

[649] Übereinkommen über die Umweltverträglichkeitsprüfung im grenzüberschreitenden Rahmen, Geschehen zu Espoo (Finnland) am 25. Februar 1991, BGBl. 2002 II, S. 1407 und Gesetz zu dem Übereinkommen vom 25. 02. 1991 über die Umweltverträglichkeitsprüfung im grenzüberschreitenden Rahmen sowie zu der auf der zweiten Konferenz der Parteien in Sofia am 27. 02. 2001 beschlossenen Änderung des Übereinkommens (Espoo-Vertragsgesetz) vom 07. 06. 2002 (BGBl. II, S. 1406). Für einen Überblick siehe *Wu,* Öffentlichkeitsbeteiligung an umweltrechtlichen Fachplanungen, S. 106–112.

[650] *Schmidt/Kelly,* VerwArch 2021, 235, 242; *Schröder,* NVwZ 2006, 389, 393.

[651] *Spieth/Hantelmann/Stadermann,* IR 2017, 98, 99.

[652] *Kment,* DVBl 2020, 991, 995.

[653] *Socher,* Organisations- und verfahrensrechtliche Vorgaben im Umweltbereich: der europarechtliche Ausgangspunkt, in: Fraenkel-Haeberle/Socher/Sommermann (Hrsg.), Praxis der Richtlinienumsetzung im Europäischen Verwaltungsverband, S. 38.

Rechtsschutz in Umweltangelegenheiten.[654] Art. 11 AEUV[655] verpflichtet die Mitgliedsstaaten bei Umsetzung der europäischen Vorgaben, Erfordernisse des Umweltschutzes
für künftige Generationen zu berücksichtigen.[656] Diese finden heutzutage deutlich mehr
Beachtung als früher,[657] nachdem der deutsche Gesetzgeber Anfang der 2000er-Jahre
zunächst eine Minimalumsetzung angestrebt hatte.[658] Der Gesetzgeber hat hier seinen
engen Gestaltungsspielraum, der ihm durch das Äquivalenz- und Effektivitätsgebot
(„effet utile") gesetzt ist, schon sehr weit ausgeschöpft.[659]

Einen weiteren Mindeststandard sieht die TEN-E-VO[660] in Art. 10 mit einer
Maximaldauer der Durchführung des Genehmigungsverfahrens vor. Die Verordnung
benennt für den Aufbau transeuropäischer Energienetze wichtige Vorhaben (PCI

---

[654] *Schmidt-Aßmann,* Der Verfahrensgedanke im deutschen und europäischen Verwaltungsrecht,
in: Hoffmann-Riem/Schmidt-Aßmann/Voßkuhle (Hrsg.), GVR Bd. II: Informationsordnung, Verwaltungsverfahren, Handlungsformen, § 27 Rn. 73; *Socher,* Organisations- und verfahrensrechtliche Vorgaben im Umweltbereich: der europarechtliche Ausgangspunkt, in: Fraenkel-Haeberle/
Socher/Sommermann (Hrsg.), Praxis der Richtlinienumsetzung im Europäischen Verwaltungsverband, S. 41 f.

[655] Vertrag über die Arbeitsweise der Europäischen Union i. d. f. v. 9. 5. 8. 2008, Abl. C 115/47,
zuletzt geändert durch ÄndBeschl. 2012/419/EU v. 11. 07. 2012, Abl. L 204/131.

[656] *Epiney,* Nachhaltigkeitsprinzip und Integrationsprinzip, in: Kahl (Hrsg.), Nachhaltigkeit durch
Organisation und Verfahren, S. 106, 108; *Groß,* Die Bedeutung des Umweltstaatsprinzips für die
Nutzung Erneuerbarer Energien, in: Müller (Hrsg.), 20 Jahre Recht der Erneuerbaren Energien,
S. 113.

[657] *Wysk,* Die Verfahrensdauer als Rechtsproblem, in: Appel/Wagner-Cardenal (Hrsg.), Verwaltung
zwischen Gestaltung, Transparenz und Kontrolle, S. 34.

[658] *Schmidt-Aßmann,* Der Verfahrensgedanke im deutschen und europäischen Verwaltungsrecht,
in: Hoffmann-Riem/Schmidt-Aßmann/Voßkuhle (Hrsg.), GVR Bd. II: Informationsordnung, Verwaltungsverfahren, Handlungsformen, § 27 Rn. 83; *Socher,* Die Umsetzung organisations- und
verfahrensrechtlicher Vorgaben des europäischen Umweltrechts in Deutschland, in: Fraenkel-
Haeberle/Socher/Sommermann (Hrsg.), Praxis der Richtlinienumsetzung im Europäischen Verwaltungsverband, S. 62.

[659] *Franke/Karrenstein,* EnWZ 2019, 195, 198; *Schmidt-Aßmann,* Der Verfahrensgedanke
im deutschen und europäischen Verwaltungsrecht, in: Hoffmann-Riem/Schmidt-Aßmann/
Voßkuhle (Hrsg.), GVR Bd. II: Informationsordnung, Verwaltungsverfahren, Handlungsformen,
§ 27 Rn. 91; aA *Socher,* Die Umsetzung organisations- und verfahrensrechtlicher Vorgaben des
europäischen Umweltrechts in Deutschland, in: Fraenkel-Haeberle/Socher/Sommermann (Hrsg.),
Praxis der Richtlinienumsetzung im Europäischen Verwaltungsverband, S. 69.

[660] Verordnung (EU) Nr. 347/2013 des Europäischen Parlaments und des Rates vom 17. 04. 2013
zu Leitlinien für die transeuropäische Energieinfrastruktur und zur Aufhebung der Entscheidung
Nr. 1364/2006/EG und zur Änderung der Verordnungen (EG) Nr. 713/2009, (EG) Nr. 714/2009
und (EG) Nr. 715/2009, ABl. L 115/39; Die Verordnung wird derzeit überarbeitet, um den
„European Green Deal" zu ermöglichen und Klimaauswirkungen besser zu begegnen: COM
(2020) 824 v. 15. 12. 2020, Vorschlag für eine Verordnung des europäischen Parlaments und des
Rates zu Leitlinien für die transeuropäische Energieinfrastruktur und zur Aufhebung der Verordnung (EU) Nr. 347/2013.

– Projects of Common Interest), für die dann innerhalb des nationalen Zulassungs-
verfahrens die höchste Dringlichkeitsstufe und die angesprochenen Fristen für den
Abschluss des Genehmigungsverfahrens gelten.[661] Die Verordnung läuft der Aarhus-
Konvention entgegen und will eine umfassende Öffentlichkeitsbeteiligung zurück-
drängen.[662] Die deutschen PCIs sind bereits von EnLAG und NABEG erfasst.[663]
Deswegen sieht der deutsche Gesetzgeber keinen weiteren Handlungsbedarf.[664] Die
Fristen der Verordnung sind kürzer als die bisherigen des NABEG, tragen zu schnellst-
möglicher Behördentätigkeit bei und können sanktioniert werden.[665] Bisher ist es dazu
aber nicht nennenswert gekommen.

Auch die Dienstleistungsrichtlinie[666] hat das Ziel der Verwaltungseffektivität unter-
strichen und für einen Beschleunigungsschub gesorgt.[667]

Es bleibt zu guter Letzt zu konstatieren, dass die bisherigen Richtlinien größtenteils
zu spät und fehlerhaft in deutsches Recht übertragen wurden.[668]

2.4.2.1.3 Rechtsprechung

Der EuGH beeinflusst durch seine Rechtsprechung die Ausgestaltung deutscher
Gesetze.[669] So hat er beispielsweise der Minimalumsetzung beim Thema Klagebefugnis
anerkannter Umweltschutzvereinigungen im UmwRG ein Ende bereitet,[670] Präklusions-

---

[661] Vgl. dazu ausführlich *Guckelberger,* DVBl 2014, 805, 807 ff.; *Stracke,* Öffentlichkeitsbeteiligung im Übertragungsnetzausbau, S. 330–337.

[662] *Stracke,* Öffentlichkeitsbeteiligung im Übertragungsnetzausbau, S. 338 f.

[663] *Stracke,* Öffentlichkeitsbeteiligung im Übertragungsnetzausbau, S. 320.

[664] Verordnung der Bundesregierung über die Zuweisung der Planfeststellung für länderüber-
greifende und grenzüberschreitende Höchstspannungsleitungen auf die Bundesnetzagentur (Plan-
feststellungszuweisungsverordnung – PlfZV) vom 25. 04. 2013, BR-Drs. 333/13, 4.

[665] *Guckelberger,* DVBl 2014, 805, 811.

[666] Richtlinie 2006/123/EG des Europäischen Parlaments und des Rates vom 12. 12. 2006 über
Dienstleistungen im Binnenmarkt, ABl. L 376/36.

[667] *Schmidt-Aßmann,* Der Verfahrensgedanke im deutschen und europäischen Verwaltungsrecht,
in: Hoffmann-Riem/Schmidt-Aßmann/Voßkuhle (Hrsg.), GVR Bd. II: Informationsordnung, Verwaltungsverfahren, Handlungsformen, § 27 Rn. 93.

[668] *Socher,* Die Umsetzung organisations- und verfahrensrechtlicher Vorgaben des europäischen
Umweltrechts in Deutschland, in: Fraenkel-Haeberle/Socher/Sommermann (Hrsg.), Praxis der
Richtlinienumsetzung im Europäischen Verwaltungsverband, S. 66.

[669] Vgl. *Kment,* DVBl 2020, 991, 992 f.; zur Rechtssetzungskraft des EuGHs siehe *Chladek,*
Rechtsschutzverkürzung als Mittel der Verfahrensbeschleunigung, S. 140 f.

[670] EuGH, Urt. v. 12. 05. 2011 – C-115/09, ECLI:EU:C:2011:289 *(Triangel);* EuGH, Urt. v.
07. 11. 2013 – C-72/12, ECLI:EU:C:2013:712 *(Altrip).*

vorschriften gekippt,[671] oder die Unionsrechtswidrigkeit von Planerhaltungsvorschriften festgestellt.[672]

Auf der anderen Seite erkennt der EuGH an, dass „Verstöße gegen europäische Vorgaben […] nicht zwangsläufig zur Aufhebung einer nationalen Maßnahme führen [müssen]."[673] Dabei bewegt sich die Rechtsprechung in Pendelbewegungen zwischen engeren und weiteren Grenzen.[674] Neueste Entwicklung zu einer lockereren Grenzziehung für Privilegierungen ist das Urteil des EuGH von Anfang des Jahres 2021 zur inneren Systematik des Art. 9 AK.[675] Danach werden die Anwendungsbereiche von Art. 9 Abs. 2 und 3 AK abgegrenzt. Abs. 3 kommt eine Auffangfunktion für den Zugang zu Gericht für all die Fälle zu, in denen die Öffentlichkeitsbeteiligung im Zulassungsverfahren nicht nach Maßgabe von Art. 6 AK erfolgt ist, sodass eine darauf folgende materielle Präklusion nicht unionrechtswidrig wäre.[676] Der Spielraum für eine Wiedereinführung der Präklusion ist auf Bereiche begrenzt, in denen das deutsche Recht eine Öffentlichkeitsbeteiligung vorsieht, obwohl es die AK in Art. 9 Abs. 2 nicht vorschreibt.

2.4.2.2 Verfassungsrechtliche Grenzen

Bei der Erläuterung der verfassungsrechtlichen Grenzen wird zwischen den Grenzen von Privilegierungen im Allgemeinen (Abschn. 2.4.2.2.1) und Grenzen der Öffentlichkeitsbeteiligung (Abschn. 2.4.2.2.2) und fiktiver Genehmigungen (Abschn. 2.4.2.2.3) im Besonderen differenziert. Die Privilegierungen im Allgemeinen müssen insbesondere der Erfüllung der Schutzpflicht nachkommen (aa), die Funktionen des Verwaltungsverfahrens (bb) und der Öffentlichkeitsbeteiligung (cc) wahren. Des Weiteren sind ihnen Grenzen durch die Gemeinwohlbindung (dd) und Art. 20a GG (ee) gesetzt, die sich durch den Bezug dieser Arbeit zum Netzbooster und dem Klimaschutz ergeben.

2.4.2.2.1 Von Privilegierungen allgemein

Demokratie- und Rechts- und Bundesstaatsprinzip bilden, geschützt durch die Ewigkeitsklausel des Art. 79 Abs. 3 GG, die unabdingbaren Leitlinien, an denen sich der Gesetzgeber bei der Einführung neuer Privilegierungen zu orientieren hat.[677]

---

[671] EuGH, Urt. v. 15. 10. 2015 – C-137/14, ECLI:EU:C:2015:683.

[672] EuGH, Urt. v. 18. 04. 2013 – C-463/11, ECLI:EU:C:2013:247.

[673] *Kment*, NuR 2006, 201, 235.

[674] *Kment*, DVBl 2020, 991, 993 f.: EuGH, Urt. v. 08. 03. 2011 – C-240/09, ECLI:EU:C:2011:125 *(Slowakischer Braunbär);* EuGH, Urt. v. 08. 11. 2016 – C243/15, ECLI:EU:C:2016:836 *(Slowakischer Braunbär II)* EuGH, Urt. v. 20. 12. 2017 – C-644/15, ECLI:EU:C:2017:987 *(Protect).*

[675] EuGH, Urt. v. 14. 01. 2021 – C-826/18, ECLI:EU:C:2021:7 *(Stichting Varkens in Nood u. a.).*

[676] Vgl. dazu ausführlich EuGH, ZUR 2021, 229, 235 f. (m Anm. *Römling); Bunge,* NuR 2021, 670, 672.

[677] Vgl. statt vieler *Schmidt/Kelly,* VerwArch 2021, 97, 101; kritisch hinterfragend *Laubinger,* Der Verfahrensgedanke im Verwaltungsrecht, in: König/Merten (Hrsg.), Verfahrensrecht in Verwaltung und Verwaltungsgerichtsbarkeit, S. 58 f.

Nach der Rechtsprechung des BVerfG folgt aus der allgemeinen Handlungsfreiheit i. V. m. dem Rechtsstaatsprinzip, dass die Prüfung der materiellen Rechtslage nur so lange dauern dürfe, wie sie mit dem zeitlichen Schutzbedürfnis der Beteiligten nach einer raschen Entscheidung in einem angemessenen Verhältnis stünden.[678] Gleichzeitig muss die Rechtmäßigkeit der Verwaltungsentscheidung auch bei einem gestrafften Verfahren gewährleistet sein.[679]

Aus dem Grundsatz der Gesetzmäßigkeit der Verwaltung und dem Prinzip der Gewaltenteilung folgt des Weiteren, dass gebundene Entscheidungen Vorrang vor Ermessensentscheidungen haben.[680] Bei der Ausgestaltung von Verfahrensnormen sind eher hohe materielle Anforderungen zu stellen, bei deren Erfüllung ein Anspruch auf die Entscheidung besteht, als niedrigere materielle Anforderungen, verbunden mit Ermessen.[681] Grund dafür ist, dass die gebundene Entscheidung einen geringeren Grundrechtseingriff darstellt.[682]

Außerdem darf durch Privilegierungen nicht die vertikale Gewaltenteilung, im Sinne einer Entmachtung der Länder durch zu viele Kompetenzen für den Bund, verletzt werden.[683] Dies sei insbesondere bei der zuletzt erfolgten Zuständigkeitskonzentration für Fernstraßen, Schienen und Stromleitungen auf Bundesebene zu beobachten.

Ansonsten müssen die Privilegierungsnormen die Anforderungen der Systemgerechtigkeit,[684] Folgerichtigkeit,[685] Widerspruchsfreiheit[686] und europarechtlich geforderte Kohärenz[687] beachten.

aa) Erfüllung der Schutzpflicht
Aufgrund der Schutzpflichtfunktion der Grundrechte[688] bestehen grundsätzlich verfassungsrechtliche Grenzen („ob"), dem Gesetzgeber kommt aber eine weite Ein-

---

[678] BVerfG, Beschl. v. 19. 03. 1992 – 2 BvR 1/91, NJW 1992, 2472; *Burgi,* JZ 1993, 492, 494.

[679] *Held,* Der Grundrechtsbezug des Verwaltungsverfahrens, S. 170; *Kloepfer,* JZ 1979, 209, 211.

[680] *Schröder,* Genehmigungsverwaltungsrecht, S. 484.

[681] BVerfG, Urt. v. 05. 08. 1966 – 1 BvF 1/61, BVerfGE 20, 150, 157 f; *Schröder,* Genehmigungsverwaltungsrecht, S. 482.

[682] *Schröder,* Genehmigungsverwaltungsrecht, S. 483.

[683] *Schmidt/Kelly,* VerwArch 2021, 235, 271–276.

[684] *Maurer,* Kontinuitätsgewähr und Vertrauensschutz, in: Isensee/Kirchhof (Hrsg.), HbStR, Bd. IV, § 79 Rn. 83.

[685] BVerfG, Urt. v. 30. 07. 2008 – 1 BvR 3262/07, 1 BvR 402/08, 1 BvR 906/08, BVerfGE 121, 317, 362.

[686] *Schröder,* Genehmigungsverwaltungsrecht, S. 474 ff.

[687] *Schröder,* Genehmigungsverwaltungsrecht, S. 512 ff.

[688] *Häfner,* Verantwortungsteilung im Genehmigungsrecht, S. 439 ff.

schätzungsprärogative hinsichtlich des „wie" zu.[689] Das heißt, das präventive Genehmigungsverfahren kann nicht einfach generell ersatzlos gestrichen werden,[690] aber grundsätzlich ist erst einmal ein weiter Spielraum für Verfahrensprivilegierungen vorhanden, solange das Untermaßverbot[691] nicht verletzt wird und das Verfahren gewissen Mindestanforderungen gerecht wird.[692] „Der Konflikt zwischen Ökonomie und Ökologie ist deshalb vor allem politisch, vor allem in den Parlamenten, auszutragen."[693]

Ein Grund für die Durchführung eines präventiven Genehmigungsverfahrens ist, dass der Staat damit seiner grundrechtlichen Schutzpflicht nachkommt.[694] Bei der konkreten Ausgestaltung muss gewährleistet werden, dass alle relevanten Abwägungsgesichtspunkte (Schutzgüter je nach Telos des Gesetzes, Gefahren je nach Ausmaß des Vorhabens) ermittelt und gewichtet werden können und die Rechte Dritter Berücksichtigung finden.[695] Nach der Einführung neuer Privilegierungen unterliegt der Gesetzgeber einer Beobachtungs- und Nachbesserungspflicht.[696]

bb) Wahrung der Funktionen des Verwaltungsverfahrens
Ferner sind fortschreitenden Privilegierungen Grenzen dergestalt gesetzt, dass der Gewährleistungsauftrag und die Funktion des Verwaltungsverfahrens nicht unterlaufen werden dürfen.[697] Das Genehmigungsverfahren ist nicht nur ein „inszenierte[r]"[698] Prozessablauf. Zu den Funktionen des Verwaltungsverfahrens gehören: erstens die

---

[689] BVerfG, Urt. v. 16. 10. 1977 – 1 BvQ 5/77, BVerfGE 46, 160; *Di Fabio,* in: Dürig/Herzog/Scholz, GG, Art. 2 Abs. 2 Nr. 1 Rn. 41; *Klein,* JuS 2006, 960, 963; *Steinberg,* NJW 1996, 1985, 1988.

[690] *Eckert,* Beschleunigung von Planungs- und Genehmigungsverfahren, S. 68 ff.

[691] BVerfG, Beschl. v. 22. 10. 1997 – 1 BvR 479/92, 1 BvR 307/94, BVerfGE 96, 409, 412; *Schuppert,* Die Verfassungsgerichtsbarkeit im Gefüge der Staatsfunktion, VVDStRL 39 (1981), S. 193; *Klein,* JuS 2006, 960, 961.

[692] BVerfG, Urt. v. 28. 05. 1993 – 2 BvF 2/90, 2 BvF 4/92, 2 BvF 5/92, BVerfGE 88, 203, 255 *(Schwangerschaftsabbruch II); Burgi,* JZ 1993, 492, 494.

[693] *Steinberg,* NJW 1996, 1985, 1988.

[694] BVerfG, Beschl. v. 20. 12. 1979 – 1 BvR 385/77, BVerfGE 53, 30, 57 *(Mühlheim-Kärlich); Murswiek,* Die staatliche Verantwortung für die Risiken der Technik, S. 88, 101 ff.; *Schwerdtfeger,* Der deutsche Verwaltungsrechtsschutz unter dem Einfluss der Aarhus-Konvention, S. 77 ff.

[695] BVerfG, Beschl. v. 20. 12. 1979 – 1 BvR 385/77, BVerfGE 53, 30, 57; *Häfner,* Verantwortungsteilung im Genehmigungsrecht, S. 450 f.; *Spitzhorn,* ZRP 2002, 196, 198; *Steinberg,* NJW 1996, 1985, 1990.

[696] BVerfG, Urt. v. 28. 05. 1993 – 2 BvF 2/90, 2 BvF 4/92, 2 BvF 5/92, BVerfGE 88, 203, 255 *(Schwangerschaftsabbruch II); Steinberg,* NJW 1996, 1985, 1988.

[697] Vgl. Überblick bei: *Häfner,* Verantwortungsteilung im Genehmigungsrecht, S. 60–69; *Langenbach,* Der Anhörungseffekt, S. 16 ff.; *Löher,* Das Verwaltungsverfahren im Spannungsfeld zwischen Gewährleistungsauftrag und Beschleunigungsbestreben, S. 13–21; *Ossenbühl,* NVwZ 1982, 465, 466 f.; *Roßnagel et al.,* Entscheidungen über dezentrale Energieanlagen in der Zivilgesellschaft, S. 51 ff.

[698] *Schuppert,* Verwaltungswissenschaft, S. 772.

Informationssammlung, und -verarbeitung über Vorhaben der Antragssteller;[699] zweitens ein „richtiges" Ergebnis zu liefern[700] und drittens Rechtssicherheit[701] und Rechtsschutz[702] zu vermitteln.[703] „Es stellt das Scharnier dar, das erforderlich ist, um den abstrakt-generellen Anforderungen des Gesetzgebers für den Einzelfall Geltung zu verschaffen."[704] Ein „richtiges" Ergebnis bedeutet auch, dass es der Gemeinwohlverwirklichung dient.[705] Damit ist unter anderem gegenseitige Rücksicht auf Rechte und Interessen des jeweils anderen (zwischen den Bürgern, aber auch zwischen Staat und Bürgern) im Sinne eines fairen Verfahrens gemeint.[706]

---

[699] *Gärditz,* Nachhaltigkeit durch Partizipation der Öffentlichkeit, in: Kahl (Hrsg.), Nachhaltigkeit durch Organisation und Verfahren, S. 359; *Gurlit,* Eigenwert des Verfahrens im Verwaltungsrecht, VVDStRL 70 (2011), S. 231; *Rombach,* Der Faktor Zeit in umweltrechtlichen Genehmigungsverfahren, S. 152; *Schneider,* Strukturen und Typen von Verwaltungsverfahren, in: Hoffmann-Riem/ Schmidt-Aßmann/Voßkuhle (Hrsg.), GVR Bd. II: Informationsordnung, Verwaltungsverfahren, Handlungsformen, § 28 Rn. 43; *Schmitt Glaeser,* Partizipation an Verwaltungsentscheidungen, VVDStRL 31 (1973), S. 245 f; *Ziekow,* NVwZ 2005, 263, 264; aA. *Laubinger,* Der Verfahrensgedanke im Verwaltungsrecht, in: König/Merten (Hrsg.), Verfahrensrecht in Verwaltung und Verwaltungsgerichtsbarkeit, S. 53.

[700] BVerfG, Beschl. v. 20. 12. 1979 – 1 BvR 385/77, BVerfGE 53, 30, 57; *Burgi,* JZ 2010, 105, 108; *Fehling,* Eigenwert des Verfahrens im Verwaltungsrecht, VVDStRL 70 (2011), S. 281; *Schmidt-Preuß,* NVwZ 2005, 489, 490; *Steinberg et al.,* Zur Beschleunigung des Genehmigungsverfahrens für Industrieanlagen; S. 120.

[701] *Erbguth/Stollmann,* JZ 2007, 868, 873; *Rombach,* Der Faktor Zeit in umweltrechtlichen Genehmigungsverfahren, S. 156 f.; *Stelkens,* in: Stelkens/Bonk/Sachs, VwVfG, § 35 Rn. 34.

[702] „Grundrechtsschutz durch Verfahren": BVerfG, Beschl. v. 20. 12. 1979 – 1 BvR 385/77, BVerfGE 53, 30 ff.; BVerwG, Urt. v. 17. 07. 1980 – 7 C 109/78, DVBl 1980, 1004 ff.; *Fehling,* Eigenwert des Verfahrens im Verwaltungsrecht, VVDStRL 70 (2011), S. 307; *Guckelberger,* DÖV 2006, 97, 103 f.; *Schmidt/Kelly,* VerwArch 2021, 97, 109 m. w. N.; *Ossenbühl,* NVwZ 1982, 465, 467.

[703] Vgl. zu den Funktionen des Verwaltungsverfahrens insgesamt: *Held,* Der Grundrechtsbezug des Verwaltungsverfahrens, S. 29–61.

[704] *Häfner,* Verantwortungsteilung im Genehmigungsrecht, S. 448.

[705] *Schmitt Glaeser,* Die Position der Bürger als Beteiligte im Entscheidungsverfahren gestaltender Verwaltung, in: Lerche/Schmitt Glaeser/Schmidt-Aßmann (Hrsg.), Verfahren als staats- und verwaltungsrechtliche Kategorie, S. 61.

[706] *Schmitt Glaeser,* Die Position der Bürger als Beteiligte im Entscheidungsverfahren gestaltender Verwaltung, in: Lerche/Schmitt Glaeser/Schmidt-Aßmann (Hrsg.), Verfahren als staats- und verwaltungsrechtliche Kategorie, S. 93.

cc) Wahrung der Funktion der Öffentlichkeitsbeteiligung

Neben den Funktionen des Verwaltungsverfahrens sind die Funktionen der Öffentlichkeitsbeteiligung zu wahren. Grundsätzlich stimmen die beiden miteinander überein.[707] Dazu kommen bei letzter noch Legitimationsfunktion, Kontrollfunktion und Repräsentationsfunktion.[708] Öffentlichkeitsbeteiligung kann als ein Ausdruck des Demokratieprinzips verstanden werden.[709] Für diese Aussage soll ein weites Demokratieverständnis zugrunde gelegt werden, dass sich nicht nur auf die Teilhabe des Volkes durch Wahlen und Abstimmungen begrenzt, sondern in bestimmten Situationen einen Beitrag zur Verbesserung der Legitimation leisten kann.[710] Dazu gehört z. B. der Vollzug von Gesetzen mit Entscheidungsspielraum beispielsweise im Planungsrecht, wo der Behörde nur das Ziel Umweltschutz oder sichere Energieversorgung vorgegeben ist, ihr aber ein Planungsspielraum überlassen ist, wie dieses Ziel erreicht werden kann und deswegen die Legitimation durch den Gesetzesvollzug geringer ist.[711]

Diese Funktionen der Öffentlichkeitsbeteiligung sind mit den Maßnahmen zur Beschleunigung und Vereinfachung abzuwägen und dabei ein Mindestniveau zu gewährleisten.[712] Ein effektives und effizientes Verfahren stellt für sich genommen ein wichtiges öffentliches Interesse dar, was noch dadurch verstärkt wird, wenn das Vorhaben dem Gemeinwohl dient.[713] Verfassungsrechtlich ist aus Verhältnismäßigkeitsgründen die

---

[707] *Böhm,* NuR 2011, 614, 615; *Gurlit,* JZ 2012, 833, 834; *Haug/Schadtle,* NVwZ 2014, 271, 272; *Peters,* Legitimation durch Öffentlichkeitsbeteiligung, S. 38; vgl. Überblick bei *Langstädtler,* Effektiver Umweltrechtsschutz in Planungskaskaden, S. 200 ff.; *Lühr,* Die Öffentlichkeitsbeteiligung als Instrument zur Steigerung der Akzeptanz von Großvorhaben, S. 9–18; *Stracke,* Öffentlichkeitsbeteiligung im Übertragungsnetzausbau, S. 128–151.

[708] *Appel,* NVwZ 2012, 1361, 1362; *Feldmann,* NVwZ 2015, 321, 327; *Fisahn,* Demokratie und Öffentlichkeitsbeteiligung, S. 209; *Gärditz,* Nachhaltigkeit durch Partizipation der Öffentlichkeit, in: Kahl (Hrsg.), Nachhaltigkeit durch Organisation und Verfahren, S. 360; *Groß,* DÖV 2011, 510, 511; *Gurlit,* JZ 2012, 833, 838; *Haug/Schadtle,* NVwZ 2014, 271, 272; kritisch dazu insgesamt *Peters,* Legitimation durch Öffentlichkeitsbeteiligung, S. 39.

[709] *Schmidt/Kelly,* VerwArch 2021, 97, 102; *Zschiesche,* Öffentlichkeitsbeteiligung in umweltrechtlichen Zulassungsverfahren, S. 63 f m. w. N.

[710] *Schuppert,* AöR 102 (1977), 369, 399, 402; *Schmidt-Aßmann,* AöR 116 (1991), 329, 373.

[711] *Haug/Schadtle,* NVwZ 2014, 271, 272; aA *Fisahn,* Demokratie und Öffentlichkeitsbeteiligung, S. 336, 338, der der Behörde auch bei komplexen Vorhaben mit gebundener Verwaltungsentscheidung einen faktischen Spielraum aufgrund der Möglichkeit von Auflagen, Prüf- oder Kontrollmöglichkeiten attestiert und deswegen beispielsweise auch bei immissionsschutzrechtlichen Verfahren die Legitimation durch Öffentlichkeit bejaht, auch, da in diesen Verfahren jedermann und nicht nur Betroffene Einwendungen erheben könnten.

[712] *Löher,* Das Verwaltungsverfahren im Spannungsfeld zwischen Gewährleistungsauftrag und Beschleunigungsbestreben, S. 21, 23; *Fehling,* Eigenwert des Verfahrens im Verwaltungsrecht, VVDStRL 70 (2011), S. 322; *Schmidt-Aßmann,* NVwZ 2007, 40, 44; *Bullinger,* Beschleunigte Genehmigungsverfahren für eilbedürftige Vorhaben, S. 38.

[713] *Dolde,* NVwZ 2013, 769, 771.

Grundrechtsbelastung so gering wie möglich zu halten, weswegen das Verwaltungsverfahren nur so lange dauern darf, wie es zur Zielerreichung nötig ist.[714] Der Effizienz-
gedanke wird durch das Rechtsstaatsprinzip impliziert.[715] In § 10 S. 2 LVwVfG ist
festgeschrieben, dass das Verwaltungsverfahren zügig durchzuführen ist, woran die
Genehmigungsbehörden nach Art. 20 Abs. 3 GG gebunden sind.[716] Dies hat aber keine
verfassungsrechtliche Beschleunigungspflicht zur Folge,[717] denn Teil des Rechts-
staatsgebots ist die Pflicht zur vollständigen Ermittlung des Sachverhalts, was in § 24
LVwVfG mit dem Untersuchungsgrundsatz kodifiziert ist.[718] Damit werden die Grenzen
des in § 40 LVwVfG eingeräumten Ermessens nicht überschritten, wenn die Behörde
ausführlich arbeitet und deswegen etwas länger braucht.[719] Aus dem Wirtschaftlichkeits-
prinzip des Art. 114 Abs. 2 S. 1 GG lässt sich die „»Effektivität« als fachübergreifenden,
allgemeinen Maßstab des Verwaltungsrechts entwick[eln]."[720]

dd) Grenze durch die Gemeinwohlbindung

Auf eine weitere Grenze für weitere Privilegierungen lässt der Titel dieser Arbeit
schließen: die Gemeinwohlbindung. Das Republikprinzip verlangt, dass staatliches
Handeln gemeinwohlorientiert sein muss,[721] da es die Staatsgewalt auf die *res publica*
(und damit auch auf das Gemeinwohl) verpflichtet.[722] Gemeinwohl soll hier als

---

[714] *Bullinger,* Beschleunigte Genehmigungsverfahren für eilbedürftige Vorhaben, S. 39;
Guckelberger, DÖV 2010, 109, 110; *Löher,* Das Verwaltungsverfahren im Spannungsfeld zwischen
Gewährleistungsauftrag und Beschleunigungsbestreben, S. 10 f.; *Held,* Der Grundrechtsbezug des
Verwaltungsverfahrens, S. 171; *Ziekow,* Möglichkeiten zur Verbesserung der Standortbedingungen
für kleinere und mittlere Unternehmen durch Einführung von Genehmigungsfiktionen,
S. 35 m. w. N.

[715] BVerfG, Beschl. v. 08. 07. 1982 – 2 BvR 1187/80, BVerfGE 61, 82, 110; *Kloepfer,* JZ 1979,
209, 211; *Sachs,* in: ders., GG, Art. 19 Rn. 140; *Schmidt,* VerwArch 2000, 149, 155.

[716] *Fehling,* Verwaltung zwischen Unparteilichkeit und Gestaltungsaufgabe, S. 169 ff.; *Löher,* Das
Verwaltungsverfahren im Spannungsfeld zwischen Gewährleistungsauftrag und Beschleunigungs-
bestreben, S. 11; *Wysk,* Die Verfahrensdauer als Rechtsproblem, in: Appel/Wagner-
Cardenal (Hrsg.), Verwaltung zwischen Gestaltung, Transparenz und Kontrolle, S. 28.

[717] *Kloepfer,* JZ 1979, 209, 210; *Ronellenfitsch,* Beschleunigung und Vereinfachung der Anlagenzulassungsverfahren, S. 111.

[718] *Bullinger,* JZ 1993, 492, 494; *Häfner,* Verantwortungsteilung im Genehmigungsrecht, S. 496;
Rombach, Der Faktor Zeit in umweltrechtlichen Genehmigungsverfahren, S. 160 m. w. N.

[719] *Rombach,* Der Faktor Zeit in umweltrechtlichen Genehmigungsverfahren, S. 44.

[720] *Burgi,* JZ 2010, 105, 109.

[721] *Sommermann,* in: v. Mangoldt/Klein/Starck, GG, Art. 20 Rn. 14; *Hartmann,* AöR 134 (2009), 1,
3 m. w. N.

[722] aA: *Hesse,* Die verfassungsrechtliche Stellung der politischen Parteien im modernen Staat,
VVDStRL 17 (1959), S. 11, 19 f, 49; *Kriele,* Das demokratische Prinzip im Grundgesetz,
VVDStRL 29 (1971), S. 46, 60, 82; *Hartmann,* AöR 134 (2009), 1, 3 m. w. N, die dies aus dem
Demokratieprinzip herleiten, da die Regierung nicht nur „durch" das Volk legitimiert würde,
sondern diese auch „für" das Volk tätig werden solle; wiederum aA bei *Häfner,* Verantwortungs-
teilung im Genehmigungsrecht, S. 494 mit Verweis auf *Erbguth,* UPR 1995, 369, 373, der dieselbe
Schlussfolgerung aus dem Rechtsstaatsprinzip ableitet.

„öffentliches Interesse" verstanden werden, das der fortlaufenden Konkretisierung unterliegt.[723] Das Republikprinzip begründet aber keine Pflicht zur „Einführung von Verfahren bürgerschaftlicher Partizipation", sondern belässt es dabei das Gemeinwohl als „Leitprinzip" zu verankern.[724] Zugleich „entfaltet [es] in Gesetzgebung, Verwaltung und Rechtsprechung eine eminent *produktive* und zugleich starke reproduktive Wirkung."[725] Das hängt davon ab, ob es als Begründung für eine positive Veränderung oder die Nichtvornahme einer Entscheidung herangezogen wird. Die Idee der Unterordnung unter ein höheres, ethisch vertretbares, abstraktes Ziel gehört seit der Antike zum Politikselbstverständnis dazu.[726]

Der Amtseid des Bundespräsidenten lässt in Art. 56 S. 1 GG ebenfalls die Gemeinwohlbindung erkennen: „[…] meine Kraft dem Wohle des deutschen Volkes widmen, seinen Nutzen mehren, Schaden von ihm wenden […]."[727] Dieser soll hier stellvertretend für die institutionelle Verkörperung der Gemeinwohlverpflichtung herangezogen werden. Somit ist das Gemeinwohl gleichzeitig Grund und Grenze für Privilegierungen.

ee) Grenzen durch Art. 20a GG

In Bezug auf den durch das Praxisbeispiel des Netzboosters vermittelten Bezug zum Umwelt- bzw. Klimaschutz dieser Arbeit ergibt sich eine weitere Grenze aus der Staatszielbestimmung des Art. 20a GG. Diese enthält eine Verfahrensgarantie, was bedeutet, dass bei der Verwaltungsverfahrensausgestaltung die Belange der Umwelt besonders zu berücksichtigen sind,[728] sodass eine „optimale Entscheidung" getroffen werden kann.[729] Ausfluss der Berücksichtigungspflicht des Umwelt- und Klimaschutzes ist in verfahrensrechtlicher Hinsicht, dass die Umweltauswirkungen in die Gesetzesfolgenabschätzungen mit aufgenommen werden.[730] „Art. 20a GG genießt keinen unbedingten Vorrang gegenüber anderen Belangen, sondern ist im Konfliktfall in einen Ausgleich mit anderen Verfassungsrechtsgütern und Verfassungsprinzipien zu bringen. Dabei nimmt das relative Gewicht des Klimaschutzgebots in der Abwägung bei fortschreitendem

---

[723] *Häberle,* Öffentliches Interesse als juristisches Problem, S. 206; *Sommermann,* in: v. Mangoldt/Klein/Starck, GG, Art. 20 Rn. 14 m. w. N.

[724] *Sommermann,* in: v. Mangoldt/Klein/Starck, GG, Art. 20 Rn. 14.

[725] *Häberle,* Öffentliches Interesse als juristisches Problem, S. 208.

[726] *Isensee,* Staat und Verfassung, in: Isensee/Kirchhof (Hrsg.), HbStR, Bd. II, § 15 Rn. 129.

[727] Vgl. *Isensee,* Staat und Verfassung, in: Isensee/Kirchhof (Hrsg.), HbStR, Bd. II, § 15 Rn. 131; *Hartmann,* AöR 134 (2009), 1, 3.

[728] *Groß,* ZUR 2009, 364, 367; *Scholz,* in: Dürig/Herzog/Scholz, GG, Art 20a Rn. 56; *Steinberg,* NJW 1996, 1989, 1993 f.

[729] *Ekardt,* SächsVBl. 1998, 49, 54; *Häfner,* Verantwortungsteilung im Genehmigungsrecht, S. 477.

[730] *Groß,* Die Bedeutung des Umweltstaatsprinzips für die Nutzung Erneuerbarer Energien, in: Müller (Hrsg.), 20 Jahre Recht der Erneuerbaren Energien, S. 112.

Klimawandel weiter zu."[731] Der vom Bundesverfassungsgericht neu geprägte Begriff der „intertemporalen Freiheitssicherung"[732] hat zur Folge, dass Generationenge-rechtigkeit und nachhaltiges Handeln nun Verfassungsrang haben.[733] Das Staatsziel Umweltschutz wird als „Schranken-Schranke" auf Rechtfertigungsebene justiziabler Beurteilungsmaßstab, es wurde aber gerade kein Umweltgrundrecht geschaffen.[734] Die bisherigen Regelungen sind „in dubio pro natura"[735] auszulegen. Mit der Durchführung eines staatlichen Genehmigungsverfahrens nimmt der Staat seine Staatsaufgabe des Umweltschutzes wahr.[736] Trotzdem hat der Gesetzgeber bei der Konkretisierung der Staatszielbestimmung Umweltschutz eine weite Einschätzungsprärogative.[737]

Es wird vertreten, dass eine gebundene Erlaubnis (beispielsweise § 6 BImSchG) im Bereich des Umweltrechts mit dem aus den Schutzpflichten und der Staatsziel-bestimmung folgenden Auswahlermessen unvereinbar sei.[738] Da aber die gebundene Entscheidung von sehr vielen Voraussetzungen abhängig ist, über die Konzentrations-wirkung zumindest teilweise Ermessen eingeräumt ist und § 13 KSG der Anlagenbezug fehlt, ist dieser Meinung nicht zu folgen.[739]

Für die Verwaltung nimmt die Bedeutung des Staatsziels Umweltschutz dann zu, wenn die Legislative nicht ausreichend tätig wird[740] und die Staatszielbestimmung bei der Interpretation unbestimmter Rechtsbegriffe oder der Ausfüllung planerischer Gestaltungsräume die Richtung weißt.[741]

---

[731] BVerfG, Beschl. v. 24. 03. 2021 – 1 BvR 2656/18, 1 BvR 78/20, 1 BvR 96/20, 1 BvR 288/20, Ls. 2.a., DVBl 2021, 808 ff.; vgl. auch *Uechtritz/Ruttloff,* NVwZ 2022, 9, 11.

[732] BVerfG, Beschl. v. 24. 03. 2021 – 1 BvR 2656/18, 1 BvR 78/20, 1 BvR 96/20, 1 BvR 288/20, DVBl 2021, 808 ff., Ls. 4, Rn. 183.

[733] Vgl. für die schon länger in der Diskussion stehende Forderung statt vieler die Beiträge in: Kahl (Hrsg.), Nachhaltigkeit durch Organisation und Verfahren.

[734] *Calliess,* ZUR 2021, 355, 356 f.; *Schlacke,* NVwZ 2021, 912, 915, 917; *Lorenzen,* VBlBW 2021, 485, 489.

[735] *Groß,* ZUR 2009, 364, 367.

[736] *Steinberg et al.,* Zur Beschleunigung des Genehmigungsverfahrens für Industrieanlagen; S. 122.

[737] *Steinberg,* NJW 1996, 1989, 1991; bestätigt durch BVerfG, Beschl. v. 24. 03. 2021 – 1 BvR 2656/18, 1 BvR 78/20, 1 BvR 96/20, 1 BvR 288/20, DVBl 2021, 808 ff., Ls. 2.d; dazu statt vieler den zusammenfassenden Beitrag von *Winter,* ZUR 2022, 215, 221.

[738] *Steinberg,* NJW 1996, 1985, 1993; aA *Uechtritz/Ruttloff,* NVwZ 2022, 9, 13.

[739] Vgl dazu *Dietlein,* in: Landmann/Rohmer, Umweltrecht, BImSchG, § 6 Rn. 1; *Uechtritz/Ruttloff,* NVwZ 2022, 9, 13; die Europarechtskonformität bejahend *Jarass,* in ders. BImSchG, § 6 Rn. 45.

[740] *Ekardt,* SächsVBl. 1998, 49 f.

[741] *Murswiek,* in: Sachs, GG, Art. 20a Rn. 61.

2.4.2.2.2 Grenzen der Öffentlichkeitsbeteiligung

Für den Umfang der Öffentlichkeitsbeteiligung gibt es verfassungsrechtliche Ober- und Untergrenzen.

aa) Eine direkte „Mitplanung" im Sinne eines „Mitentscheidens" der Bürger an großen Infrastrukturvorhaben ist rechtlich ausgeschlossen.[742] Die Behörde behält ausnahmslos ihre Planungsentscheidung. Nur sie ist demokratisch dazu legitimiert. „Die verfassungsrechtlich notwendige demokratische Legitimation erfordert eine ununterbrochene Legitimationskette vom Volk zu den mit staatlichen Aufgaben betrauten Organen und Amtswaltern."[743] Deswegen dürfen durch neue Formate von Bürgerbeteiligung keine falschen Hoffnungen auf zu viel Mitplanungsrecht geweckt werden.[744] Auch materiell-rechtliche Grenzen dürfen auf der Suche nach möglichst breiter Akzeptanz im Kompromisswege nicht überschritten werden (Rechtsbindung der Verwaltung).[745]

bb) Als Untergrenze schreibt der Grundsatz des fairen Verfahrens als Ausprägung des Rechtsstaatsprinzips (Art. 20 Abs. 3 GG) nicht nur die Anhörung des Betroffenen und ein neutrales, transparentes und distanziertes Behördenverhalten vor.[746] Das geforderte Minimum wird aber schon durch eine einfache Anhörung i. S. d. §§ 20 f., 28, 39 (L)VwVfG gewährleistet.[747] Die Grundausrichtung eines neutralen Behördenhandelns wird um eine, soweit möglich, akzeptanzfördernde ergänzt.[748] Nach dem

---

[742] *Hien*, UPR 2012, 128, 132; „Mitentscheiden" im Unterschied zu „mitwirken", *Schmitt Glaeser*, Die Position der Bürger als Beteiligte im Entscheidungsverfahren gestaltender Verwaltung, in: Lerche/Schmitt Glaeser/Schmidt-Aßmann (Hrsg.), Verfahren als staats- und verwaltungsrechtliche Kategorie S. 47. Bisher einzige Beispiele einer normierten Mitwirkung in den oben untersuchten Gesetzen sind § 47d Abs. 3 S. 2 BImSchG (Mitwirkung an Ausarbeitung und Überprüfung der Lärmaktionspläne) und § 137 BauGB (Mitwirkung der Betroffenen städtebaulicher Sanierungsmaßnahmen).

[743] BVerfG, Beschl. v. 15. 02. 1978 – 2 BvR 134, 268/76, BVerfGE 47, 253 Ls. 2.

[744] *Peters*, DVBl 2015, 808, 815.

[745] *Gurlit*, Eigenwert des Verfahrens im Verwaltungsrecht, VVDStRL 70 (2011), S. 244.; *Knauff*, DÖV 2012, 1, 3; *Langenbach*, Der Anhörungseffekt, S. 39; *Schmidt-Aßmann*, Das allgemeine Verwaltungsrecht als Ordnungsidee, 2. Kap Rn. 105.

[746] BVerfG, Beschl. v. 12. 11. 1958 – 2 BvL 4/56, BVerfGE 8, 274, 325 f.; *BVerwG*, Urt. v. 24. 11. 2011 – 9 A 23/10, NVwZ 2012, 557, 559; *Neumann/Külpmann*, in: Stelkens/Bonk/Sachs, VwVfG, § 73 Rn. 3 f.

[747] *Fisahn*, Demokratie und Öffentlichkeitsbeteiligung, S. 348; *Sachs*, in: ders., GG, Art. 20 GG Rn. 165; *Schmitt Glaeser*, Partizipation an Verwaltungsentscheidungen, VVDStRL 31 (1973), S. 246.

[748] *Hoffmann-Riem*, AöR 115 (1990), 400, 415; *Würtenberger*, NJW 1991, 257, 261 („Leitbild des kooperativen Staates der Gegenwart").

Demokratieprinzip ist die Akzeptanzförderung legitimes Verfahrensziel,[749] aber kein zwingendes „Muss".[750] Zusammen mit Art. 5 Abs. 1 GG fordert es eine angemessene Information der Öffentlichkeit.[751] Schließlich kann der Öffentlichkeitsbeteiligung eine unterschiedlich stark ausgeprägte „autonome Legitimationsfunktion" zukommen, insbesondere bei den hier einschlägigen Verfahrensarten mit gewissem Entscheidungsspielraum.[752] Diese Aussage soll kein Widerspruch zur oben[753] getätigten Aussage bilden, dass die Öffentlichkeitsbeteiligung rechtlich streng betrachtet, mangels Abwägungsgegenstandsrelevanz, keine Rolle für die materielle Verwaltungsentscheidung spiele. Neben der organisatorisch-personellen und der institutionell-funktionellen Legitimation kann Legitimation sachlich-inhaltlich vermittelt werden.[754] Diese „ist gewährleistet, wenn die Ausübung der Staatsgewalt ihrem Inhalt nach vom Willen des Volkes bzw. seiner Repräsentanten vorgegeben wird."[755] Konkret heißt das, dass die entscheidenden Personen an Recht und Gesetz gebunden sind und mittelbar für ihr Handeln gegenüber

---

[749] *Schuppert,* Verwaltungswissenschaft, S. 789–791; *Würtenberger,* NJW 1991, 257, 261; *ders.,* Die Akzeptanz von Verwaltungsentscheidungen, S. 99 f.; vgl. dazu auch *Langenbach,* Der Anhörungseffekt, S. 34 ff. m. w. N.; aA: *Luhmann,* Legitimation durch Verfahren, S. 209 ff.; nach dem monistischen Demokratieverständnis hat Öffentlichkeitsbeteiligung keine Legitimationsfunktion, *Peters,* Legitimation durch Öffentlichkeitsbeteiligung, S. 165.

[750] *Schmidt-Aßmann,* Verwaltungsverfahren, in: Isensee/Kirchhof (Hrsg.), HbStR (1996), Bd. III, § 70 Rn. 26.

[751] *Würtenberger,* Die Akzeptanz von Verwaltungsentscheidungen, S. 82; aA: *Rossen-Stadtfeld,* Beteiligung, Partizipation und Öffentlichkeit, in: Hoffmann-Riem/Schmidt-Aßmann/Voßkuhle (Hrsg.), GVR Bd. II: Informationsordnung, Verwaltungsverfahren, Handlungsformen, § 29 Rn. 81, der dasselbe Ergebnis aus Rechtsstaatsprinzip und Art. 5 Abs. 1 GG herleitet.

[752] *Horelt/Ewen,* Chancen und Grenzen informeller Bürgerbeteiligung, in: Hentschel/Hornung/Jandt (Hrsg.), Mensch-Technik-Umwelt; Verantwortung für eine sozialverträgliche Zukunft, FS-Roßnagel, S. 699; *Schmidt/Kelly,* VerwArch 2021, 97, 105; *Schmidt-Aßmann.,* Das allgemeine Verwaltungsrecht als Ordnungsidee, 2. Kap. Rn. 105: vgl. auch *Groß,* DÖV 2011, 510, 511; aA: *Durner,* Öffentlichkeitsbeteiligung und demokratische Legitimation im Energie-Infrastrukturrecht, in: Schlacke/Schubert (Hrsg.), Energie-Infrastrukturrecht, S. 114; *Gärditz,* Nachhaltigkeit durch Partizipation der Öffentlichkeit, in: Kahl (Hrsg.), Nachhaltigkeit durch Organisation und Verfahren, S. 358, da die Legitimationssubjekte aus Nachhaltigkeitsgesichtspunkten nicht diversifiziert genug wären; *Schmitt Glaeser,* Partizipation an Verwaltungsentscheidungen, VVDStRL 31 (1973), S. 215, der eine „ersatzweise Legitimation durch Partizipation" ebenfalls strikt ablehnt.

[753] Siehe Abschn. 2.3.1.3.

[754] *Böckenförde,* Demokratie als Verfassungsprinzip, in: Isensee/Kirchhof (Hrsg.), HbStR, Bd. II, § 24 Rn. 14 ff.; *Trute,* Die demokratische Legitimation der Verwaltung, in: Hoffmann-Riem/Schmidt-Aßmann/Voßkuhle (Hrsg.), GVR Bd. I: Methoden, Maßstäbe, Aufgaben, Organisation, § 6 Rn. 7 ff.; Schmidt/Kelly, VerwArch 2021, 97, 102; *Sommermann,* in: v. Mangoldt/Klein/Starck, GG, Art. 20 Rn. 163 ff.

[755] *Haug/Schadtle,* NVwZ 2014, 271, 272: vgl. auch *Trute,* Die demokratische Legitimation der Verwaltung, in: Hoffmann-Riem/Schmidt-Aßmann/Voßkuhle (Hrsg.), GVR Bd. I: Methoden, Maßstäbe, Aufgaben, Organisation, § 6 Rn. 11, 49.

dem Volk verantwortlich sein sollen und deswegen weisungsgebunden sind.[756] Die Legitimation ist beim Fehlen eines dieser Merkmale (von Sonderkonstellationen abgesehen) eingeschränkt.[757] Mit Öffentlichkeitsbeteiligung können diese „Steuerungs-verluste von Legitimation" beim Vollzug von Gesetzen mit Entscheidungsspielraum kompensiert werden. Das heißt, dass beispielsweise im Planungsrecht, wo der Behörde nur das Ziel Umweltschutz oder sichere Energieversorgung vorgegeben ist, ihr aber ein Planungsspielraum überlassen ist, wie dieses Ziel erreicht werden kann und deswegen die Legitimation durch den Gesetzesvollzug geringer ist, die Öffentlichkeitsbeteiligung mit ihrer Rückkopplung an den engagierten Teil des Volkes, diese Lücke schließen kann.[758] Bei der gebundenen Entscheidung der Anlagengenehmigung nach dem BImSchG tritt die Legitimationsfunktion der Öffentlichkeitsbeteiligung hinter der bloßen Informationsfunktion zurück.[759] In Bezug auf den Netzbooster, der als Anwendungsbei-spiel dieser Arbeit ebenfalls mit einem Planfeststellungsverfahren zugelassen wird, ver-dient dieser Aspekt jedenfalls grundsätzliche Beachtung.

Insgesamt führt ein weiteres Verständnis des Demokratieprinzips über die bloße Teilhabe durch Wahlen und Abstimmungen hinaus, dazu, es insgesamt mit Leben zu füllen.[760] Zusammengefasst: Die Wirkung der Akzeptanz ist mittelbarer Natur, denn „fehlende Akzeptanz nimmt der rechtmäßigen Entscheidung nichts von ihrer Verbind-lichkeit."[761]

Nach Art. 6 Abs. 2 AK ist die betroffene Öffentlichkeit im Rahmen umweltbezogener Entscheidungsverfahren je nach Zweckmäßigkeit in sachgerechter, rechtzeitiger und effektiver Weise frühzeitig zu informieren. Art. 6 Abs. 3 AK schreibt vor, dass die Ver-fahren zur Öffentlichkeitsbeteiligung jeweils einen angemessenen zeitlichen Rahmen für die verschiedenen Phasen vorsehen müssen, damit ausreichend Zeit zur Verfügung steht, um die Öffentlichkeit zu informieren, und damit der Öffentlichkeit ausreichend Zeit zur effektiven Vorbereitung und Beteiligung während des umweltbezogenen

---

[756] *Böckenförde*, Demokratie als Verfassungsprinzip, in: Isensee/Kirchhof (Hrsg.), HbStR, Bd. II, § 24 Rn. 21.

[757] *Böckenförde*, Demokratie als Verfassungsprinzip, in: Isensee/Kirchhof (Hrsg.), HbStR, Bd. II, § 24 Rn. 22.

[758] *Haug/Schadtle*, NVwZ 2014, 271, 272; *Fisahn*, Demokratie und Öffentlichkeitsbeteiligung, S. 335; *Rossen-Stadtfeld*, Beteiligung, Partizipation und Öffentlichkeit, in: Hoffmann-Riem/Schmidt-Aßmann/Voßkuhle (Hrsg.), GVR Bd. II: Informationsordnung, Verwaltungsverfahren, Handlungsformen, § 29 Rn. 79.

[759] *Haug/Schadtle*, NVwZ 2014, 271, 273; *Sauer*, DVBl 2012, 1082, 1088; aA *Fisahn*, Demokratie und Öffentlichkeitsbeteiligung, S. 336.

[760] *Groß*, Stuttgart 21 – Folgerungen für Demokratie und Verwaltungsverfahren, in: Hill et al. (Hrsg.), 35 Jahre Verwaltungsverfahrensgesetz – Bilanz und Perspektiven, S. 34; *ders.*, DÖV 2011, 510, 511.

[761] *Schmidt-Aßmann*, Das allgemeine Verwaltungsrecht als Ordnungsidee, 2. Kap. Rn. 105.

Entscheidungsverfahrens gegeben wird. Diese absoluten Mindeststandards dürfen nicht unterschritten werden.

Ferner wird in der Literatur aus der Pflicht zum Grundrechtsschutz durch Verfahren sogar auf ein „Recht auf Beteiligung der Öffentlichkeit" geschlossen.[762] Nicht ganz so weit geht die Aufstellung eines Gebots nach einem „Optimum an Öffentlichkeit", wie es die Interpretation der Verfassung im Wege der Gemeinwohlkonkretisierung vorschreiben würde.[763]

Die Anhörung kann schriftlich oder mündlich erfolgen.[764] Insofern steht einer flexiblen Öffentlichkeitsbeteiligung ein weiter Spielraum zur Verfügung. Dies ermöglicht insbesondere das Ausweichen in eine digitale Ebene, wie es jetzt ansatzweise durch das PlanSiG geschehen ist, ist aber offen für weitere technische Entwicklungen.

2.4.2.2.3 Grenzen fiktiver Genehmigungen

Für den Einsatz fiktiver Genehmigungen bestehen verfassungsrechtliche Spezial-anforderungen. Bezogen auf fiktive Genehmigungen im Speziellen bleibt festzuhalten, dass die Verfassung keinen Anspruch auf Erteilung einer staatlichen Letztentscheidung garantiert.[765] Dies folgt weder aus dem Rechtsstaatsgebot, Art. 20 Abs. 3 GG,[766] noch aus dem Gebot effektiven Rechtsschutzes, Art. 19 Abs. 4 GG, da durch Genehmigungs-fiktionen der Rechtsweg nicht völlig ausgeschlossen wird und die Ausgestaltung des Rechtswegs grds. dem Gestaltungsspielraum des Gesetzgebers unterliegt;[767] noch aus dem Gewaltenteilungsgrundsatz, Art. 20 Abs. 2 S. 2 GG, da nur der Kernbereich

---

[762] *Emanuel,* ZNER 2010, 369, 372.

[763] *Häberle,* Öffentliches Interesse als juristisches Problem, S. 710.

[764] *Herrmann,* in: Bader/Ronellenfitsch, BeckOK VwVfG, § 28 Rn. 17 f.; *Guckelberger,* DÖV 2006, 97, 104.

[765] *Sachs,* in: ders., GG, Art. 19 Rn. 143a; *Löher,* Das Verwaltungsverfahren im Spannungsfeld zwischen Gewährleistungsauftrag und Beschleunigungsbestreben, S. 112 f; *Steinberg et al.,* Zur Beschleunigung des Genehmigungsverfahrens für Industrieanlagen; S. 123; aA (insbesondere in Bezug auf das Umweltschutzrecht): *Caspar,* AöR 125 (2000), 131, 149 ff.

[766] *Uechtritz,* in: Mann/Sennekamp/Uechtritz, VwVfG, § 42a Rn. 19, solange keine Abwägungsentscheidung fingiert werden soll; *Ziekow,* Möglichkeiten zur Verbesserung der Standortbedingungen für kleinere und mittlere Unternehmen durch Einführung von Genehmigungsfiktionen, S. 26.

[767] *Schmidt-Aßmann,* in: Dürig/Herzog/Scholz, GG, Art. 19 Abs. 4 Rn. 1; *Kastner,* in: Fehling/Kastner/Störmer, Verwaltungsrecht, VwGO, Einl. Rn. 30.

geschützt ist[768] und dieser hier nicht berührt wird.[769] Weder der Bestimmtheitsgrundsatz, noch das Gebot der Rechtsklarheit, oder der Amtsermittlungsgrundsatz werden verletzt.[770] Es wird gefordert, Genehmigungsfiktionen nur in einfach gelagerten Sachverhalten ohne Ermessensspielraum einzusetzen.[771]

Falls eine künftige Fiktionsnorm zentrale Umweltverfahrensnormen konterkarieren sollte, müsste das Streben nach Vereinfachung (und damit Modernisierung) hinter der Schutzpflicht aus Art. 20a GG zurücktreten.[772] Auch das Europarecht setzt Grenzen: Die dort vorgeschriebenen materiell-rechtlichen Prüfungen (UVP, Naturschutz, Wasser) können nicht einfach fingiert werden.[773]

2.4.2.2.4 Fazit

Die verfassungsrechtlichen Grenzen sind vielfältig. Demokratie-, Rechts- und Bundesstaatsprinzip bilden – geschützt durch die Ewigkeitsklausel des Art. 79 Abs. 3 GG – klare Leitlinien, an denen sich der Gesetzgeber bei der Einführung neuer Privilegierungen orientieren kann und muss. Insofern sind die Grenzen schlüssig und gut nachvollziehbar. Das ist insbesondere der systematischen Rechtsprechung des Bundesverfassungsgerichts zu verdanken, das für eine besondere Kontinuität und Stringenz sorgt.

2.4.2.3 Zur Verfassungsmäßigkeit des MgvG

Oben[774] wurden bereits die neuen Regelungen des Maßnahmengesetzvorbereitungsgesetzes vorgestellt und darauf hingewiesen, dass es nach Ansicht der Verfasserin damit nicht

---

[768] BVerfG, Urt. v. 18. 12. 1953 – 1 BvL 106/53, BVerfGE 3, 225, 247, BVerfG, Urt. v. 27. 04. 1959 – 2 BvF 2/58, BVerfGE 9, 268, 279; *Grzeszick*, in: Dürig/Herzog/Scholz, GG, Art. 20 Abs. 2 Rn. 86; aA *Bullinger*, Beschleunigte Genehmigungsverfahren für eilbedürftige Vorhaben, S. 71.

[769] *Guckelberger*, DÖV 2010, 109, 111; *Eisenmenger*, in: Fehling/Kastner/Störmer, Verwaltungsrecht, VwVfG, § 42a Rn. 10; *Uechtritz*, in: Mann/Sennekamp/Uechtritz, VwVfG, § 42a Rn. 19; *Ziekow*, Möglichkeiten zur Verbesserung der Standortbedingungen für kleinere und mittlere Unternehmen durch Einführung von Genehmigungsfiktionen, S. 25; kritisch dazu *Rombach*, Der Faktor Zeit in umweltrechtlichen Genehmigungsverfahren, S. 219 ff.

[770] *Ziekow*, Möglichkeiten zur Verbesserung der Standortbedingungen für kleinere und mittlere Unternehmen durch Einführung von Genehmigungsfiktionen, S. 26 f.

[771] *Bullinger*, Beschleunigte Genehmigungsverfahren für eilbedürftige Vorhaben, S. 71; *Fehling*, Eigenwert des Verfahrens im Verwaltungsrecht, VVDStRL 70 (2011), S. 316; *Ziekow*, Möglichkeiten zur Verbesserung der Standortbedingungen für kleinere und mittlere Unternehmen durch Einführung von Genehmigungsfiktionen, S. 32 f.

[772] *Caspar*, AöR 125 (2000), 131, 150.

[773] *Schmidt/Sailer*, Reformansätze zum Genehmigungsrecht von Windenergieanlagen, Würzburger Studien zum Umweltenergierecht, S. 56.

[774] Siehe Abschn. 2.2.1.8.

zu einer Beschleunigung des Vorhabens kommen wird. In Anknüpfung daran wird nun hier zu dessen Verfassungsmäßigkeit Stellung genommen.

Vorhabenzulassung per Maßnahmengesetz ist grundsätzlich möglich,[775] jedoch wegen der geringen Beschleunigungswirkung nicht sinnvoll, insbesondere nicht für eine so große Anzahl willkürlicher Projekte. Deswegen wird die folgende Abwägung kurz gehalten. Im Ergebnis der verfassungsrechtlichen Beurteilung ist die Kritik der Literatur[776] zur EU-Rechtswidrigkeit berechtigt. Insbesondere wurde aufgrund von Zweifeln an der Europarechtskonformität bei der Novelle des StandAG 2017 mit § 17 Abs. 3 S. 3 und § 19 Abs. 2 S. 6 StandAG neue verwaltungsgerichtliche Rechtsschutzmöglichkeiten gegen Bundesgesetze für anerkannte Umweltschutzvereinigungen geschaffen. Dies könnte ein Indiz dafür sein, hier die Europarechtskonformität des MgvG ebenfalls zu verneinen. Allerdings wurde mit der indirekten Überprüfungsmöglichkeit per Beantragung eines Baustopps[777] eine neue interessante Lösungsmöglichkeit aufgezeigt, um die durch die EU-Kommission und den EuGH konkretisierten Anforderungen von Art. 2 Abs. 5 UVP-RL zu wahren, ohne in das MgvG eine Rechtsschutzklausel[778] zu ergänzen oder eine „Umweltverfassungsbeschwerde"[779] zu kreieren.

Die Kritik wegen der Verstöße gegen deutsches Verfassungsrecht insbesondere bzgl. der Rechtsweggarantie und Gewaltenteilung sind nachvollziehbar. Selbst wenn bei einer verfassungsgerichtlichen Überprüfung ein ähnlicher und kein strengerer Maßstab an die Rechtsschutzgarantie wie im Stendal-Urteil angelegt werden sollte, dann würden die im MgvG ausgewählten Projekte diesen Anforderungen an „besondere Umstände" nicht gerecht werden. Dieser Eindruck wurde mit der Erweiterung der „Projektliste" im August 2020 noch einmal verschärft. Klimaschutz oder Strukturwandel als allgemeine Begründung können für diesen Umfang nicht überzeugen. In der Gesetzesbegründung heißt es (neben der Beschreibung des vordringlichen Bedarfs[780]) sinngemäß zu fast jeder Nummer des § 2 MgvG „Das Projekt dient auch dem Klimaschutz. Der Klimaschutznutzen ergibt sich für den Ausbau der Eisenbahnstrecke [...] aus der Verlagerungswirkung der Straßennutzung auf das Schienenprojekt und spiegelt sich in der Ermittlung

---

[775] BVerfG, Urt. v. 24. 03. 1987 – 1 BvR 1046/85, BVerfGE 74, 264, 297 Rn. 80 *(Boxberg);* Zur Zulässigkeit der Legalplanung vgl. die ausführliche Bearbeitung von *Kürschner,* Legalplanung, S. 77–172; des Weiteren *Schneller,* Objektbezogene Legalplanung, S. 61–67; schon damals kritisch in Bezug auf das Maßnahmengesetz der Südumfahrung Stendal: *Pabst,* UPR 1997, 284, 286.

[776] Siehe dazu Abschn. 2.2.1.8.3. cc) Würdigung der Verfasserin.

[777] *Ziekow,* NVwZ 2020, 677, 684.

[778] Vorschlag bei *Stüer,* DVBl 2020, 617, 622.

[779] *Kment,* Die Umweltverfassungsbeschwerde, in: ders. (Hrsg.), Das Zusammenwirken von deutschem und europäischem öffentlichen Recht, FS-Jarass, S. 307 ff.; *Kment,* Die Verwaltung 2014, 377, 405; kritisch dazu: *Schlacke,* Zugang zu Rechtsschutz im Umwelt- und Atomrecht, in: Raetzke/Feldmann/Frank (Hrsg.), Aus der Werkstatt des Nuklearrechts, S. 53, 78 (Fn 106).

[780] Die bloße Kennzeichnung mit „vordringlichem Bedarf" rechtfertigt alleine noch nicht die Einbeziehung in die Vorhabenliste des MgvG, vgl. *Ziekow,* Vorhabenplanung durch Gesetz, S. 32.

des Umweltnutzens unter Berücksichtigung von positiven Effekten im Hinblick auf Belastungen durch Verkehrslärm, Kohlendioxid-Emissionen (CO_2) und Luftschadstoff-Emissionen wieder. Der Umweltnutzen für das konkrete Projekt beträgt als Barwert […] Mio. Euro."[781] Das ist zu pauschal. Daraus wird nicht deutlich, dass es sich um einzelne, besonders ausgewählte Vorhaben handelt. Ferner geht daraus nicht hervor, ob eine detaillierte Auseinandersetzung über die Vorteile einer Vorhabenzulassung durch Gesetz anstatt durch Planfeststellungsbeschluss stattgefunden hat. Die Tatsache, dass eine Frage politisch umstritten ist, führt für sich genommen nicht dazu, dass sie als wesentlich verstanden und deswegen durch förmliches Gesetz legitimiert werden müsste.[782] Außerdem bedürfen Schienenwege oder Autobahnabschnitte nicht eine besonders hervorgehobene demokratische Legitimation, wie beispielsweise für ein Atomendlager angesichts dessen Einmaligkeit und konfliktreicher Vorgeschichte.[783] Im Detail kommt es aber auf das noch auszuarbeitende konkrete Maßnahmengesetz an. Entscheidend ist insbesondere die explizite rechtliche Sicherung der fortlaufend gemeinnützigen Verwendung des Enteignungsgegenstandes.

Energieinfrastrukturanlagen sind nicht Regelungsgegenstand des MgvG. Das irritiert, zumal deren Ausbau genauso gemeinwohlfördernd und wichtig ist. Hier ist eine kurze Anmerkung zur energiepolitischen Weichenstellung nötig. Die finale Zulassung von Energieinfrastruktur erfolgt zwar „ganz normal" in einem Planfeststellungsverfahren. Für die besonders eilbedürftigen und deswegen vom NABEG erfassten Vorhaben existiert ein aus einem Szenariorahmen entwickelter Netzentwicklungsplan, aus dem dann der Bundesbedarfsplan folgt (§§ 12a, b, e EnWG). Erstgenannter wird zwischen Betreibern und Bundesnetzagentur ausgehandelt[784] und nur durch den Bundesbedarfsplan formell vom Bundestag „abgenickt". Auf den ersten Blick ähnelt dies den Vorgängen des MgvG, führt jedoch dazu, dass die Verantwortlichkeit für strukturpolitische Fragen vom Parlament wegverlagert wird.[785] Eine eigene inhaltliche Willensbildung des Parlaments, wie sie im MgvG vorgesehen ist, erfolgt nicht. Dabei gilt es im Energieinfrastrukturrecht nicht nur technische Fragestellungen zu lösen, sondern auch grundlegende Fragen der Verteilungsrichtung (etwa nur innerdeutsch gedacht Nord-Süd; oder

---

[781] Gesetzentwurf der Bundesregierung eines Gesetzes zur Vorbereitung der Schaffung von Baurecht durch Maßnahmengesetz im Verkehrsbereich vom 02. 12. 2019, BT-Drs. 19/15619, 15–17.

[782] BVerfG, Beschl. v. 10. 11. 2009 – 1 BvR 1178/07, BVerfGK 16, 370 Rn. 36.

[783] *Langer,* Die Endlagersuche nach dem Standortauswahlgesetz, S. 346.

[784] *Durner,* Öffentlichkeitsbeteiligung und demokratische Legitimation im Energie-Infrastrukturrecht, in: Schlacke/Schubert (Hrsg.), Energie-Infrastrukturrecht, S. 108; detailliertere Erläuterung bei *Koltsoff,* Die Wahrnehmung der Gemeinwohlbelange durch Private unter besonderer Berücksichtigung des Energiesektors, S. 139 ff.

[785] Vgl. *Gärditz,* ZfU 2012, 249, 272 ff.; es bestehen gegen diesen Ablauf keine grundsätzlichen verfassungsrechtlichen Bedenken: *Franzius,* GewArch 2012, 225 f.

europäisch Ost-West).[786] Allerdings ist die Aufgabenerfüllung und die Verteilung der Verantwortung im Energieinfrastrukturrecht anders strukturiert als im Verkehrsinfrastrukturrecht: Der Ausbau der Energieinfrastruktur ist Aufgabe der Netzbetreiber, für die Verkehrsinfrastruktur ist dies Aufgabe des Bundes.[787]

2.4.3　Was wurde in früherer Literatur als Maßnahmen vorgeschlagen und ist inzwischen umgesetzt? Was nicht?

Das Thema der Verfahrensbeschleunigung beschäftigt, wie bereits erläutert, Politik und Rechtswissenschaft in Theorie und Praxis nun mehr schon seit mehreren Jahrzehnten. Dies bietet Anlass zu überprüfen, ob zumindest die wichtigsten, in früherer Literatur vorgeschlagenen Privilegierungen inzwischen umgesetzt sind, oder ob deren Forderungen umsetzungslos verhallt sind.

Die Politik ist der Wissenschaft mit den 2020er-Gesetzesnovellen deutlich gefolgt. Aus den oben zitierten Gesetzesbegründungen wird deutlich, dass Expertengremien Gehör gefunden haben. Viele der Vorschläge, die in den vergangenen Jahren unterbreitet wurden, sind inzwischen Gesetz. Das gilt insbesondere für die informelle frühe Bürgerbeteiligung,[788] die Möglichkeit zur Reduzierung des Erörterungstermins, die Genehmigungsfiktion, aber auch für das Einführen von Legaldefinitionen, um die rechtssichere und einheitliche Anwendungspraxis zu gewährleisten.[789]

Die verbindliche Auslegung sämtlicher Planunterlagen im Internet[790] ist (vorerst befristet) aufgrund des PlanSiG eingeführt worden. Die Einbeziehung Neuer Medien[791] ist insbesondere durch das PlanSiG auf einem guten Weg und wird mit den kommenden Reformen mutmaßlich weiter ausgebaut werden.

Der geforderte Regelverzicht[792] auf das Bundesfachplanungsverfahren bei Maßnahmen zur Netzverstärkung bzw. Optimierung wurde mit § 5a NABEG ebenfalls umgesetzt.

---

[786] *Durner,* Öffentlichkeitsbeteiligung und demokratische Legitimation im Energie-Infrastrukturrecht, in: Schlacke/Schubert (Hrsg.), Energie-Infrastrukturrecht, S. 110 m. w. N.

[787] *Koltsoff,* Die Wahrnehmung der Gemeinwohlbelange durch Private unter besonderer Berücksichtigung des Energiesektors, S. 124.

[788] Für Nachweise siehe oben Abschn. 2.3.1.1; hier exemplarisch herausgegriffen: *Ziekow,* Neue Formen der Bürgerbeteiligung, Gutachten D zum 69. Deutschen Juristentag 2012, S. 140–157.

[789] *Spieth/Hantelmann/Stadermann,* IR 2017, 98, 102.

[790] *Gurlit,* JZ 2012, 833, 836.

[791] Vorschlag bei *Berger,* Die vorzeitige Besitzeinweisung S. 81 m. w. N.

[792] *Schneller,* Beschleunigung und Akzeptanz im Planungsrecht für Hochspannungsleitungen, in: Gundel/Lange (Hrsg.) Neuausrichtung der deutschen Energieversorgung – Zwischenbilanz der Energiewende, S. 121.

Selbiges gilt für die vorgeschlagene[793] Einführung eines „Bedarfsplans" für Höchst-spannungsleitungen in Analogie zum Fernstraßenrecht in Form des Netzentwicklungs-plans, da damit die Frage der Planrechtfertigung abschließend vorneweggenommen wurde.[794]

Nicht von der Literatur gefordert war hingegen das MgvG. Dementsprechend kritisch ist es aufgenommen worden.

Der Vorschlag eines „fakultativen Eilverfahrens",[795] in Gestalt einer Premium-Behandlung mit beschleunigter Bearbeitung, die mit höheren Kosten verbunden ist, wurde bisher nicht aufgegriffen. Manche der dort vorgeschlagenen Elemente, wie Zuständigkeitskonzentration, Projektmanager oder das Streben nach Konsens sind inzwischen Teil des normalen Genehmigungsverfahrens.

Der Vorschlag eines „Versicherungsmodells",[796] bei dem keine Genehmigungsent-scheidung abgewartet werden muss, sondern Investitionen sofort getätigt werden können und im Gegensatz dafür, Gefährdungshaftungsrisiken und Nachweispflichten, mit der Kontrolle durch private Sachverständige, übernommen werden müssen, hat in dieser Form keine direkte Umsetzung gefunden. Der Gedankengang der Risikoverlagerung und Ökonomisierung ökologischer Risiken ist ansatzweise mit der vorläufigen Anordnung bzw. Zulassung des vorzeitigen Beginns vergleichbar. Beides Mal beginnt der Vorhaben-träger auf eigenes Risiko, was zur sorgfältigen Anlagenplanung anhält. Jedoch haben Letztere keine umfassende Teilprivatisierung von Verwaltungsaufgaben und grund-legende Umorganisation der Genehmigungsverfahren zur Folge.

2.4.4 Handelt es sich hier teilweise nur um „vermeintliche" Privilegierungen?

Gegen Ende des zweiten Kapitels und mit Ende der Analyse der deutschen Privilegierungen kann eine erste Zwischenbilanz gezogen werden und ein Blick auf die der Arbeit zugrunde liegende Frage geworfen werden, ob bzw. wie sich klimaschutz-freundliche Projekte genehmigungsrechtlich fördern lassen. Hier kann die Frage auf-geworfen werden, ob es sich bei Verfahrenserleichterungen, die mit einer verringerten Gefährlichkeit der Anlage begründet werden, überhaupt um eine Privilegierung handelt?

---

[793] *Schneller,* DVBl 2007, 529, 537.

[794] *Franke,* in Steinbach/Franke, Kommentar zum Netzausbau, BBPlG, § 1 Rn. 1.

[795] *Bullinger,* Beschleunigte Genehmigungsverfahren für eilbedürftige Vorhaben, S. 74 ff.; zu dessen verfassungsrechtlicher Zulässigkeit *Rombach,* Der Faktor Zeit in umweltrechtlichen Genehmigungsverfahren, S. 235 ff.; von der „Schlichter-Kommission" wurde ein ähnliches Modell unter dem Titel „offenes Beschleunigungsmodell" vorgeschlagen, vgl. dazu *Eckert,* Beschleunigung von Planungs-und Genehmigungsverfahren, S. 10.

[796] *Bohne,* Aktuelle Ansätze zur Reform umweltrechtlicher Zulassungsverfahren, in: Blümel/Pitschas (Hrsg.), Reform des Verwaltungsverfahrensrechts, S. 68–81.

So könnte vertreten werden, dass eine Privilegierung mehr sein muss, als ein bloßes Herunterschrauben der Komplexitätsanforderungen an das Verfahren aus Gründen der verhältnismäßigen Belastung des Vorhabenträgers. Verfassungsrechtlich ist aus Verhältnismäßigkeitsgründen die Grundrechtsbelastung so gering wie möglich zu halten, weswegen das Verwaltungsverfahren nur so aufwendig sein darf, wie es zur Zielerreichung nötig ist.[797] Häufig würde es sich bei vermeintlichen Rechtsprivilegien nur um rechtfertigungsbedürftige Ungleichbehandlungen handeln, weswegen der Begriff des „Rechtsprivilegs" insbesondere im Umweltrecht vermieden werden sollte.[798] Dieser Ansatz ist grds nachvollziehbar.

In der wissenschaftlichen Literatur wird beispielsweise das vereinfachte Verfahren des § 19 BImSchG als „Ausnahme" von der Regel des förmlichen Verfahrens des § 10 BImSchG bezeichnet,[799] ebenso § 13 BauGB,[800] oder § 16 ROG als „Sonderregelung" zu § 15 ROG.[801] Das bedeutet, dass im Zweifel das förmliche Verfahren anzuwenden ist. Damit liegt eine klassische Privilegierung im Sinne eines „Sondervorteils durch Verschonung von allgemeinen Beschränkungen"[802] oder „besonderer, hervorgehobener rechtlicher Behandlung"[803] vor. Diesem Regel-Ausnahme-Verhältnis entspricht im Planfeststellungsrecht die Plangenehmigung. Weil gerade die Privilegierung zur Vereinfachung führt und dies das Wesen einer Privilegierung ist, darf deswegen nicht der Umkehrschluss gezogen werden, dass eine Vereinfachung keine Privilegierung sei. Die hier dargestellten erweiterten Möglichkeiten des Verkehrsinfrastrukturrechts, von der Plangenehmigung Gebrauch zu machen, wären dann sogar eine „besondere" Privilegierung. Und selbst wenn der Lesende hier zu einer anderen Auffassung kommen sollte, betreffen die genannten Gründe nur einen sehr kleinen Teil dieser Arbeit, sodass der Titel in seiner Gesamtheit Bestand haben kann.

Dem ist hinzuzufügen, dass sich über die Einstufung der Verfahrensart (am einfachsten über die 4. BImSchV, aber auch in den anderen Rechtsgebieten) klimaschutzfreundliche Projekte sehr leicht fördern ließen, indem man von der strengen Anknüpfung

---

[797] *Bullinger,* Beschleunigte Genehmigungsverfahren für eilbedürftige Vorhaben, S. 39; *Guckelberger,* DÖV 2010, 109, 110; *Löher,* Das Verwaltungsverfahren im Spannungsfeld zwischen Gewährleistungsauftrag und Beschleunigungsbestreben, S. 10 f; *Ziekow,* Möglichkeiten zur Verbesserung der Standortbedingungen für kleinere und mittlere Unternehmen durch Einführung von Genehmigungsfiktionen, S. 35 m. w. N.

[798] *Rodi,* Das Rechtsprivileg als Steuerungsmittel im Umweltschutz?, in: Kloepfer (Hrsg.), Umweltschutz als Rechtsprivileg, S. 32 f.

[799] *Dietlein,* in: Landmann/Rohmer, Umweltrecht, BImSchG, § 19 Rn. 4; *Jarass,* in: ders., BImSchG, § 19 Rn. 1.

[800] *Stüer,* Handbuch des Bau- und Fachplanungsrechts, A. Bauleitplanung Rn. 1311.

[801] *Dietz,* in: Kment, ROG, § 16 Rn. 2.

[802] *Kloepfer,* Einleitung, in: ders. (Hrsg.), Umweltschutz als Rechtsprivileg, S. 10.

[803] *Kloepfer,* Einleitung, in: ders. (Hrsg.), Umweltschutz als Rechtsprivileg, S. 9.

an die Gefahr für die Schutzgüter abrückt oder die Klimaschutzfreundlichkeit als sehr starken Abwägungsgegenstand mit in die Entscheidung einbezieht.

Auch ließe sich hinterfragen, ob eine ursprüngliche Privilegierung nicht längst zum Regelfall geworden ist, weil die Einführung der Privilegierung schon einige Jahre zurückliegt und deren Anwendung gängige Praxis geworden ist. Diese historische Entwicklung ist ein ganz normaler Vorgang und zeigt den Erfolg, den Privilegierungen mit sich bringen. Das aufwendigere Normalverfahren steht schließlich weiterhin zur Verfügung und wird je nach Bedarf angewendet. Des Weiteren entspricht es dem Sinn und Zweck und ist Ausfluss der Innovationsfunktion,[804] wenn gut funktionierende Privilegierungen auf parallele Gesetze und benachbarte Rechtsgebiete übertragen werden. Der Gesetzgeber kommt damit seinem Verallgemeinerungsauftrag nach.[805] Wenn man fordern würde, dass es eine „Privilegierungs-Privilegierung" geben müsste, um den Begriff der Verfahrensprivilegierung überhaupt noch als erfüllt anzusehen oder Verfahren überhaupt noch besserzustellen, würde das dem Wortlaut zuwiderlaufen. Wie sich der oben aufgestellten Definition entnehmen lässt, ist eine Privilegierung nur eine (einfache) Erleichterung, Vereinfachung oder Besserstellung gegenüber dem bisher üblichen Normalverfahren. Auch würde dies gegen die Rechtsanwendungsgleichheit verstoßen, weil es systematisch nicht einleuchtend ist, wenn beispielsweise der Bau von Autobahnen (hypothetisch) „doppelt-besser" behandelt werden würde als der Bau von Eisenbahnschienen. Schließlich kann eine systematisierende Arbeit wie diese nicht nur die allerneusten Gesetzesänderungen behandeln, sondern muss ältere Gesetze aus Referenzgebieten mit einbeziehen. Zum damaligen Zeitpunkt waren die Privilegierungen sicherlich „neu und aufregend" genug.

Die Forschungsfrage ist deswegen zu erweitern und dahingehend zu präzisieren, ob bzw. wie sich klimaschutzfreundliche Projekte *überhaupt* noch *weiter* (als bisher) fördern lassen.

2.5   Zusammenfassung

Die Zusammenfassung des ersten Teils dieser Arbeit fällt ernüchternd aus. Die Unterschiede in der Struktur und im Regelungsinhalt der Normen in den untersuchten Rechtsgebieten überwiegen die Gemeinsamkeiten deutlich. Dies mag auf der historisch gewachsenen Struktur und den vielen Reformen im Lauf der letzten Jahrzehnte beruhen. Jedoch führt es nun zu der Schlussfolgerung, mehr zu vereinheitlichen und zu standardisieren, soweit möglich. Es bedarf eines umfassenden, rechtsübergreifenden Ansatzes.

---

[804] *Schoch,* in: Schoch/Schneider, VwVfG, Einl. Rn. 223.
[805] *Kirchhof,* Allgemeiner Gleichheitssatz, in: Isensee/Kirchhof (Hrsg.), HbStR, Bd. VIII, § 181 Rn. 168.

Nach den Verfahrensbeschleunigungsgesetzesnovellen des Jahres 2020 ist im bestehenden Verfahrensrecht eigentlich nur noch „Fein-Tuning" möglich. Ein umfassenderer Ansatz wäre, das Verfahrensrecht insgesamt auf deutscher und europäischer Ebene zu „entschlacken" und Normen zu streichen, anstatt immer nur neue hinzuzufügen. Insbesondere das Zusammenspiel von Planungs- und Genehmigungsrecht zum UVPG würde durch eine Überarbeitung deutlich profitieren. Alles in allem wäre dies ein umfassenderes Projekt, was insbesondere aufgrund des Europabezugs bedeutend schwieriger umsetzbar wäre und einen entsprechenden umfassenden politischen Gestaltungswillen bedarf.

Es bleibt abzuwarten, ob sich aus dem Vergleich mit Frankreich neue Ansätze entwickeln lassen.

Ausgewählte Verfahrensbesonderheiten des französischen Rechts und ihr Vergleich zum deutschen Recht

3

Es klingt ambitioniert: konkretisierte Projektidee 2009,[1] öffentliche Debatte 2010,[2] Genehmigung des Gesamtplans der Linienführung 2011 durch den Premierminister,[3] Baubeginn 2015/2016,[4] voraussichtliche Fertigstellung von 200 km unterirdischem Metrotunnel und dazugehörigen 68 Stationen im Jahr 2030.[5] Dieser Zeitplan ist für deutsche Verhältnisse geradezu „unvorstellbar" schnell[6] – in Frankreich wird er zur Zeit

---

[1] www.france24.com/fr/20090429-35-milliards-deuros-transports-grand-paris- (zuletzt abgerufen am 20. 06. 2022); die vorangegangenen Ideen für eine Ringlinie beginnend im Jahr 1995, und konkreter in den Jahren 2004–2008 hatten u. A. aus Kostengründen und politischen Differenzen nicht in ein konkretes Planungsverfahren gemündet, siehe dazu *Auzannet,* Les Secrets du Grand Paris, S. 17–53.

[2] Loi n° 2010–597 du 3 juin 2010 relative au Grand Paris, JORF n° 128 du 5 juin 2010; *Auzannet,* Les Secrets du Grand Paris, S. 91 ff.

[3] Décret n° 2011–1011 du 24 août 2011 portant approbation du schéma d'ensemble du réseau de transport public du Grand Paris, JORF n° 197 du 26 août 2011 i. V. m. Art. 38 CF und Art. 256 Abs. 1 Loi n° 2010–788 du 12 juillet 2010 portant engagement national pour l'environnement, JORF n° 160 du 13 juillet 2010.

[4] www.vie-publique.fr/eclairage/19461-grand-paris-projet-de-developpement-dune-metropole-de-rang-mondial (zuletzt abgerufen am 20. 06. 2022); *Auzannet,* Les Secrets du Grand Paris, S. 83.

[5] Ebd.

[6] Zum Vergleich: „BER": Standortentscheidung 1996, Planfeststellungsbeschluss 2004, Baubeginn 2006, Eröffnung 2020;
„Stuttgart 21": Machbarkeitsstudie und Vorprojekt 1994/95, erster Planfeststellungsbeschluss 2005, Baubeginn 2010 für ca. 55 km überwiegend unterirdische Gleisstrecken und eine Bahnhofshalle, derzeitige geplante Eröffnung Ende 2025.

© Der/die Autor(en), exklusiv lizenziert an Springer Fachmedien Wiesbaden GmbH, ein Teil von Springer Nature 2023
I. Dörrfuß, *Verfahrensprivilegierung aus Gründen des Gemeinwohls,*
Schriftenreihe des Instituts für Klimaschutz, Energie und Mobilität,
https://doi.org/10.1007/978-3-658-41218-0_3

Realität. Mit dem „Grand Paris Express"[7] wird das Pariser Metronetz in seiner Länge verdoppelt und soll mit der ringförmigen Linienführung die ganze Metropolregion verbinden und somit langfristig nicht nur für wirtschaftliche Prosperität sorgen, sondern auch die Verkehrswende fördern.

Wie ist dies planungsrechtlich und gesellschaftlich verträglich möglich? Das Projekt bietet den idealen Anknüpfungspunkt dafür, aus deutscher Sicht zwei Besonderheiten des französischen Planungs- und Genehmigungsrechts unter der Fragestellung näher zu beleuchten, ob durch sie eine Verfahrensverbesserung und Verfahrensbeschleunigung erreicht werden kann: die *Commission nationale du débat public* (CNDP) als Institution einer besonderen Art der Öffentlichkeitsbeteiligung und die „Enteignung im öffentlichen Interesse in besonders dringenden Fällen" *(L'expropriation pour cause d'utilité publique en extrême urgence)*[8]. Durch letztere findet die Inbesitznahme deutlich früher als im normalen Verfahren statt, da nicht abgewartet werden muss, bis der Richter entscheidet, was normalerweise zu erheblichen Verzögerungen führt.[9] Veranschaulichungsbeispiel dieser Arbeit ist der Netzbooster. Er wird, wie oben beschrieben, im Wege des Planfeststellungsverfahrens gestattet. Charakteristisch für dieses Verfahren ist die enteignungsrechtliche Vorwirkung. Auch beim umstrittenen neu geschaffenen Maßnahmengesetzvorbereitungsgesetz (MgvG) spielt die Legalplanung bzw. Legalenteignung eine wichtige Rolle. Insofern ist es folgerichtig zu untersuchen, welches Spezialverfahren das französische Enteignungsrecht zur Privilegierung gemeinwohlfördernder Vorhaben entwickelt hat.

Der[10] *débat public* ist aus deutscher Perspektive von besonderem Interesse, da sie sich in die im zweiten Kapitel geführte Argumentationslinie der mittelbaren Privilegierung durch mehr Öffentlichkeitsbeteiligung einfügt. Der *débat public* bzw. die CNDP kommt dabei als Beispiel für den Versuch in Betracht, durch Einbeziehung fremder Rechtsgedanken das deutsche Instrument der mittelbaren Verfahrensprivilegierung durch mehr Öffentlichkeitsbeteiligung weiter zu verbessern.

Beide Verfahrensbesonderheiten kamen beim „Grand Paris Express" zur Anwendung. Es wird hier bewusst der Begriff der „Verfahrensbesonderheit" und nicht der der „Verfahrensprivilegierung" gewählt, da hier aus deutscher Sicht zwei bemerkenswerte Vorgehensweisen herausgegriffen werden, die so im deutschen Recht nicht existieren. Um die zum Ende des zweiten Kapitels aufgegriffene Privilegierungsbegriffsdiskussion hier nicht weiter zu vertiefen, wird der neutralere Begriff der „Verfahrensbesonderheit" gewählt.

---

[7] www.societedugrandparis.fr/gpe/le-grand-paris-express-en-resume (zuletzt abgerufen am 20. 06. 2022).

[8] Art. L-522-1 (alt: Art. L-15-9) Code de l'expropriation pour cause d'utilité publique.

[9] *Auzannet,* Les Secrets du Grand Paris, S. 82.

[10] Im Folgenden wird im Deutschen der männliche Artikel verwendet, um damit den französischen Ursprung *(le débat public)* korrekt wiederzugeben.

3.1 Gang der Untersuchung

Im Verlauf des dritten Kapitels dieser Arbeit werden die beiden genannten französischen Verfahrensbesonderheiten erläutert und eingeordnet, um dem deutschen Leser ein besseres Verständnis des französischen Rechts zu vermitteln. Zu den jeweiligen Normen werden jeweils Entstehungsgeschichte, Zielsetzung bzw. Begründung und rechtliche Hintergründe erörtert. Zum besseren Verständnis wird davor in der gebotenen Kürze ein Überblick über länderspezifische Rechtsbesonderheiten Frankreichs (Abschn. 3.2) und das französische Planungs- und Genehmigungsrecht mit Bezug zur Umwelt und den oben im zweiten Kapitel beschriebenen Rechtsgebieten gegeben (Abschn. 3.3). Danach erfolgt ein Vergleich zu den deutschen Regelungen (Abschn. 3.4.1.6 und 3.4.2.4). Nachdem im deutschen Teil der Arbeit die verschiedenen aktuellen Verfahrensprivilegierungen herausgearbeitet wurden, geht es nun darum, im Wege des funktionalen Rechtsvergleichs herauszufinden, welche Lösungen das französische Recht gefunden hat, um zu einem schnelleren und besseren Verfahren auch für klimaschutzfreundliche Vorhaben zu gelangen. Die Arbeit maßt sich nicht an, einen vollständigen Überblick über französische Privilegierungen zur Beschleunigung von Infrastrukturvorhaben bieten zu können. Stattdessen wurde sich aus Relevanzgründen auf die beiden Erwähnten beschränkt. Da die Mitgliedsstaaten der EU im Bereich des Umweltrechts ihre Gesetzgebungskompetenzen nach dem Prinzip der begrenzten Einzelermächtigung übertragen haben, ist es in den vergangenen Jahr(zehnt)en zu einer weitgehenden Harmonisierung zwischen den verschiedenen Rechtsordnungen gekommen.[11] Um daher aus einer rechtsvergleichenden Arbeit noch neue Erkenntnisse zu gewinnen, die möglicherweise auf das deutsche Recht übertragen werden könnten, wurden für diese Arbeit zwei französische Verfahrensbesonderheiten gewählt, die nicht direkt bzw. nicht ausschließlich umweltrechtlich geprägt sind.

Die Übertragbarkeit der gewonnenen Erkenntnisse auf das deutsche Recht wird anschließend in Kap. 4 erörtert.

3.2 Frankreich als Vergleichsland

Warum wird gerade Frankreich als Vergleichsland herangezogen? Zum einen liegt das daran, dass das französische Recht neben dem britischen als „Quelle des europäischen Umweltrechts" bezeichnet wird.[12] Zum anderen hat Frankreich mit seinen Regeln zur Öffentlichkeitsbeteiligung einen umfassenden Zugang zur Vorhabenplanung

---

[11] *Spannowsky,* ZUR 2021, 659, 661.

[12] *Martin,* Das Steuerungskonzept der informierten Öffentlichkeit, S. 39; *Peters,* Legitimation durch Öffentlichkeitsbeteiligung, S. 317.

eröffnet, der weit über das von der Aarhus-Konvention geforderte Niveau hinausgeht.[13] Folgendes Zitat beschreibt das zugrunde liegende Verständnis sehr anschaulich, das auf der grundlegenden Zielsetzung der Aarhus-Konvention aufbaut, Bürgerbeteiligung in Umweltfragen zu erleichtern: „*La participation n'est pas seulement un droit: c'est aussi une modalité d'exercice du devoir de chacun de contribuer à la protection de l'environnement.*"[14]

3.2.1 Das Verhältnis des Bürgers zum Staat

Grund dafür ist das historisch seit der Französischen Revolution tief verwurzelte Verständnis, dass die Verwaltung ihre Legitimation nicht mehr aus der Distanz zum Volk, sondern aus dem Austausch mit dem Volk herleitet und dass der Bürger jederzeit umfassend die Gesetzmäßigkeit des Verwaltungshandelns überwachen können sollte.[15] „Die Bürger werden als *surveillants de l'administration*, als Aufsichtspersonen, verstanden, die nicht ihr Recht erstreiten, sondern eine Aufgabe der Allgemeinheit wahrnehmen."[16] Gleichzeitig und ein wenig im Widerspruch dazu geht man in Frankreich nach wie vor davon aus, dass es eine Art „Gemeinwille" (*volonté générale* nach Jean-Jacques Rousseau) gebe, dem „höhere Wahrheit" zugesprochen wird als der Summe der Einzelinteressen.[17] Die *volonté générale* wird innerhalb ihres in Art. 34 der französischen Verfassung der V. Republik von 1958 („CF") festgelegten Anwendungsbereichs durch das Gesetz verkörpert und bindet damit die Exekutive.[18]

---

[13] *Peters,* Legitimation durch Öffentlichkeitsbeteiligung, S. 323; vgl. auch *Kordeva,* Die Umsetzung organisations- und verfahrensrechtlicher Vorgaben des Umweltrechts der Union in Frankreich, in: Fraenkel-Haeberle/Socher/Sommermann (Hrsg.), Praxis der Richtlinienumsetzung im Europäischen Verwaltungsverband, S. 76.

[14] *Moliner-Dubost,* AJDA 2011, 259, 260; Übersetzt: Beteiligung ist nicht nur ein Recht, sondern auch eine Möglichkeit, die Verpflichtung aller wahrzunehmen, zum Umweltschutz beizutragen.

[15] *Martin,* Das Steuerungskonzept der informierten Öffentlichkeit, S. 40 f; *Masing,* Die Mobilisierung des Bürgers für die Durchsetzung des Rechts, S. 84; Conseil d'État (Hrsg.), Consulter autrement, participer effectivement, S. 19.

[16] *Martin,* Das Steuerungskonzept der informierten Öffentlichkeit, S. 45; vgl. auch *Gaudemet,* Traité de droit administratif, Bd. 1, Rn. 1042, *Masing,* Die Mobilisierung des Bürgers für die Durchsetzung des Rechts, S. 198; *Moliner-Dubost,* AJDA 2011, 259, 260 m. w. N.

[17] Vgl. *Brouard et al.,* The Journal of Legislative Studies 2013, 178, 192; *Pinel,* La participation du citoyen à la décision administrative, S. 354; kritisch *Hochmann,* in: Marsch/Vilain/Wendel (Hrsg.), Französisches und Deutsches Verfassungsrecht, § 7 Rn. 4.

[18] „*La loi est l'expression de la volonté générale*", Art. 6 der Erklärung der Menschen- und Bürgerrechte von 1789; *Vilain,* in: Marsch/Vilain/Wendel (Hrsg.), Französisches und Deutsches Verfassungsrecht, § 3 Rn. 135; *Hochmann,* Marsch/Vilain/Wendel (Hrsg.), Französisches und Deutsches Verfassungsrecht, § 7 Rn. 12.

Im Gegensatz dazu herrscht in Deutschland traditionell ein hierarchisches Verständnis der Trennung von Staat und Gesellschaft, in welchem der Einzelne stets auf die Geltendmachung subjektiver Rechte verwiesen wird.[19] Um diese Kontrollfunktion wahrnehmen zu können bedarf der französische Bürger einen umfassenden Zugang zu Behördeninformationen, der ihm unter anderem durch die Öffentlichkeitsbeteiligung gewährt wird. Infolgedessen ist Frankreich geradezu prädestiniert für einen Vergleich zur mittelbaren Privilegierung durch mehr Öffentlichkeitsbeteiligung. Allerdings gab es in jüngerer Vergangenheit auch in Frankreich Tendenzen die umfassende Klagebefugnis einzuschränken, da man erkannt hat, dass eine zu weite Klagebefugnis zu Missbrauch einladen kann (Verzögerungstaktik; „Erpressung").[20] So wurde die Frist für die Einlegung von Rechtsmitteln im Umweltverwaltungsrecht durch Dritte auf vier Monate verkürzt.[21] Umgekehrt wurde in Deutschland gerade für Umweltverbände die Klagebefugnis europarechtlich bedingt deutlich erweitert.

3.2.2 Verfassungsrechtliche Charakteristika Frankreichs

Es bestehen im Vergleich zu Deutschland besondere verfassungsrechtliche Charakteristika, die für das Grundverständnis einer rechtsvergleichenden Arbeit von Bedeutung sind.

---

[19] *Martin,* Das Steuerungskonzept der informierten Öffentlichkeit, S. 33, 40; siehe dazu auch schon BVerwG, Urt. v. 26. 06. 1954 – BVerwG V C 78/54, BVerwGE 1, 159, 161: „[…] die Auffassung über das Verhältnis des Menschen zum Staat: Der Einzelne ist zwar der öffentlichen Gewalt unterworfen, aber nicht Untertan, sondern Bürger. Darum darf er in der Regel nicht lediglich Gegenstand staatlichen Handelns sein. Er wird vielmehr als selbstständige sittlich verantwortliche Persönlichkeit und deshalb als Träger von Rechten und Pflichten anerkannt."; *Langstädtler,* Effektiver Umweltrechtsschutz in Planungskaskaden, S. 56 f.; *Gaillet,* RFDA 2013, 793, 794.

[20] Nach Art. R.741–12 Code de justice administrative (Verwaltungsgerichtsordnung) kann der Richter dem Verfasser eines Antrags, den er für missbräuchlich hält, ein Bußgeld bis 10.000 € auferlegen; Allerdings wird in den Missbrauchsentscheidungen häufig nur festgestellt, dass ein solcher vorliegt, nicht warum, *Durup de Baleine,* Droit & Ville 2018 (1), 111, 112 f, der diesen Artikel insgesamt kritisch sieht. Weiteres Beispiel für die Einschränkung der Klagebefugnis ist Art. L 600–1-2 *Code de l ' urbanisme* (französisches Baugesetzbuch, „C.Urb."), wonach das *intérêt pour agir* vor dem Verwaltungsgericht mit einer besonderen unmittelbaren Beeinträchtigung begründet werden muss (Teil des Art. 80 des *Loi ELAN,* Loi n° 2018–1021 du 23 novembre 2018 portant évolution du logement, de l'aménagement et du numérique, JORF n° 272 du 24 novembre 2018).

[21] In acht Jahren wurde die Frist für die Einlegung von Rechtsmitteln im Rahmen der Umweltgenehmigung um 91 % verkürzt; vgl. Art. R.181–50 und R.514–3-1 C.Env., *Schnellenberger/ Schneider,* RJE 2018, 167, 169; die allgemeine Klagefrist vor den Verwaltungsgerichten, die aber hinter Spezialregelungen zurücktritt, beträgt zwei Monate, Art. R.421–1 und R.421–4 Code de justice administrative.

Art. 34 und 37 CF geben dem Parlament nur eine auf bestimmte Rechtsgebiete beschränkte Gesetzgebungskompetenz. Alle dort nicht ausdrücklich aufgezählten Bereiche werden deswegen aufgrund allgemeiner Ermächtigung auf dem Verordnungs-wege durch die Regierung geregelt (Gubernative Rechtssetzung).[22] Allerdings legt der *Conseil constitutionnel* Art. 34 CF weit aus, sodass alle wesentlichen Regelungs-bereiche erfasst sind, sodass gesetztesautonome Verordnungen, im Unterschied zu den in Deutschland bekannten gesetzesakzessorischen Verordnungen, mittlerweile zur Aus-nahme geworden sind.[23] Die Mitglieder des Parlaments können gem. Art. 39 CF zwar ebenfalls *propositions de loi* einbringen, solange diese gem. Art. 40 CF keine Ein-nahmenreduzierung oder Ausgabenerhöhung des Staatshaushaltes zu Folge haben,[24] machen davon aber seltener Gebrauch, sodass die meisten Gesetzesinitiativen von der Regierung kommen.[25] Gem. Art. 38 CF kann sich die Regierung die Rechtssetzungs-kompetenz für in Art. 34 CF genannte, auch grundrechtssensible Bereiche für einen begrenzten Zeitraum übertragen lassen, um so bestimmte Vorhaben in einem schnelleren Verordnungsverfahren umsetzen zu können, was insgesamt sehr häufig vorkommt.[26] Da diese *ordonnances* gem. Art. 38 Abs. 2 CF vom Ministerrat beschlossen und gem. Art. 13 CF von Staatspräsidenten unterschrieben werden müssen, hat der Staatspräsident faktisch ein „Vetorecht",[27] weswegen die *ordonnances* auch als „seine" Rechtssetzungs-akte bezeichnet werden. Sie finden in Deutschland kein entsprechendes Pendant.[28] Sie sind durch Gesetz zu ratifizieren, was aber bei gleicher politischer Zugehörigkeit von

---

[22] *Marsch,* in: Marsch/Vilain/Wendel (Hrsg.), Französisches und Deutsches Verfassungsrecht, § 5 Rn. 16, 19; *v. Bogdandy,* Gubernative Rechtssetzung, S. 262 f.

[23] *Mélin-Soucramanien/Pactet,* Droit constitutionnel, Rn. 1701; *Marsch,* in: Marsch/Vilain/ Wendel (Hrsg.), Französisches und Deutsches Verfassungsrecht, § 5 Rn. 12, 20.

[24] Eine ähnliche Regelung findet sich auch in Art. 113 GG.

[25] *Schnapauff/Capitant,* Staats- und Verwaltungsorganisation in Deutschland und Frankreich, S. 173.

[26] Vgl. auch *Schmidt-Aßmann/Dagron,* ZaöRV 2007, 395, 407; *Mestre,* Frankreich, in: v. Bogdandy/Cassese/Huber (Hrsg.), Handbuch Ius Publicum Europaeum, Bd. III: Verwaltungs-recht in Europa: Grundlagen, § 43 Rn. 66; *Waline,* Droit administratif, Rn. 41. Unabhängig davon ist der Notstandsartikel, Art. 16 CF, der es dem Präsidenten zunächst auf 30 Tage beschränkt erlaubt, in Situationen, in denen die Institutionen der Republik, die Unabhängigkeit der Nation, die Unversehrtheit ihres Hoheitsgebiets oder die Erfüllung ihrer internationalen Verpflichtungen ernsthaft und unmittelbar gefährdet sind und, wenn das ordnungsgemäße Funktionieren der verfassungsmäßigen öffentlichen Gewalten unterbrochen wird, ohne parlamentarische Kontrolle die gesetzgebenden und vollziehenden Gewalten allein auszuüben.

[27] *Jouanjan,* Frankreich, in: v. Bogdandy/Villalón/Huber (Hrsg.), Handbuch Ius Publicum Europaeum, Bd. I: Grundlagen und Grundzüge staatlichen Verfassungsrechts, § 2 Rn. 76 f; *Marsch,* in: Marsch/Vilain/Wendel (Hrsg.), Französisches und Deutsches Verfassungsrecht, § 5 Rn. 22.

[28] *Marsch,* in: Marsch/Vilain/Wendel (Hrsg.), Französisches und Deutsches Verfassungsrecht, § 5 Rn. 27.

Staatspräsident und Parlamentsmehrheit eher formalen Charakter hat. Frankreich verfolgt damit ein für die V. Republik charakteristisches Modell des „rationalisierten Parlamentarismus" mit einem möglichst flexiblen und schnellen Rechtssetzungsverfahren.[29] In diesen Zusammenhang passt auch, dass das normale Gesetzgebungsverfahren, die *„navette parlementaire"*, gem. Art. 44 Abs. 3 i. V. m. Art. 45 Abs. 2 CF zu jeweils einer Lesung und ggf. Beratung in einer gemischten Kommission abgekürzt werden kann.[30] Für den Fall, dass keine Einigung gefunden wird, werden Gesetzentwürfe grds. wie „Zustimmungsgesetze nach deutschen Verständnis" behandelt, bis die Regierung sie gem. Art. 45 Abs. 4 CF zu „Einspruchsgesetzen" erklärt, was dem Senat nur eine Rolle bei wenig umstrittenen Gesetzesvorhaben oder in Details zukommen lässt.[31]

Der Staatspräsident hat insgesamt eine sehr machtvolle Stellung, die weit über repräsentative Aufgaben anderer europäischer parlamentarischer Demokratien hinausgehen.[32] Er wird gem. Art. 6 CF alle fünf Jahre direkt vom Volk gewählt. Dies wird dadurch verstärkt, dass seit Anpassung des Wahlturnus der Staatspräsident und die politische Mehrheit in der Nationalversammlung häufig, aber eben nicht immer, demselben politischen Lager angehören. Gem. Art. 12 CF kann der Staatspräsident die *Assemblée Nationale* auflösen. Die politische Übereinstimmung hat zur Folge, dass die ansonsten übliche Teilung der exekutiven Aufgaben mit dem Premierminister stark in den Hintergrund tritt und letzterem eher nur regierungskoordinatorische Funktion zukommt, da der Staatspräsident gem. Art. 8 CF den Premierminister ernennt und ihn politisch zum Rücktritt drängen kann.[33] Statt Kabinettssitzungen unter

---

[29] *Lüsebrink,* Frankreich. Wirtschaft, Gesellschaft, Politik, Kultur, Mentalitäten, S. 181; *Vilain/ Wendel,* in: Marsch/Vilain/Wendel (Hrsg.), Französisches und Deutsches Verfassungsrecht, § 4 Rn. 12.

[30] *Mélin-Soucramanien/Pactet,* Droit constitutionnel, Rn. 1395 ff.; in der Legislaturperiode von 2012–2017 wurden 64 % der Gesetze in diesem beschleunigten Verfahren beschlossen. Die *„navette parlementaire"* bezeichnet die theoretisch endlose abwechselnde Beratung der beiden Kammern des Parlaments (*Assemblée Nationale* und *Sénat,* Art. 24 CF) um sich auf einen gemeinsamen Gesetzestext zu einigen, sofern keine *commission mixte paritaire* einberufen wird; siehe auch *Pierre,* L'article 45 de la constitution du 4 octobre 1958, Rationalisation de la navette parlementaire et équilibre des pouvoirs constitutionnels, S. 319 f; *v. Bogdandy,* Gubernative Rechtsetzung, S. 141.

[31] *Marsch,* in: Marsch/Vilain/Wendel (Hrsg.), Französisches und Deutsches Verfassungsrecht, § 5 Rn. 55.

[32] *Vilain/Wendel,* in: Marsch/Vilain/Wendel (Hrsg.), Französisches und Deutsches Verfassungsrecht, § 4 Rn. 14, 94.

[33] *Schnapauff/Capitant,* Staats- und Verwaltungsorganisation in Deutschland und Frankreich, S. 163; *Vilain,* in: Marsch/Vilain/Wendel (Hrsg.), Französisches und Deutsches Verfassungsrecht, § 4 Rn. 176; *Mélin-Soucramanien/Pactet,* Droit constitutionnel, Rn. 1014; *Jouanjan,* Frankreich, in: v. Bogdandy/Villalón/Huber (Hrsg.), Handbuch Ius Publicum Europaeum, Bd. I: Grundlagen und Grundzüge staatlichen Verfassungsrechts, § 2 Rn. 15.

Vorsitz des Premierministers (was dem deutschen Aufbau entsprechen würde) finden größtenteils Ministerratssitzungen unter Vorsitz des Staatspräsidenten, Art. 9 CF, statt. Die Außen- und Verteidigungspolitik bleibt als *domaine réservé* ausschließlich dem Staatspräsidenten vorbehalten.[34] Dem Parlament kommt trotz der eingeschränkten Legislativfunktion eine eingehegte Kontrollfunktion der Regierung und (auch wenn eher politisch als rechtlich) des Staatspräsidenten zu.[35]

Notwendige Grundlage dieser Arbeit ist die Auswertung von französischer Gesetzgebung, Rechtsprechung und Literatur. Rechtsnormen und Urteile werden von der französischen Regierung transparent abrufbar im Internet veröffentlicht.[36] Dazu gehören Parlamentsgesetze *(Lois)*, gesetzesvertretende Verordnungen des Staatspräsidenten *(ordonnances[37])*, Dekrete des Premierministers *(décrets)* und Erlasse von Ministern, Präfekten oder Bürgermeistern *(arrêtés)*. Um die Vielfalt an Normen zusammenzufassen und zu ordnen, wurde nach der Französischen Revolution begonnen, diese zu kodifizieren. Nachdem dies über die Jahre mit unterschiedlichem Erfolg betrieben wurde, wurde 1989 eine Kodifizierungskommission eingesetzt, die das Vorhaben beschleunigen sollte.[38] Insbesondere das öffentliche Recht, das bis dahin, im Gegensatz zum Zivilrecht nur wenig Systematisierung und Abstrahierung erfahren hatte,[39] hat davon profitiert.

Die *Codes* sind größtenteils zweiteilig aufgebaut: Der erste legislative Teil „L" enthält die Parlamentsgesetze, unter „R" sind im zweiten regulatorischen Teil die jeweils numerisch übereinstimmend dazu passenden Verordnungen der Exekutive zu finden. *Annexes* mit abgedruckten Tabellen finden sich am Ende des *Code*.

---

[34] *Schnapauff/Capitant*, Staats- und Verwaltungsorganisation in Deutschland und Frankreich, S. 163.

[35] *Vilain/Wendel*, in: Marsch/Vilain/Wendel (Hrsg.), Französisches und Deutsches Verfassungsrecht, § 4 Rn. 29 f.

[36] www.legifrance.gouv.fr; zu deren Normenhierarchie und der Gesetzgebungszuständigkeit und dem französischen Normenverständnis allgemein siehe statt vieler die Zusammenfassung bei *Lüer*, Der Ausgleich der Interessen der Wirtschaft und des Umweltschutzes in Frankreich, S. 132–138. Da auch alle relevanten Urteile für jedermann abrufbar auf *legifrance* veröffentlicht werden, wird bei den folgenden Urteilszitaten auf diese Quelle verwiesen.

[37] Zur Zwitterstellung der *ordonnance* siehe *v. Bogdandy*, Gubernative Rechtssetzung, S. 300 ff.

[38] Loi n° 99–1071 du 16 décembre 1999 portant habilitation du Gouvernement à procéder, par ordonnances, à l'adoption de la partie Législative de certains codes, JORF n° 296 du 22 décembre 1999; Décret n° 89–647 du 12 septembre 1989 relatif à la composition et au fonctionnement de la Commission supérieure de codification, JORF n° 213 du 13 septembre 1989.

[39] *Waline*, Droit administratif, Rn. 11; siehe zur Entwicklung des Verwaltungsverfahrensrechts bis zur Einführung des *Code des relations entre le public et l'administration* (Kodex der Beziehungen zwischen der Öffentlichkeit und der Verwaltung) im Jahr 2016 *Ziller*, Die Entwicklung des Verwaltungsverfahrensrechts in Frankreich, in: Hill et al. (Hrsg.), 35 Jahre Verwaltungsverfahrensgesetz – Bilanz und Perspektiven, S. 141 ff.; Der Code Civil, als Basis des Zivilrechts wurde schon 1804 verfasst.

Trotz der fortschreitenden Kodifizierung ist das französische öffentliche Recht immer noch stark richterrechtlich geprägt.[40] Für eine wissenschaftliche Arbeit lassen sich hilfreiche Informationen weniger aus den kurzen formelhaften Urteilen, sondern vielmehr aus den mittlerweile ebenfalls veröffentlichten Einschätzungen des Berichterstatters (*conclusions du rapporteur public* (früher: *Commissaire du gouvernement*)) gewinnen.[41] Erst seit ca. zwanzig Jahren werden Gesetzgebungsmaterialien veröffentlicht.[42]

3.2.3 Der *Conseil d'État* und das Verhältnis von Rechtsprechung und Literatur

Die Lehre und der wissenschaftliche Diskurs hatten lange keine mit Deutschland vergleichbare starke konfrontative Stellung.[43] Zum einen liegt bzw. lag das an der historisch durch seine Aufgaben als Gericht und Regierungsberatung bedingten machtvollen Stellung des *Conseil d'État*.[44] Der *Conseil d'État* ist in zwei „Hälften" geteilt, Art. L 121–3 Code de justice administrative (Verwaltungsgerichtsordnung, „*C.J.Ad.*"[45]). Auf der einen Seite die „Justizabteilung" *(section du contentieux),* die „normal" und zu Deutschland vergleichbar ihrer Aufgabe als höchstem Verwaltungsgericht nachkommt, Art. L 111–1 S. 1 C.J.Ad. Auf der anderen Seite existiert die „Beratungsabteilung", gegliedert in fünf thematische Sektionen, die die Regierung beraten und

---

[40] *Neumann/Berg,* Einführung in das französische Recht, § 2 Rn. 25 f; *Waline,* Droit administratif, Rn. 12; *Mestre,* Frankreich, in: v. Bogdandy/Cassese/Huber (Hrsg.), Handbuch Ius Publicum Europaeum, Bd. III: Verwaltungsrecht in Europa: Grundlagen, § 43 Rn. 77.

[41] *Hübner/Constantinesco,* Einführung in das französische Recht, S. 11 f.; Die *Conclusions* sind auf der Webseite des *Conseil d'État* im Tool „arianeweb" (www.conseil-etat.fr/ressources/decisions-contentieuses/arianeweb2 (zuletzt abgerufen am 20. 06. 2022)) unter Angabe der Urteilsnummer abrufbar.

[42] Unter www.legifrance.gouv.fr/liste/legislatures (zuletzt abgerufen am 20. 06. 2022) finden sich zu den jeweiligen Gesetzen ein *exposé des motifs,* eine *etude d'impact* und ggf. die *avis du Conseil d'État.*

[43] *Neumann/Berg,* Einführung in das französische Recht, § 2 Rn. 31; *Chrétien,* Frankreich, in: v. Bogdandy/Cassese/Huber (Hrsg.), Handbuch Ius Publicum Europaeum, Bd. IV: Verwaltungsrecht in Europa: Wissenschaft, § 59 Rn. 44; aA *Hübner/Constantinesco,* Einführung in das französische Recht, S. 12; vgl. zu dieser Thematik insgesamt: *Sommermann,* Das Verhältnis von Rechtswissenschaft und Rechtspraxis im Verwaltungsrecht. Vergleichende Betrachtungen zu Deutschland und Frankreich, in: Masing et al (Hrsg.), Rechtswissenschaft und Rechtspraxis, S. 83 ff.

[44] Vgl. dazu statt vieler *Schmidt-Aßmann/Dagron,* ZaöRV 2007, 395, 400 f; *Koch,* Verwaltungsrechtsschutz in Frankreich, S. 26 ff.; *Pause,* Der französische Conseil d'État als höchstes Verwaltungsgericht und oberste Verwaltungsbehörde, S. 200.

[45] Ordonnance n° 2000–387 du 4 mai 2000 relative à la partie Législative du code de justice administrative, JORF n° 107 du 7 mai 2000.

damit die ursprüngliche Funktion als Beratungsorgan des Königs fortführen.[46] 90 % der bearbeiteten Fälle entfallen durchschnittlich auf die Justizabteilung.[47] Die Mitglieder des *Conseil d'État* sind Beamte, keine Richter, aber sind auch ohne gesetzliche Garantie aufgrund langer Tradition ihrer herausgehobenen Stellung genügend vor politisch motivierter Versetzung geschützt und damit in ihrer Arbeit unabhängig.[48] Sie können grds. gem. Art. R 121–3 Abs. 1 C.J.Ad. gleichzeitig der Justiz- und Beratungsabteilung zugeordnet sein. Dieses Nebeneinander von Justiz- und Beratungsorgan widerspricht nicht dem grundlegenden und immer noch gültigen Gesetz von 1790, worin es heißt: *„Les fonctions judiciaires sont distinctes et demeureront toujours séparées des fonctions administratives"*[49], da damit die ordentliche Gerichtsbarkeit gemeint ist. Die Verwaltungsgerichtsbarkeit wird im Gegensatz dazu sogar als mit der Verwaltung „verschmolzen" bezeichnet.[50] Die theoretisch mögliche Einflussnahme der Regierung auf die Arbeit des *Conseil d'État* wird nicht aktiv ausgeübt.[51] Viele Gesetze sehen vor, dass die auf sie bauenden Anwendungsdekrete nur nach obligatorischer Anhörung des *Conseil d'État* erlassen werden dürfen, insbesondere wenn Grundrechte betroffen sind *(décret en Conseil d'État)* – wobei die Stellungnahme *(avis)* nicht bindend ist, aber trotzdem häufig beachtet wird.[52] Gem. Art 39 Abs. 2, 38 Abs. 2 S. 1 CF und Art. L 112–1 C.J.Ad. ist eine Stellungnahme zwingend vor Erlass von Gesetzesvorhaben der Regierung und *ordonnances* einzuholen. In besonderen Fällen von Einzelfallmaßnahmen mit Grundrechtsbezug, z. B. bei der Gemeinnützigkeitserklärung, ist die zwingende Beteiligung

---

[46] *Gaillet*, RFDA 2013, 793, 795 ff.

[47] Der Jahresbericht für die zurückliegenden letzten 10 Jahre ist abrufbar unter www.conseil-etat.fr/publications-colloques/rapports-d-activite (zuletzt abgerufen am 20. 06. 2022).

[48] *Pause*, Der französische Conseil d'État als höchstes Verwaltungsgericht und oberste Verwaltungsbehörde, S. 100 f., 147 f., 202; *Burdeau*, Histoire de l'administration française, S. 298.

[49] Art. 13 Loi des 16–24 août 1790 sur l'organisation judiciaire, Recueil Duvergier 1790 S. 361 (übersetzt: Die richterlichen Funktionen sind von den administrativen Funktionen getrennt und werden immer getrennt bleiben.).

[50] *Pause,* Der französische Conseil d'État als höchstes Verwaltungsgericht und oberste Verwaltungsbehörde, S. 147.

[51] Gem. Art. L 121–1 Abs. 2 C.J.Ad. untersteht der CE der Zuständigkeit des Premierministers, der auch den Vorsitz der Generalversammlung übernehmen kann; Gem. Art. R 123–24 C.J.Ad. haben Ministeriumsbeamte das Recht bei ihr Zuständigkeitsgebiet betreffenden Sitzungen des *Conseil d'État* mit beratender Stimme beizuwohnen; *Pause*, Der französische Conseil d'État als höchstes Verwaltungsgericht und oberste Verwaltungsbehörde, S. 101.

[52] *Schnapauff/Capitant*, Staats- und Verwaltungsorganisation in Deutschland und Frankreich, S. 195; *Marsch*, in: Marsch/Vilain/Wendel (Hrsg.), Französisches und Deutsches Verfassungsrecht, § 5 Rn. 36.

des *Conseil d'État* vorgeschrieben, dessen Gutachten *(avis conforme)* dann Bindungs-wirkung zukommt.[53]

Ein weiterer Grund für die untergeordnete Stellung der Lehre gegenüber der Recht-sprechung ist, dass die auffallend kurzen höchstrichterlichen Urteile sich nicht wie in Deutschland mit Literaturmeinungen auseinandersetzen.[54] Ausgehend von dem berühmten *Blanco*-Urteil im Jahr 1873,[55] das die Zuständigkeit der Verwaltungsgerichts-barkeit von der ordentlichen Gerichtsbarkeit abgrenzte, hat der *Conseil d'État* mit seinen Urteilen selbstständig ein systematisches Verwaltungsrecht geschaffen.[56] Der Lehre blieb lange Zeit hauptsächlich eine Rolle als Beobachterin oder Kommentatorin.[57]

Zum anderen wird in der Literatur selbst weniger aufeinander Bezug genommen und sich eindeutig für oder gegen eine These positioniert, sodass sich etwas Vergleichbares wie eine „herrschende Lehre" in Opposition zu einer „herrschenden Rechtsprechungs-ansicht" nur eingeschränkt herausbilden konnte. Jedoch hat sich der *Conseil d'État* in den letzten Jahren geöffnet und konsultiert gelegentlich vor wichtigen Entscheidungen Professoren in einer Anhörung oder hat die Möglichkeit der Berücksichtigung von *amicus curiae*-Schreiben geschaffen.[58] Auch finden sich in den *conclusions du rapporteur public,* die der Entscheidungsvorbereitung dienen, teilweise Verweise auf Literaturmeinungen.[59]

---

[53] *Pause,* Der französische Conseil d'État als höchstes Verwaltungsgericht und oberste Ver-waltungsbehörde, S. 157, *v. Bogdandy,* Gubernative Rechtssetzung, S. 438.

[54] Vgl. auch *Lafaix,* Das Verhältnis von Rechtswissenschaft und Rechtspraxis im Verwaltungsrecht, in: Masing et al. (Hrsg.), Rechtswissenschaft und Rechtspraxis, S. 60, 69; *Burdeau,* Histoire du droit administratif, S. 323: „[übersetzt] Hypnotisiert durch die Rechtsprechung, der sie das Leben verdankt, formt die Lehre ihren Geleitzug".

[55] Tribunal des conflits, Urt. v. 8. 02. 1873, n° 12, legifrance; Dieses Gericht ist ausschließlich dafür zuständig Zuständigkeitsfragen zwischen den beiden Justizzweigen zu klären, Art. 25 Loi du 24 mai 1872 relative au Tribunal des conflits, JORF n° 148 du 31 mai 1872; im Art. 1 des-selben Gesetzes wurde die Unabhängigkeit des *Conseil d'État* bestätigt. Fortan sind dessen Ent-scheidungen für die Verwaltung bindend.

[56] *Pause,* Der französische Conseil d'État als höchstes Verwaltungsgericht und oberste Ver-waltungsbehörde, S. 78 m. w. N.

[57] So auch *Pause,* Der französische Conseil d'État als höchstes Verwaltungsgericht und oberste Verwaltungsbehörde, S. 201 m. w. N.

[58] *Lafaix,* Das Verhältnis von Rechtswissenschaft und Rechtspraxis im Verwaltungsrecht, in: Masing et al. (Hrsg.), Rechtswissenschaft und Rechtspraxis, S. 73 m. w. N.

[59] Ebenfalls: *Sommermann,* Das Verhältnis von Rechtswissenschaft und Rechtspraxis im Ver-waltungsrecht. Vergleichende Betrachtungen zu Deutschland und Frankreich, in: Masing et al. (Hrsg.), Rechtswissenschaft und Rechtspraxis, S. 98.

3.3   Kurzüberblick über das französische Planungs- und Genehmigungsrecht mit Bezug zur Umwelt

Zum besseren Verständnis und damit der spätere Vergleich „kontextsensitiv"[60] erfolgen kann, wird in der gebotenen Kürze ein Überblick über das französische Planungs- und Genehmigungsrecht mit Bezug zur Umwelt und den oben im zweiten Kapitel beschriebenen Rechtsgebieten gegeben. Inhalt ist der geschichtliche Hintergrund (Abschn. 3.3.1), der Anwendungsbereich der neu geschaffenen konzentrierten Umweltgenehmigung (Abschn. 3.3.2), Erläuterungen zum französischen System der Verwaltungszuständigkeiten (Abschn. 3.3.3) und das Vorgehen bei Vorhaben, die nicht in den Anwendungsbereich der konzentrierten Umweltgenehmigung fallen, hier aber trotzdem Erwähnung finden sollen, da sie in Deutschland planfeststellungspflichtig wären und von den im zweiten Kapitel behandelten Privilegierungen erfasst sind (Abschn. 3.3.4).

3.3.1   Geschichtlicher Hintergrund

Die Grundlagen des französischen Umweltschutzrechts gehen auf das Jahr 1975 zurück und wurden mit wegweisenden Gesetzen aus dem Jahr 1995 *(Loi Barnier)*[61] und den *Grenelle*-Gesetzen aus den Jahren 2009 und 2010[62] gefestigt.[63] Seit dem Jahr 2000 existiert das französische Umweltgesetzbuch: der *Code de l'environnement („C.Env.")*.[64] Über die *Charte de l'environnement*[65] hat Umweltschutz in Frankreich seit 2005

---

[60] *Markus,* ZaöRV 2020, 649, 700.

[61] Loi n° 95–101 du 2 février 1995 relative au renforcement de la protection de l'environnement (Gesetz über die Stärkung des Umweltschutzes), JORF n° 29 du 3 février 1995; Michel Barnier war damals Umweltminister.

[62] „Grenelle I": Loi n° 2009–967 du 3 août 2009 de programmation relative à la mise en œuvre du Grenelle de l'environnement, JORF n° 179 du 5 août 2009; „Grenelle II": Loi n° 2010–788 du 12 juillet 2010 portant engagement national pour l'environnement, JORF n° 160 du 13 juillet 2020; „le Grenelle de l ' Environnement" ist ein parteiübergreifendes Diskussionsforum das das Ziel hatte, langfristige Entscheidungen hinsichtlich Nachhaltigkeit, Biodiversität, Treibhausgasreduzierung etc. zu debattieren und das zu wesentlichen Gesetzesreformen geführt hat. Siehe dazu: *Prieur,* Droit de l'environnement, Rn. 294, 299 ff.; *Bétaille,* REDE 2007, 437–454; *Boy et al.,* Le Grenelle de l'environnement, S. 301–311.

[63] *Lüer,* Der Ausgleich der Interessen der Wirtschaft und des Umweltschutzes in Frankreich, S. 53 m. w. N.

[64] Ordonnance n° 2000–914 du 18 septembre 2000 relative à la partie législative du code de l'environnement, JORF n° 219 du 21 Septembre 2000; vgl. *Neyret,* France, in: Lees/ Viñuales (Hrsg.), The Oxford handbook of comparative law, S. 173.

[65] *Loi constitutionnelle n° 2005–205 du 1er mars 2005 relative à la Charte de l'environnement, JORF n° 51 du 2 mars 2005.*

Verfassungsrang.[66] Mit ihr ist es gelungen, dem Umweltrecht eine innere Stringenz zu verleihen und den Grundsatz der Beteiligung im Umweltbereich in Art. 7 der Umwelt-charta gesetzlich zu verankern.[67] Die Verpflichtung Umweltschäden zu verhindern gilt nach Urteil des *Conseil constitutionnel* (höchstes französisches „Verfassungsgericht"[68]) auch für die Beziehung zwischen Privatpersonen.[69] Im Jahr 2017 wurde das französische Umweltverwaltungsrecht grundlegend reformiert.[70] Von nun an wird ein projekt-bezogener und nicht mehr verfahrensbezogener Ansatz verfolgt.[71] Das bedeutet, dass Bezugspunkt für den Anwendungsbereich der „konzentrierten" Umweltgenehmigung das konkrete Projekt ist, unabhängig davon, welches baurechtliche Verfahren parallel dazu durchgeführt werden muss.[72] Der Staat soll vermehrt eine „begleitende Haltung"

---

[66] *Lüer,* Der Ausgleich der Interessen der Wirtschaft und des Umweltschutzes in Frankreich, S. 53 m. w. N.; *Prieur,* Droit de l'environnement, Rn. 75 ff.

[67] *Bertrand/Marguin,* RJE 2017, 457, 470; Infolgedessen findet sogar für Entscheidungen, die keine Einzelentscheidungen von Behörden sind (Lois, ordonnances und décrets) gem. Art. 123–19-1 ff. C.Env. (mit mehreren Ausnahmen) eine *consultation publique* statt, bei der sich jedermann innerhalb eines Monats auf elektronischem Wege äußern kann. Der Beschlussentwurf kann nicht vor Ablauf einer Frist endgültig angenommen werden, die es ermöglicht, die von der Öffentlich-keit eingereichten Stellungnahmen und Vorschläge zu prüfen und eine Zusammenfassung dieser Stellungnahmen und Vorschläge zu erstellen. Siehe dazu www.vie-publique.fr/consultations (zuletzt abgerufen am 20. 06. 2022).

[68] Der *Conseil constitutionnel* besteht gem. Art. 56 CF aus neun Mitgliedern, die (je 1/3 alle drei Jahre) für neun Jahre ohne Verlängerungsmöglichkeit vom Staatspräsident, Präsident der National-versammlung oder Präsident des Senats ernannt werden. Um Mitglied des *Conseil constitutionnel* zu werden, ist keine Alters- oder Berufsqualifikation erforderlich, es bestehen aber bestimmte Hinderungsgründe der Mitgliedschaft aus Berufs- bzw. Amtsgründen. Derzeit sind 5 von 9 Mit-glieder Juristen, 4 von 9 haben an der ENA (École nationale d'administration) studiert. Die ehemaligen Präsidenten der Republik sind von Rechts wegen und auf Lebenszeit Teil des *Con-seil constitutionnel.* Allerdings haben sich die letzten beiden französischen Präsidenten *Sarkozy* und *Hollande* entschieden, nicht (mehr) Mitglied sein zu wollen. Auch können personelle Ver-flechtungen mit dem *Conseil d'État* bestehen, *Pause,* Der französische Conseil d'État als höchstes Verwaltungsgericht und oberste Verwaltungsbehörde, S. 105; Die mündlichen Verhandlungen werden aufgezeichnet und sind fast tagesaktuell bei der zugehörigen Entscheidung als *video de la séance* auf der Internetseite des *Conseil constitutionnel* abrufbar, www.conseil-constitutionnel.fr/decisions.

[69] CC, Décision n° 2017–672 QPC du 10 novembre 2017, JORF n° 264 du 11 novembre 2017; *Neyret,* France, in: Lees/Viñuales (Hrsg.), The Oxford handbook of comparative law, S. 174.

[70] Ordonnance n° 2017–80 du 26 janvier 2017 relative à l'autorisation environnementale, JORF n° 23 du 27 janvier 2017; Décret n° 2017–81 und n° 2017–82 du 26 janvier 2017 relatif à l'autorisation environnementale; JORF n° 23 du 27 janvier 2017.

[71] Commissariat général au développement durable (Hrsg.), La modernisation du droit de l'environnement, S. 1.

[72] *Garancher/Nicolas/Pessoa,* Mener une évaluation environnementale, S. 40.

einnehmen und den reibungslosen Ablauf der Verfahren erleichtern, indem er so viele Informationen wie möglich über die Erwartungen an den Vorhabenträger bereitstellt.[73]

3.3.2 Anwendungsbereich der „konzentrierten" Umweltgenehmigung

Gem. Art. L. 181–1 C.Env. ist der Anwendungsbereich der Umweltgenehmigung eröffnet a) für Anlagen, die für die öffentliche Gesundheit, Sicherheit und Hygiene, Landwirtschaft, Natur, Umwelt und Landschaften oder nachhaltige Energienutzung oder den Denkmalschutz erhebliche Gefahren oder Nachteile mit sich bringen (Art. L.512-1, L. 511-1 C.Env.). Die im Annex zu R 511-9 genannten Anlagen sind aufgrund europarechtlicher Prägung durch Richtlinienumsetzung mit der 4. BImSchV vergleichbar, gehen aber im Umfang darüber hinaus. Dabei wird in der Tabelle zwischen einer Pflicht zu *autorisation* (Genehmigung, Art. L. 512-1 C.Env.), *enregistrement* (Eintragung, Art. L. 512-7 C.Env.), und *déclaration* (Anzeige, Art. L. 512-8 C.Env.) unterschieden. Diese Dreistufigkeit ist ansatzweise mit Anzeigepflicht, vereinfachtem und förmlichem Genehmigungsverfahren nach dem BImSchG vergleichbar, da verschiedene Verfahren mit unterschiedlich intensiver Öffentlichkeitsbeteiligung je nach Gefährlichkeit der Anlage angewendet werden.[74]

Des Weiteren greift die Umweltgenehmigung b) bei Vorhaben mit „Wasserbezug": wenn gem. Art. L. 214-3 Abs. 1 C.Env. der freie Wasserfluss beeinträchtigt, die Wasserressourcen verringert, die Überschwemmungsgefahr erheblich erhöht, oder die Qualität oder Vielfalt der aquatischen Umwelt, insbesondere der Fischpopulationen, ernsthaft beeinträchtigt werden kann. Die konkreten Vorhaben sind in einer Tabelle in Art. R. 214-1 C.Env. aufgelistet. Der Umfang dieses Anwendungsfeldes ist größer, als es auf den ersten Blick erscheint. So können aufgrund dieser Norm beispielsweise der Bau eines neuen Autobahnabschnittes oder einer Hochspannungsleitung mittels einer *autorisation environnemental* durch ein *arrêté préfectoral* genehmigt werden, weil der Bau negative Auswirkungen auf Gewässer und aquatische Ökosysteme sowie auf geschützte Arten und Lebensräume hat.[75]

---

[73] Commissariat général au développement durable (Hrsg.), La modernisation du droit de l'environnement, S. 1

[74] *Prieur,* Droit de l'environnement, Rn. 970, 976 f.

[75] Beispielsweise sind hier aufgeführt: Autobahn zur Umfahrung von Straßburg, „Bescheid" aus dem Jahr 2018 abrufbar unter https://twi-terre.net/images/agir/gco/2018-08-31-AP-ARCOS.pdf; Querverbindende Autobahn in Burgund, „Bescheid" aus dem Jahr 2020 abrufbar unter www. allier.gouv.fr/IMG/pdf/ap_ae_rcea_num_1934_du_7_aout_2020.pdf; Umweltgenehmigung einer Hochspannungsleitung aus dem Jahr 2019, abrufbar unter www.nord.gouv.fr/content/download/65112/406294/file/Arrêté_interpréfectoral_AE_THT_Avelin-Gavrelle_29_10_2019.pdf (alle zuletzt abgerufen am 20. 06. 2022).

Drittens ist die Umweltgenehmigung anwendbar c) bei allen Vorhaben, für die gem. Art. L. 122-1-1 Abs. 2 S. 2 und 3, Art. R. 122-2 C.Env. und dem entsprechenden Annex eine Umweltverträglichkeitsprüfung durchzuführen ist, die aber ansonsten nicht unter die bisher genannten Genehmigungspflichten fallen und von Präfekten genehmigt werden. Darunter könnten dem ersten Halbsatz nach grds. auch größere Verkehrs- und Energie-infrastrukturvorhaben fallen, da diese regelmäßig die in *Annex R 122-2* dargestellten Schwellen hinsichtlich der Projektgröße überschreiten und damit UVP-pflichtig sind. Allerdings ist der Präfekt für diese nicht zuständig und die Kompetenzverteilung in einem zentralistisch geprägten Staat wie Frankreich unterscheidet sich deutlich von dem deutschen föderalen System.

Da die umfassende Umweltgenehmigung mehrere der benötigten Genehmigungen inkludiert, Art. L 181-2 C.Env., wird mit einer deutlichen Beschleunigung und erhöhter Rechtssicherheit gerechnet.[76] Die Genehmigungsdauer soll nicht mehr als neun Monate betragen und die Verwaltung kann für die Nichteinhaltung der Frist haftbar gemacht werden,[77] wobei aber das Schweigen des zuständigen Präfekten als Ablehnung des Genehmigungsantrags gilt, Art. R 181-42 C.Env. Eine Baugenehmigung *(permis de construire* oder *d'aménager)* muss normalerweise immer zusätzlich beantragt werden, da der Gesetzgeber die Kompetenzen der dafür zuständigen Bürgermeister nicht grund-legend antasten wollte. Für Windräder und staatliche Straßen- und Eisenbahninfra-struktur gilt allerdings die Ausnahme, dass neben der Umweltgenehmigung keine zusätzliche Baugenehmigung eingeholt werden muss, Art. L. 515-44 C.Env.[78] Die Bau-genehmigung kann vor der Umweltgenehmigung erteilt werden, darf aber erst nach Erteilung der Umweltgenehmigung ausgeführt werden.[79]

3.3.3   Erläuterung zum französischen System der Verwaltungszuständigkeiten

Der Präfekt ist gem. Art. 72 aE der französischen Verfassung (CF)[80] ein Vertreter des Zentralstaats und jedes Regierungsmitglieds im *département* (Vergleichbar mit einem

---

[76] Commissariat général au développement durable (Hrsg.), La modernisation du droit de l'environnement, S. 3; *Schnellenberger/Schneider,* RJE 2018, 167, 168; aA *Wernert,* RJE 2018, 585, 586.

[77] *Prieur,* Droit de l'environnement, Rn. 980; *Schnellenberger/Schneider,* RJE 2018, 167, 169.

[78] *Prieur,* Code de l'environnement, Rn. 129, 968, 1394; Commissariat général au développement durable (Hrsg.), La modernisation du droit de l'environnement, S. 3.

[79] Commissariat général au développement durable (Hrsg.), La modernisation du droit de l'environnement, S. 3.

[80] Constitution du 4 octobre 1958, JORF n° 234 du 5 octobre 1958.

Regierungsbezirk) und setzt die nationale Politik um.[81] Er kontrolliert die Handlungen der Gebietskörperschaften ex post und kann deren Rechtmäßigkeit durch das Verwaltungsgericht überprüfen lassen (Legalitätskontrolle statt Aufsicht).[82] Er ist zuständig für die Erteilung der Umweltgenehmigung, Art. L. 181-2 C.Env.[83] Er ist politischer Beamter und wird durch ein Dekret des Staatspräsidenten im Ministerrat auf Vorschlag des Premierministers und des Innenministers ernannt.[84] Das „Druckmittel" der Versetzung wird in der Verwaltungspraxis durchaus, mal direkt, mal weniger direkt, gegen „unliebsame" Präfekten genutzt.

Eine Ebene „höher", auf Ebene der Regionen *(Régions de France),* ist seit 1. Januar 2016 die Zuständigkeit insbesondere für die Verwaltung von Häfen und Flughäfen, Regional-Express-Zügen (TER), (Überland-) Straßen und öffentlichen Busbahnhöfen angesiedelt.[85] Die Regionen treten in Kontrast zum historischen administrativen Zentralismus, haben aber nur einen kleinen autonomen finanziellen Spielraum, sodass ihre Bedeutung nur langsam wächst.[86] Sie koordinieren des Weiteren über einen Regionalplan für Planung, nachhaltige Entwicklung und Gleichstellung der Gebiete (SRADDET)[87] auch die Bekämpfung des Klimawandels und der Luftverschmutzung und Förderung der Artenvielfalt. Seine Ziele sind für städtebauliche Verfahren verbindlich, Art. L 131-1 *Code de l ' urbanisme* (französisches Baugesetzbuch, „C.Urb."[88]).

Eine Ebene „tiefer", auf Ebene der Gemeinden *(commune,* mehr als 36.000, im Vergleich zu ca. 16.000 in Deutschland[89]), hat der Bürgermeister *(Maire)* grds. die für den Untersuchungsgegenstand dieser Arbeit relevante Zuständigkeit für die Erteilung der Baugenehmigung, Art. R.422-1 C.Urb.

---

[81] *Waline,* Droit administratif, Rn. 112; *Gaudemet,* Traité de droit administratif, Bd. 1, Rn. 185; für eine historische Einordnung der Stellung des Präfekten vgl. *Mestre,* Frankreich, in: v. Bogdandy/ Cassese/Huber (Hrsg.), Handbuch Ius Publicum Europaeum, Bd. III: Verwaltungsrecht in Europa: Grundlagen, § 43 Rn. 33 f.

[82] Spannowsky, ZUR 2021, 659, 664.

[83] *Prieur,* Droit de l'environnement, Rn. 978.

[84] Décret n° 64-805 du 29 juillet 1964 fixant les dispositions réglementaires applicables aux préfets, JORF n° 181 du 5 août 1964.

[85] Loi n° 2015-991 du 7 août 2015 portant nouvelle organisation territoriale de la République, JORF° 182 du 8 août 2015.

[86] *Lüsebrink,* Frankreich. Wirtschaft, Gesellschaft, Politik, Kultur, Mentalitäten, S. 15, 113 f, 186.

[87] Siehe diesbezüglich detaillierter *Spannowsky,* ZUR 2021, 659, 661.

[88] Décret n° 54-766 du 26 juillet 1954 portant codification des textes législatifs concernant l'urbanisme et l'habitation, JORF n° 172 du 27 juillet 1954.

[89] *Vilain,* in: Marsch/Vilain/Wendel (Hrsg.), Französisches und Deutsches Verfassungsrecht, § 3 Rn. 109.

3.3.4   Was gilt in Frankreich für Infrastrukturvorhaben, die in Deutschland planfeststellungspflichtig wären?

Ein Planfeststellungsverfahren wie in Deutschland, in dem nicht nur der genaue Standort festgelegt wird, sondern dem gleichzeitig enteignungsrechtliche Vorwirkung zukommt, gibt es in dieser strengen Verfahrensform nicht. Teil der vorzulegenden Antragsunterlagen der Umweltgenehmigung ist gem. Art. R. 181-4 und Art. R. 181-13 Nr. 3 C. Env. eine Projektbeschreibung mit Standortangabe und ein Dokument, aus dem hervorgeht, dass der Antragsteller Eigentümer des Grundstücks ist oder das Recht hat, sein Projekt dort durchzuführen, oder dass ein Verfahren läuft, das ihm dieses Recht verleiht. Daher ist zumindest teilweise vorgeschaltet, zum einen die Festlegung des genauen Standorts notwendig und zum anderen ein Enteignungsverfahren nach dem *Code de l'expropriation pour cause d'utilité publique ("C.Ex.")* durchzuführen.

Zur Beplanung des öffentlichen Raums existieren auch in Frankreich verschiedene Pläne auf verschiedenen Ebenen,[90] auf die bei den jeweiligen Genehmigungen Rücksicht genommen werden muss. Alle diese Pläne, die der Abstimmung zwischen verschiedenen Gebietskörperschaften oder staatlichen Institutionen dienen, respektieren die in Art. L.101-1 bis 101-3 C.Urb. festgelegten Grundsätze der Gleichwertigkeit, Stadterneuerung, wirtschaftlichen Bodenbewirtschaftung, sozialen Mischung und des Umweltschutzes. Die Stadtplanungsdokumente und insbesondere der Bebauungsplan sind für die Umweltgenehmigung verbindlich.[91]

Für Vorhaben, die nicht in den Anwendungsbereich der Umweltgenehmigung fallen gibt es kein allgemeines Verfahrensgesetz. Das französische Verwaltungsrecht hat traditionell einen „nicht-formalistischen" Charakter,[92] das heißt, dass es mehr auf das Ergebnis ankommt als auf den Weg dahin. Denn nach französischem Verständnis wurde das Recht für den Staat gemacht – ganz im Gegenteil zu Deutschland, wo sich der Staat anhand des Rechts (und des Rechtsstaats) entwickelt hat.[93] „In Frankreich wird traditionell der Charakter des Gesetzes als Ausdruck politischer Einigung und Gestaltung betont, während in Deutschland das Gesetz nach überkommener Auffassung zunächst

---

[90] Eine Übersicht findet sich unter www.geoportail-urbanisme.gouv.fr; in ihrer überregionalen Bedeutung aufsteigend sind dies die *documents d'urbanisme (DU): Les plans locaux d'urbanisme (PLU); Les plans locaux d'urbanisme intercommunaux (PLUi); Les cartes communales (CC); Les plans d'occupation des sols (POS); Les plans de sauvegarde et de mise en valeur (PSMV); Les Schémas de cohérence territoriale (SCoT);* siehe dazu auch *Spannowsky,* ZUR 2021, 659, 660 f.

[91] CE, Urt. v. 16. 12. 2016, n° 391452, legifrance.

[92] *Ladenburger,* Verfahrensfehlerfolgen im deutschen und französischen Verwaltungsrecht, S. 27; vgl. auch *Schmidt-Aßmann/Dagron,* ZaöRV 2007, 395, 399, die für Frankreich von Funktions-, statt Formenorientierung sprechen.

[93] *Maclouf,* The „Modernization of the State" in France, in: Blümel/Pitschas (Hrsg.), Reform des Verwaltungsverfahrensrechts, S. 173, 178; vgl. *Gaillet,* in: Marsch/Vilain/Wendel (Hrsg.), Französisches und Deutsches Verfassungsrecht, § 2 Rn. 44 f.

einmal dazu da ist, die Freiheitssphäre des Individuums gegen staatliche Zugriffe abzu-sichern."[94] Aus Ermangelung eines umfassenden allgemeinen Verfahrensgesetzes werden nacheinander einzelne Verfahrenshandlungen durchgeführt, wie zum Beispiel die Durchführung eines *débat public;* Vorstudien zur Auswahl einer Vorzugsvariante der Streckenführung, die immer mit Beteiligung der Öffentlichkeit einhergeht, die Fest-legung eines 1000 m-Streckenkorridors durch den Verkehrsminister,[95] die Festlegung eines 500 m-Streckenkorridors durch den Präfekten,[96] die eigentliche Öffentlichkeits-beteiligung *(enquête publique),* die Erklärung des konkret festgelegten Vorhabens durch den Premierminister, unter Anhörung des *Conseil d'État,* als dem öffentlichen Nutzen dienend *(déclaration d'utilité publique),*[97] oder die abschließende (Bau-) Genehmigung durch den Präfekten, ohne dass schriftlich in einem einzigen Gesetz im weiteren Sinne einseitig festgelegt ist, dass es so abzulaufen hat. Stattdessen gibt es Rahmenprotokolle zwischen Staat (ggf. vertreten durch den Präfekten), Regionen und der ausführenden Gesellschaft, beispielsweise der *SNCF,* der staatlichen Eisenbahngesellschaft Frank-reichs.[98] Das kann des Weiteren damit begründet werden, dass große Infrastruktur-projekte häufig in Form von Public-Private-Partnership-Verträgen realisiert werden, in denen sich der zukünftige Betreiber verpflichtet, die einzelnen Verfahrensschritte so durchzuführen, dass die Genehmigung im vorgegebenen Zeitraum erteilt werden kann.[99]

---

[94] *Schmidt-Aßmann/Dagron,* ZaöRV 2007, 395, 433, wobei in jüngerer Vergangenheit Tendenzen der Annäherung zu erkennen sind, da beispielsweise in der französischen Rechtsprechung auch mehr Wert auf Bestimmtheit gelegt wird.

[95] Siehe hier beispielsweise eine solche Entscheidung für den Bau einer TGV-Strecke www.gpso. fr/decision_ministerielle_23octobre_2013.pdf (zuletzt abgerufen am 20. 06. 2022); bei Energie-infrastrukturvorhaben verhält es sich ähnlich.

[96] www.gpso.fr/arrete_prefectoral_40_mars2014.pdf geändert durch www.gpso.fr/arrete_prefectoral_40_octobre2020V2.pdf (beide zuletzt abgerufen am 20. 06. 2022).

[97] Décret n° 2016-738 du 2 juin 2016 déclarant d'utilité publique et urgents les travaux nécessaires à la réalisation des lignes ferroviaires à grande vitesse Bordeaux–Toulouse et Bordeaux–Dax […] et emportant mise en compatibilité des documents d'urbanisme des communes […], JORF n° 130 du 5 juin 2016.

[98] Www.gpso.fr/protocole_cadre_gpso.pdf (zuletzt abgerufen am 20. 06. 2022). Das Rahmen-protokoll wird ganz zu Beginn, nach Durchführung der débat public geschlossen und betrifft damit einen anderen Verfahrensstand, als die nachfolgend erwähnte PPP, die auch die konkrete Bauaus-führung miteinschließt. So weit sind die Planungen beim Rahmenprotokoll noch gar nicht.

[99] Siehe hierzu beispielsweise den per Dekret des Premierministers genehmigten Vertrag zum Bau einer neuen TGV-Strecke zwischen Nîmes und Montpellier: Décret n° 2012-887 du 18 juillet 2012 approuvant le contrat de partenariat passé entre Réseau ferré de France et la société Oc'Via pour la conception, la construction, le fonctionnement, la maintenance, le renouvellement et le financement du contournement ferroviaire de Nîmes et de Montpellier (CNM), JORF n° 166 du 19 juillet 2012. Dort heißt es in Art. 4 unter Nr. 5.2 (übersetzt) „Der Umfang und die Merkmale der Strecke sowie die Anforderungen an ihren Bau sind im Vertrag und seinen Anlagen […] und dem vom Inhaber unter seiner alleinigen Verantwortung erstellten Basisprojekt […] festgelegt. Der Inhaber ist verpflichtet, die Verpflichtungen einzuhalten, die er gegenüber staatlichen Stellen, Gebietskörperschaften, Organisationen oder Dritten eingegangen ist, insbesondere im Rahmen der

Frankreich verfolgt eine historisch gewachsene „patriotische" und aktiv regulierende Wirtschaftspolitik, die französische Unternehmensstandorte aktiv unterstützt, und insgesamt deutlich lenkender eingreift als in Deutschland.[100] Deswegen „ist die räumliche Planung unmittelbar entwicklungsorientiert und maßnahmenbezogen ausgelegt, weil sie mit den Förderinstrumenten und Anreizen der staatlichen Investitionsprogramme verknüpft ist."[101]

In dem *arrêté,* der die Bauausführung erlaubt, werden zu Beginn, die einzelnen *codes* und *loi*s und *décret*s aufgezählt, auf die er gestützt wird. Im Fall des eingangs erwähnten Projekts „Grand Paris Express" ist durch Gesetz festgelegt, dass der Gesamtplan der Linienführung später durch ein Dekret des Premierministers, nach Anhörung des *Conseil d'État* i. V. m. Art. L. 122-10 C.Env. genehmigt werden kann und wie das Verfahren dazu abzulaufen hat.[102]

3.4 Erläuterung der französischen Verfahrensbesonderheiten und ihr Vergleich zu Deutschland

Im Folgenden werden die beiden ausgewählten Verfahrensbesonderheiten vorgestellt. Es wird jeweils auf die Rechtsgrundlage, Einbettung in den Verfahrensablauf, Stimmen aus Literatur und Rechtsprechung und etwaige positive oder negative verfahrenstechnische oder gesamtgesellschaftliche Auswirkungen eingegangen. Auch erfolgt ein Vergleich zu den deutschen Regelungen (Abschn. 3.4.1.4 und 3.4.2.1).

3.4.1 Die CNDP und der *débat public*

Der *débat public* ist ein Dialogangebot zwischen Bürgern, Vorhabenträgern und Verwaltung. Er wird von der *Commission nationale du débat public* (CNDP) als unabhängige Behörde (*autorité administrative indépendante,* AAI) organisiert und geleitet.[103] Die AAIs sind nicht in die hierarchische Verwaltungsstruktur eingegliedert,

---

Studien und Konsultationen, die zur Genehmigung des Baus der Strecke geführt haben, sowie im Rahmen des Verfahrens zur Feststellung des öffentlichen Interesses an der Strecke, die in Anhang […] abschließend aufgeführt sind. Der Auftragnehmer ist verpflichtet, die Baubedingungen einzuhalten, die in den […] aufgeführten Verpflichtungen und Erklärungen enthalten sind."

[100] *Lüsebrink,* Frankreich. Wirtschaft, Gesellschaft, Politik, Kultur, Mentalitäten, S. 60, 116.

[101] *Spannowsky,* ZUR 2021, 659 f.

[102] Art. 2 Loi n° 2010-597 du 3 juin 2010 relative au Grand Paris, JORF n° 128 du 5 juin 2010; Décret n° 2011-1011 du 24 août 2011 portant approbation du schéma d'ensemble du réseau de transport public du Grand Paris, JORF n° 197 du 26 août 2011.

[103] Art. L. 121-1 Abs. 1 C.Env.; Loi n° 2002-276 du 27 février 2002 relative à la démocratie de proximité, JORF n° 50 du 28 février 2002.

sind weisungsungebunden, und die Mitarbeiter können nicht einfach abberufen werden, sodass sie vor politischem Druck geschützt sind. Gleichzeitig treten sie im Namen des Staates auf und haben ansonsten eigentlich originär staatliche Befugnisse wie z. B. Gestattung, Anordnung oder Sanktion. Sie sind in Frankreich seit den späten 1970er-Jahren verbreitet. Nach längerer Diskussion wurden sie als verwaltungs- und verfassungskonform anerkannt.[104] Mit dem *débat public* soll das in Art. 7 der Umweltcharta verankerte Recht auf Information und Beteiligung an umweltrelevanten Projekten und politischen Maßnahmen gewährleistet werden.

Die CNDP ist mit 25 Mitgliedern, davon drei (Vize-) Präsidenten, gemischt aus Parlamentariern, gewählten Vertretern lokaler Gebietskörperschaften, Mitgliedern des Staatsrates, des Kassationshofs, des Rechnungshofs, Umweltverbandsmitgliedern, Verbraucherschützern und Gewerkschaftsvertretern, besetzt. Diese werden für einen Zeitraum von fünf Jahren durch den Staatspräsidenten bzw. die Organe, die sie repräsentieren ernannt und entscheiden nach dem Kollegialprinzip.[105] Für den laufenden internen Betrieb stützt sich die CNDP auf zehn Mitarbeitende. Die CNDP wählt von Projekt zu Projekt aus einem ca. 300 Personen umfassenden Pool von „Garanten" *(garantes de la concertation)* ein Team von drei bis zehn Personen aus, die den reibungslosen Ablauf des *débat public* und den bestmöglichen Informationsfluss zwischen Bürgern und Projektträgern gewährleisten und sich dabei zu vollständiger Neutralität und Unabhängigkeit verpflichten *(Commission particulière du débat public, CPDP,* Art. L. 121-1-1; L 121-3; R 121-7 C.Env.). Die Mitglieder der *CPDP* werden nach ihrer Aufnahme von der CNDP geschult und auf ihre zukünftigen Aufgaben vorbereitet.[106] Sie haben den Status eines gelegentlichen Mitarbeiters im öffentlichen Dienst *(collaborateur occasionnel de service public)* und werden von der CNDP bezahlt,[107] wodurch ihre

---

[104] CC, Urt. v. 26. 7. 1984, n° 84-173 DC, legifrance; *Marcou,* Verwaltungsbehörden und die Einflussnahme der öffentlichen Hand, in: Masing/Marcou (Hrsg.), Unabhängige Regulierungsbehörden, S. 110; *Huber,* Grundzüge des Verwaltungsrechts in Europa, in: v. Bogdandy/Cassese/Huber (Hrsg.), Handbuch Ius Publicum Europaeum, Bd. V: Verwaltungsrecht in Europa: Grundzüge, § 73 Rn. 64 f; Conseil d'État (Hrsg.), Les autorités administratives indépendantes, S. 284 f, 385 f; *Masing,* Organisationsdifferenzierung im Zentralstaat, in: Trute et al. (Hrsg.), Allgemeines Verwaltungsrecht – zur Tragfähigkeit eines Konzepts, S. 424.

[105] D. h., das Kollegium „entscheidet unter der Leitung eines Präsidenten in einem formalisierten Verfahren auf der Grundlage mündlicher Verhandlung und sich anschließender gemeinsamer Beratung", *Masing,* Organisationsdifferenzierung im Zentralstaat, in: Trute et al. (Hrsg.), Allgemeines Verwaltungsrecht – zur Tragfähigkeit eines Konzepts, S. 417 f.

[106] *Geynet-Dussauze,* RDP 2020, 965, 975.

[107] 76 €pH für Sitzungsteilnahmen, 38 €pH für darüber hinausgehendes Arbeiten (max. 6861 € brutto) und Erstattung der sonstigen Aufwendungen für Reisen/Unterkunft/Sekretariat/Telekommunikation, *CNDP,* Être garant – note explcative, abrufbar unter www.debatpublic.fr/nosgarants-739 (zuletzt abgerufen am 20. 06. 2022).

Unabhängigkeit besser gewährleistet werden kann und der Einsatz für den Vorhabenträger kostenfrei ist.

Am Ende der Debatte sollten alle Fragen der Bürger in Bezug auf das Projekt beantwortet worden sein, um bestmögliche Transparenz und Gleichbehandlung zu schaffen. Ziel der Debatte ist es, die Öffentlichkeit zu einem möglichst frühen Zeitpunkt vor dem wirklichen Verfahrensbeginn im engeren Sinne zu beteiligen, an dem bereits die Hauptmerkmale des Projekts besprochen werden können, an dem aber noch wesentliche Änderungen vorgenommen werden können.[108] Schließlich können konkrete Genehmigungsanträge erst gestellt werden, wenn die Bilanz und die Antwort des Projektleiters veröffentlicht wurden, Art. L 121-20 i. V. m. L 121-1-A und R 121-24, R 121-10 C.Env. Es geht also nicht nur um das „wie", sondern auch um das „ob" und das „warum", Art. L. 121-1 Abs. 1 S. 3 C.Env. Insbesondere die beiden letzteren Gesichtspunkte waren bei der Schaffung des *débat public* stark umstritten.[109] Durch die Optimierung der Transparenz der Entscheidungen und die Einbeziehung der Öffentlichkeit in deren Ausarbeitung soll die Eskalation von Konflikten verhindert werden.[110] Des Weiteren sollen durch die regelmäßige Durchführung die Werte der Partizipation im Bewusstsein der Bevölkerung verankert werden, sodass dem *débat public* schon fast „erzieherische Funktion" mit Fokus auf umweltrechtliche Themen zukommt.[111]

Die Kosten des *débat public* hat zum größten Teil der Vorhabenträger zu tragen. Sie liegen durchschnittlich bei 1 Mio. €, ca. 0,12 % der Gesamtprojektkosten.[112] Die CNDP selbst wird als unabhängige Verwaltungsbehörde aus dem staatlichen Haushalt finanziert und hat ein jährliches Budget von 10 Mio. € (Art. L. 121-6 C.Env.).

3.4.1.1 Rechtsgrundlage

Der *débat public* ist in Art. L. 121-1 bis 15 und R 121-1 bis 16 C.Env. kodifiziert. Die Rechtsgrundlage wurde schon im Jahr 1995, als Reaktion auf enorme Schwierigkeiten, die bei Verhandlungen mit Gegnern von Großprojekten auftraten, mit dem oben erwähnten *Loi Barnier* geschaffen, die erste Debatte fand erst am 4. September 1997

---

[108] *Bertrand/Marguin*, RJE 2017, 457, 471; *Chevallier*, Le débat public en question, in: Amirante et al. (Hrsg.), Pour un droit commun de l'environnement, FS-Prieur, S. 496.

[109] *Blatrix*, Genèse et consolidation d'une institution: le débat public en France, in: Blatrix/Blondiaux (Hrsg.), Le débat public: une expérience française de démocratie participative, S. 51.

[110] *Bertrand/Marguin*, RJE 2017, 457, 471; *Geynet-Dussauze*, RDP 2020, 965, 977.

[111] *Bertrand/Marguin*, RJE 2017, 457, 466; *Chevallier*, Le débat public en question, in: Amirante et al. (Hrsg.), Pour un droit commun de l'environnement, FS-Prieur, S. 506.

[112] *Prieur*, Code de l'environnement, Rn. 211; *Hélin*, Énergie, Environnement, Infrastructures, 2016 (8–9), 261, 262; aA: *Vialatte*, Environnement 2007 (12), 9, 12 spricht von 1–5 Mio. € pro Debatte.

statt.[113] Vor der Formalisierung waren ähnliche Ansätze schon im *„Circulaire Bianco"*
aus dem Jahr 1992 enthalten.[114] Im Jahr 2002 wurde sie erheblich aufgewertet und insbesondere auf Projekte von privaten Vorhabenträgern ausgeweitet und für bestimmte
Vorhaben verbindlich gemacht.[115] In den Jahren 2016 bis 2018 folgte eine weitere Aufwertung, die insbesondere die Initiativrechte Dritter auf Durchführung eines *débat public*
gestärkt[116] oder die *„concertation post"* eingeführt hat, die besagt, dass der Vorhabenträger die Öffentlichkeitsbeteiligung unter der Beobachtung der CNDP im Sinne einer
fortlaufenden Information nach Beendigung des *débat public* bis zur *enquête publique*
fortsetzen muss, Art. L. 121-14 C.Env. Allerdings ist hier in den letzten Jahren eine
Tendenz zu erblicken, den Anwendungsbereich des *débat public* wieder einzuschränken.
So wurden beispielsweise die Schwellenwerte der Investitionskosten, ab denen die
CNDP verpflichtend über die Durchführung des *débat public* zu entscheiden hat, um

---

[113]Art. 2 Loi n° 95-101 du 2 février 1995 relative au renforcement de la protection de
l'environnement, JORF n° 29 du 3 février 1995; *Prieur,* Code de l'environnement, Rn. 211; für
einen historischen Überblick der Entwicklung der *débat public* aus der als zu spät kritisierten
enquête publique siehe: *Blatrix,* Genèse et consolidation d'une institution: le débat public en
France, in: Blatrix/Blondiaux (Hrsg.), Le débat public: une expérience française de démocratie
participative, S. 43 ff.; *Zémor,* RFDA 2015, 1101, 1103.

[114]Circulaire du 15 décembre 1992 relative à la conduite des grands projets nationaux
d'infrastructures, JORF n° 48 du 26 février 1993; *Pinel,* La participation du citoyen à la décision
administrative, S. 254.

[115]Loi n° 2002-276 du 27 février 2002 relative à la démocratie de proximité; JORF n° 50 du 28
février 2002; Décret n° 2002-1275 du 22 octobre 2002 relatif à l'organisation du débat public et
à la Commission nationale du débat public, JORF n° 248 du 23 octobre 2002; Durch das Gesetz
wird die CNDP zu einer unabhängigen Verwaltungsbehörde, die die öffentliche Debatte garantiert
und damit eine neue Legitimität erhält. Dadurch wird das Projekt auch unabhängig von der
Stellungnahme des jeweils thematisch zuständigen Ministers und damit zumindest etwas weniger
politisch; *Blatrix,* Genèse et consolidation d'une institution: le débat public en France, in: Blatrix/
Blondiaux (Hrsg.), Le débat public: une expérience française de démocratie participative, S. 52 f.

[116]Ordonnance n° 2016-1060 du 3 août 2016; JORF n° 181 du 5 août 2016; und décret n° 2017-
626 du 25 avril 2017 relatif aux procédures destinées à assurer l'information et la participation
du public à l'élaboration de certaines décisions susceptibles d'avoir une incidence sur
l'environnement et modifiant diverses dispositions relatives à l'évaluation environnementale de
certains projets, plans et programmes, JORF n° 99 du 27 avril 2017; und loi n° 2018-148 du 2
mars 2018 ratifiant l'ordonnance […] n° 2016-1060 […], JORF n° 52 du 3 mars 2018; und loi n°
2018-727 du 10 août 2018 pour un État au service d'une société de confiance, JORF n° 184 du 11
août 2018; und loi du 23 novembre 2018 portant évolution du logement, de l'aménagement et du
numérique, JORF n° 272 du 24 novembre 2018; siehe dazu: *Stuillou/Huten,* RJE 2020, 147, 149;
Pastor, AJDA 2017, 908; *Geynet-Dussauze,* RDP 2020, 965, 970, 979.

50 % bis 100 % erhöht und Fristen verkürzt, sodass die Zahl der für einen *débat public* in Betracht kommenden Projekte um ein Drittel gekürzt wurde.[117]

3.4.1.2 Einbettung in den Verfahrensablauf

Das Organisationsverfahren zur Durchführung des *débat public* ist in Art. L. 121-8 ff. C.Env. für französische Verhältnisse untypisch detailliert geregelt.[118] Allerdings betreffen die Regeln nur die „äußeren" Bedingungen. Wie die konkrete Debatte vor Ort abzulaufen hat, bleibt ungeregelt und damit flexibel.[119]

3.4.1.2.1 Anwendungsbereich des *débat public*

Für den Anwendungsbereich wird anhand Größe und Kosten des Projekts zwischen verpflichtender und freiwilliger Befassung der CNDP und Entscheidung über einen *débat public* differenziert. Eine entsprechende Tabelle findet sich in Art. R. 121-2 C.Env. Alle Projektvorhaben, die aufgrund ihrer Dimensionen in den verpflichtenden Anwendungsbereich fallen können, müssen bereits im Vorbereitungsstadium als Dossier, in dem die Ziele und die wichtigsten Merkmale des Projekts beschrieben werden, an die CNDP übermittelt werden. Außerdem werden die sozioökonomischen Aspekte, die geschätzten Kosten, die Ermittlung erheblicher Auswirkungen auf die Umwelt oder die Raumordnung, eine Beschreibung der verschiedenen Alternativlösungen, einschließlich der Nichtdurchführung des Projekts betrachtet. Anhand dieser Merkmale entscheidet die CNDP, ob sie einen *débat public* oder eine weniger aufwendige *concertation préalable* durchführt, Art. L. 121-9 C.Env. Bei den der freiwilligen Durchführung unterliegenden Projekten kann mit einem gewissen Quorum erreicht werden, dass die CNDP sich doch mit dem Projekt befassen muss, sollte sich der Vorhabenträger dagegen entscheiden, die CNDP einzuschalten, Art. L. 121-8 Abs. 2 C.Env. Alternativ besteht die Möglichkeit einen „*garant*" einschalten, der Vorschläge unterbreitet, welche Öffentlichkeitsbeteiligungsmaßnahmen ergriffen werden sollten. Auch er gibt am Ende einen Bericht ab, ob die Beteiligung erfolgreich war, allerdings hat diese Einschätzung keine konkreten Folgen.

---

[117] Beispielsweise bei Industrieprojekten nun 600 Mio. € statt bisher 300 Mio. € Investitionskosten für Gebäude, Anlagen und Maschinen; vgl. Art. 2 du décret n° 2021-1000 du 30 juillet 2021 portant diverses dispositions d'application de la loi d'accélération et de simplification de l'action publique et de simplification en matière d'environnement, JORF n° 176 du 31 juillet 2021; siehe als weiteres Beschleunigungsgesetz Art. 39, 43, 55 Loi n° 2020-1525 du 7 décembre 2020 d'accélération et de simplification de l'action publique, JORF n° 296 du 8 décembre 2020; CNDP (Hrsg.), Rapport annuel 2020, S. 3.

[118] *Mercadal*, Le débat public: pour quel développement durable?, S. 24; In Art. 3 Loi n° 2010-597 du 3 juin 2010 relative au Grand Paris, JORF n° 128 du 5 juin 2010 wurden extra Verfahrensmodalitäten geschaffen, die über die normalen Anforderungen hinausgehen und genauere Spezifikationen aufstellen und beispielsweise die Dauer des *débat public* auf 4 Monate (ohne Verlängerungsmöglichkeit) begrenzen, um das Projekt möglichst schnell umsetzen zu können.

[119] *Chevallier*, Le débat public en question, in: Amirante et al. (Hrsg.), Pour un droit commun de l'environnement, FS-Prieur, S. 502.

Gem. Art. L. 121-8 Abs. 4 C.Env. wird die CNDP zu Plänen und Programmen auf nationaler Ebene konsultiert, die einer Umweltprüfung gem. Art. L. 122-4 C.Env. unterliegen. Außerdem können Gesetzesreformentwürfe mit erheblichen Auswirkungen auf die Umwelt oder die Raumordnung Gegenstand eines *débat public* sein. In diesem Fall können die Initianten entweder die Regierung, sechzig Abgeordnete, sechzig Senatoren oder fünfhunderttausend erwachsene Unionsbürger mit Wohnsitz in Frankreich sein, Art. L. 121-10 C.Env.

3.4.1.2.2 Die konkrete Form des *débat public*

Welche Form das Beteiligungsverfahren annimmt, *débat public* oder *concertation préalable,* legt die CNDP jedes Mal aufs Neue individuell fest, Art. L. 121-9 C.Env. Falls die Frist für die Entscheidung darüber nicht eingehalten wird, wird fingiert, dass gar nichts stattfindet, Art. L.121-9 a. E. C.Env., sodass die CNDP, die sich dafür stark macht, dass möglichst viel Öffentlichkeitsbeteiligung stattfindet, gehalten ist, die Frist nicht zu überschreiten. Der *Conseil d'État* hat seine Rechtsprechung zwischenzeitlich dahingehend geändert, auch die Angemessenheit der Information und der Beteiligung der CNDP bei der Durchführung von öffentlichen Debatten zu kontrollieren, was es ermöglicht, die Einhaltung von Mindestvorschriften teilweise zu gewährleisten, aber immer noch keine hundertprozentige Konstanz bei der Anwendung der Verfahrensvorschriften ermöglicht.[120]

Bei der Entscheidung über das „ob" und „wie" des Verfahrens gewichtet die CNDP verschiedene Gesichtspunkte wie wirtschaftliche und soziale Aspekte, Umweltauswirkungen und bis 2017 auch, ob ein nationales Interesse an der Durchführung des *débat public* besteht.[121] Die Dauer des eigentlichen *débat public* darf vier Monate nicht überschreiten, Art. L. 121-11 Abs. 1 C.Env. Diese Frist wird mit einer möglichen Verlängerung von zwei Monaten eingehalten.[122] Im Schnitt finden pro Debatte zehn öffentliche „Sitzungen" in Form von Vorträgen, runden Tischen oder Workshops statt.[123] Ferner gibt es mobile Gesprächsangebote, oder Vorträge an Schulen, Universitäten oder im Radio. Dies zeigt das große Engagement der CPDP für eine lebendige Debatte. Der *débat public* ist also viel mehr als ein tristes Frage-Antwort-Spiel. Er versucht, den Bürgern die grundsätzliche Notwendigkeit des Vorhabens näher zu bringen. Anlässlich

---

[120] *Vieira,* Éco-citoyenneté et démocratie environnementale, Rn. 1585 mit Verweis auf Urteil des CE v. 20. 04. 2005, n° 258968, legifrance.

[121] Art. L. 121-9 C.Env.; geändert durch ordonnance n° 2016-1060 du 3 août 2016 portant réforme des procédures destinées à assurer l'information et la participation du public à l'élaboration de certaines décisions susceptibles d'avoir une incidence sur l'environnement JORF n° 181 du 5 août 2016; *Vieira,* Éco-citoyenneté et démocratie environnementale, Rn. 1522.

[122] *Mercadal,* Le débat public: pour quel développement durable?, S. 31; Die Fristeinhaltung ist gewährleitet abgesehen von pandemiebedingten Verzögerungen.

[123] *Pinel,* La participation du citoyen à la décision administrative, S. 551.

der Errichtung eines Windparks im Mittelmeer wird beispielsweise auch viel über die Notwendigkeit der Erzeugung regenerativer Energie gesprochen, was in Frankreich angesichts der starken Prägung durch Atomstrom gar nicht so selbstverständlich ist, wie in Deutschland.

3.4.1.2.3 Die Abgrenzung des *débat public* von der *enquête publique*

Der *débat public* ist abzugrenzen von der *enquête publique*. Diese ist in Art. L. 123-1 bis L 123-19-11 und R 123-1 bis D 123-46-2 C.Env. und in Art. L 134-1 bis 35; R 134-1 bis 35 „Code des relations entre le public et l'administration"[124] geregelt und stellt die „normale" Öffentlichkeitsbeteiligung während des Verwaltungsverfahrens dar.[125] Zwischen *débat public* und *enquête publique* können theoretisch mehrere Jahre liegen, weshalb es nicht angebracht erscheint, den einen zulasten der anderen zu kürzen, vor allem da sich in der Zwischenzeit größere Projektveränderungen ergeben haben können. Die *enquête publique* unterscheidet sich insofern deutlich von dem *débat public*, als dass die Qualität der Beteiligung bei letzterem deutlich besser ist: So sind hier die Informationsmaterialien für eine möglichst große Verständlichkeit auf ein „*niveau collège*" (also auf das Niveau eines Schulabgängers) aufbereitet, was zum Beispiel zur Folge hat, dass die Länge auf max. 60 Seiten beschränkt ist und dass die technischen Details nur im Anhang dargestellt werden. Bei der *enquête publique* werden die vollständigen Projektunterlagen incl. UVP-Prüfung und ggf. Antragsunterlagen online und physisch ausgelegt und jedermann kann dazu Stellung nehmen,[126] die dann vom *commissaire enquêteur* innerhalb eines Monats zu einer Stellungnahme zusammengefasst werden, ob er das Projekt befürwortet oder nicht *(avis favorable/défavorable)*.[127] Die Einwender erhalten aber nicht zwingend eine Antwort, im Gegensatz zum *débat public*. Ein Erörterungstermin ist gem. Art. L 123-13 Abs. 2 oder L 123-15 Abs. 6 C.Env. fakultativ.

Außerdem wird die Öffentlichkeit noch im Rahmen des häufig notwendigen Enteignungsverfahrens und der damit zusammenhängenden Erklärung als dem öffentlichen Nutzen dienend *(déclaration d'utilité publique)* beteiligt. Des Weiteren finden sich

---

[124] Ordonnance n° 2015-1341 du 23 octobre 2015 relative aux dispositions législatives du code des relations entre le public et l'administration, JORF n° 248 du 25 octobre 2015.

[125] Siehe dazu als Kurzerläuterung *Fehling,* Eigenwert des Verfahrens im Verwaltungsrecht, VVDStRL 70 (2011), S. 309; *Ladenburger,* Verfahrensfehlerfolgen im französischen und im deutschen Verwaltungsrecht, S. 63–67; *Peters,* Legitimation durch Öffentlichkeitsbeteiligung, S. 320 f.

[126] Art. R 134-10 Code des relations entre le public et l'administration, siehe auch *Ziekow/Bauer/ Hamann,* Optimierung der Anhörungsverfahren im Planfeststellungsverfahren für Betriebsanlagen der Eisenbahnen des Bundes, S. 184.

[127] Ladenburger, Verfahrensfehlerfolgen im französischen und im deutschen Verwaltungsrecht, S. 64 f; Der *commissaire enquêteur* ist derjenige der auf Antrag des Präfekten vom Präsidenten des Verwaltungsgerichts mit der unabhängigen Durchführung der *enquête publique* beauftragt wird.

Vorschriften zur Öffentlichkeitsbeteiligung im Code de l'Urbanisme (Art. L 103-2 und L 300 2). Hierfür existiert aber eine Kollisionsregel, die Doppelungen vermeiden soll und dies zumindest teilweise zugunsten des *débat public* auflöst.[128]

3.4.1.2.4 Das weitere Prozedere nach Abschluss des *débat public*

Innerhalb von zwei Monaten nach Abschluss der Debatte fertigen die *CPDP* und der Vorsitzende der CNDP jeweils einen neutralen Bericht über das Vorgebrachte, sowie Verlauf und Qualität der Debatte, die beide veröffentlicht werden, Art. L. 121-11 Abs. 3 C. Env. Die Neutralitätspflicht wird als wichtige Errungenschaft angesehen.[129] Innerhalb von drei weiteren Monaten ist zu veröffentlichen, ob bzw. unter welchen Bedingungen der Vorhabenträger das Projekt fortführen möchte. Falls er sich für eine Fortführung entscheidet, hat er die wichtigsten Änderungen an dem zur öffentlichen Diskussion gestellten Projekt anzugeben und hat die Maßnahmen zu nennen, die er für erforderlich hält, um den aus der öffentlichen Diskussion gewonnenen Erkenntnissen Rechnung zu tragen, Art. L. 121-13 C.Env. Die CNDP hat aber kein direktes Druckmittel ihn dazu zu zwingen.[130] Allerdings kann diese Entscheidung der Nichtbefolgung im Wege des Pendants zur deutschen Anfechtungsklage, dem *recours pour excès de pouvoir*, (bei dem es sich allerdings um ein objektives Kontrollverfahren im Gegensatz zum deutschen subjektiven Rechtsschutzmodell handelt)[131] gerichtlich auf ihre Rechtmäßigkeit überprüft werden.[132] Erst nach Veröffentlichung dieser Berichte, kann der konkrete Genehmigungsantrag z. B. für die Umweltgenehmigung gestellt werden, Art. L 121-20 i. V. m. L 121-1-A und R 121-24, R 121-10 C.Env. Die genehmigende Institution nimmt am Ende in diesem Genehmigungsverfahren die Berichte zur Kenntnis, ist aber nicht an

---

[128] Art. L 121-15-1 C.Env.; vgl. *Struillou/Huten*, RJE 2020, 147, 152; *Geynet-Dussauze*, RDP 2020, 965, 987.

[129] *Fourniau*, Consultation, délibération et contestation: trois figures du débat comme procédure de légitimation, in: Blondiaux/Manin (Hrsg.), Le tournant délibératif de la démocratie, S. 290; *ders.*, Annales des mines 2001 (24), 67, 73.

[130] *Jouanno/Casillo/Augagneur* (CNDP), Une nouvelle ambition pour la démocratie environnementale, S. 8, 14; Die CNDP plädiert dafür, zumindest eine Begründungspflicht für den Vorhabenträger einzuführen, warum er den Vorschlägen nicht folgen will.

[131] *Ladenburger*, Verfahrensfehlerfolgen im französischen und im deutschen Verwaltungsrecht, S. 384.

[132] Siehe beispielsweise CE, Urt. v. 11. 01. 2008, n° 292493, legifrance und TA Rouen, Urt. v. 03. 11. 2011, n° 0802615, RJE 2012, 513 ff.; Im französischen Verwaltungsprozess braucht es nur ein geringes *intérêt pour agir* um klagebefugt zu sein: Es genügt, wenn irgendeine Rechtsnorm verletzt ist und der Kläger in seinen Interessen berührt, aber selbst nicht verletzt ist. Eine Klage scheitert an dieser Voraussetzung fast nie, *Koch*, Verwaltungsrechtsschutz in Frankreich, S. 141 f.

das Ergebnis gebunden.[133] Diese Ungebundenheit widerspricht nicht dem in Art. L.110-1 Abs. 2 Nr. 5 C.Env. kodifizierten Beteiligungsprinzip, nachdem alle Personen über Entwürfe öffentlicher Entscheidungen mit Auswirkungen auf die Umwelt so informiert werden, sodass sie Anmerkungen formulieren können, die dann von der zuständigen Behörde berücksichtigt werden (*„prises en considération"*).

Die CNDP übt als AAI die ihr übertragene Staatsgewalt dergestalt aus, als dass sie keine unmittelbar nach außen wirkenden Entscheidungen trifft, sondern ihren Einfluss auf das weitere Verwaltungsverfahren ausübt. Die Verwaltung ist nicht an das Ergebnis des *débat public* gebunden, aber ohne ordnungsgemäß durchgeführten *débat public* kann das Verwaltungsverfahren nicht fortgeführt werden.[134]

Insgesamt, mit aller Vor- und Nacharbeit, d. h. von der Vorbereitung der Debatte bis zur Stellungnahme des Projektleiters an die Öffentlichkeit nimmt der *débat public* durchschnittlich ein Jahr in Anspruch.[135]

3.4.1.3 Literaturmeinungen zum *débat public*

Trotz der unterschiedlichen Stellung der französischen Literaturmeinungen in der französischen Rechtswissenschaft finden sich einige Veröffentlichungen, die sich mit dem *débat public* auseinandersetzen. Teilweise wurden dafür aufgrund des soziologischen Bezugs der Bürgerbeteiligung und zur Steigerung der Objektivität der Untersuchung,[136] auch vereinzelt sozialwissenschaftliche Publikationen in die Auswertung mit einbezogen.

3.4.1.3.1 Positive Literaturstimmen

Mit der Charakterisierung des *débat public* als Dialogangebot und Diskussionsforum geht ein grundsätzliches Ziel einher: Es geht darum eine neue Diskussionskultur zu etablieren um gegenseitige Blockaden zu verhindern und dabei möglichst effizient zu handeln.[137] So wird in der Literatur insbesondere die Unabhängigkeit, Beständigkeit, verbesserte Transparenz der Öffentlichkeitsbeteiligung und Diskussion von Projektalternativen gelobt, die mit der Gründung der CNDP und ihrer rechtlichen Aufwertung

---

[133] *Bétaille,* AJDA 2010, 2083, 2086; *Blatrix,* Genèse et consolidation d'une institution: le débat public en France, in: Blatrix/Blondiaux (Hrsg.), Le débat public: une expérience française de démocratie participative, S. 54; *Bertrand/Marguin,* RJE 2017, 457, 490.

[134] Vgl. *Schmidt-Aßmann/Dagron,* ZaöRV 2007, 395, 445 f.

[135] *Jouanno,* Kolumne der Präsidentin der CNDP in der Zeitung Le Monde vom 24.09.2021; *Aubreby et al.,* Mission sur l'accélération des procédures relatives aux projets d'infrastructures en Île-de-France, S. 20.

[136] *Markus,* ZaöRV 2020, 649, 700.

[137] *Barnier,* Débats Parlementaires, Assemblée Nationale, Compte rendu intégral des séances du lundi 5 décembre 1994, 1 séance, JORF n° 116, S. 8229 ff.; *Bertrand/Marguin,* RJE 2017, 457, 463.

im Lauf der Zeit einherging.[138] Sie ist so erfolgreich, dass der *débat public* zum Sinnbild für den Wandel des öffentlichen Handelns und mittlerweile „Standard" geworden ist.[139] Partizipation wird als ein Prinzip der ständigen Verbesserung gesehen.[140] Mancher geht gar so weit, die Bürger als Assistenten der Verwaltung oder als Kontrollorgan zu bezeichnen.[141]

Allgemein werden den unabhängigen Verwaltungsbehörden besondere Stärke im Bereich der Unabhängigkeit, Überparteilichkeit bzw. Unabhängigkeit von politischen Wechseln, Reaktionsfähigkeit, Professionalität und Nähe zu den regulierten Sektoren, sowie europaweite Zusammenarbeit mit anderen gleichartigen Institutionen bescheinigt[142] und die CNDP als eine Art „Krönung der Verallgemeinerung der vorherigen Konsultation" bezeichnet.[143] Die möglichst große Unabhängigkeit von politischen und wirtschaftlichen Interessen ist es auch, die dem *débat public* die Möglichkeit der Gestaltung des Gemeinwohls ermöglicht,[144] dem, wie oben erläutert, nach dem Grundverständnis, dass dem „Gemeinwille" (*volonté générale* nach Jean-Jacques Rousseau) eine „höhere Wahrheit" zukommt, als der Summe der Einzelinteressen.

Der durch den *débat public* verbesserte Informationsfluss zwischen Vorhabenträger und Bürgerschaft kann zu einer Entdramatisierung der vorgefassten Meinungen beitragen und so eine möglichst friedliche und harmonische Debatte ermöglichen.[145] Dies

---

[138] *Bertrand/Marguin,* RJE 2017, 457, 483, *Blondiaux,* Introduction, in: Blatrix/Blondiaux (Hrsg.), Le débat public: une expérience française de démocratie participative, S. 41; *Fourniau,* Consultation, délibération et contestation: trois figures du débat comme procédure de légitimation, in: Blondiaux/Manin (Hrsg.), Le tournant délibératif de la démocratie, S. 290; *Mercadal,* Le débat public: pour quel développement durable?, S. 34; *Romi,* Le débat public dans le droit positif, in: Blatrix/Blondiaux (Hrsg.), Le débat public: une expérience française de démocratie participative, S. 52; *Pomade,* Droit de l'environnement 2007, 304, 305; *Vieira,* Éco-citoyenneté et démocratie environnementale, Rn. 1515 ff.

[139] Conseil d'État (Hrsg.), Consulter autrement, participer effectivement, S. 61: „En peu de temps, le débat public est apparu comme l'expression emblématique des mutations qui touchent l'action publique […]. La figure du «débat public» […] s'est banalisée."

[140] *Bertrand/Marguin,* RJE 2017, 457, 493.

[141] *Prieur,* Droit de l'environnement, Rn. 200; vgl. auch *Fourniau,* Annales des mines 2001 (24), 67, 70, der die Gleichwertigkeit aller Teilnehmer betont.

[142] *Dosière/Vanneste,* Les autorités administratives indépendantes, Rapport d'information n° 2925 pour l'Assemblée Nationale, S. 61 f.

[143] Conseil d'État (Hrsg.), Consulter autrement, participer effectivement, S. 34.

[144] *Mercant/Lamare,* Espaces publics et co-construction de l'intérêt général: apprentissages croisés des acteurs, in: Blatrix/Blondiaux (Hrsg.), Le débat public: une expérience française de démocratie participative, S. 228.

[145] *Pomade,* Droit de l'environnement 2007, 304, 306; vgl. auch *Fourniau,* Annales des mines 2001 (24), 67, 69.

ist ein wichtiger Beitrag in einem traditionell bipolaren und konfrontativen politischen (Parteien-) System.

Der Eindruck, dass es sich (nur) um ein „zusätzliches Angebot" handelt, wird dadurch verstärkt, dass die französische Literatur und Rechtsprechung zur selben Auslegung von Art. 6 Abs. 4 AK gelangt, dass eine „normale" Öffentlichkeitsbeteiligung während des Verfahrens ausreichet und dass ein *débat public* völkerrechtlich nicht vorgeschrieben ist.[146]

Im zweiten Kapitel dieser Arbeit, das das deutsche Recht behandelt, wurde die These aufgestellt, dass der Öffentlichkeitsbeteiligung eine gewisse Legitimations-funktion zukommen kann und dass deswegen von Verfassungsseite her eine ausreichende Öffentlichkeitsbeteiligung gewährleistet werden muss. Auch in Frankreich wurde diese Thematik erkannt und dem *débat public* eine legitimationssteigernde Wirkung zugesprochen.[147] Dies läge vor allem daran, dass aufgrund des *débat public* „bessere" Entscheidungen getroffen würden, wenn die vorherige Meinung der zukünftigen Betroffenen eingeholt würde.[148] Wie in der deutschen Argumentation wird betont, dass die Legitimation von einer sozialen Akzeptanz abhänge, was wiederum dazu führen könne, dass die Gemeinwohlbestimmung nicht mehr einseitig von Staatsvertretern getroffen würde, sondern sich aus vielen Bürgerstimmen zusammensetze.[149] Wie in Deutschland herrscht hier die überwiegende Meinung, dass die Möglichkeit der Ein-beziehung des Internets zu einer breiteren Einbeziehung aller Bevölkerungsschichten

---

[146] *Bétaille,* RJE 2010, 197, 205; *ders,* AJDA 2010, 2083 ff. der in letzterem Artikel auch die der-zeit einzige die französische Öffentlichkeitsbeteiligung betreffende Entscheidung des Ausschusses zur Einhaltung der Aarhus-Konvention („ACCC") untersucht; *Pinel,* La participation du citoyen à la décision administrative, S. 248; CE, Urt. v. 28. 12. 2005 n° 267287, legifrance.

[147] Dies ist in Art. L. 120-1 Abs. 1 Nr. 1 C.Env. als Ziel festgeschrieben („La participation du public à l'élaboration des décisions publiques ayant une incidence sur l'environnement est mise en œuvre en vue: D'améliorer la qualité de la décision publique et de contribuer à sa légitimité démocratique"); siehe im Übrigen *Bertrand/Marguin,* RJE 2017, 457, 459; *Chevallier,* Le débat public en question, in: Amirante et al. (Hrsg.), Pour un droit commun de l'environnement, FS-Prieur, S. 499, 507; *Mercant/Lamare,* Espaces publics et co-construction de l'intérêt général: apprentissages croisés des acteurs, in: Blatrix/Blondiaux (Hrsg.), Le débat public: une expérience française de démocratie participative, S. 228; *Malyuga,* L'organisation des débats publics en France à travers le rôle de la CNDP et l'étude du projet EuropaCity, S. 8; aA: *Dosière/Vanneste,* Les autorités administratives indépendantes, Rapport d'information n° 2925 pour l'Assemblée Nationale, S. 84 f., die eine Transformation und Integration in den Aufgabenbereich des *Défenseur des droits* (Bürgerbeauftragter / Ombudsmann) vorschlagen; kritisch auch *Pinel,* La participation du citoyen à la décision administrative, S. 330.

[148] *Bertrand/Marguin,* RJE 2017, 457, 460; *Sauvé,* Consulter autrement, participer effectivement, Colloque du Conseil d'État sur le rapport public 2011, vendredi 20 janvier 2012, Teil I.A.2; *Vieira,* Éco-citoyenneté et démocratie environnementale, Rn. 1169.

[149] *Moliner-Dubost,* AJDA 2011, 259, 260.

führe und insgesamt aufgrund der größeren Flexibilität ausgebaut werden solle.[150] Um einen möglichst großen Teilnehmerkreis zu erreichen, beginnen die öffentlichen Diskussionsrunden in der Regel erst nach 19 Uhr.[151] Damit ist es Berufstätigen, anders als in Deutschland, deutlich einfacher möglich, sich bei einer Präsenzveranstaltung einzubringen. Die traditionellen Muster der politischen Repräsentation werden grundlegend verändert: „Die institutionelle Vertikalität wird durch eine netzartige Horizontalität ersetzt."[152]

3.4.1.3.2 Negative Literaturstimmen

Auf der anderen Seite ist bei aller Begeisterung für erhöhte Akzeptanz zu beachten, dass das formalisierte Verfahren des *débat public* wiederum neue Ansatzpunkte für gerichtliche Auseinandersetzungen bietet.[153] Im französischen Verwaltungsprozessrecht ist es generell der Fall, dass die Mehrheit der Verfahren wegen formeller Fehler der Verwaltung gewonnen werden, nicht wegen materieller Fehler.[154] Bzw. sind erstere leichter nachzuweisen als letztere, weswegen diese bevorzugt geltend gemacht werden. In Frankreich trägt die Verwaltung die Beweislast dafür, dass ein Verfahrensfehler keine

---

[150] *Monnoyer-Smith,* Le débat public en ligne: une ouverture des espaces et des acteurs de la délibération?, in: Blatrix/Blondiaux (Hrsg.), Le débat public: une expérience française de démocratie participative, S. 16 ff.; Conseil d'État (Hrsg.), Consulter autrement, participer effectivement, S. 69; *Cabanel/Bonnecarrère,* Décider en 2017: le temps d'une démocratie „coopérative", Rapport d'information n°556 pour le Senat, S. 37; Allerdings spielen bei der Bekanntmachung von Debatten über lokale Projekte immer noch die traditionellen Medien die Hauptrolle, *Pinel,* La participation du citoyen à la décision administrative, S. 521.

[151] *Malyuga,* L'organisation des débats publics en France à travers le rôle de la CNDP et l'étude du projet EuropaCity, S. 17.

[152] Conseil d'État (Hrsg.), Consulter autrement, participer effectivement, S. 69 [Übersetzung durch die Verfasserin].

[153] *Bertrand/Marguin,* RJE 2017, 457, 471; *Chevallier,* Le débat public en question, in: Amirante et al. (Hrsg), Pour un droit commun de l'environnement, FS-Prieur, S. 500; *Sauvé,* Consulter autrement, participer effectivement, Colloque du Conseil d'État sur le rapport public 2011, vendredi 20 janvier 2012, Teil I.B;1.; *Hélin,* Énergie, Environnement, Infrastructures, 2016 (8–9), 261, 262; Allerdings bleibt festzuhalten, dass nach Urteilen des *Conseil d'État* die Entscheidung der CNDP, ob eine *débat public* durchgeführt wird, gerichtlich überprüft werden kann, weil diese Entscheidung nicht nur vorbereitenden Charakter hat: CE, Urt. v. 17. 05. 2002, n° 236202, legifrance. Wenn es allerdings nur um Modalitätenfestlegungen der *débat public* geht, wie z. B. die Einholung zusätzlicher Gutachten, dann wird diese Entscheidung nicht gerichtlich überprüft, da dies eine Ermessensentscheidung ist: CE, Urt. v. 14. 06. 2002, n° 215214, legifrance. Diese beiden Urteile wurden im bekannten Urteil zum Flughafen in Notre-Dame-des-Landes bestätigt: CE, Urt. v. 05. 04. 2004, n° 254775, legifrance; vgl. des Weiteren *Vieira,* Éco-citoyenneté et démocratie environnementale, Rn 1530; *Romi,* Le débat public dans le droit positif, in: Blatrix/Blondiaux (Hrsg.), Le débat public: une expérience française de démocratie participative, S. 65.

[154] *Ladenburger,* Verfahrensfehlerfolgen im französischen und um deutschen Verwaltungsrecht, S. 311.

Konsequenzen für die Sachentscheidung hatte.[155] Allerdings gibt es, wie in Deutschland, in Frankreich Regelungen, um Verfahrensfehlerfolgen abzumildern, beispielsweise, dass Genehmigungsentscheidungen wegen einer unterlassenen Anhörung nicht mehr für nichtig erklärt werden, um zu erreichen, dass die Vorhaben rechtssicherer errichtet werden können.[156]

Auch in Frankreich wurde festgestellt, dass die Teilnehmer an der Debatte nicht repräsentativ für die französische Bevölkerung sind, was ebenfalls gegen eine erhöhte Legitimation spricht, und dass es sich dann um Gegner des Vorhabens handeln würde und die Befürworter schweigen.[157] Letztere würden sich wenn dann in den Online-Foren der CNDP zu Wort melden, was aber nicht denselben Einfluss habe.[158] In Bezug auf digitale Beteiligung wurde schon im Jahr 2007 festgestellt, dass das Onlinemedium zu einer Verrohung der Sprache und zu einer teilweisen anderen Gewichtung der diskutierten Themen geführt hatte.[159] Von den Präsenz-Debatten wird teilweise von starker Polarisation der Meinungen und großem gegenseitigem Misstrauen berichtet, das sich im Lauf der Debatte nicht immer beheben ließ und das über die Jahre hinweg noch größer geworden ist.[160]

Stattdessen wird der *débat public* mit einem antiken Theaterstück verglichen, bei dem der Vorhabenträger die Rolle des Protagonisten einnehme, der sein Projekt vorstellt, sodass für die Organisationen und die Bevölkerung nur noch die Rolle der Antagonisten übrig bleibe.[161] Als Lösung dafür wird vorgeschlagen, den Verbänden bzw. Organisationen eine noch stärkere Stellung einzuräumen, indem sie die Befugnis erhalten, einen Dialog mit der Regierung über ihre eigene Beurteilung auf die Tagesordnung zu setzen.[162]

---

[155] *Ladenburger,* Verfahrensfehlerfolgen im französischen und um deutschen Verwaltungsrecht, S. 310.

[156] *Struillou/Huten,* RJE 2020, 147, 148.

[157] *Mercadal,* La réussite du débat public ouvre la réflexion sur sa portée, in: Blatrix/Blondiaux (Hrsg.), Le débat public: une expérience française de démocratie participative, S. 334.

[158] *Mercadal,* Le débat public: pour quel développement durable?, S. 68.

[159] *Monnoyer-Smith,* Le débat public en ligne: une ouverture des espaces et des acteurs de la délibération?, in: Blatrix/Blondiaux (Hrsg.), Le débat public: une expérience française de démocratie participative, S. 164.

[160] *Mercadal,* Le débat public: pour quel développement durable?, S. 106 f., 110 f.

[161] *Mercadal,* Le débat public: pour quel développement durable?, S. 68.

[162] *Mercadal,* Le débat public: pour quel développement durable?, S. 214; aA *Chevallier,* Le débat public en question, in: Amirante et al. (Hrsg), Pour un droit commun de l'environnement, FS-Prieur, S. 496, der betont, dass alle Akteure gleichbehandelt werden sollen und der Teilnehmerkreis mit der Einbeziehung der Bürger gerade über die Vertreter von Interessenorganisationen hinaus erweitert werden soll; *Pomade,* Droit de l'environnement 2007, 304, 305; lobt die derzeitige Stellung und Teilnahme der Verbände.

Es finden sich weitere kritische Stimmen, die den Umfang der derzeitigen Beteiligungsmöglichkeiten anbelangen. So wird beispielsweise kritisiert, dass der Anwendungsbereich des *débat public* von den geschätzten Investitionskosten abhängig gemacht wird, wo doch die AK als „Ur-Text" der Öffentlichkeitsbeteiligung einen kapazitätsabhängigen Maßstab vorgebe.[163] Hierzu ist anzumerken, dass diese Schwellen bei den letzten Reformen jeweils erhöht wurden, um den Anwendungsbereich des *débat public* weiter einzuschränken. Auch sei die im Annex R. 121-2 C.Env. beigefügte Tabelle zu eng gefasst, und werde vom *Conseil d'État* nicht analog ausgelegt, wenn beispielsweise die Errichtung von Kernkraftwerken erfasst sei, aber nicht deren Rückbau.[164] Ferner sei es möglich, sich durch eine Zerstückelung des geplanten Vorhabens, aus dem Anwendungsbereich des *débat public* „herauszumogeln".[165] Des Weiteren würden die im Gesetz gesetzten Fristen, beispielsweise gem. Art. R. 121-7 Abs. 2 C.Env. zur Einreichung der Projektakte, unter Billigung des *Conseil d'État* großzügig verlängert, was wiederum zur Unberechenbarkeit des *débat public* an sich führen kann und den teilweise schlechten Ruf als Investitionshindernis fördert.[166] Die anfängliche Haltung der Vorhabenträger ist oft von Vorurteilen oder Befürchtungen geprägt, weil der *débat public* erst einmal ein zusätzliches Hindernis darstellt und von den „traditionellen" Regeln des Verwaltungsverfahrens abweicht, sodass die Vorhabenträger bei freiwilliger Befassung der CNDP mit dem Vorhaben eher zögern und davon absehen wollen, sie zu benachrichtigen.[167]

Nachdem die Fristen für die Durchführung der Beteiligungsverfahren zuletzt stark verkürzt wurden,[168] regt sich dagegen Kritik. So wird vertreten, dass damit die durch die Aarhus-Konvention und Umweltcharta garantierte Beteiligung unter den Teppich gekehrt werden würde.[169]

---

[163] *Vieira,* Éco-citoyenneté et démocratie environnementale, Rn. 1600.

[164] *Vieira,* Éco-citoyenneté et démocratie environnementale, Rn. 1603.

[165] *Koltirine,* Aménagement et Nature 2001 (140), 7, 27.

[166] CE, Urt. v. 11. 01. 2008, n° 292493, legifrance; *Romi,* Le débat public dans le droit positif, in: Blatrix/Blondiaux (Hrsg.), Le débat public: une expérience française de démocratie participative, S. 51; *Vialatte,* Environnement 2007 (12), 9, 12; *Vieira,* Éco-citoyenneté et démocratie environnementale, Rn. 1677.

[167] *Mercadal,* Le débat public: pour quel développement durable?, S. 39; *Geynet-Dussauze,* RDP 2020, 965, 978.

[168] Loi n° 2020-1525 du 7 décembre 2020 d'accélération et de simplification de l'action publique, JORF n° 296 du 8 décembre 2020 und décret n° 2021-1000 du 30 juillet 2021 portant diverses dispositions d'application de la loi d'accélération et de simplification de l'action publique et de simplification en matière d'environnement, JORF n° 176 du 31 juillet 2021.

[169] *Panot,* Mitglied der Assemblé Nationale, in der Debatte über die Verkürzung der Frist zur Ausübung des Initiativrechts des Art. L 121-19 vom 29. 09. 2020, S. 6551: „[Übersetzung der Verfasserin] Vereinfachung kann nicht Deregulierung bedeuten. Aber hier haben wir es in der Regel mit einer Vereinfachung zu tun, die nur darauf abzielt, Projekte zu beschleunigen, indem die Bürgerbeteiligung unter den Teppich gekehrt und damit die Souveränität der Bürger mit Füßen getreten wird."; *Struillou/Huten,* RJE 2021, 143, 144.

Die neutrale Stellung der CNDP wird in Zweifel gezogen und stattdessen vor-geschlagen, dass auch sie gegenüber den Behörden eine zu berücksichtigende Stellung-nahme abgeben sollen dürfte, damit sich die Frage der Zweckmäßigkeit nicht später während der *enquête public* erneut stellt, sondern dieses Thema im ersten Verfahrens-schritt abgeschlossen wird.[170] Dem ist entgegenzusetzen, dass die CNDP (im Gegen-satz zu einem Untersuchungskommissar, *(le commissaire enquêteur)*) gerade deswegen keine Stellungnahme abgibt, weil die Stellungnahmen des Untersuchungskommissars im Rahmen der normalen Öffentlichkeitsbeteiligung seit 40 Jahren regelmäßiger Kritik aus-gesetzt sind, da dieser entweder nicht ausreichend kompetent sei, oder der Verwaltung zu nahe stehen würde, um eine neutrale Stellungnahme abgeben zu können.[171] Ihre Aufgabe ist nur, den Dialog zu ermöglichen, ohne inhaltlich zum Projekt Stellung beziehen zu müssen.[172]

Andere behaupten wiederum, die CNDP bzw. die von ihr ausgewählten Bürgen könnten gar nicht wirklich neutral sein, weil sie bereits vor Beginn des *débat public* in engem Kontakt mit dem Vorhabenträger stünden, um die notwendigen Unterlagen anzu-fordern und dabei indirekt auf deren Inhalt Einfluss nehmen könnten.[173] Dabei ist die Wahl des richtigen Zeitpunkts eine äußerst knifflige: Wird er sehr früh gewählt, kann das Projekt nur in ganz groben Zügen präsentiert werden, wird er (zu) spät gewählt, sieht sich die CPDP bzw. der Vorhabenträger schnell dem Vorwurf ausgesetzt, alle Ent-scheidungen seien bereits getroffen, es sei alles reine Maskerade.[174] Hinzukomme, dass die durch die Terminierung, Themenauswahl und Ortswahl der Diskussionsformen ein Ungleichgewicht entstehe, weil die Entwicklung der einzelnen Debatten stark von ihrem (politischen) Kontext abhingen.[175]

Wie in Deutschland ist man sich in der französischen Literatur einig, dass durch den *débat public* die Entscheidungsgewalt nicht auf die Öffentlichkeit übertragen wird.[176] Da der Abschlussbericht der CNDP für die Behörde nicht verbindlich ist, vermittelt der

---

[170] *Vieira*, Éco-citoyenneté et démocratie environnementale, Rn. 1689; *Hélin*, Énergie, Environne-ment, Infrastructures, 2016 (8–9), 261, 262.

[171] *Fourniau*, Consultation, délibération et contestation: trois figures du débat comme procédure de légitimation, in: Blondiaux/Manin (Hrsg.), Le tournant délibératif de la démocratie, S. 292; *Koltirine*, Aménagement et Nature 2001 (140), 7, 15–17.

[172] *Fourniau*, Annales des mines 2001 (24), 67, 71.

[173] *Ferezin*, Développement du territoire, environnement et démocratie participartive. Le cas de la LGV Bordeaux – Toulouse, S. 101.

[174] *Mercadal*, Le débat public: pour quel développement durable?, S. 30; *Vialatte*, Environnement 2007 (12), 9, 12.

[175] *Ferezin*, Développement du territoire, environnement et démocratie participartive. Le cas de la LGV Bordeaux – Toulouse, S. 124.

[176] *Bertrand/Marguin*, RJE 2017, 457, 460; *Fourniau*, Consultation, délibération et contestation: trois figures du débat comme procédure de légitimation, in: Blondiaux/Manin (Hrsg.), Le tournant délibératif de la démocratie, S. 286; *Geynet-Dussauze*, RDP 2020, 965, 967.

débat public insbesondere keine Entscheidungskontrolle nach der Definition von *Arnstein.*[177] Um Enttäuschungen zu vermeiden, wird in der französischen Literatur betont,
dass darauf zu achten ist, keine Hoffnungen auf einen Konsens oder eine Mitentscheidung zu wecken, da das Ziel des *débat public* nur ist, alle Argumente zu bündeln
und die Streitpunkte zu reduzieren, es dann aber am Vorhabenträger liegt, wie er den
Grad der Unterstützung für seinen Vorschlag beurteilt und wie er sein Vorhaben ggf.
anpassen möchte.[178]

3.4.1.3.3 Zwischenfazit

Es gibt Kritik an bestimmten Punkten, die jedoch nicht das Prinzip des *débat public* an
sich infrage stellen. Auch wenn hier der Teil der kritischen Stimmen mehr Platz ein-
nimmt: Der Großteil der Reaktionen ist positiv. So lässt sich aus der überwiegenden Zahl
der Veröffentlichungen eine grundsätzliche Zufriedenheit darüber herauslesen, dass ein
débat public in der jetzigen Form mit der CNDP existiert. Die geäußerte Kritik nimmt in
den Veröffentlichungen eher Randbereiche ein

3.4.1.4 Auswirkungen auf den Verfahrensablauf bzw. die Akzeptanz
von großen Bauvorhaben

Nach 25 Jahren Arbeit der CNDP kommt diese zu der Selbsteinschätzung, dass der
Wunsch nach Beteiligung wächst und selbst eine Pandemie diesen Trend nicht unter-
brechen konnte.[179] In diesen 25 Jahren hat die CNDP 101 *débats publics* und 296
concertations prealables durchgeführt. Durch die Rechtsänderungen im Jahr 2016 hat
sich die Zahl der Projektakten, die bei der CNDP zur Entscheidung eingereicht wurden,
versiebenfacht. Die Durchführung des *débat public* hatte folgenden Einfluss: Nur drei
Projekte wurden nach der öffentlichen Debatte aufgegeben, 58 % wurden modifiziert
und die Übrigen grundlegend überarbeitet.[180] Wenn ein Vorhaben aufgrund des *débat
public* verändert wird, dann darf die „Schuld" für die Verzögerung aber nicht dem Verfahren zugewiesen werden, sondern wenn dann dem Vorhabenträger, der sein Projekt
von vornherein besser hätte planen können.[181] Im Jahr 2020 beteiligten sich durchschnittlich 5200 Personen an den öffentlichen Debatten.[182] An dem *débat public* für den

---

[177] *Peters,* Legitimation durch Öffentlichkeitsbeteiligung, S. 329; zum Arnstein'schen Partizipa-
tionsbegriff siehe oben Abschn. 2.3.1.2.2

[178] *Zémor,* RFDA 2015, 1101, 1106.

[179] *Jouanno,* Kolumne der Präsidentin der CNDP in der Zeitung Le Monde vom 24.09.2021.

[180] Die Zahlen in diesem Absatz sind auf der Webseite der CNDP unter dem Reiter „notre histoire",
www.debatpublic.fr/notre-histoire-206 abrufbar (zuletzt abgerufen am 20. 06. 2022); vgl. auch
Vialatte, Environnement 2007 (12), 9, 11; *Malyuga,* L'organisation des débats publics en France à
travers le rôle de la CNDP et l'étude du projet EuropaCity, S. 8.

[181] So auch *Aubreby et al.,* Mission sur l'accélération des procédures relatives aux projets
d'infrastructures en Île-de-France, S. 20.

[182] Eigene Berechnung nach Angaben aus CNDP (Hrsg.), Rapport annuel 2020, S. 11–19.

eingangs erwähnten *Grand Paris Express* im Jahr 2010 nahmen 20.000 Teilnehmer teil und machten 835 Einwände geltend. Diese führten insbesondere dazu, dass die Zahl der Stationen um ca. 50 % erhöht wurde, was die Akzeptanz des Projekts bei den Bewohnern der Île-de-France stärkte.[183] Denn auch in Frankreich ist das Phänomen, dass große Infrastrukturprojekte auf Widerstand treffen, nicht unbekannt und insbesondere mit einer Vertrauenskrise in die eigene Politik und Verwaltung verknüpft.[184]

Logischerweise ist der Widerstand gegen das Vorhaben abhängig von den konkreten befürchteten Auswirkungen. Sofern sie nicht von einem Vorhaben betroffen sind, beteiligt sich die große Mehrheit der Bürger aus Desinteresse nicht.[185] Allerdings lässt sich die genehmigende Institution nur von Argumenten des Allgemeininteresses überzeugen, die Förderung von Einzelinteressen wird strikt abgelehnt,[186] sodass sich die sich engagierenden Bürger in ihrer Argumentation „über den eigenen Tellerrand hinauswagen" und in größeren Dimensionen denken sollten. Es ist festzustellen, dass die Zivilgesellschaft grundsätzlich verstanden hat, was der Mechanismus des *débat public* gebracht hat: zuerst einmal zusätzliche Ressourcen, um sich zu organisieren und sich Gehör zu verschaffen, und sogar, um die Entscheidung zu beeinflussen.[187] Eine Forderung der direkten Mitentscheidung durch die Verbände wird derzeit nicht erhoben.[188] Vollumfänglich betrachtet wäre es förderlich, wenn sowohl

---

[183] *Cabanel/Bonnecarrère,* Décider en 2017: le temps d'une démocratie „coopérative", Rapport d'information n°556 pour le Senat, S. 106.

[184] *Cabanel/Bonnecarrère,* Décider en 2017: le temps d'une démocratie „coopérative", Rapport d'information n°556 pour le Senat, S. 20, 23: (Übersetzung durch die Verfasserin) „89 % der Befragten würden sagen, dass es den Politikern im Allgemeinen *„egal ist, was die Leute denken"*. […] Darüber hinaus glauben 75 % der Franzosen, dass gewählte Amtsträger und politische Führer *„eher korrupt"* sind. […] 64 % der Franzosen vertrauen ihrem Gemeinderat […] nur 28 % in der Regierung. Offensichtlich pflegen lokale Institutionen nach wie vor eine besondere Verbindung zu den Bürgern."; vgl. dazu auch *Brouard et al.,* The Journal of Legislative Studies 2013, 178, 181 f.; Das schwindende Vertrauen in die (Partei-)Politik kann auch damit erklärt werden, dass in Frankreich politische Parteien als eingetragene Vereine organisiert sind, deswegen einer weniger strengen Transparenzpflicht hinsichtlich ihrer Finanzierung unterliegen, und in den letzten Jahren mehrere Finanz-Affären aufgedeckt wurden, *Lüsebrink,* Frankreich. Wirtschaft, Gesellschaft, Politik, Kultur, Mentalitäten, S. 170.

[185] *Pinel,* La participation du citoyen à la décision administrative, S. 325 f.

[186] *Pinel,* La participation du citoyen à la décision administrative, S. 327.

[187] *Mercant/Lamare,* Espaces publics et co-construction de l'intérêt général: apprentissages croisés des acteurs, in: Blatrix/Blondiaux (Hrsg.), Le débat public: une expérience française de démocratie participative, S. 233.

[188] *Mercant/Lamare,* Espaces publics et co-construction de l'intérêt général: apprentissages croisés des acteurs, in: Blatrix/Blondiaux (Hrsg.), Le débat public: une expérience française de démocratie participative, S. 235.

die Vorhabenträger als auch die Bürger sich die im geltenden Recht vorgesehenen partizipativen Mechanismen noch besser aneignen würden.[189]

Insgesamt hat der *débat public* nur eingeschränkten Einfluss auf die Verwaltungsentscheidung, weil die Behörde ihre eigenen Schlussfolgerungen zieht.[190] Das Ziel, die öffentliche Entscheidungsfindung zu erleichtern oder gar zu einer Einigung zu kommen, kann nicht immer erreicht werden, wohl aber ein Zwischenziel, nämlich wieder mehr „Verbindungen" und Vertrauen zwischen Verwaltung und Bürgern zu schaffen,[191] indem ein „partnerschaftliches bzw. delegiertes Entscheidungsverfahren" etabliert wird.[192] Dies kann insbesondere dadurch gefördert werden, dass zusätzliche Gutachten oder Untersuchungen in Auftrag gegeben werden. Außerdem muss der Bericht der CNDP veröffentlicht und dem Untersuchungskommissar der *enquête publique* zur Verfügung gestellt werden.[193] Eine Verwaltungsentscheidung, die ein Projekt vor Abschluss des *débat public* genehmigt, wird wegen eines Verfahrensfehlers aufgehoben.[194] Es kann zusammengefasst von einem mittelbaren Einfluss des *débat public* gesprochen werden.

3.4.1.5 Zwischenfazit

Ursprünglich für das Umweltrecht geschaffen, erfreut sich die Institution der CNDP inzwischen überwiegend großer Beliebtheit. Dies zeigt sich darin, dass inzwischen in einer Vielzahl von Gesetzen ein *débat public* nach dem Vorbild des Umweltrechts bzw. mit direktem Verweis auf den C.Env. eingeführt wurde.[195] Der von Staatspräsident *Emanuel Macron* im Frühjahr 2019 initiierte *grand débat national,* der sich mit der Lösung gesamtgesellschaftlicher Herausforderungen befasst hat, hat im *débat public*

---

[189] *Cabanel/Bonnecarrère,* Décider en 2017: le temps d'une démocratie „coopérative", Rapport d'information n°556 pour le Senat, S. 117.

[190] *Peters,* Legitimation durch Öffentlichkeitsbeteiligung, S. 322; *Marcou,* Die Verwaltung und das demokratische Prinzip, in: v. Bogdandy/Cassese/Huber (Hrsg.), Handbuch Ius Publicum Europaeum, Bd. V: Verwaltungsrecht in Europa: Grundzüge, § 92 Rn. 95; sowie oben die Nachweise in Fn. 133.

[191] *Mercant/Lamare,* Espaces publics et co-construction de l'intérêt général: apprentissages croisés des acteurs, in: Blatrix/Blondiaux (Hrsg.), Le débat public: une expérience française de démocratie participative, S. 235, 237.

[192] *Peters,* Legitimation durch Öffentlichkeitsbeteiligung, S. 329.

[193] *Romi,* Le débat public dans le droit positif, in: Blatrix/Blondiaux (Hrsg.), Le débat public: une expérience française de démocratie participative, S. 58.

[194] TA Bordeaux, Urt. v. 01. 03. 2007 n° 0603435, legifrance und Umkehrschluss aus CAA de Bordeaux, Urt. v. 03. 12. 2008, n° 07BX00912, legifrance; *Romi,* Le débat public dans le droit positif, in: Blatrix/Blondiaux (Hrsg.), Le débat public: une expérience française de démocratie participative, S. 65.

[195] *Bertrand/Marguin,* RJE 2017, 457, 492.

sein Vorbild gefunden.[196] Er kommt dem Wunsch nach einer partizipativen Demokratie nach, die darauf abzielt, die Bürgerinnen und Bürger dauerhaft einzubeziehen, ohne auf gewählte Vertreter zurückzugreifen und ohne durch Wahlperioden eingeschränkt zu sein.[197] Er kann als ein Verfahren der politischen Willensbildung betrachtet werden.[198]

3.4.1.6 Vergleich

Es ist ein bekannter Vorteil der Rechtsvergleichung, die Grundlagen des eigenen Rechtssystems besser zu verstehen, weil dabei grundlegende Begriffe und Institutionen im Lichte der ausländischen Rechtskulturen hinterfragt werden.[199] Das liegt daran, dass ein solcher Vergleich die Einzigartigkeit der untersuchten Institutionen hervorheben kann, da die jeweiligen Funktionen und Darstellungen dieser Institution in dem jeweiligen Staat untrennbar mit einem bestimmten rechtshistorischen Kontext verbunden sind.[200] Die CNDP hat jedenfalls über mehrere Ländergrenzen hinweg Interesse geweckt. In Québec ist das Pendant zur CNDP seit Jahren Verfahrensbestandteil und auch Italiener und Spanier haben sich das Verfahren, das sich jeweils in Grenznähe abgespielt hat, schon genauer betrachtet.[201]

Im folgenden Vergleich wird der institutionelle Rahmen (Abschn. 3.4.1.6.1), der materielle Inhalt in seinem verwaltungsrechtlichen Kontext (Abschn. 3.4.1.6.2), Überschneidungen hinsichtlich der theoretischen, auch rechtspolitisch- bzw. verwaltungswissenschaftlich geprägten Hintergrundannahmen (Abschn. 3.4.1.6.3) und aktuelle gesetzgeberische Entwicklungen (Abschn. 3.4.1.6.4) untersucht.

3.4.1.6.1 Institutioneller Rahmen

Charakteristisch für die CNDP ist ihre Unabhängigkeit als *autorité administrative indépendante,* AAI. Der Vorteil daran, dass die AAIs nicht in die hierarchische Verwaltungsstruktur eingegliedert und weisungsungebunden sind, ist, dass sie effizienter arbeiten können, weil sie durch die ihnen verliehene Autonomie von traditionellen Zwängen befreit sind, die ansonsten den Verwaltungsablauf verlängern würden.[202] Durch die Unabhängigkeit von der Politik können sie Kontinuität und Überparteilichkeit

---

[196] Der *grand débat national* war insbesondere eine Reaktion auf die „Gelbwestenproteste" gegen stark gestiegene Dieselpreise im Herbst 2018. Bis zu zwei Millionen Menschen beteiligten sich.

[197] *Prieur,* Droit de l'environnement, Rn. 200.

[198] *Fourniau,* Annales des mines 2001 (24), 67, 79.

[199] *Gaillet,* RFDA 2013, 793.

[200] *Gaillet,* RFDA 2013, 793, 795.

[201] *Vialatte,* Environnement 2007 (12), 9, 11.

[202] Conseil d'État (Hrsg.), Les autorités administratives indépendantes, S. 276 f.

gewährleisten und für einen Vertrauensaufbau in öffentliche Entscheidungen eintreten.[203] Die Problematik politischer Verstrickungen und die Notwendigkeit einer „Idee der Abschottung gegenüber Einwirkungen aktueller Politik"[204] dürfte in Frankreich aufgrund des Staatsaufbaus und Regierungssystems größer sein als in Deutschland. Um es mit einer Metapher anschaulich zu beschreiben, kann der Gang der französischen Politik von einem „Zick-Zack-Kurs" geprägt sein, da durch die Direktwahl des Staatspräsidenten (Art. 7 CF) vor allem Persönlichkeiten gewählt werden und die Wahl der Abgeordneten der *Assemblée nationale* nach dem Mehrheitswahlrecht untergeordnete Bedeutung hat, da der Staatspräsident diese auflösen könnte. Dadurch und in Verbindung mit der Möglichkeit der Normsetzung per *ordonnance* sind schnelle Kurswechsel, die durch das individuelle politische Programm geprägt sind, wahrscheinlicher. Das deutsche Parteienwahlrecht nach dem personalisierten Verhältniswahlrecht führt am Ende fast immer zu einer Regierungskoalition von zwei oder drei Parteien. Infolgedessen müssen immer Kompromisse gefunden werden. Richtungswechsel oder strategische Veränderungen laufen dadurch langsamer und eher in „Schlangenlinien" statt in „Blitzform". Dennoch ist ein Verwaltungsverfahren ohne politisch verursachte Systembrüche hierzulande wünschenswert und Vertrauensaufbau zwischen Staat und Bürger, wie bereits zuvor beschrieben, hierzulande Diskussionsgegenstand.

Fraglich ist, ob es eine vergleichbare unabhängige Institution wie die CNDP in Deutschland bereits gibt.

aa) Als Vergleichsobjekt kommt das Nationale Begleitgremium[205] (NBG) gem. § 8 StandAG zur Standortsuche für ein atomares Endlager in Betracht. Dem Gesetzeswortlaut nach begleitet das Nationale Begleitgremium die Öffentlichkeitsbeteiligung des Standortauswahlverfahrens vermittelnd und unabhängig. Damit wäre zumindest das Unabhängigkeitskriterium erfüllt. Das NBG ist ein Gremium von ehrenamtlich tätigen ernannten Wissenschaftlern und Bürgern, die die Vielfalt der Gesellschaft widerspiegeln sollen und ist damit ebenso vielseitig besetzt wie die CNDP. Wie die CNDP ist es personell durch die Ernennung durch Bundestag, Bundesrat und Bundesumweltministerium legitimiert. Es soll die Endlagersuche transparent und bürgernah begleiten, führt die Öffentlichkeitsbeteiligung, im Gegensatz zur CNDP aber nicht selber durch. Das übernimmt das Bundesamt für die Sicherheit der nuklearen Entsorgung (BASE). Das NBG analysiert deren Öffentlichkeitsbeteiligung und macht Verbesserungsvorschläge, es hat ein Akteneinsichtsrecht in alle Unterlagen des Standortauswahlverfahrens und soll Spannungen frühzeitig erkennen und Konflikte schlichten. Insgesamt soll es das Vertrauen in den Entscheidungsprozess durch eine bestmöglich ablaufende

---

[203] *Masing,* Organisationsdifferenzierung im Zentralstaat, in: Trute et al. (Hrsg.), Allgemeines Verwaltungsrecht – zur Tragfähigkeit eines Konzepts, S. 409 f m. w. N.

[204] *Schmidt-Aßmann,* ZaöRV 2018, 807, 859; für die Schaffung zeitlicher Konstanten plädierend *Janson,* Der beschleunigte Staat, S. 277 ff.

[205] Umfassend dazu *Langer,* Die Endlagersuche nach dem Standortauswahlgesetz, S. 255 f.

Öffentlichkeitsbeteiligung stärken. Damit hat es zwar eine ähnliche Zielsetzung wie die CNDP, aber einen spezielleren und auf einen längeren Zeitraum ausgerichteten Aufgabenbereich, was der Einzigartigkeit der Endlagersuche geschuldet ist. Die Befassung der CNDP mit einem Vorhaben dauert ca. zwei Jahre,[206] danach behält die CNDP das Vorhaben nur noch indirekt im Blick. Die Tätigkeit des NBG ist auf die Dauer von ca. 15 Jahren ausgelegt, bzw. bis ein Endlager planmäßig bis 2031 gefunden ist. Auch wenn das NBG von einer Geschäftsstelle unterstützt wird, hat es doch ein deutlich kleineres Format als die CNDP, die für die tatsächliche Arbeit vor Ort auf den großen Pool von Garanten zurückgreifen kann. Die Einbeziehung der CNDP ist justiziabler Gegenstand des Verwaltungsverfahrens. Ob das NBG ausreichend befasst war, ist nicht entscheidungserheblich für die Rechtmäßigkeit der Endlagersuche.

bb) Sonstige selbstständige Bundeseinrichtungen wie beispielsweise die Bundesnetzagentur oder das Bundeskartellamt sind in den hierarchischen Behördenaufbau eingegliederte Oberbehörden, die als Fachbehörde aus dem Ministerium ausgegliedert sind. Die Distanz zur Ministerialebene ist eher strukturell-faktisch bzw. organisatorisch statt rechtlich,[207] indem beispielsweise die Beschlussorgane keine Tätigkeit in dem von ihnen überwachten Bereich ausüben dürfen (personelle Inkompatibilität).[208] Sie werden vor allem deswegen als selbstständig bezeichnet, da ihnen der Verwaltungsunterbau fehlt, und sie gem. Art. 87 Abs. 3 GG, als Ausnahme zu Art. 30 GG, eine eigene spezielle Aufgabe bundesweit ausführen.[209] Die als Beispiel herangezogene Bundesnetzagentur ist „relativ unabhängig", d. h. sie ist organisatorisch selbstständig i. S. d. Art. 87 Abs. 3 S. 1 GG, aber sie untersteht ministerieller Fachaufsicht.[210] Je enger die Fachaufsicht ausgeübt wird, desto weniger kann von einer rechtlich selbstständigen Behörde gesprochen

---

[206] Beispielhafter Zeitablauf für einen Off-Shore-Windpark im Mittelmeer (https://eos.debatpublic.fr/le-debat-public (zuletzt abgerufen am 20. 06. 2022): 16.07.2020: Vorhabenträger gibt CNDP sein Vorhaben zur Kenntnis; 29.07.2020: CNDP entscheidet, dass *débat public* durchgeführt wird; 09–11/2020: Auswahl der Garanten, d. h. Konstitution der CPDP; 12/2020–06/2021: Vorbereitung des *débat public*; 12.07.2021–31.10.1021 eigentlicher *débat public* vor Ort; 31.12.2021 Publikation des neutralen Berichts über das Vorgebrachte, sowie Verlauf und Qualität der Debatte; 17.3.2022: Entscheidung des Vorhabenträgers, wie er sein Vorhaben weiterführen möchte.

[207] *Masing*, Organisationsdifferenzierung im Zentralstaat, in: Trute et al. (Hrsg.), Allgemeines Verwaltungsrecht – zur Tragfähigkeit eines Konzepts, S. 421

[208] *Socher*, Organisation und Unabhängigkeit der Energieregulierungsbehörden in Deutschland, in: Fraenkel-Haeberle/Socher/Sommermann (Hrsg.), Praxis der Richtlinienumsetzung im Europäischen Verwaltungsverband, S. 245.

[209] *Marcou*, Verwaltungsbehörden und die Einflussnahme der öffentlichen Hand, in: Masing/Marcou (Hrsg.), Unabhängige Regulierungsbehörden, S. 106; siehe dazu auch *Jestaedt*, Demokratieprinzip und Kondominialverwaltung, S. 468 ff.

[210] *Wissenschaftliche Dienste BT*, Rechtsstellung der Bundesnetzagentur, S. 3.

werden.[211] Außerdem ist die Bundesnetzagentur nach Urteil des EuGH nicht unabhängig genug, um die EU-Elektrizitätsrichtlinie und der EU-Erdgasrichtlinie korrekt umzusetzen.[212]

cc) Auf ein Urteil des EuGH[213] hin wurde hingegen zum 1. Januar 2016 bereits eine andere Institution mit „völliger Unabhängigkeit" ausgestattet: Gem. § 10 Abs. 1 BDSG[214] ist der Bundesdatenschutzbeauftragte bei der Erfüllung seiner Aufgaben oder Befugnisse völlig unabhängig. Er unterliegt weder direkter noch indirekter Beeinflussung von außen und ersucht weder um Weisung noch nimmt er Weisungen entgegen. Gem. § 8 Abs. 1 BDSG ist er oberste Bundesbehörde. Das heißt, er unterliegt weder Dienst-, Rechts-, noch Fachaufsicht und ist nur dem Parlament verantwortlich. Diese Institutionalisierung zeigt, dass es in Deutschland grds. möglich ist, neben Bundesbank und Bundesrechnungshof solche unabhängigen Behörden als „Kontrollorgan sui generis"[215] zu schaffen. Damit kommen sie, rein vom institutionellen Charakter her, der CNDP recht nahe. Hinsichtlich der sachlichen Entscheidungsmöglichkeiten sind dem Bundesdatenschutzbeauftragten sogar Sanktionsmöglichkeiten eingeräumt, was bei der CNDP nicht der Fall ist. Auch bei der Ernennung bzw. Besetzung bestehen Überschneidung durch die Ernennung auf Vorschlag. In Deutschlag kommen diese von der Bundesregierung, § 11 Abs. 1 S. 1 BDSG, in Frankreich ist das Vorschlagsrecht auf mehrere Positionen verteilt, was nur deswegen möglich ist, dass 25 statt nur eine Person ernannt werden. Diese Diversität, verbunden mit der Entscheidung nach dem Kollegialprinzip sorgt noch für größere Unabhängigkeit.

dd) Auch diverse Räte oder Kommissionen, die die Exekutive in den verschiedensten Fragen beraten, können nicht näher mit der CNDP verglichen werden, da sie zwar unabhängig und pluralistisch aufgestellt sind, ihnen aber die Institutionalisierung und Entscheidungsbefugnis fehlt.[216]

ee) Im Planfeststellungsrecht wird gem. § 73 Abs. 1, 9 VwVfG grundsätzlich zwischen Anhörungs- und Planfeststellungsbehörde differenziert. Allerdings ist eine

---

[211] *Ruffert,* Verselbstständigte Verwaltungseinheiten, in: Trute et al. (Hrsg.), Allgemeines Verwaltungsrecht – zur Tragfähigkeit eines Konzepts, S. 448.

[212] EuGH, Urt. v. 02. 9. 2021 – C-718/18, ECLI:EU:C:2021:662.

[213] EuGH, Urt. v. 9. 03. 2010 – C-518/07, ECLI:EU:C:2010:125.

[214] Bundesdatenschutzgesetz vom 30. 06. 2017 (BGBl. I, S. 2097), zuletzt geändert durch Gesetz v. 23. 06. 2021 (BGBl. I, S. 1858).

[215] *Petri/Tinnefeld,* MMR 2010, 157, 158.

[216] In Baden-Württemberg wurde im Jahr 2016 das „Forum Energiedialog" ins Leben gerufen, das nach erfolgter Ausschreibung von einem Büro für Konflikt- und Prozessmanagement betrieben wird. Damit sollen die Kommunen durch das Land, das die Finanzierung trägt, im Konfliktmanagement unterstützt werden. Es richtet sich vorrangig als Beratungsangebot an die Bürgermeister und Gemeinderäte, die ihre Planungshoheit behalten. In Dialogangeboten mit Gemeinde, evtl. Vorhabenträger, Experten und Bürgerinitiativen sollen Fachfragen geklärt und die Debatte versachlicht werden.

(landesrechtliche) Aufgabenzuweisung an unterschiedliche Behörden mittlerweile die Ausnahme statt die Regel und bei vergangenen Gesetzesreformen wurden die Aufgaben beispielsweise beim Eisenbahnbundesamt vereinheitlicht statt getrennt.[217] Der Vorteil größerer Neutralität bei getrennter Aufgabenwahrnehmung wurde aus Beschleunigungsgründen zurückgestellt, da bei Behördenidentität die Pflicht gem. § 73 Abs. 9 VwVfG zur Abgabe einer strukturierten Stellungnahme über die Erkenntnisse der Anhörung entfällt.[218] Damit eignet sich die Anhörungsbehörde mangels praktischer Eigenständigkeit ebenfalls nicht als Vergleichsobjekt für die CNDP.

Zusammenfassend zeigt das NBG zwar erste Ansätze, die in Richtung der CNDP deuten, allerdings überwiegen die Unterschiede und insbesondere der fehlende Behördencharakter, der eigene aktive, unmittelbar auf das Verfahren einwirkende Entscheidungen oder Handlungsmöglichkeiten ermöglichen würde. Die Frage, ob eine unabhängige (Bundes-) Behörde zur Überwachung der Öffentlichkeitsbeteiligung in Deutschland überhaupt geschaffen werden könnte, wird weiter unten in Kap. 4 beantwortet.[219] Der Bundesdatenschutzbeauftragte käme aufgrund der Weisungsfreiheit als Vorbild für eine Institutionalisierung in Betracht.

3.4.1.6.2 Verpflichtendes frühes Öffentlichkeitsbeteiligungsverfahren

Fraglich ist, ob der *débat public* stattdessen in Deutschland in einer anderen Form verwirklicht wird und ob daher zumindest inhaltliche Gemeinsamkeiten bestehen. Charakteristisch für den *débat public* im materiellen Sinne ist eine Öffentlichkeitsbeteiligung bereits in einem sehr frühen Projektstadium, in dem noch Änderungen im Vorhaben möglich sind und auch über die grundsätzliche Notwendigkeit des Vorhabens gesprochen wird. Eine oben untersuchte Verfahrensprivilegierung, die Ansätze in diese Richtung aufweist, ist die sog. „frühe Öffentlichkeitsbeteiligung" gem. § 25 Abs. 3 VwVfG.[220] Diese Informationsobliegenheit trifft den Vorhabenträgern im Vorlauf des Genehmigungsverfahrens, bestenfalls vor Antragstellung, aber doch etwas später als bei dem *débat public,* da hier schon ein konkretes Vorhaben im Raum steht und es nur noch um dessen Ausgestaltung statt um das „Ob" geht.[221] Hier gibt es keinen verpflichtenden Mindeststandard an Informationsqualität und auf Bundesebene ist das Vorgehen freiwillig. Auch werden nur die Betroffenen und nicht jedermann beteiligt.

---

[217] *Lieber,* in: Mann/Sennekamp/Uechtritz, VwVfG, § 73 Rn. 34; In den §§ 20 ff. NABEG ist eine Anhörungsbehörde erst gar nicht mehr vorgesehen; zur Zulässigkeit der Übertragung der Zuständigkeit für Anhörung und Planfeststellung auf eine einzige Behörde: BVerwG, Beschl. v. 2. 1979 – 4 N 1/79, BVerwGE 58, 344.

[218] Vgl. *Fehling,* Verwaltung zwischen Unparteilichkeit und Gestaltungsaufgabe, S. 182 f, 265 ff. m. w. N.

[219] Siehe Abschn. 4.1.2.2

[220] Siehe dazu oben Abschn. 2.3.1

[221] *Burgi,* NVwZ 2012, 277.

Baden-Württemberg hat den föderalen Gestaltungsspielraum genutzt und in § 2 LUVwG eine abgesehen von Ausnahmefällen verpflichtende frühe Öffentlichkeitsbeteiligung für UVP-pflichtige oder planfeststellungspflichtige Vorhaben geschaffen. Ein durch die Behörde durchzuführendes verpflichtendes frühes Öffentlichkeitsbeteiligungsverfahren auf Bundesebene gibt es weder in den (Spezial-) Normen zum Planfeststellungsrecht, noch im BauGB oder BImSchG. Allerdings weist das Raumordnungsverfahren insoweit eine Gemeinsamkeit mit dem *débat public* auf, als dass dort ebenfalls die Möglichkeit verschiedener Alternativen thematisiert wird, § 15 Abs. 1 S. 3 ROG. Im ROG werden sie nicht nur vorgeschlagen, sondern die ernsthaft in Betracht kommenden verpflichtend auf ihre rechtliche Umsetzbarkeit geprüft.[222] Die verpflichtend zu beteiligte Öffentlichkeit kann ebenfalls Vorschläge machen,[223] allerdings müssen ernst gemeinte Vorschläge aus der Öffentlichkeit auch den Vorhabenträger überzeugen, sonst gibt es zwar ein ausgearbeitetes Konzept, aber niemanden, der es verwirklichen möchte.[224] Der Vorhabenträger bleibt weiterhin in einer verfahrensbeherrschenden Position.[225] Bei dem *débat public* entscheidet ebenfalls der Vorhabenträger, wie er mit Alternativvorschlägen umgeht. Schließlich ist es bei rein privaten Vorhabenträgern deren grundrechtlich geschützte, privatautonome Entscheidung, die von finanzieller Risikobereitschaft geprägt ist, ob sie ein Vorhaben realisieren wollen, ohne dass es die an der Öffentlichkeitsbeteiligung teilnehmenden Bürger ihnen verbieten könnten.[226]

Damit wurden nun alle drei Formen von (früher) Öffentlichkeitsbeteiligung benannt: durch die Behörde, durch den Vorhabenträger und durch einen unabhängigen Dritten. Welche überzeugt? Die Genehmigungsbehörde schon vor offiziellem Verfahrensbeginn an die Öffentlichkeit treten zu lassen, ist nicht zu empfehlen, da dies den Eindruck einer Vorfestlegung erwecken kann. Der Vorhabenträger könnte es vor Verfahrensbeginn selbst machen, wenn genug Expertise über das künftige Verwaltungsverfahren vorhanden ist, um auf Fragen aus der Bürgerschaft qualifiziert reagieren zu können.

Beide Vorgehensweisen haben den Nachteil, dass dann das hervorzuhebende Merkmal der Neutralität fehlt, das als besonderes vertrauen- und akzeptanzstiftendes Merkmal betrachtet wird. Zwar sieht sich die Genehmigungsbehörde nach eigenem Verständnis als neutral. Allerdings leidet dieses Image daran, dass es sich teilweise um gebundene Entscheidungen handelt, sodass der Vorhabenträger einen Anspruch auf Erteilung der Genehmigung hat und die Genehmigungsbehörde dann nicht als neutraler Dritter zwischen Öffentlichkeit und Vorhabenträger gesehen wird, sondern

---

[222] *Goppel,* in: Spannowsky/Runkel/Goppel, ROG, § 15 Rn. 40 ff.

[223] *Schmitz,* Die obligatorische Öffentlichkeitsbeteiligung im Raumordnungsverfahren, in: Schlacke/Beaucamp/Schubert (Hrsg.), Infrastruktur-Recht, FS-Erbguth, S. 327, 334, 344 f.

[224] *Goppel,* in: Spannowsky/Runkel/Goppel, ROG, § 15 Rn. 49.

[225] *Dietz,* in: Kment, ROG, § 15 Rn. 45; *Goppel,* in: Spannowsky/Runkel/Goppel, ROG, § 15 Rn. 43 f.

[226] *Burgi,* NVwZ 2012, 277, 278.

als „Ermöglichungsbehörde". Somit überzeugt hier der *débat public* mit seiner verpflichtenden frühen Öffentlichkeitsbeteiligung durch einen neutralen Dritten.[227]

Die derzeit existierende frühe Öffentlichkeitsbeteiligung inhaltlich mit dem *débat public* zu vergleichen ist insofern schwierig, als es beides Mal keine festen Regeln gibt, wie genau die Öffentlichkeit informiert und einbezogen wird. Die Ausgestaltung ist dem Vorhabenträger bzw. der jeweiligen CPDP überlassen. Es sind auffallende qualitative Unterschiede erkennbar: Über die CNDP erhält jedes Projekt einen einheitlichen „Steckbrief", in dem die wichtigsten Merkmale und der weitere Verfahrensablauf zusammengefasst werden. Außerdem werden, je nach Verfahrensstand, die bereits publizierten Dokumente verlinkt und es besteht die Möglichkeit direkt auf der Partizipationsplattform seine Meinung zum Vorhaben kundzutun und auch auf Meinungen anderer zu antworten. Damit ist ein möglichst bürgerfreundliches Informationsmanagement gewährleistet und ein einfacher Partizipationszugang eröffnet. Im Vergleich dazu bietet die Projekt-Internetseite des Kupferzeller Netzboosters[228] hinsichtlich des Informationszugangs ein positives Beispiel mit veranschaulichenden Grafiken und Schemata. Ein direkter digitaler Austausch ist nicht vorgesehen. Insgesamt machen viele Projektbeschreibungen, die sich die Verfasserin im Lauf der Arbeit angesehen hat, den Eindruck, als würden die früher analog bereitgestellten Informationen nun in einem größeren Umfang digital zur Verfügung gestellt. Neue Methoden werden dabei nicht ausprobiert. Dafür dürften bei den Vorhabenträgern die Kapazitäten nicht vorhanden sein, bzw. muss auch nicht jeder „das Rad neu erfinden". Für solche Innovationen im Umgang mit interessierten Bürgern wäre eine unabhängige Institution prädestiniert.

Zusammenfassend lässt sich festhalten, dass der *débat public* in Deutschland in keiner anderen Form verwirklicht wird.

3.4.1.6.3 Grundannahme: Mehr Öffentlichkeitsbeteiligung hat positiven Effekt

Allerdings kommt man in beiden Ländern inzwischen in Literatur und Wissenschaft mehrheitlich zu dem Ergebnis, dass mehr Öffentlichkeitsbeteiligung dem Verfahren nicht schadet, sondern im Gegenteil sogar förderlich für die Gesamtverfahrensdauer sein kann. Gemeinsam ist das Bedürfnis, das Vertrauen in die Behördenentscheidungen zu erhöhen. In Frankreich hat diese Entwicklung nur schon viel früher begonnen als in Deutschland, weil es die Öffentlichkeitsbeteiligung viel tiefer im System gesamtgesellschaftlich

---

[227] Ob dieser Dritte ein Privater sein kann bzw. sollte, soll hier nicht weiter vertieft werden, da dies eher eine organisatorische Frage und keine Frage der Verfahrensprivilegierung darstellt. Siehe stattdessen statt Vielen *Häfner,* Verantwortungsteilung im Genehmigungsrecht, S. 24 f m. w. N.; Wenn es eine unabhängige Behörde macht, dürfte es für den Vorhabenträger wahrscheinlich kostengünstiger sein, als bei einem privaten Dienstleister.

[228] www.transnetbw.de/de/netzentwicklung/projekte/netzbooster-pilotanlage/projektueberblick (zuletzt abgerufen am 20. 06. 2022).

verankert hat, eben, weil die Bürger historisch als *surveillants de l'administration*
gesehen werden, und deswegen ausreichend im Vorfeld beteiligt werden müssen.

Über die „Tiefe" bzw. Qualität der Beteiligung sagt diese historische Tradition
noch lange nichts aus. So dürfte die traditionelle *enquête publique* als Urform der
französischen Öffentlichkeitsbeteiligung unter dem Niveau einer deutschen „Jeder-
mann-Öffentlichkeitsbeteiligung" mit Erörterungstermin bei Planfeststellungsverfahren
liegen, weil den Einwendungen der Bürger ein größerer Einfluss auf das Vorhaben
zukommt, was sich bei der ungefähr gleichen zeitlichen Einbeziehung vor allem darin
widerspiegelt, dass in Frankreich zwar viel mehr Unterlagen ausgelegt werden müssen,
die Einwender im Erörterungstermin eine Antwort auf ihre Befürchtungen bekommen.
In Frankreich fließen die Einwendungen nur in die subjektive Stellungnahme des
commissaire enquêteur ein, in Deutschland ermöglichen sie den individuellen Kontakt
zur Behörde.[229] Der „Gold-Standard" einer gelungenen Öffentlichkeitsbeteiligung dürfte
aber nur mit einem *débat public* erreicht werden können, da er früh genug stattfindet, um
Veränderungen herbeiführen zu können und die Informationen wirklich bürgernah aufbereitet werden. Von der Qualität der Beteiligung her und dem Aufwand, der betrieben
wird, ließe sich der *débat public* mit der Beteiligung nach dem StandAG vergleichen.
Allerdings ist das Verfahren nach dem StandAG nicht massentauglich, da es auf mehrere
Jahre ausgelegt ist und die Einzigartigkeit der Endlagersuche verkörpert.

3.4.1.6.4 Restriktive Tendenzen

Gleichzeitig wird in beiden Ländern versucht, die Öffentlichkeitsbeteiligung einzuschränken: in Frankreich, indem der Anwendungsbereich der verpflichtenden Befassung
der CNDP mit dem Projekt verkleinert wird; in Deutschland, indem mehr und mehr
Ausnahmen vom Erörterungstermin geschaffen oder eine erneute Beteiligung der
Bevölkerung bei Änderungen während des laufenden Verfahrens begrenzt werden. Das
heißt, in Frankreich wird eingeschränkt, *ob* sich die CNDP mit dem Vorhaben befasst,
sodass ein *débat public* überhaupt in Betracht kommen kann, in Deutschland wird eingeschränkt, *wie* einzelne Öffentlichkeitsbeteiligungsbestandteile durchgeführt werden.[230]
Beides Mal geschieht dies unter der Begründung der Beschleunigung und Vereinfachung. Die deutsche Methode fügt sich damit noch besser in das Wissen ein, dass
mehr Öffentlichkeitsbeteiligung verfahrensfördernd sein kann, möglicherweise, da die
Proteste gegen „Stuttgart 21" noch nicht so lange her und den Politikern noch genug im
Gedächtnis sind. Auch in Frankreich gab es solche großen Proteste gegen große Infra-

---

[229] Ein schon etwas älterer Vergleich von *enquête publique* und deutscher Öffentlichkeitsbeteiligung findet sich bei *Ladenburger*, Verfahrensfehlerfolgen im französischen und deutschen Verwaltungsrecht, S:129–135.

[230] Losgelöst vom Verwaltungsverfahren wird in der Diskussion um den beschleunigten Ausbau
von Windenergie gefordert, Windräder als Gegenstand von kommunalen Bürgerentscheiden aus-
zunehmen.

strukturvorhaben, allerdings schon in den 1990er-Jahren, die dann zur Schaffung der CNDP und Kodifizierung des *débat public* geführt haben. Da diese Erfahrungen nun schon etwas länger zurückliegen, könnte dies ein Grund dafür sein, dass der politische Einfluss der Befürworter des *débat public* etwas geschmälert ist, sodass die Regierung, die die einschränkenden Normen erlassen hat, leichteres Spiel hatte. Grund dafür, dass in Frankreich nicht an den einzelnen Modalitäten der Öffentlichkeitsbeteiligung angesetzt wird, ist auch, dass die Verfahrensdetails gar nicht genau festgesetzt sind, sondern dem Ermessen der CNDP überlassen sind.

3.4.1.6.5 Zwischenfazit

Der *débat public* kann, unter der Bedingung, dass dies in Deutschland institutionell so möglich ist, nicht nur die mittelbare Verfahrensprivilegierung verbessern, sondern ist auf jeden Fall ein Argument dafür, dass mittelbare Privilegierung wirklich existiert, und dass deswegen an einer möglichst guten Öffentlichkeitsbeteiligung festzuhalten ist, unabhängig davon, in welcher rechtlichen Form dies nun in Deutschland geschieht. Der Vergleich hat damit den Beweis der Plausibilität der deutschen Überlegungen erbracht und weitere Entwicklungsmöglichkeiten in den Raum gestellt. Gleichzeitig lässt sich aus dem Vergleich mit einem zentralistischen Staat ablesen, wie wichtig systematisch zwischen den Rechtsgebieten übereinstimmende und deutschlandweit einheitliche Normen sind, um eine bestmögliche Öffentlichkeitsbeteiligung zu gewährleisten.

Das französische Recht hat mit der CNDP und dem *débat public* eine Möglichkeit gefunden, die Öffentlichkeitsbeteiligung auf ein qualitativ sehr hohes Niveau zu heben, und gleichzeitig zu gewährleisten, dass alles in einem zeitlich überschaubaren, kompakten Rahmen abläuft. Das Verfahren wird nicht über Gebühr in die Länge gezogen. Einzelne verstreute Vergleichsaspekte ließen sich mit dem deutschen Recht finden, allerdings ließen sich diese nicht systematisch verknüpfen und zu einem einheitlichen, für alle Vorhaben mit gewichtigen Umweltauswirkungen geltenden Verfahren bündeln. Der *débat public* hat damit eine höhere Problemlösungskapazität als die bisherigen deutschen Verfahren, um zu einem besseren und schnelleren Verfahren zu gelangen. Je einheitlicher die Öffentlichkeitsverfahren dem Grunde nach sind, desto einfacher lässt sich ein gleich guter bundesweiter Standard etablieren, sodass Verbesserungen einfacher durchsetzbar werden. Dies ist im zentralistischen Frankreich naturgegebenermaßen einfacher als in Deutschland, aber auch hier sind die relevanten Gesetze zum großen Teil Bundesgesetze, sodass eine ähnliche Umsetzung, wie es am NBG erkennbar ist, zumindest möglich erscheint. Damit hat der Vergleich seinen zweiten Zweck erfüllt, die Perspektive zu erweitern.

3.4.2   L'expropriation pour cause d'utilité publique en extrême urgence

Die zweite zu analysierende französische Verfahrensbesonderheit ist die „Enteignung im öffentlichen Interesse in besonders dringenden Fällen" *(L'expropriation pour cause d'utilité publique en extrême urgence).*

Schon in der Erklärung der Menschen- und Bürgerrechte vom 26. 08. 1789[231] ist in Art. 17 festgehalten: „[übersetzt] Das Eigentum ist ein unverletzliches und heiliges Recht, das niemandem entzogen werden darf, es sei denn, eine gesetzlich festgestellte öffentliche Notwendigkeit erfordert dies offensichtlich und unter der Bedingung einer gerechten und vorherigen Entschädigung." Seit 1804 heißt es in Art. 545 des *Code Civil*[232]: „[übersetzt] Niemand darf gezwungen werden, sein Eigentum zu übertragen, es sei denn, dies geschieht zum öffentlichen Nutzen und gegen eine angemessene und vorherige Entschädigung." Damit sind die drei Grundprinzipien der Enteignung festgelegt: nur aufgrund eines öffentlichen Nutzens, keine anderweitige gleichwertige Durchführbarkeit und der Erhalt einer Entschädigung.[233] Nach vielen Einzelgesetzen aus dem 19. und 20. Jahrhundert, die die Enteignung regelten,[234] erfolgte die erste Kodifizierung des *Code de l'expropriation pour cause d'utilité publique* („C.Ex."[235]) im Jahr 1977. Zum 1. Januar 2015 trat eine neue überarbeitete Fassung des C.Ex. in Kraft, um der wachsenden Bedeutung des Umweltrechts Rechnung zu tragen und die Lesbarkeit durch neue Durchnummerierung zu verbessern.[236] Im C.Ex. sind das Normalverfahren, ein Verfahren für den Fall von *urgence,* und ein Verfahren für den Fall von *extrême urgence* unterschiedlich geregelt. Letzteres ist hier Untersuchungsgegenstand, wofür aus Verständnisgründen zuerst das Normalverfahren vorgestellt wird. Am Ende dieses Abschnitts erfolgt der Vergleich zum deutschen Recht.

---

[231] Archives nationales (France), 30 septembre 1789, AE/II/1129, Déclaration des droits de l'homme et du citoyen, www.siv.archives-nationales.culture.gouv.fr/siv/IR/FRAN_IR_057573 (zuletzt abgerufen am 20. 06. 2022).

[232] Code civil des français, Édition originale et seule officielle, à Paris, de l'imprimerie de la République, an XII (1804), http://catalogue.bnf.fr/ark:/12148/cb339642859 (zuletzt abgerufen am 20. 06. 2022).

[233] *Gaudemet,* Traité de Droit administratif, Bd. 2: Droit administratif des biens, Rn. 709 ff.

[234] Für einen historischen Überblick siehe *Bon,* Code de l'expropriation pour cause d'utilité publique. Annoté & commenté, S. 477–491; *Mackoundi,* L'expropriation pour cause d'utilité publique de 1833 à 1935.

[235] Ordonnance n° 2014-1345 du 6 novembre 2014 relative à la partie législative du code de l'expropriation pour cause d'utilité publique, JORF n° 261 du 11 novembre 2014.

[236] *Braud,* Cours de droit administratif des biens, S. 309; *Bon/Auby/Terneyre,* Droit administratif des biens, S. 504; Lehre und Praxis hatten die Neuordnung nicht für nötig befunden, *Hostiou,* ADJA 2015, 689. 690.

3.4.2.1 Das normale Enteignungsverfahren

Das normale Verfahren nach den Art. L. 121-1 bis L 122-7 C.Ex. ist das auch in Deutschland bekannte, „normale" Enteignungsverfahren aus Gründen des Wohls der Allgemeinheit. Es ist, falls nötig, separat zu anderen Verwaltungsverfahren, insbesondere solchen nach dem C.Env. durchzuführen. Wie in Deutschland auch, kann es nur unter strengen Voraussetzungen zugunsten Privater durchgeführt werden.[237] Das Enteignungsverfahren ist seit 1810[238] in einen administrativen und einen judikativen Teil gegliedert. Dabei spielt die *déclaration de l'utilité publique (DUP),* also die Erklärung, dass ein Vorhaben dem öffentlichen Nutzen dient, eine wichtige Rolle.

3.4.2.1.1 Administrativer Teil des Enteignungsverfahrens

Der administrative Teil wird durch die DUP geprägt. Mit ihr steht am Ende fest, ob eine Enteignung zulässig ist. Im ersten Verfahrensschritt wird die Öffentlichkeit mit einer mind. 15-tägigen *enquête publique* angehört, Art. L. 110-L.112-1 C.Ex. Bei dieser Frist handelt es sich um eine Mindestdauer, eine Maximalfrist ist nicht vorgegeben, Art. R. 112-12 C.Ex. Falls es sich um ein Vorhaben handelt, für das eine Umweltgenehmigung benötigt wird, was sehr häufig der Fall ist, wird, um Doppelungen zu vermeiden, die Öffentlichkeitsbeteiligung gleich nach den Regeln des Art. L. 123-1 ff. C.Env. durchgeführt, wonach die Dauer 30 Tage nicht unterschreiten darf, Art. L. 110-1 Abs. 2 C.Ex., Art. L.123-9 C.Env.

Zuständig für die eigentliche DUP als zweiten Schritt ist entweder der Präfekt oder der jeweilige Minister, je nachdem, ob es sich um ein lokales oder überregionales Projekt handelt, Art. R. 121-1 C.Ex. Für bestimmte Projekte ist aufgrund ihrer Bedeutung der jeweilige Minister zuständig, der davor die Stellungnahme der Beratungsabteilung

---

[237] Der Enteigner *(l'expropriant)* ist im französischen Recht derjenige, der die Initiative zur Enteignung ergreift, indem er diese beim Staat beantragt. In Frankreich kann eine natürliche Person nicht Enteigner sein. Von einer natürlichen Person wird nicht erwartet, dass sie ein Ziel von allgemeinem Interesse verfolgt. Nur bestimmte juristische Personen des Privatrechts können daher diese Eigenschaft haben. Dafür müssen sie ein Ziel von allgemeinem Interesse verfolgen und ihr muss die „Eigenschaft des Enteigners" durch ein Rechtsdokument verliehen worden oder von der Verwaltung einer öffentlichen Dienstleistung betraut worden sein. Meistens handelt es sich um Konzessionäre (dazu: *Braud,* Cours de droit administratif des biens, S. 331). Es ist aber auch möglich, dass Enteigner und Profiteur der Enteignung auseinanderfallen, sodass auf diesem Wege natürliche oder juristische Personen des Privatrechts profitieren können *(Braud,* Cours de droit administratif des biens, S. 332 f.).

In Deutschland kann zugunsten einer natürlichen oder juristischen Person des Privatrechts enteignet werden, sofern die spezifischen enteignungsrechtlichen Gemeinwohlanforderungen erfüllt werden: statt vieler *Papier/Shirvani,* in: Dürig/Herzog/Scholz, GG, Art. 14 Rn. 682 ff.

[238] Loi du 8 mars 1810 sur les expropriations pour cause d'utilité publique, qui contient les développemens de l'Art. 545 du Code civil, règle l'application de cet article, en organise l'exécution, http://catalogue.bnf.fr/ark:/12148/cb33464261f, S. 540 ff. (zuletzt abgerufen am 20. 06. 2022).

des *Conseil d'État* und die Unterschrift des Premierministers einzuholen hat,[239] wozu auch Autobahnen und Eisenbahnstrecken gehören, Art. R. 121-2 C.Ex. Die DUP hat spätestens ein Jahr nach Abschluss der *enquête publique* zu erfolgen. Ansonsten muss erneut die Öffentlichkeit beteiligt werden, Art. L.121-2 C.Ex.

aa) Begriffsdefinition „*utilité publique*"

Es gibt keine festgelegte Definition für den Begriff des *utilité publique*. Für den weiteren Fortgang dieser Arbeit ist es wichtig, das dieser Arbeit zugrunde liegende Verständnis dieses Begriffs zu erläutern. *Utilité publique* wird mit „öffentlicher Nutzen" oder auch „Gemeinnützigkeit" übersetzt.[240] In Abgrenzung dazu ist fraglich, ob *utilité publique* und *intérêt général* gleichgesetzt werden können. *Intérêt général* wird mit öffentlichem Interesse, Allgemeininteresse, aber auch Gemeinwohl übersetzt. Lange Zeit schien der *Conseil d'État* dies so zu handhaben. So wurde häufig lediglich festgestellt, dass das Vorhaben einem Ziel von allgemeinem Interesse *(intérêt général)* entspricht, um die Gemeinnützigkeit *(utilité publique)* festzustellen.[241] In jüngerer Zeit hat der *Conseil d'État* das allgemeine Interesse *(intérêt général)* an einer Stadtsanierungsmaßnahme anerkannt, ihr jedoch den Charakter eines öffentlichen Nutzens *(utilité publique)* abgesprochen.[242] Der *rapporteur public* hat in seinen *conclusions* dem Gericht nicht vorgeschlagen, seine seit 1970 entwickelte Prüfung der Gemeinnützigkeit grundlegend zu ändern.[243] Trotzdem kann in Zukunft nicht vorschnell vom *intérêt général* auf die *utilité publique* geschlossen werden. Des Weiteren muss für eine DUP in Umsetzung der Grundsätze der Art. 1 und 5 der *Carte de l'environnement* das Vorsorgeprinzip gewahrt werden.[244]

Im 19. und 20. Jahrhundert hat der Gesetzgeber, teilweise nach entsprechenden Urteilen, durch viele Einzelgesetze festgelegt, wann ein Vorhaben insbesondere dem öffentlichen Nutzen dienen kann, sodass eine uneinheitliche, unübersichtliche

---

[239] *Bon/Auby/Terneyre,* Droit administratif des biens, S. 583.

[240] Vgl. auch Terminologie-Datenbank der EU: https://iate.europa.eu/home (zuletzt abgerufen am 20. 06. 2022).

[241] CE, Urt. v. 11. 05. 2016, n° 375161, legifrance.

[242] CE, Urt. v. 11. 12. 2019, n° 419760, legifrance.

[243] Die *conclusions* sind auf der Webseite des Conseil d'État im Tool „arianeweb" (www.conseil-etat.fr/ressources/decisions-contentieuses/arianeweb2, zuletzt abgerufen am 20. 06. 2022) unter Angabe der Urteilsnummer abrufbar.

[244] CE, Urt. v. 12. 04. 2013, n° 342409, legifrance, Rn. 36; siehe auch *Janin,* RFDA 2017, 1068, 1069; Art. 1 „[übersetzt] Jeder Mensch hat das Recht, in einer ausgewogenen und intakten Umwelt zu leben"; Art. 5: „[übersetzt] Wenn der Eintritt eines Schadens, auch wenn er nach dem Stand der wissenschaftlichen Erkenntnisse ungewiss ist, die Umwelt in schwerwiegender und irreversibler Weise beeinträchtigen könnte, sorgen die Behörden in Anwendung des Vorsorgeprinzips in ihrem Zuständigkeitsbereich für die Durchführung von Risikobewertungsverfahren und den Erlass vorläufiger und geeigneter Maßnahmen, um den Eintritt des Schadens zu vermeiden".

Rechtslage entstanden war: z. B., aus Gründen der öffentlichen Gesundheit, Naturschutz, Denkmalschutz, aber auch für den Bau öffentlicher Bauten und Industriegebieten und für den Tourismus.[245] Die Gesetzte schaffen eine Vermutung des öffentlichen Nutzens.[246] Der *Conseil d'État* hat nicht gezögert im Wege der Rechtsfortbildung weitere großzügige Anwendungsgebiete zu schaffen. Nach der „Bilanztheorie" sind die Vorteile des Projekts gegen seine Nachteile abzuwägen, sei es hinsichtlich der Kosten, seiner Auswirkungen auf die Umwelt, seiner Folgen für das Eigentum, Privatsphäre oder Eingriff in andere öffentliche Interessen.[247] Erstmals wurde mit Wirkung zum 1. Januar 2022 eine Norm in den C.Ex. aufgenommen, die festlegt, wann ein Vorhaben ausdrücklich nicht als dem öffentlichen Nutzen dienen kann: Aus Klimaschutzgründen wird der weitere Ausbau von Flughäfen bei einem größeren Netto-CO_2 Ausstoß gegenüber 2019 erschwert.[248]

bb) Wirksamwerden der DUP
Die DUP wird wirksam, ab Veröffentlichung im Amtsblatt oder in lokalen Medien.[249] Die Erklärung oder Verweigerung der Erklärung als dem öffentlichen Nutzen dienend hat Außenwirkung und kann vor dem *tribunal administratif* oder dem *Conseil d'État* (je nachdem wer ursprünglich für die Erteilung zuständig war) auf ihre Rechtmäßigkeit überprüft werden, hat jedoch grds. keine aufschiebende Wirkung.[250] Die Aussetzung der Vollstreckung muss gem. Art. L.521-1 C.J.Ad. gesondert beim Richter des vorläufigen Rechtsschutzes, *juge des référés,* beantragt werden, wurde früher so gut wie nie gewährt, da der Richter damals sehr darauf bedacht zu sein schien, die Autorität und die Effizienz des Verwaltungshandelns zu schützen. Inzwischen ist die Rechtsprechung pragmatischer, aber immer noch restriktiv.[251] Außerdem wurde mit Art. L. 521-2 C.J.Ad. dem *juge des référés* die Befugnis eingeräumt selbst rechtsgestaltend tätig zu werden, was nach alter Rechtslage undenkbar gewesen wäre.[252] In den Fällen, in denen der *Conseil d'État* schon

---

[245] *Bon/Auby/Terneyre,* Droit administratif des biens, S. 524; *Braud,* Cours de droit administratif des biens, S. 316 f; *Gaudemet,* Traité de Droit administratif, Bd. 2: Droit administratif des biens, Rn. 741 f.

[246] *Braud,* Cours de droit administratif des biens, S. 319.

[247] CE (Assemblée), Urt. v. 28. 05. 1971, n° 78825 („Ville Nouvelle-Est"), legifrance; *Braud,* Cours de droit administratif des biens, S. 321 f; *Gaudemet,* Traité de Droit administratif, Bd. 2: Droit administratif des biens, Rn. 793.

[248] Art. L.122-2-1 C.Ex. n.F. durch Art. 146 Loi n° 2021-1104 du 22 août 2021 portant lutte contre le dérèglement climatique et renforcement de la résilience face à ses effets (1), JORF n° 196 du 24 août 2021.

[249] *Braud,* Cours de droit administratif des biens, S. 358.

[250] *Braud,* Cours de droit administratif des biens, S. 368, 371; *Gaudemet,* Traité de Droit administratif, Bd. 2: Droit administratif des biens, Rn. 791.

[251] *Struillou,* Expropriation et théorie de l'urgence, in: Allaire (Hrsg.), Études offertes au professeur René Hostiou, S. 500, 504, 511; CE Urt. v. 14. 03. 2001, n° 230134, legifrance.

[252] *Waline,* Droit administratif, Rn. 711.

bei der DUP beratend einbezogen worden war, entscheidet er nun „selbst" über deren Rechtmäßigkeit. Da es aber unterschiedliche „Sektionen" bzw. „Hälften" der Gerichtsorganisation sind, und gem. Art. R. 122-21-1 C.J.Ad. dieselbe Person nicht zweimal in beiden Hälften damit befasst sein darf, sieht der *Conseil d'État* darin kein Problem und hat diese Frage nicht im Wege des Pendants zum deutschen Vorabentscheidungsverfahren zur Überprüfung der Verfassungsmäßigkeit an den *Conseil constitutionnel* weitergeleitet.[253] Dies ist im Übrigen erst seit 2008 gesetzlich möglich.[254]

cc) Zwischen DUP und judikativem Teil des Enteignungsverfahrens

Die DUP ist Voraussetzung für den Beginn der Bauarbeiten.[255] Nach der DUP hat der Vorhabenträger fünf bzw. zehn Jahre Zeit, die einmal um fünf Jahre verlängert werden können, um mit den Bauarbeiten zu beginnen, außer die DUP erfolgt durch den *Conseil d'État,* der die Frist selbst festlegt, Art. L. 121-4 C.Ex.[256] Allerdings hat er zu diesem Zeitpunkt noch keine Genehmigung beispielsweise nach dem C.Env. erhalten.[257] Die DUP schafft kein neues Recht, sondern stellt einen wichtigen Verfahrenszwischenschritt dar – was bedeutet, dass die DUP unter bestimmten Voraussetzungen geändert, aufgehoben oder widerrufen werden kann.[258] Nichtsdestotrotz hat die DUP symbolische Bedeutung, weil sie feierlich den öffentlichen Nutzen einer Maßnahme bekräftigt und so zu ihrer Legitimierung beiträgt.[259] Nur mit ihr kann das Enteignungsverfahren fortgeführt werden. Außerdem sollen die Städtebau- und Flächennutzungspläne an das dem öffentlichen Nutzen dienende Projekt angepasst werden, was gleichzeitig mit der DUP erfolgen kann, Art. L. 153-54 C.Urb. Die DUP hat also eine sehr mächtige Wirkung, da sich infolgedessen andere Pläne an das Projekt anpassen müssen, mit denen das Vorhaben so sonst nicht in Einklang gestanden hätte.

Nächster Verfahrensschritt ist die Festlegung welche Grundstücke parzellenscharf enteignet werden: der *arrêté de cessibilité* nach den Art. L.131-1 bis 132-4 C.Ex. Damit

---

[253] CE, Urt. v. 16. 04. 2010, n° 320667, legifrance.

[254] Die *question prioritaire de constitutionnalité* (QPC) wurde durch das Loi constitutionnelle n° 2008-724 du 23 juillet 2008 de modernisation des institutions de la Ve République, JORF n° 171 du 24 juillet 2008 als neuer Art. 61-2 und 62 der französischen Verfassung eingeführt. Bis dahin wurde die Verfassungsmäßigkeit eines Gesetzes nur a priori abstrakt geprüft.

[255] *Gaudemet,* Traité de Droit administratif, Bd. 2: Droit administratif des biens, Rn. 783.

[256] *Bon/Auby/Terneyre,* Droit administratif des biens, S. 595; *Braud,* Cours de droit administratif des biens, S. 348.

[257] Meistens ist der Verwaltungsakt folgendermaßen formuliert: *„ARRETE: Article 1 – […] est déclaré d'utilité publique, selon les adresses inscrites au dossier soumis à l'enquête publique. Article 2 – A défaut d'acquisition à l'amiable, les expropriations éventuelles nécessaires devront être réalisées dans un délai de cinq ans à compter de la publication du présent arrêté. ".*

[258] *Bon/Auby/Terneyre,* Droit administratif des biens, S. 592 f; *Gaudemet,* Traité de Droit administratif, Bd. 2: Droit administratif des biens, Rn. 787 ff.

[259] *Braud,* Cours de droit administratif des biens, S. 359.

endet der administrative Teil des Enteignungsverfahrens und der Vorhabenträger kann das Eigentum entweder gütlich erwerben, das eigentliche Enteignungsverfahren fortführen lassen (denn dazu ist die Verwaltung aufgrund der Gemeinnützigkeitserklärung nun berechtigt), oder abbrechen.

3.4.2.1.2 Judikativer Teil des Enteignungsverfahrens

Die Eigentumsübertragung an sich, also das „wie" des Enteignungsverfahrens, findet meistens gem. Art. L. 220-1 bis L 222-4 C.Ex. mangels einer einvernehmlichen Übereignung,[260] nach Überweisung durch den Präfekten, durch einen Enteignungsrichter als Einzelrichter statt *(ordonnance l'expropriation)*. Dieser überprüft dabei, ob die vorgeschriebenen Formalitäten erfüllt sind (also nur die Rechtmäßigkeit des Verfahrens, aber nicht die Zweckmäßigkeit bzw. das Vorliegen des öffentlichen Nutzens beurteilt)[261] und legt den Grundstückspreis fest. Er hat dabei keinen Ermessensspielraum.[262] Dies stellt den judikativen Teil des Enteignungsverfahrens dar. Er entscheidet dabei ohne vorheriges kontradiktorisches Verfahren.[263] Der *juge de l'expropriation* gehört der ordentlichen Gerichtsbarkeit an.[264] Er soll gem. Art. R. 221-2 C.Ex. innerhalb von 15 Tagen entscheiden, wobei diese Frist häufig nicht eingehalten wird, aber keine Sanktionen oder die Unwirksamkeit der Entscheidung nach sich zieht.[265] Durchschnittlich vergeht ein Jahr zwischen DUP und Eigentumsübergang, es kann gem. Art. L.241-1 C.Ex. aber auch drei bis vier Jahre dauern.[266] Neben der Eigentumsübertragung wird der neue Eigentümer unter der Bedingung der Zahlung oder Hinterlegung der Entschädigung gleich in

---

[260] Die normale Eigentumsübertragung findet im französischen Recht bereits mit dem Kaufvertrag statt, Art. 1589 *Code Civil*. Es gibt kein Trennungs- und Abstraktionsprinzip wie im deutschen Recht. Dies gilt auch für Immobilienkaufverträge. Allerdings findet hier auch eine Eigentumseintragung in ein öffentliches Register *(fichier immobilier)* statt, um Wirkung gegenüber Dritten zu vermitteln, wofür der Kaufvertrag von einem Notar beurkundet sein muss, *Neumann/Berg,* Einführung in das französische Recht, § 6 Rn. 382.

[261] *Ziamos,* Städtebaurecht im Rechtsvergleich, S. 271.

[262] *Herbert,* Der Enteignungsbegriff und das Enteignungsverfahren in Deutschland und Frankreich, S. 129.

[263] *Bon,* Vers un nouveau code de l'expropriation, in: Allaire (Hrsg.), Études offertes au professeur René Hostiou, S. 33.

[264] *Bon,* Vers un nouveau code de l'expropriation, in: Allaire (Hrsg.), Études offertes au professeur René Hostiou, S. 31 f; *Pause,* Der französische Conseil d'État als höchstes Verwaltungsgericht und oberste Verwaltungsbehörde, S. 195; *Waline,* Droit administratif, Rn. 609.

[265] *Braud,* Cours de droit administratif des biens, S. 381; nach altem Recht waren es noch acht Tage, Art. R 11-27 C.Ex. a. F., *Gaudemet,* Traité de Droit administratif, Bd. 2: Droit administratif des biens, Rn. 815.

[266] *Gerard,* AJPI 1988, 144, 145; Für das Jahr 2016 wird die Dauer der judikativen Phase auf durchschnittlich sechs Monate geschätzt, *Assemblée National,* Rapport n° 484/2017 relatif à l'organisation des Jeux Olympiques et Paralympiques de 2024, S. 129.

den Besitz eingewiesen.[267] Rechte Dritter an der Immobilie werden in Entschädigungsansprüche umgewandelt.[268]

1967 gab es eine Gesetzesinitiative, die die Entscheidungshoheit von der Justiz
auf den Präfekten übertragen wollte, welche jedoch aufgrund Verstoßes gegen das
fundamentale Prinzip der „Zweistufigkeit" gescheitert ist.[269]

Gegen die Enteignungsentscheidung steht gem. Art. L.223-1 C.Ex. als Rechtsmittel
nur eine Kassationsbeschwerde wegen Unzuständigkeit, Überschreitung der Befugnisse
oder Formfehler bei der dritten Zivilkammer dem *Cour de cassation,* dem höchsten
Zivilgericht, zur Verfügung, da der Enteignungsbeschluss in erster und letzter Instanz
von einem Einzelrichter erlassen wird, sodass der vollständige ordentliche Rechtsweg über mehrere Instanzen nicht zur Verfügung steht.[270] Diese hat ebenfalls keinen
Suspensiveffekt und entfaltet ihre Wirkung nur *inter partes,* was zur Konsequenz hat,
dass der frühere Eigentümer keinen Anspruch auf Rückgabe hat, falls sich die Enteignung als rechtswidrig herausstellen sollte und die Immobilie zwischenzeitlich weiter-
verkauft wurde.[271]

3.4.2.2 Das Verfahren bei besonderer Dringlichkeit *(en extrême urgence)*

Bis ins Jahr 1958 war die Zahl der Spezialverfahren fast unüberschaubar angewachsen,
bis sie damals grundlegend reduziert wurden.[272]

3.4.2.2.1 Rechtsgrundlage

Eines der wichtigsten und deshalb in den C.Ex. aufgenommene Spezialverfahren findet
sich in Art L 522-1 Abs. 1 (früher Art L 15-9) C.Ex. im Abschnitt der Verfahren von
besonderer Dringlichkeit. Dort heiß es: „[übersetzt] Wenn sich bei Bauarbeiten an Autobahnen, […] Eisenbahnen, […] Rohrleitungen und öffentlichen Elektrizitätsnetzen,
die regelmäßig als dem öffentlichen Nutzen dienend erklärt werden, durch Schwierigkeiten im Zusammenhang mit der Inbesitznahme eines oder mehrerer unbebauter Grundstücke die Arbeiten verzögern, die sich im Einflussbereich des Bauwerks befinden, kann

---

[267] *Gaudemet,* Traité de Droit administratif, Bd. 2: Droit administratif des biens, Rn. 822.

[268] *Gaudemet,* Traité de Droit administratif, Bd. 2: Droit administratif des biens, Rn. 821.

[269] *Gaudemet,* Traité de Droit administratif, Bd. 2: Droit administratif des biens, Rn. 816.

[270] *Braud,* Cours de droit administratif des biens, S. 385.

[271] *Gaudemet,* Traité de Droit administratif, Bd. 2: Droit administratif des biens, Rn. 825; *Braud,*
Cours de droit administratif des biens, S. 386.

[272] *Bon/Auby/Terneyre,* Droit administratif des biens, S. 705; Ordonnance n° 58-997 du 23 octobre
1958 portant réforme des règles relatives à l'expropriation pour cause d'utilité publique, JORF
n° 250 du 24 octobre 1958; *Herbert,* Der Enteignungsbegriff und das Enteignungsverfahren in
Deutschland und Frankreich, S. 103.

die Inbesitznahme ausnahmsweise durch ein mit Zustimmung des Staatsrats erlassenes Dekret genehmigt werden.“[273]

Dem Wortlaut nach findet es also nur auf die explizit aufgezählten Infrastrukturvorhaben und für unbebaute Grundstücke Anwendung. Das Verzögerungsrisiko muss gerade durch Schwierigkeiten bei der Inbesitznahme verursacht werden und das Verfahren soll seinen Ausnahmecharakter behalten. Allerdings ist ein Verstoß gegen die beiden Voraussetzungen noch nie festgestellt worden.[274] Zusätzlich haben weitere Spezialgesetze dieses Verfahren insbesondere auch für bebaute Grundstücke für anwendbar erklärt: unter anderem für den Grand Paris Express, aber beispielsweise auch für die Bauvorhaben im Zusammenhang mit den Olympischen Spielen in Grenoble (1968), Albertville (1992) und Paris (2024), dem Bau des in Frankreich liegenden Teils des CERN, dem Bau des *Stade de France* für die WM 1998 oder dem Straßenausbau zwischen Bordeaux und Toulouse, um den Transport von Bauteilen des A 380 zu erleichtern.[275] *Urgence* ist nicht so sehr im Sinne von akuter „Dringlichkeit“ im Sinne von konkretem Zeitablauf zu verstehen, sondern eher von besonderer „Wichtigkeit“, weil es insgesamt gesamtgesellschaftlich wichtig ist, bestimmte Vorhaben schnell zu bauen: D. h. bei allen Vorhaben, bei denen das besonders dringliche Verfahren dem Gesetzeswortlautnach direkt Anwendung findet wie Autobahnen oder Stromtrassen. Eine Ausnahme bei der *urgence* wirklich als „Dringlichkeit“ verstanden werden kann, sind z. B. die Olympiabauvorhaben, bei denen das Fertigstellungsdatum der Natur der

---

[273] *Lorsque l'exécution des travaux de construction d'autoroutes, de routes express, de routes nationales ou de sections nouvelles de routes nationales, de voies de chemins de fer, de voies de tramways ou de transport en commun en site propre, d'oléoducs et d'ouvrages des réseaux publics d'électricité régulièrement déclarés d'utilité publique risque d'être retardée par des difficultés tenant à la prise de possession d'un ou de plusieurs terrains non bâtis, situés dans les emprises de l'ouvrage, un décret pris sur l'avis conforme du Conseil d'État peut, à titre exceptionnel, en autoriser la prise de possession.*

[274] *Braud,* Cours de droit administratif des biens, S. 398; vgl. auch *Morand-Deviller/Bourdon/ Poulet,* Droit administratif des biens, S. 614.

[275] Loi n° 65-496 du 29 juin 1965 tendant à accélérer la mise en œuvre de travaux nécessaires à l'organisation des X[es] Jeux olympiques d'hiver a Grenoble, JORF n° 149 du 30 juin 1965; Loi n° 87-1132 du 31 décembre 1987 autorisant, en ce qui concerne la prise de possession des immeubles nécessaires à l'organisation ou au déroulement des XVIes jeux Olympiques d'hiver d'Albertville et de la Savoie, l'application de la procédure d'extrême urgence et la réquisition temporaire, JORF n° 1 du 1 janvier 1988, dazu: *Gerard,* AJPI 1988, 144 ff.; Art. 13 Loi n° 2018-202 du 26 mars 2018 relative à l'organisation des jeux Olympiques et Paralympiques de 2024, JORF n° 72 du 27 mars 2018; Loi n° 71-568 du 15 juillet 1971 tendant a hater la Realisation du grand accelerateur de particules par l'organisation europeenne pour le recherche nucleaire (CERN), JORF n° 163 du 15 juillet 1971; Loi n° 93-1435 du 31 décembre 1993 relative à la réalisation d'un grand stade à Saint-Denis en vue de la coupe du monde de football de 1998, JORF n° 2 du 4 janvier 1994; Loi n° 2001-454 du 29 mai 2001 relative à la réalisation d'un itinéraire à très grand gabarit cntre le port de Bordeaux et Toulouse [A380], JORF n° 124 du 30 mai 2001.

Sache nach feststeht. Für diese wurde aber das Gesetz „nur" für entsprechend anwendbar erklärt.

Eine Förderung von klimaschutzfreundlichen, gemeinwohlfördernden Projekten könnte darin gesehen werden, auch für solche Vorhaben das besonders dringliche Verfahren für anwendbar zu erklären – wobei *urgence* hier im wahrsten Sinne des Wortes als dringlich aufgrund von Zeitablauf zu verstehen wäre. Allerdings wird diese Idee nicht als umsetzbar angesehen, da es nicht für möglich gehalten wird, a priori eine Kategorie von Projekten festzulegen, die als umweltfreundlich gelten, da dies erst nach der UVP-Prüfung mit einer Prüfung der Nettoauswirkungen des Vorhabens möglich wäre.[276]

3.4.2.2.2 Verfahrensablauf

Das Enteignungsverfahren bei besonderer Dringlichkeit weicht von dem oben beschriebenen Normalverfahren ab, indem die Inbesitznahme des betreffenden Grundstücks in einem und nicht in zwei „Schritten" genehmigt wird.

Nach einer normalen DUP, in der meistens auch die äußerste Dringlichkeit festgestellt wird, ist die Inbesitznahme hier nicht vom Eingreifen des Richters abhängig. Sie kann also erfolgen, obwohl die Verwaltungsphase noch nicht vollständig abgeschlossen ist, weil theoretisch gegen die DUP noch Rechtsschutzmöglichkeiten bestehen, und die judikative Phase noch nicht begonnen hat.[277] Die Inbesitznahme wird per Verwaltungsakt, in seiner „feierlichsten" Form, einem Dekret, das mit zwingender Zustimmung der Beratungsabteilung für öffentliche Arbeiten des *Conseil d'État* erlassen wurde (*décret pris sur l'avis conforme du Conseil d'État*), gestattet.[278] Ein *décret pris sur l'avis conforme du Conseil d'État* entfaltet Bindungswirkung für den Premierminister im Gegensatz zum einfachen *décret en Conseil d'État*, welches beispielsweise in Art. R 121-1 C.Ex. beim normalen Enteignungsverfahren für große Projekte vorgeschrieben ist, dessen Stellungnahme nur freiwillig Berücksichtigung findet.[279] Die Bindungswirkung soll größtmöglichen Schutz der Enteigneten gewährleisten. Dabei kann die äußerste Dringlichkeit auch erst im Nachhinein festgestellt werden.[280]

---

[276] *Dietenhoeffer et al.*, Modernisation de le participation du public de des procédures environnementales, S. 17.

[277] *Bon/Auby/Terneyre*, Droit administratif des biens, S. 711; *Morand-Deviller/Bourdon/Poulet*, Droit administratif des biens, S. 615.

[278] *Bon/Auby/Terneyre*, Droit administratif des biens, S. 710 f; *Braud*, Cours de droit administratif des biens, S. 397, *Pause*, Der französische Conseil d'État als höchstes Verwaltungsgericht und oberste Verwaltungsbehörde, S. 157; Es gab auch den Vorschlag, ein *arrêté préfectoral* genügen zu lassen. Dem wurde nicht gefolgt, was den Ausnahmecharakter betont, *Aubreby et al.*, Mission sur l'accélération des procédures relatives aux projets d'infrastructures en Île-de-France, S. 37 aE; *Gerard*, AJPI 1988, 144, 145.

[279] *V. bogdandy*, Gubernative Rechtssetzung, S. 438.

[280] CE (Assemblée), Urt. v. 17. 04. 1970, n° 73394, legifrance; *Bon/Auby/Terneyre*, Droit administratif des biens, S. 710.

Innerhalb von 24 Stunden nach Erhalt des Dekrets erlässt der Präfekt die für die vorzeitige Inbesitznahme von Grundstücken zu Untersuchungszwecken (aber nicht für Bauarbeiten) benötigten Verwaltungsakte.[281]

Auch im Schnellverfahren muss vor der Inbesitznahme ein vorläufiger Betrag gezahlt oder hinterlegt werden, der dem durch die Verwaltung geschätzten, und nicht wie im Normalverfahren vom Enteignungsrichter festgelegten, Wert des Grundstücks entspricht, Art. L. 522-3 C.Ex. Die Zahlung oder Hinterlegung der Summe muss innerhalb von 15 Tagen nach dem Erlass des *décret pris sur l'avis conforme du Conseil d'État* erfolgen. Innerhalb eines Monats nach der Inbesitznahme ist der Präfekt angehalten ein normales Enteignungsverfahren fortzuführen. Andernfalls verkündet der vom neuen Eigentümer angerufene Enteignungsrichter den Eigentumsübergang und setzt in jedem Fall den Preis des Grundstücks und gegebenenfalls die in Art. L. 521-5 C.Ex. vorgesehene besondere Entschädigung für den Schaden der sich aus der Schnelligkeit des Verfahrens ergibt fest, Art. L 522-4 C.Ex. Die Enteigneten erleiden durch die Anwendung dieses äußerst dringlichen Verfahrens insgesamt keinen besonderen finanziellen Nachteil, da die endgültige finanzielle Bewertung denselben Grundregeln unterliegt wie die des Normalverfahrens. Die Enteigneten müssen ihren Grund und Boden nur schneller verlassen.

Gegen das *décret pris sur l'avis conforme du Conseil d'État* kann vor dem Verwaltungsgericht geklagt werden, aber wie oben gesagt, gem. Art. L.521-1 C.J.Ad. ebenfalls grds. ohne Suspensiveffekt.[282]

3.4.2.2.3 Stimmen aus Rechtsprechung und Literatur zum Enteignungsverfahren bei besonderer Dringlichkeit

aa) Verfassungsmäßigkeit im engeren Sinne

Es wurde noch zur alten, aber diesbezüglich inhaltsgleichen Fassung des C.Ex. in drei Argumentationsrichtungen Kritik an der Verfassungsmäßigkeit des besonders dringlichen Verfahrens geäußert. Im Ergebnis wurde es aufgrund seines Ausnahmecharakters aber als verfassungskonform anerkannt.[283]

Zum einen verstoße der Umstand, dass der Besitzwechsel ohne eine endgültig festgelegte Entschädigung stattfinden kann, gegen Art. 17 der Deklaration der Menschen und

---

[281] *Morand-Deviller/Bourdon/Poulet,* Droit administratif des biens, S. 615; Art. 1, 4, 5, 7 Loi du 29 décembre 1892 relative aux dommages causés à la propriété privée par l'exécution des travaux publics, JORF n° 354 du 30 décembre 1892.

[282] *Gerard,* AJPI 1988, 144, 145; siehe dazu die rechtsvergleichende Untersuchung von *Glaab,* Die zwangsweise Vollstreckung von Entscheidungen der Verwaltung, S. 339 ff., 513 ff.

[283] CC, Urt. v. 25. 7. 1989, n° 89-256. legifrance; bestätigt durch CC, Urt. v. 17. 9. 2010, n° 2010-26 (QPC), legifrance; zum folgenden Abschnitt: *Gaudemet,* Traité de Droit administratif, Bd. 2: Droit administratif des biens, Rn. 859. *Bon/Auby/Terneyre,* Droit administratif des biens, S. 711; *Bon,* Code de l'expropriation pour cause d'utilité publique. Annoté & commenté, S. 209.

Bürgerrechte von 1789, der eine „vorherige" Entschädigung vorsieht.[284] Dem hat der *Conseil constitutionnel* widersprochen, da dieser Besitzwechsel zwingenden Gründen des Allgemeininteresses entspreche, mit der Gewährleistung der Rechte der betroffenen Eigentümer einhergehe und der Anwendung enge Grenzen gesetzt seien.

Des Weiteren würde die vorläufigen Entschädigungen von der Verwaltung selbst festgesetzt und die Inbesitznahme per Dekret genehmigt, was gegen das von den Gesetzen der Französischen Republik anerkannte Grundprinzip verstoße, wonach die Justiz Garantin des Eigentums ist, weil die Höhe der an den Enteigneten gezahlten oder hinterlegten Entschädigung vom Enteignungsrichter festgelegt werden müsse. Dem hat der *Conseil constitutionnel* entgegengehalten, dass kein solcher Verstoß angenommen werden könne, weil der Enteignungsrichter zwar nicht im Zusammenhang mit der Inbesitznahme, aber spätestens beim Ausspruch des Eigentumsübergangs in jedem Fall eingreife, um die Höhe der endgültigen Entschädigung festzulegen.

Ein Verstoß gegen den Gleichheitsgrundsatz liege ebenfalls nicht vor, da es dem Gesetzgeber, der gemäß Art. 34 CF befugt ist, die Grundprinzipien der Eigentumsordnung festzulegen, freisteht, im Bereich der Enteignung je nach Situation unterschiedliche Verfahrensregeln vorzusehen, sofern diese Unterschiede wie hier nicht auf ungerechtfertigte Diskriminierungen zurückzuführen sind und den Eigentümern enteigneter Güter gleichwertige Garantien zugesichert werden.

bb) Darüberhinausgehende Kritik

Es findet sich Kritik zu weiteren Punkten: Erstens wird kritisiert, dass die Inbesitznahme durch ein *décret pris sur l'avis conforme du Conseil d'État* gestattet wird und der *Conseil d'État* damit zum Entscheidungsorgan werde, was insofern bedenklich sei, als dass er dazu nicht ausreichend demokratisch legitimiert sei.[285] Dem ist entgegenzuhalten, dass die Mitglieder des *Conseil d'État* Beamte sind, keine Richter, aber auch ohne gesetzliche Garantie aufgrund langer Tradition ihrer herausgehobenen Stellung genügend vor politisch motivierter Versetzung geschützt und damit in ihrer Arbeit unabhängig sind.[286] Damit kann zwar nicht mehr auf die personelle Legitimationskette aufgrund

---

[284] Déclaration des Droits de l'Homme et du Citoyen de 1789: Art. 17: „*La propriété étant un droit inviolable et sacré, nul ne peut en être privé, si ce n'est lorsque la nécessité publique, légalement constatée, l'exige évidemment, et sous la condition d'une juste et préalable indemnité.*" Die Deklaration von 1789 ist durch die Einbeziehung in der Präambel der Verfassung von 1958 „aktueller" Teil des französischen Verfassungsrechts (*„Le Peuple français proclame solennellement son attachement aux Droits de l'Homme et aux principes de la souveraineté nationale tels qu'ils ont été définis par la Déclaration de 1789, confirmée et complétée par le préambule de la Constitution de 1946"*).

[285] *Pause,* Der französische Conseil d'État als höchstes Verwaltungsgericht und oberste Verwaltungsbehörde, S. 161.

[286] *Pause,* Der französische Conseil d'État als höchstes Verwaltungsgericht und oberste Verwaltungsbehörde, S. 100 f., 147 f., 202; *Burdeau,* Histoire de l'administration française, S. 298.

Weisungsbefugnis über den Minister zurückgegriffen werden, wie wenn normale Verwaltungsbeamte die Entscheidung getroffen hätten, aber eine unabhängige Justiz ist Kernelement der Gewaltenteilung und der Rechtsstaatlichkeit,[287] und die demokratische Legitimation über „«weiche» Legitimationsfaktoren, wie Öffentlichkeitskontrolle, Akzeptanz, Professionalisierung und Partizipation"[288] ausreichend abgesichert.

Zweitens würde sich, für den Fall, dass der Vorhabenträger die öffentliche Hand ist, die Exekutive mit wohlwollender Unterstützung des *Conseil d'État* sich selbst ermächtigen, das Grundeigentum sofort in Besitz zu nehmen.[289] Dies ist ein Beispiel für die enge Verflechtung des *Conseil d'État* mit der Regierung und Verwaltung. Allerdings gestattet das *décret pris sur l'avis conforme du Conseil d'État* nur die vorzeitige Inbesitznahme. Die endgültige Enteignungsentscheidung über das „wie" des Eigentumsübergangs wird weiterhin vom Enteignungsrichter der ordentlichen Gerichtsbarkeit getroffen, der unabhängiger von der Meinung der Beratungsabteilung des *Conseil d'État* sein sollte. Über das „ob" der Enteignung wird schon bei der DUP entschieden – dies wird beim *extrême-urgence*-Verfahren nicht verändert.

Drittens würde die Möglichkeit, per Spezialgesetz das Dringlichkeitsverfahren zur Anwendung zu bringen, und so erwarteten starken Widerstand aus der Bevölkerung zu umgehen, alle im Vorhinein durchgeführte Öffentlichkeitsbeteiligung konterkarieren bzw. ins Leere laufen lassen, wenn schon vor Zahlung der endgültigen Entschädigung die Inbesitznahme und ggf. sogar schon der Baubeginn erfolgen darf.[290] Es gibt allerdings keine Norm, die vorschreibt, dass das für gemeinnützig erklärte Projekt den geäußerten Vorbehalten oder Empfehlungen der *enquête publique* entsprechen muss und bei deren Nichtbeachtung die Rechtswidrigkeit der DUP die Folge wäre.[291]

Viertens gilt für das besonders dringliche Verfahren wie das Normalverfahren gleichermaßen, dass es dem Enteigneten schwerfallen könnte, den richtigen Rechtsweg zu bestimmen. Während gegen die DUP der Verwaltungsrechtsweg eröffnet ist, ist gegen die Eigentumsübertragung im Normalverfahren der Weg zur ordentlichen Gerichtsbarkeit eröffnet, wo ggf. festgestellt wird, dass die DUP als Grundlage fehlt.[292] Im besonders dringlichen Verfahren ist wiederum ebenfalls Verwaltungsrechtsschutz gegen das *décret pris sur l'avis conforme du Conseil d'État* eröffnet, aber eine Entscheidung des Verwaltungsgerichts, die dem *Conseil d'État* widerspricht, ist eher theoretischer Natur. Auch wird die Teilung in administrativen und judikativen Teil eher als Behinderung einer

---

[287] Statt vieler: *Sachs,* in: ders., GG, Art. 20 Rn. 45 m. w. N.

[288] *Voßkuhle/Sydow,* JZ 2002, 673, 682.

[289] *Braud,* Cours de droit administratif des biens, S. 397; Burdeau, Histoire de l'administration française, S. 306.

[290] *Koltirine,* Aménagement et Nature 2001 (140), 7, 8.

[291] CE, Urt. v. 22. 06. 2016, n° 388276 Rn. 39, legifrance.

[292] *Pause,* Der französische Conseil d'État als höchstes Verwaltungsgericht und oberste Verwaltungsbehörde, S. 195.

effektiven gerichtlichen Überprüfung angesehen, statt als besondere Verfahrensgarantie, als die sie bei ihrer Einführung gedacht war.[293]

Zu guter Letzt ist die Neufassung des C.Ex. im Jahr 2015, die mit erheblichen Veränderungen in der Nummerierung verbunden war, in der Literatur teilweise auf Ablehnung gestoßen, da die „Aufräumarbeiten" nur relativ gewesen wären und keinen den Aufwand übersteigenden Nutzen gebracht hätten.[294]

3.4.2.2.4 Auswirkungen auf den Verfahrensablauf bzw. die Akzeptanz von großen Bauvorhaben

aa) Beschleunigung

Das besonders dringliche Verfahren hat deutliche beschleunigende Auswirkungen. Grund für die langen Enteignungsverfahren ist unter anderem eine nicht ausreichende Anzahl an Enteignungsrichtern *(juges d'expropriation)*,[295] sodass das besonders dringliche Enteignungsverfahren hier Abhilfe schaffen kann, da es den Besitzwechsel ohne Enteignungsrichter ermöglicht.

Um diese Tragweite dessen zu verstehen, ist eine kurze Erläuterung des französischen Besitzverständnisses in Abgrenzung zum deutschen Recht nötig. Das französische Recht kennt kein Trennungs- und Abstraktionsprinzip, Art. 711, 1583 Code Civil.[296] Stattdessen geht mit der Einigung beim Kaufvertragsschluss bereits das Eigentum über.[297] Ein Grundbuch nach deutschem Verständnis existiert nicht. Unter Besitz wird in Zusammenschau der Art. 2255 und 2261 Code Civil die „tatsächliche, physische oder materielle Herrschaft oder Gewalt *(maîtrise, pouvoir, puissance)* verstanden, die darin besteht, eine Sache wie ein Eigentümer zu gebrauchen, zu nutzen oder umzuändern."[298] Charakteristisch sind das *Corpus*- und das *Animus*-Element. Es findet keine strenge Unterscheidung zwischen Sach- und Rechtsbesitz statt, stattdessen können mit

---

[293] *Herbert,* Der Enteignungsbegriff und das Enteignungsverfahren in Deutschland und Frankreich, S. 155.

[294] *Hostiou,* AJDA 2015, 689, 690; *Morand-Deviller/Bourdon/Poulet,* Droit administratif des biens, S. 615 f.

[295] *Aubreby et al.,* Mission sur l'accélération des procédures relatives aux projets d'infrastructures en Île-de-France, S. 35.

[296] *Neumann/Berg,* Einführung in das französische Recht, § 6 Rn. 338.

[297] Deswegen ist beim Immobilienkauf besondere Vorsicht geboten. Es wird meistens ein Vorvertrag und ein Hauptvertrag geschlossen. Ersterer dient der Absicherung, dass nicht zwischenzeitlich an einen Dritten verkauft wird. Letzterer bewirkt den Eigentumsübergang und wird notariell beurkundet, allerdings nicht als Wirksamkeitsformerfordernis, sondern um den Eigentümerwechsel Dritten gegenüber wirksam in das Register des Liegenschaftspublikationsamts (service de publicité foncière) einzutragen.

[298] *Wiget,* Studien zum französischen Besitzrecht, S. 6.

Besitzerlangung bereits die Vorzüge und Vorrechte des Eigentums genutzt werden.[299] Das erlaubt zwar noch nicht zwingend den direkten Baubeginn,[300] da dafür die Umwelt- und Baugenehmigung in einem separaten Verfahren eingeholt werden müssen. Die Baugenehmigung kann ab der DUP beantragt werden. Seit der Einführung der integrierten Umweltgenehmigung im Jahr 2017 darf eine Baugenehmigung vom Bauherrn rechtssicher nur dann ausgeführt werden, wenn die dazugehörige Umweltgenehmigung erteilt wurde, um der Tatsache Rechnung zu tragen, dass die Bauphase ebenfalls Auswirkungen auf die geschützten Belange haben kann, Art. L 181-3 C.Env. Art. L 181-30 C.Env. erlaubt die Nutzung der Baugenehmigung auf eigenes Risiko. Für die Umweltgenehmigung sind Unterlagen über die Eigentumssituation Teil der Antragsunterlagen. Mit Besitzeinweisung können also schon weitere organisatorische oder verfahrenstechnische Maßnahmen getroffen werden, die sonst noch hätten warten müssen. Dazu gehört beispielsweise Werkzeuge abzulegen, für die Arbeit benötigte Baustoffe heranzuholen und vorbereitende Studien durchführen.[301] Die Grundstücke sind also nutzbar, aber das Verfahren zur Festsetzung der Entschädigung wird fortgesetzt, bis die enteignete Person alle Rechtsmittel ausgeschöpft hat. Wie gesagt hat der Vorhabenträger nach der DUP fünf bzw. zehn Jahre Zeit, die einmal um fünf Jahre verlängert werden können, um mit den Bauarbeiten zu beginnen, außer die DUP erfolgt durch den *Conseil d'État,* der die Frist selbst festlegt, Art. L. 121-4 C.Ex.[302] Allerdings hat er zu diesem Zeitpunkt noch keine Genehmigung beispielsweise nach dem C.Env. erhalten. Durch das *extrême-urgence-* Verfahren wird von dieser Frist nur ein kleiner Teil für den Eigentums- bzw. Besitzerwerb verbraucht. Die schnelle Verfügbarkeit von Grundstücken ist ein wichtiger Faktor für die Realisierungsfristen von Projekten, wenn auf Enteignungen zurückgegriffen werden muss. Im Falle des Straßenausbaus zwischen Bordeaux und Toulouse, um den Transport von Bauteilen des A380 zu erleichtern, konnten so 18 Monate Verfahrenszeit eingespart werden.[303] Auch ansonsten wird dem *extrême-urgence-*Verfahren attestiert zur guten Organisation von Großveranstaltungen beigetragen zu haben ohne besondere Streitigkeiten hervorzurufen.[304]

Der Umstand, dass die Inbesitznahme nur mittels eines *décret pris sur l'avis conforme du Conseil d'État* erfolgen kann, macht die Beratungssektion des *Conseil*

---

[299] *Müller,* Besitzschutz in Europa, S. 114.

[300] *Aubreby et al.,* Mission sur l'accélération des procédures relatives aux projets d'infrastructures en Île-de-France, S. 15 f.

[301] *Gaudemet,* Traité de Droit administratif, Bd. 2: Droit administratif des biens, Rn. 1127.

[302] *Bon/Auby/Terneyre,* Droit administratif des biens, S. 595; *Braud,* Cours de droit administratif des biens, S. 348.

[303] *Aubreby et al.,* Mission sur l'accélération des procédures relatives aux projets d'infrastructures en Île-de-France, S. 37.

[304] *Senat,* rapport n° 194/1993 relatif à la réalisation d'un grand stade à Saint-Denis en vue de la coupe du monde de football de 1998, S. 17.

d'État plötzlich zu einer Entscheidungsinstitution.[305] Da die Beratungssektionen, wie aus den Jahresberichten hervorgeht, ihre Stellungnahmen zu 99 % innerhalb eines Monats abgeben, kann das Verfahren somit deutlich beschleunigt werden, auch weil die 15-Tage-Frist zur Zahlung der vorläufigen Entschädigung von diesem Datum abhängt.

bb) „Befriedung" bzw. harmonischerer Verfahrensablauf
Außerdem entfallen durch die Einbindung des *Conseil d'État* in das laufende Verfahren häufig langwierige Rechtsstreitigkeiten im Nachhinein, ob die Voraussetzungen wirklich vorlagen, weswegen damit Befriedung und Schnelligkeit erreicht werden kann.[306]

Bis ins Jahr 2002 war es der CNDP aufgrund eines *décrets* noch möglich kein *débat public* durchzuführen, wenn das *extrême-urgence*-Verfahren per Gesetz für entsprechend anwendbar erklärt worden war.[307] Mit der oben beschriebenen Aufwertung des *débat public* und der verbindlichen Einbindung der CNDP bei bestimmten Projekten, wurde diese Möglichkeit gestrichen. Damals wurde die CNDP zu einer unabhängigen Verwaltungsbehörde, die die öffentliche Debatte garantiert und damit eine neue Legitimität erhält. Dadurch wird das Projekt unabhängig von der Stellungnahme des jeweils thematisch zuständigen Ministers und damit zumindest etwas weniger politisch. Dies trägt ebenfalls dazu bei, das oben beschriebene Misstrauen der Bevölkerung in die Politik zu zerstreuen.

3.4.2.3 Zwischenfazit
Die Enteignung im öffentlichen Interesse in besonders dringenden Fällen (*L'expropriation pour cause d'utilité publique en extrême urgence*) stellt ein probates Mittel dar, um den Erfolg des Enteignungsverfahrens früher herbeizuführen. Darüber hinaus wird versucht, Enteignungen bei Großprojekten möglichst zu vermeiden.[308]

---

[305] *Pause,* Der französische Conseil d'État als höchstes Verwaltungsgericht und oberste Verwaltungsbehörde, S. 157.

[306] *Herbert,* Der Enteignungsbegriff und das Enteignungsverfahren in Deutschland und Frankreich, S. 195.

[307] Décret n° 96-388 du 10 mai 1998 relatif à la consultation du public et des associations en amont des décisions d'aménagement pris pour l'application de l'article 2 de la loi n° 95-101 du 2 février 1995 relative au renforcement de la protection de l'environnement, JORF n° 110 du 11 mai 1996.

[308] Stattdessen wurde in Frankreich die Möglichkeit von Grunddienstbarkeiten (*servitude en tréfonds*) „entdeckt". Im Jahr 2015 wurden sie in als Art. L.2113-1 bis 2113-5 in den *Code des transports* (Verkehrsgesetzbuch, „C.Trans."; Ordonnance n° 2010-1307 du 28 octobre 2010 relative à la partie législative du code des transports, JORF n° 255 du 3 novembre 2010) eingefügt, um Arbeiten im Untergrund unterhalb von 15 m unter der Oberfläche leichter zu ermöglichen, insbesondere die Tunnelröhren für den *Grand Paris Express* (Art. 51 Loi n° 2015-992 du 17 août 2015 relative à la transition énergétique pour la croissance verte, JORF n° 189 du 18 août 2015; décret n° 2015-1572 du 2 débembre 2015 relatif à l'établissement d'une servitude d'utilité publique en tréfonds, JORF n° 281 du 4 décembre 2015; *Boukheloua,* ADJA 2016, 661, 662). Die Grunddienstbarkeit wird unmittelbar nach ihrer Bestellung und Bekanntgabe wirksam, wenn kein

3.4.2.4 Vergleich

Im folgenden Vergleich werden Gemeinsamkeiten und Unterschiede von französischer DUP und dem deutschen Planfeststellungsbeschluss (Abschn. 3.4.2.4.1 und 3.4.2.4.2) untersucht und Spezifika des *extrême-urgence*-Verfahrens und der vorzeitigen Besitzeinweisung und des Maßnahmengesetzvorbereitungsgesetzes (Abschn. 3.4.2.4.3 und 3.4.2.4.4) gegenübergestellt.

Im Unterschied zu Frankreich, wo Enteignungs- und Vorhabenzulassungsverfahren immer getrennt laufen, existiert in Deutschland das Planfeststellungsverfahren, das mit seiner enteignungsrechtlichen Vorwirkung beide Ebenen verknüpft. Damit ist auch das deutsche „Enteignungsverfahren im weiteren Sinne" zweistufig aufgebaut: Zuerst die Zulässigkeit bzw. Erforderlichkeit einer Enteignung, die im Rahmen des Planfeststellungsverfahrens durch die enteignungsrechtliche Vorwirkung vorweggenommen wird, und daran anschließend das Enteignungsverfahren im engeren Sinne, in welchem der konkret individuelle Eigentumsentzug folgt.[309]

3.4.2.4.1 Gemeinsamkeiten von französischer DUP und dem deutschen Planfeststellungsbeschluss

Die *déclaration d'utilité publique* kann mit der enteignungsrechtlichen Vorwirkung des deutschen Planfeststellungsbeschlusses verglichen werden.[310] DUP und Planfeststellungsbeschluss können den ersten Schritt auf dem Weg zu einer Enteignungsentscheidung darstellen. Sie beurteilen und rechtfertigen damit ein großes Projekt in seiner Gesamtheit auf seine Gemeinwohlverträglichkeit. Prüfungsmaßstab ist nach Art. 14 Abs. 3 S. 1 GG die Allgemeinwohlverträglichkeit im Sinne eines besonders

---

Rechtsbehelf beim Verwaltungsrichter eingelegt wurde (Art. 2 décret n° 2015-1572 du 2 décembre 2015). Das bedeutet, dass der Vorhabenträger, sobald die Grunddienstbarkeit durch einen *arrêté préfectoral* festgelegt und den betroffenen Personen mitgeteilt wurde, direkt mit den Arbeiten im Untergrund beginnen kann und nicht, wie im Falle einer Enteignung, die Zahlung einer (im Falle des besonders dringlichen Verfahrens vorläufigen, geschätzten) Entschädigung an die betroffenen Eigentümer abwarten muss. Außerdem hilft die Grunddienstbarkeit als Beschleunigungsinstrument in den Fällen weiter, in denen keine Verzögerungen kausal durch Schwierigkeiten bei der Inbesitznahme verursacht werden, was aber Tatbestandsvoraussetzung des besonders dringlichen Enteignungsverfahrens wäre, *Boukheloua*, ADJA 2016, 661, 663.

[309] *Kment*, in: ders., Energiewirtschaftsgesetz, § 45 Rn. 26; *Koltsoff*, Die Wahrnehmung der Gemeinwohlbelange durch Private unter besonderer Berücksichtigung des Energiesektors, S. 242 f.

[310] So auch *Ladenburger*, Verfahrensfehlerfolgen im deutschen und französischen Verwaltungsrecht, S. 30; *Herbert*, Der Enteignungsbegriff und das Enteignungsverfahren in Deutschland und Frankreich, S. 197 ff., 235; einschränkend *Ziamos*, Städtebaurecht im Rechtsvergleich, S. 269; zu wenig differenzierend noch *Woehrling*, DVBl 1992, 884, 887.

schwerwiegenden, dringenden öffentlichen Interesses,[311] der ähnlich ist zum Prüfungsmaßstab der *utilité publique.* In beiden Ländern kann durch Gesetz spezifiziert werden, wann ein Vorhaben insbesondere dem Allgemeinwohl dient und deswegen die Enteignung zulässig ist.[312] Das französische Recht ist diesbezüglich großzügiger und bringt aus deutscher Sicht erstaunliche Ergebnisse hervor, wie die Einstufung von Tourismus oder Denkmalschutz als allgemeinwohldienend. Zwar werden auch im deutschen Recht in § 1 Abs. 6 BauGB Belange des Denkmalschutzes oder der Freizeit und Erholung besonders hervorgehoben. Diese Planungsleitlinien konkretisieren die allgemeinen Ziele der Bauleitplanung und haben damit Bedeutung dafür, welche Belange beispielhaft, nicht abschließend, in die Abwägung nach § 1 Abs. 7 BauGB einzubeziehen sind.[313] Sie sind gleichrangig zu anderen Belangen und gerade nicht, wie in Frankreich, per Gesetz mit einer Vermutung zugunsten der *utilité publique* ausgestattet.[314]

Ein Eigentumsübergang findet weder durch DUP noch durch Planfeststellungsbeschluss statt. Jedoch kann der DUP eine gewisse enteignungsrechtliche Vorwirkung zugesprochen werden, auch wenn der Begriff im Französischen so nicht existiert. Nach der DUP folgt im administrativen Verfahrensteil noch der *arrêté de cessibilité,* deswegen steht mit der DUP noch nicht fest, welche Fläche parzellenscharf enteignet wird. Ansonsten könnte man sie auch mit dem Planfeststellungsbeschluss in seinem Bündel von Wirkungen vergleichen.

Des Weiteren sind beide gerichtlich auf ihre Rechtmäßigkeit überprüfbar, ohne dass ein Rechtsbehelf nach den allermeisten hier untersuchten Verfahrensgesetzen grds. aufschiebende Wirkung entfaltet.[315]

In Frankreich folgt danach der judikative Verfahrensteil, in Deutschland das Enteignungsverfahren im engeren Sinne, welches durch die Enteignungsbehörde geführt wird. Dort kann jeweils die Rechtmäßigkeit der Einstufung des Vorhabens in der DUP oder dem Planfeststellungsbeschluss als dem Wohl der Allgemeinheit dienend nicht mehr angegriffen werden.[316] Gegen den aus dem „zweiten Verfahrensteil" resultierenden

---

[311] BVerfG, Urt. v. 24. 03. 1987 – 1 BvR 1046/85, BVerfGE 74, 264, 282 *(Boxberg)*: „Verwaltungsentscheidungen, die dem Enteignungsverfahren im engeren Sinne vorgehen und mit Bindungswirkung für das Enteignungsverfahren über verfassungsrechtliche Anforderungen gem. Art. 14 III GG befinden, sind an dieser Vorschrift zu messen."

[312] In Deutschland insbesondere: § 19 FStrG, § 22 AEG, § 44 WaStrG, § 30 PBefG, § 45 EnWG ggf i. V. m. § 27 Abs. 2 S. 2 NABEG; Für Frankreich siehe oben Fn. 245, 247.

[313] *Battis,* in: Battis/Krautzberger/Löhr, BauGB, § 1 Rn. 47.

[314] *Braud,* Cours de droit administratif des biens, S. 319; Durch das neue EEG 2023 wird festgeschrieben, dass die Errichtung und der Betrieb von Anlagen zur Erzeugung erneuerbarer Energien im überragenden öffentlichen Interesse liegt und dass diese als vorrangiger Belang in die jeweils durchzuführenden Schutzgüterabwägungen eingebracht werden sollen (§ 2 E-EEG2023).

[315] Art. L.521-1 C.J.Ad.; § 17e Abs. 2 S. 1 FStrG; § 18e Abs. 2 S. 1 AEG; § 29 Abs. 6 S. 2 PBefG; § 14e Abs. 2 WaStrG § 43e Abs. 1 EnWG.

[316] *Kümper,* NVwZ-Extra 13/2020, 1, 5.

Enteignungsbeschluss gibt es eine Rechtsschutzmöglichkeit vor der ordentlichen Gerichtsbarkeit. In Deutschland braucht es bis zum tatsächlichen Eigentumsübergang zusätzlich zum bestandskräftigen Enteignungsbeschluss aber noch eine auf Antrag zu erteilende Ausführungsanordnung, die das gesamte Prozedere sehr in die Länge ziehen kann.

Der in beiden Ländern grundsätzlich übereinstimmende zweistufige Aufbau liegt darin begründet, dass sowohl in Art. 14 Abs. 3 GG, als auch in Art. 17 der Erklärung der Menschen- und Bürgerrechte von 1789 und Art. 545 *Code Civil* die Enteignung nur gegen eine Entschädigung möglich ist. Daraus ergibt sich strukturlogisch dieser Aufbau.[317] Das Bundesverfassungsgericht betont die „primäre […] Bedeutung der Eigentumsgarantie als Menschenrecht."[318] Damit haben beide Rechtsordnungen dieselbe Quelle der Einstufung des „Eigentumsrechts als vorstaatliches Recht", auch wenn es in Deutschland länger gedauert hat, bis sich diese Ansicht durchsetzte.[319]

3.4.2.4.2 Unterschiede von französischer DUP und dem deutschen Planfeststellungsbeschluss

Ferner gibt es Unterschiede zwischen DUP und Planfeststellungsbeschluss. Die DUP hat eine sehr mächtige gestaltende Wirkung, da Städtebau- und Flächennutzungspläne an das Projekt angepasst werden müssen, mit denen das Vorhaben sonst nicht in Einklang gestanden hätte. Dies kann gleichzeitig mit der DUP erfolgen. Die französische Raumordnung erfolgt damit projektbezogen, systematisch schlüssig und strategisch gelenkt und wird von staatlichen Investitionsprogrammen geprägt.[320]

Genau umgekehrt ist das deutsche Vorgehen, bei dem erst die Raumordnung abgeschlossen sein muss, bevor mit der Planfeststellung begonnen werden kann. Eine Parallelführung findet gerade nicht statt,[321] sondern der neu gefasste § 15 Abs. 4 S. 2 ROG stellt auf zeitnah aufeinander abfolgende Verfahren ab. Außerdem müssen in Deutschland aufgrund des föderalen Staatsaufbaus ggf. abweichende Landesgesetzgebungen berücksichtigt werden, was insbesondere bundesländergrenzüberschreitende Vorhaben aufwendiger macht. „Wenn man diesen [strategisch-planerischen] Ansatz auf das deutsche Planungssystem übertragen wollte, müsste die segmentierte und spezialisierte Teilrechtsentwicklung des deutschen Städtebau-, Gemeindewirtschafts- und Kommunalrechts zu einem Stadtentwicklungsrecht verknüpft werden."[322]

Insgesamt hängen von der DUP noch weitere Verfahrensschritte ab, die nicht auf das Planfeststellungsverfahren übertragen werden können, sondern Folgen für die

---

[317] *Gaudemet,* Traité de Droit administratif, Bd. 2: Droit administratif des biens, Rn. 778.

[318] BVerfG, Urt. v. 01. 03. 1979 – 1 BvR 532, 533/77, 416/78, 1 BvL 21/78, BVerfGE 50, 290, 344.

[319] *Papier/Shirvani,* in: Dürig/Herzog/Scholz, GG, Art. 14 Rn. 13, 35.

[320] *Spannowsky,* ZUR 2021, 659, 661, 669.

[321] Siehe oben Abschn. 2.2.2.4

[322] *Spannowsky,* ZUR 2021, 659, 670.

Umweltgenehmigung haben. Dazu sogleich. Darin zeigt sich der insgesamt unterschiedliche Verfahrensaufbau, der es nur zulässt, dass einzelne Besonderheiten für einen Vergleich herausgegriffen werden können, aber eine Parallelisierung unmöglich macht.

3.4.2.4.3 Vorsprung des deutschen vor dem französischen Recht

Die Vollzugspraxis hat in beiden Ländern gezeigt, dass das normale Enteignungsverfahren einen langen Zeitraum in Anspruch nimmt. Beide Rechtsordnungen haben Lösungen gefunden, um das „Enteignungsverfahren i. e. S." zu beschleunigen. Beim oben beschriebenen *extrême-urgence*-Verfahren wird die Inbesitznahme des betreffenden Grundstücks direkt nach der DUP ohne Beteiligung des Richters, sondern mittels eines Dekrets, das mit zwingender Zustimmung der Beratungsabteilung für öffentliche Arbeiten des *Conseil d'État* erlassen wurde, gestattet.

Damit von der Wirkung und vom Zeitpunkt her vergleichbar ist im deutschen Recht die vorzeitige Besitzeinweisung, die nach Erteilung des vollziehbaren[323] Planfeststellungsbeschlusses die Inbesitznahme ermöglicht, und im Gegensatz zu Frankreich auch den Baubeginn gestattet. In Frankreich ist dies gerade nicht möglich, aufgrund der systematischen Trennung von Enteignungs- und verschiedenen Zulassungsverfahren, da es sich je nach Vorhaben um unterschiedliche zuständige Behörden handeln kann.

Das deutsche Recht geht mit der vor-vorzeitigen Besitzeinweisung, die die Inbesitznahme nur vom voraussichtlich erwarteten Planfeststellungsbeschluss abhängig macht im Unterschied zu Frankreich sogar noch einen Schritt weiter. Weil sie nur unter aufschiebender Bedingung erteilt wird, und es sich bei der vor-vorzeitigen Besitzeinweisung um einen privatrechtsgestaltenden Verwaltungsakt handelt, bedarf es noch der öffentlichrechtlichen vorläufigen Anordnung, um mit Baumaßnahmen zu beginnen, die teilweise sogar irreversibel sein dürfen.[324]

Eine solche vorläufige Anordnung, die es braucht, um mit dem Bauen zu beginnen, ist im französischen Recht nicht ganz so einfach zu realisieren. Seit der Einführung der integrierten Umweltgenehmigung im Jahr 2017 darf eine Baugenehmigung vom Bauherrn nur dann ausgeführt werden, wenn die Umweltgenehmigung erteilt wurde, um der Tatsache Rechnung zu tragen, dass die Bauphase ebenfalls Auswirkungen auf die geschützten Belange haben kann, Art. L 181-3 C.Env. Mit Art. L 181-30 Abs. 3 C.Env. wurde im Dezember 2020 eine mit dem deutschen Planungsrecht in ihrer Zielrichtung vergleichbare Regelung geschaffen, wonach der Vorhabenträger auf eigene Kosten und eigenes Risiko mit Bauarbeiten, für die er schon eine Baugenehmigung eingeholt hat, beginnen darf, obwohl die zusätzlich benötigte Umweltgenehmigung noch nicht erteilt wurde. Der Antrag auf Baugenehmigung kann gem. Art. R 423-1 C.Urb. nicht nur vom Eigentümer, sondern auch schon von einer Person, die berechtigt ist, die Enteignung im

---

[323] D. h. unanfechtbar bzw. bestandskräftig oder das Rechtsmittel hat keine aufschiebende Wirkung.

[324] Siehe oben Abschn. 2.2.1.6 und 2.2.1.9 aE.

öffentlichen Interesse in Anspruch zu nehmen, gestellt werden. Dies steht ab der DUP fest.[325] Da die Baugenehmigung aber nicht die Arbeiten umfasst, für deren Durchführung eine von der Umweltgenehmigung erfassten Spezialgesetzgebungen verlangt wird, wie z. B. Genehmigungen für Treibhausgasemissionen, Rodungsgenehmigungen, Genehmigungen im Rahmen des Wassergesetzes, können nur anderweitige Arbeiten verrichtet werden. Rodungen, wie sie gerade in Deutschland vor Genehmigungserteilung ausgeführt werden können, um dem europäisch bedingten, und damit grds. auch in Frankreich geltenden jahreszeitlich bedingten Rodungsverbot aus Artenschutzgründen[326] zu genügen, sind damit nicht möglich. Das deutsche Recht hat hier deutlich weitergehende Privilegierungen geschaffen. Dieser Eindruck wird dadurch verstärkt, dass das Bauen auf eigenes Risiko in Frankreich erst ab der DUP möglich ist, was in Fortführung der oben begonnenen Argumentation erst mit Erteilung des Planfeststellungsbeschlusses der Fall ist. In Deutschland greift die vorläufige Anordnung schon früher, wenn der Planfeststellungsbeschluss wahrscheinlich erteilt werden wird. Deswegen ist es besser, Art. L 181-30 C.Env. mit § 8a BImSchG zu vergleichen, da beide ohne den eigentumsrechtlichen Zusammenhang auskommen. Hier entfalten beide Normen, die gleiche Wirkung, weil § 8a BImSchG darüber hinweghilft, dass die Baugenehmigung gem. § 13 BImSchG in das immissionsschutzrechtliche Verfahren integriert ist, sodass eine separate Beantragung gar nicht möglich gewesen wäre.

Neben der vor-vorzeitigen Besitzeinweisung gibt es im deutschen Energieinfrastrukturrecht noch das vorzeitige Enteignungsverfahren,[327] das im Ergebnis zu einer Parallelführung von Planfeststellungsverfahren, d. h. dem Zulassungsverfahren, und dem Enteignungsverfahren i. e. S. führen kann. Diese Parallelführung, die in Deutschland teilweise als Verbesserung gelobt wird, ist in Frankreich üblich. Teil der dort vorzulegenden Antragsunterlagen der Umweltgenehmigung ist der Nachweis, dass das Enteignungsverfahren im Gange ist.

3.4.2.4.4 Vergleich zum MgvG – die Technik der Kompetenzverlagerung
Weiteres Charakteristikum des *extrême-urgence*-Verfahrens ist die Verlagerung der Entscheidungskompetenz. In diesem wird die vorzeitige Entscheidungskompetenz über die Inbesitznahme und die Höhe der vorläufigen Entschädigung von der Judikative auf die Exekutive übertragen. Unter den deutschen Privilegierungen findet sich ebenfalls eine

---

[325] CE, Urt. v. 13. 10. 1976, n° 94464, legifrance; In dem oben in Fn. 257 beispielhaft zitierten *arrêté* wird in Artikel 2 gleichzeitig die Frist für den Baubeginn festgesetzt, was umgekehrt bedeutet, dass dafür auch ein Antrag auf Baugenehmigung gestellt werden können muss.

[326] Gem. Art. 4 Abs. 3 arrêté du 24 avril 2015 relatif aux règles de bonnes conditions agricoles et environnementales, JORF n° 106 du 7 mai 2015, legifrance, ist das Schneiden von Hecken und Bäumen vom 1.4. bis 31.7. verboten; Art. 94 der EU-Verordnung Nr. 1306/2013 des Europäischen Parlaments und des Rates vom 17. 12. 2013 über die Finanzierung, die Verwaltung und das Kontrollsystem der gemeinsamen Agrarpolitik sieht keine ausdrückliche Mindestverbotszeit vor.

[327] Siehe oben Abschn. 2.2.1.7.

Technik der Kompetenzverlagerung: Das Maßnahmengesetzvorbereitungsgesetz (MgvG) verlagert die Entscheidungskompetenz über die Planfeststellung von der Exekutive auf die Legislative.[328]

Frankreich verspricht sich durch dieses Verfahren Beschleunigung durch vorläufige Ausklammerung der stark arbeitsbelasteten Judikative und Befriedung durch die Autorität der Beratungsabteilung des *Conseil d'État,* der im Verfahren zwingend angehört werden muss. Der deutsche Gesetzgeber begründet die Kompetenzverteilung ebenfalls mit einer Beschleunigung, auch wenn die Autorin, wie oben dargestellt, zu einem anderen Ergebnis kommt. Des Weiteren kann der Kompetenzverlagerung auf die Legislative ebenfalls eine höhere Legitimation und damit ebenfalls eine Befriedungswirkung zukommen. Befriedung ist, wie die Analyse des *débat public* und der mittelbaren Privilegierung gezeigt haben, ein wichtiger Aspekt, um zu einem erfolgreichen Verfahrensabschluss zu kommen.

Die Hinzuziehung der Beratungsabteilung des *Conseil d'État* hat neben der Befriedung, aus einem pessimistischen Blickwinkel betrachtet, gleichzeitig die Tendenz Rechtsschutzersuchen erfolglos erscheinen zu lassen. Der Rechtsweg wird nicht gesetzlich verändert, aber eine Entscheidung des Verwaltungsgerichts, die dem *Conseil d'État* widerspricht, dürfte sehr selten sein. Es ist nicht bekannt, ob dies die Intention des französischen Gesetzgebers war, aber von dem Endergebnis kommt dies der deutschen Maßnahmengesetzgebung nahe, die aus Beschleunigungsgründen eine Rechtswegverkürzung in Kauf nimmt oder, je nach vertretener Ansicht, beabsichtigt. Beides Mal werden die Verwaltungsgerichte seltener involviert.

Maßnahmegesetze für Infrastrukturvorhaben oder große Bauprojekte sind in der deutschen Gesetzgebungsstruktur selten, da sie aufgrund des Bezugs zum Eigentumsrecht eine gewisse Nähe zu verbotenen grundrechtseinschränkenden Einzelfallgesetzen haben.[329] Sie haben technische Ähnlichkeiten zur französischen Normsetzungstechnik, bei der es ganz normal ist, per formellem Gesetz oder Verordnung ein bestimmtes Verfahren zur Anwendung zu bringen. In Deutschland wird durch das Maßnahmengesetz vorbereitungsgesetz nun gerade das Parlament ermächtigt, für die jeweiligen Vorhaben konkrete Maßnahmengesetze zu beschließen. Damit wird eine vergleichbare Technik in unterschiedlicher Form und mit unterschiedlicher Reichweite angewendet. Allerdings ist dies kein Argument dafür, dass beim MgvG kein Verstoß gegen Art. 19 Abs. 1 S. 1 GG vorläge, weil es in Frankreich kein Verbot von Einzelfallgesetzen gibt.

---

[328] Der Leser oder die Leserin wird gebeten, die hier folgenden Ausführungen immer in Kontext mit den unter Abschn. 2.2.1.8 dargestellten Erläuterungen zu lesen und gegebenenfalls zurückzublättern, um hier Wiederholungen zu vermeiden.

[329] Per se sind Maßnahmengesetze keine Einzelfallgesetze i. S. d. Art. 19 Abs. 1 S. 1 GG, *Kürschner,* Legalplanung, S. 122; BVerfG, Urt. v. 7. 05. 1969 – 2 BvL 15/67, BVerfGE 25, 371, 396; *Remmert,* in: Dürig/Herzog/Scholz, GG, Art 19 Rn. 36.

3.4.2.4.5 Zwischenfazit

Aus dem Vergleich zeigt sich, dass das deutsche Planfeststellungsverfahren durch seine Verknüpfung der Zulassungs- und Enteignungsebene doch einige Vorteile bietet, auch wenn es dadurch ein aufwendigeres Verfahren mit mehr Prüfung und Abwägung ist. Außerdem hat der deutsche Gesetzgeber schon einige kreative Institute geschaffen, die es in Frankreich nicht gibt, um das Verfahren zu verbessern und zu beschleunigen. Interessant zu sehen ist, dass beide Rechtssysteme bei dem Ziel der Beschleunigung vor den gleichen Schwierigkeiten zwischen öffentlich-rechtlicher und privatrechtlicher Ebene des Zulassungs- bzw. Eigentumsrechts stehen und wie sie trotz ihrer unterschiedlichen Gesetzessystematiken zu ansatzweise vergleichbaren Techniken greifen.

3.4.3   Fazit des französischen Kapitels

In Frankreich ist die Verfahrensdauer ebenfalls nicht unumstritten. Wie in Deutschland finden sich Stimmen, die eine zu lange Dauer zwischen Projektidee und Inbetriebnahme kritisieren, insbesondere in Bezug auf klimaschutzfreundliche Projekte.[330] Allerdings werden als Gründe dafür auch Finanzierungsschwierigkeiten oder politische Differenzen oder schlechte Projektvorbereitung verantwortlich gemacht, sodass diese Art von Verzögerungen zu Unrecht dem Verfahren an sich angelastet wird. Dies stimmt mit dem „nicht-formalistischen" Charakter des französischen Verwaltungsverfahrensrechts überein,[331] das mehr Wert auf das Ergebnis legt als auf den Weg dahin.

Bei der Bildung eines Fazits ist daher zu unterscheiden zwischen den alltäglichen (Infrastruktur-) Bauvorhaben, Windparks o. A. auf der einen Seite und öffentlichkeitswirksamen Prestigeobjekten wie dem *Grand Paris Express* oder Olympiabauten, für die Spezialgesetze geschaffen werden, auf der anderen Seite. Bei letzteren spielen Finanzen und Politik eher eine geringere verhindernde Rolle. Hinein spielt des Weiteren die oben erwähnte Besonderheit der französischen Gesetzgebungszuständigkeit, wonach sich gem. Art. 38 CF die Regierung – praktisch der Staatspräsident – die Gesetzgebungskompetenzen des Parlaments für einen begrenzten Zeitraum übertragen lassen kann, um so bestimmte Vorhaben in einem schnelleren Verfahren per *ordonnance* umsetzen zu können. Dann heißt es beispielsweise: „Unter den in Artikel 38 der Verfassung vorgesehenen Bedingungen wird die Regierung ermächtigt, innerhalb eines Jahres ab der

---

[330] *Dietenhoeffer et al.*, Modernisation de le participation du public de des procédures environnementales, S. 11 f.; *Cabanel/Bonnecarrère*, Décider en 2017: le temps d'une démocratie „coopérative", Rapport d'information n°556 pour le Senat, S. 110 f.; *Aubreby et al.*, Mission sur l'accélération des procédures relatives aux projets d'infrastructures en Île-de-France, S. 7 f., 23.

[331] *Ladenburger*, Verfahrensfehlerfolgen im deutschen und französischen Verwaltungsrecht, S. 27; vgl. auch *Schmidt-Aßmann/Dagron*, ZaöRV 2007, 395, 399, die für Frankreich von Funktions-, statt Formenorientierung sprechen.

Verkündung dieses Gesetzes, per Verordnung alle Maßnahmen zu ergreifen, die in den Bereich dieses Gesetzes fallen und den Bau einer Eisenbahninfrastruktur zwischen Paris und dem Flughafen Paris-Charles-de-Gaulle ermöglichen."[332] Dies hat zur Folge, dass wenn die Regierung ein prestigeträchtiges Großprojekt bauen will und mit Widerstand dagegen rechnet, ein Spezialgesetz erlassen wird, das das *extrême-urgence*-Verfahren für anwendbar erklärt. Dies verhindert zwar nicht den höchstwahrscheinlich notwendigen *débat public* und für die DUP muss ebenfalls eine *enquête publique* durchgeführt werden, aber das Ergebnis ist aufgrund des politischen Hintergrunds häufig vorhersehbar. Das Projekt kann dann verwaltungsintern bevorzugt behandelt werden, sodass der Baubeginn so schnell wie möglich realisiert werden kann.

Der *débat public* ist für die alltäglichen (Infrastruktur-) Bauvorhaben die hilfreichere Verfahrensbesonderheit, weil seine positiven Effekte unabhängig von der Projektgröße eintreten und sein Anwendungsbereich weiter gefasst ist. Gleichzeitig ist er Vorbild für andere Debattenformate. Außerdem kann die Organisation der Debatte durch eine unabhängige Institution helfen, die Projektvorbereitung auf ein standardisiertes angemessenes Niveau zu heben, sodass es im weiteren Verlauf zumindest dadurch nicht zu Verzögerungen kommt.

Beide französischen Verfahrensbesonderheiten haben eine Befriedungsfunktion. Folge eines friedlicheren Verfahrens ist Akzeptanz. Damit wird durch den Vergleich die oben aufgestellte These unterstützt, dass mehr Öffentlichkeitsbeteiligung mehr Akzeptanz schafft. Deren Bedeutung ist in Frankreich noch einmal höher, da dort aufgrund des starken Einflusses der Exekutive viele Verwaltungsentscheidungen stärker politisch geprägt sind, sodass das Ziel, das oben beschriebene Misstrauen der Bevölkerung in die Politik zu zerstreuen, wichtiger ist als in Deutschland. Hier ist der Vertrauensverlust in die Regierung zwar auch Diskussionsgegenstand, aber aufgrund des Staatsaufbaus lässt sich dies nicht im Speziellen an Verwaltungsentscheidungen festmachen.

Der Rechtsvergleich hat ein versöhnliches Vergleichsergebnis geliefert. Es ist in Deutschland nicht alles so negativ wie gedacht oder kritisiert: Aus dem *débat public* lassen sich Verbesserungsvorschläge für Deutschland ableiten.[333] Der Vergleich zum *extrême-urgence*-Verfahren bietet eine gewisse Bestätigung des derzeitigen deutschen Verfahrensaufbaus mit seiner Verknüpfung der Zulassungs- und Enteignungsebene im Planfeststellungsrecht.[334]

---

[332] Art. 8 Loi n° 2015-990 du 6 août 2015 pour la croissance, l'activité et l'égalité des chances économiques, JORF n° 181 du 7 août 2015: „*Dans les conditions prévues à l'article 38 de la Constitution, le Gouvernement est autorisé à prendre par ordonnance, dans un délai d'un an à compter de la promulgation de la présente loi, toute mesure relevant du domaine de la loi permettant la réalisation d'une infrastructure ferroviaire entre Paris et l'aéroport Paris-Charles-de-Gaulle […].*".

[333] Siehe Abschn. 3.4.1.6.

[334] Siehe Abschn. 3.4.2.4.

Insgesamt betrachtet ist der Verwaltungsverfahrensausbau so unterschiedlich, dass es nur möglich ist, ansatzweise einzelne Besonderheiten für einen Vergleich herauszugreifen. Deutschland hat für verschiedene Vorhabentypen jeweils ein eigenes Verwaltungsverfahren geschaffen. Nun wird vorgeschlagen, ein eigenes Verfahrensgesetz für den schnelleren Ausbau der Windenergie an Land zu schaffen.[335] Das ist nur ein Beispiel für die deutsche Tendenz in Richtung von immer mehr Zersplitterung, mit der Gefahr der Unübersichtlichkeit und inneren Widersprüchen aufgrund zu großer Detailliertheit. Dabei besteht doch eigentlich, wie oben herausgearbeitet, das Ziel eines systematisch einheitlichen und in sich schlüssigen Verwaltungsverfahrens. Das französische Recht mit seiner Kodifizierung vieler Einzelnormen hat hier einen großen Vorteil.

---

[335] *Bringewat/Scharfenstein,* Entwurf für ein Windenergie-an-Land-Gesetz.

Übertragbarkeit der Ergebnisse der Systematisierung und des Ländervergleichs auf die Genehmigungssituation von Netzboostern und Schlussbetrachtung

4

Im letzten Kapitel dieser Arbeit wird die Übertragbarkeit der Ergebnisse des Ländervergleichs (Abschn. 4.1) und der Systematisierung (Abschn. 4.2) insgesamt auf das deutsche Recht und auf die Genehmigungssituation von Netzboostern im Speziellen betrachtet. Die Arbeit endet mit einer Schlussbetrachtung (Abschn. 4.3).

4.1 Übertragbarkeit der Ergebnisse des Rechtsvergleichs

In Deutschland wird das Fehlen einer „geeigneten politischen Arena" beklagt, in der große Infrastrukturprojekte oder andere gemeinwohldienliche Bauwerke diskutiert werden können und um sich über Ziele und Maßnahmen der geplanten Anlagen auszutauschen.[1] Eine deutsche Version des *débat public* könnte dafür die Lösung sein. Nachdem sich im Rechtsvergleich gezeigt hat, dass der *débat public* positive Wirkungen auf den Verfahrensablauf und das Vorhaben insgesamt haben kann,[2] ist nun zu untersuchen, ob eine solche Institution als unabhängige (Bundes-) Behörde zur Überwachung und Organisation der Öffentlichkeitsbeteiligung, auf einem qualitativ sehr hohen Niveau und gleichzeitig in einem zeitlich überschaubaren, kompakten Rahmen, auf das deutsche Recht übertragbar wäre (Abschn. 4.1.1 und 4.1.2.1). Des Weiteren ist aufgrund des deutschen föderalen Staatsaufbaus zu untersuchen, ob dies auf Bundes- oder Landesebene zu geschehen hätte (Abschn. 4.1.2.2).

---

[1] *Ewen/Gabriel/Ziekow*, Bürgerdialog bei der Infrastrukturplanung: Erwartungen und Wirklichkeit, S. 38 f.; siehe auch oben Abschn. 2.3.1.2.1.

[2] Siehe Abschn. 3.4.1.6.

© Der/die Autor(en), exklusiv lizenziert an Springer Fachmedien Wiesbaden GmbH, ein Teil von Springer Nature 2023
I. Dörrfuß, *Verfahrensprivilegierung aus Gründen des Gemeinwohls*, Schriftenreihe des Instituts für Klimaschutz, Energie und Mobilität, https://doi.org/10.1007/978-3-658-41218-0_4

211

4.1.1 Möglichkeit der Schaffung einer unabhängigen Behörde?

Fraglich ist dies insbesondere aufgrund des auf dem Demokratieprinzip beruhenden grundsätzlichen verfassungsrechtlichen Verbots sog. ministerialfreier Räume. Als solche werden Organisationszusammenhänge bezeichnet, in denen kein Legitimationszusammenhang durch Weisungsgebundenheit der Verwaltung gegenüber der Regierung besteht.[3] Das Demokratieprinzips darf nur im Ausnahmefall und nur aus zwingenden Verfassungsgründen eingeschränkt werden.[4] Ausnahmsweise ist dies aus sachlogischen Gründen gem. Art. 88 GG oder Art. 114 Abs. 2 GG nur für Bundesbank, Bundesrechnungshof[5] und sonstige unmittelbar dem Grundrechtsschutz zugeordneter Funktionsträger[6] und europarechtlich bedingt für den Bundesdatenschutzbeauftragten möglich.[7] Dies könne nicht einfach auf andere Bereiche übertragen werden.[8]

Für den Bundesdatenschutzbeauftragten wird die „völlige Unabhängigkeit" mit der überragenden Bedeutung eines effektiven Datenschutzes, dem Grundrecht auf informationelle Selbstbestimmung[9] und „Eigenarten des institutionalisierten Grundrechtsschutzes"[10] gerechtfertigt. Die Argumentationsrichtung ist damit ähnlich wie die zur Rechtfertigung ministerialfreier Räume bei Bundesbank und Bundesrechnungshof.

Alternativ soll die durch die Weisungsungebundenheit verminderte Legitimation mittels erhöhter personeller Legitimation durch besondere Ernennung wieder ausgeglichen werden können.[11]

---

[3] Statt vieler: *Jestaedt,* Demokratieprinzip und Kondominialverwaltung, S. 103 f. m. w. N.; *Socher,* Organisation und Unabhängigkeit der Energieregulierungsbehörden in Deutschland, in: Fraenkel-Haeberle/Socher/Sommermann (Hrsg.), Praxis der Richtlinienumsetzung im Europäischen Verwaltungsverband, S. 240; siehe in diesem Zusammenhang die Beiträge in: Masing/Marcou (Hrsg.), Unabhängige Regulierungsbehörden, Organisationsrechtliche Herausforderungen in Frankreich und Deutschland.

[4] *Schmidt-Aßmann,* ZaöRV 2018, 807, 860.

[5] *Ruffert,* Verselbstständigte Verwaltungseinheiten, in: Trute et al. (Hrsg.), Allgemeines Verwaltungsrecht – zur Tragfähigkeit eines Konzepts, S. 417 f.

[6] *Schmidt-Aßmann/Dagron,* ZaöRV 2007, 395, 450.

[7] Art. 52 VO (EU) 2016/679 *(Datenschutz-Grundverordnung); Petri/Tinnefeld,* MMR 2010, 157, 161.

[8] *Ruffert,* Verselbstständigte Verwaltungseinheiten, in: Trute et al. (Hrsg.), Allgemeines Verwaltungsrecht – zur Tragfähigkeit eines Konzepts, S. 454; *Jestaedt,* Demokratieprinzip und Kondominialverwaltung, S. 405; aA *Schmidt-Aßmann,* ZaöRV 2018, 807, 860 f.

[9] BVerfG, Urt. v. 24. 04. 2013 – 1 BvR 1215/07, NJW 2013, 1499, Rn. 204 ff.

[10] *Petri/Tinnefeld,* MMR 2010, 157, 161.

[11] *Socher,* Organisation und Unabhängigkeit der Energieregulierungsbehörden in Deutschland, in: Fraenkel-Haeberle/Socher/Sommermann (Hrsg.), Praxis der Richtlinienumsetzung im Europäischen Verwaltungsverband, S. 241; vgl. zum Thema Legitimation durch Partizipation am Beispiel der Kohlekommission *Zeccola/Pfleiderer,* DÖV 2021, 59, 69.

Das deutsche Recht tut sich aufgrund seiner strengen dogmatischen Regelungsstrukturen vergleichsweise schwer mit Innovationen.[12] Impulse zur Veränderung können aus dem Europarecht kommen, wenn sich Ideen aus dem bilateralen Rechtsvergleich aufgrund struktureller Verfassungsbedenken nicht umsetzen lassen. Da das Recht anderer Staaten am besten nicht nur einseitig übertragen werden soll,[13] bietet das Europarecht eine Chance, bei der Fortentwicklung des Rechts mit mehreren Nationen gleichzeitig in den Ausschüssen zusammen zu arbeiten von dem Wissensaustausch untereinander zu profitieren.

Für die Möglichkeit der Schaffung einer unabhängigen Behörde spricht die Möglichkeit des Ausgleichs des Legitimationsniveaus. Dem Grundsatz nach muss dieses höher sein, je größer die Bedeutung und Reichweite der zu treffenden Entscheidung ist.[14] Für die Öffentlichkeitsbeteiligung dürften die Anforderungen damit nicht besonders hoch sein, da sie zwar einen wichtigen Verfahrensschritt darstellt, aber die Art der Durchführung der Öffentlichkeitsbeteiligung keinen direkten Einfluss auf das Ergebnis der Behördenentscheidung hat.

Ferner ist bei der Diskussion um die Möglichkeit der Schaffung einer Behörde zur Überwachung und Organisation der Öffentlichkeitsbeteiligung der aus dem Rechtsstaatsprinzip stammende Amtsermittlungsgrundsatz gem. § 24 VwVfG zu beachten, der besagt, dass die Genehmigungsbehörde die Verfahrensleitung und insbesondere die Ermittlung und finale Abwägung der erheblichen Belange nicht aus der Hand geben darf.[15] Diesem würde eine Behörde nach dem Vorbild der CNDP allerdings nicht zuwiderlaufen, da die Ergebnisse des *débat public* nicht zwingend von der Genehmigungsbehörde berücksichtigt werden müssen, sondern diese eine eigene Entscheidung trifft. Die CNDP weist damit eher Parallelen zum Einsatz eines externen Dienstleisters auf, dessen Einsatz im deutschen Verwaltungsverfahren in den letzten Jahren wachsende Verbreitung gefunden hat.

Auf der anderen Seite ist Öffentlichkeitsbeteiligung zwar wichtig, deren unabhängige Durchführung aber europa- bzw. verfassungsrechtlich nicht ausdrücklich festgeschrieben, wie bei den anderen drei oben Genannten. Insbesondere schreiben Europa- und Verfassungsrecht zwar Mindeststandards hinsichtlich des „Obs" der Öffentlichkeitsbeteiligung vor,[16] lassen aber gleichzeitig Spielraum hinsichtlich der konkreten institutionellen Ausgestaltung. Außerdem besteht bereits ein solides

---

[12] *Martin,* Das Steuerungskonzept der informierten Öffentlichkeit, S. 49.

[13] *Schmidt-Aßmann,* ZaöRV 2018, 807, 808.

[14] *Sommermann,* in: v. Mangoldt/Klein/Starck, GG. Art. 20 Rn. 186.

[15] *Heßhaus,* in: Bader/Ronellenfitsch, BeckOK VwVfG, § 24 Rn. 7 f.; *Peters,* Legitimation durch Öffentlichkeitsbeteiligung, S. 106 f.; *Häfner,* Verantwortungsteilung im Genehmigungsrecht, S. 88.

[16] Siehe dazu oben Abschn. 2.4.2.1, Grenzen der Öffentlichkeitsbeteiligung und insbesondere *Kment,* DVBl 2020, 991, 992 ff.; *Peters,* Legitimation durch Öffentlichkeitsbeteiligung, S. 289 ff.

Niveau an Öffentlichkeitsbeteiligung. Die Schaffung einer unabhängigen Behörde für Öffentlichkeitsbeteiligung wäre nur eine noch weitergehende Verbesserung. Dafür von verfassungsrechtlichen Grundsätzen eine Ausnahme zu machen, erscheint nicht gerechtfertigt. „Ein allgemeines Misstrauen gegenüber dem überkommenen Behördensystem und die Hoffnung, mit neuen Organisationsformen eine progressivere Politik machen zu können, genügen dazu nicht."[17] Für eine mit der CNDP vergleichbare deutsche unabhängige Behörde steht weniger der Ursprungszweck der AAI im Vordergrund, die Unabhängigkeit von politischen Richtungswechseln, sondern es geht in Deutschland bei einer besseren Öffentlichkeitsbeteiligung, wie oben herausgearbeitet, vor allem um Vertrauensbildung und Akzeptanzförderung und um eine evtl. zu schaffende politische Diskussionsarena.

Fazit: Die Untersuchung des *débat public* und der CNDP haben Denkanstöße für eine weitere Verbesserung der Öffentlichkeitsbeteiligung im deutschen Verwaltungsverfahren geliefert. Eine Übertragung des gesamten Konstrukts einer unabhängigen Behörde ist nicht angebracht und nur schwer unter aufwendiger verfassungsrechtlicher Begründung möglich. Das NBG, das der CNDP am nächsten kommt, konnte auch unter den derzeitigen Rechtsbedingungen seine Arbeit aufnehmen. Wenn die Öffentlichkeitsbeteiligung noch weiter qualitativ gestärkt werden soll, dann wäre eine Ausweitung von Begleitgremien eine einfacher umzusetzende Möglichkeit.

Ferner ist eine Übertragung nur aus dem Argument der Unabhängigkeit nicht nötig, weil die Unabhängigkeit der AAIs entgegen ihrer Bezeichnung angezweifelt werden kann, weil die auf fünf Jahre nur per *arrêté* und nicht per *décret* des Ministerrats ernannten Mitglieder der CNDP zum einen nicht hauptberuflich dort tätig sind und weiterhin Kontakte in Regierungs-/ Behördenkreise pflegen.[18] Ein deutscher Behördenleiter im klassischen Beamtenverhältnis sei unabhängiger als ein Präsident einer AAI.[19] Und nach dem Amtsermittlungsgrundsatz sind die deutschen Behördenmitarbeiter ebenfalls zur Neutralität verpflichtet.

4.1.2 Vorschlag eines deutschen Pendants zum *débat public*

4.1.2.1 Formalien

Indem die für die Bundesrepublik Deutschland am geeignetsten Elemente aller hierzu untersuchten Institutionen zusammengeführt werden, könnte ein deutsches Pendant

---

[17] *Schmidt-Aßmann,* ZaöRV 2018, 807, 861.

[18] *Masing,* Organisationsdifferenzierung im Zentralstaat, in: Trute et al. (Hrsg.), Allgemeines Verwaltungsrecht – zur Tragfähigkeit eines Konzepts, S. 420, 422; *Prieur,* Droit de l'environnement, Rn. 608.

[19] *Masing,* Organisationsdifferenzierung im Zentralstaat, in: Trute et al. (Hrsg.), Allgemeines Verwaltungsrecht – zur Tragfähigkeit eines Konzepts, S. 420 f.

zum *débat public* geschaffen werden, das eine echte Bereicherung bringt: Institutionell unabhängig gefasst und langfristig tätig wie das NBG,[20] zeitlich im Vorfeld noch vor der frühen Öffentlichkeitsbeteiligung gem. § 25 Abs. 3 LVwVfG stattfindend, von einem neutralen Akteur durchgeführt, mit einem zeitlichen Rahmen für die Durchführung, der nicht länger als die vier Monate des *débat public* in Anspruch nimmt und von einem bürgerfreundlichen Informationsmanagement mit direkter digitaler Interaktionsmöglichkeit geprägt ist. Gleichzeitig kann dort auch über grundsätzliche Themen gesprochen und beispielsweise gegen das NIMBY-Phänomen gearbeitet werden. Außerdem kann durch die unabhängige Stellung dieser Institution der im „Klima-Beschluss" des Bundesverfassungsgerichts betonten Generationengerechtigkeit in Bezug auf künftig einzusparende CO_2-Äquivalente in längerfristiger Perspektive Rechnung getragen werden.[21] Die Evaluation der abgeschlossenen Planungsverfahren durch eine einheitliche Stelle kann insbesondere mittels internen Wissensmanagements Verbesserungsmöglichkeiten aufdecken.[22] Ebenfalls notwendig ist eine Abstufung, wann wirklich die „ganz große frühzeitige öffentliche Debatte" geführt werden muss, und wann eine verpflichtende frühe Öffentlichkeitsbeteiligung im Sinne eines reformierten § 25 Abs. 3 VwVfG ausreichend ist. Es wird betont, dass bei künftigen Angeboten zur weiteren Verbesserung der Öffentlichkeitsbeteiligung der Servicecharakter im Mittelpunkt stehen sollte.[23] Dem folgend müsste die neu zu gründende „Öffentlichkeitsbeteiligungs-Optimierungs-Institution" als externe „agile Service-Agentur" verstanden und vermarktet werden und nicht als zusätzlicher „behäbiger" Träger öffentlicher Belange, der das Prozedere weiter verkompliziert.

Es erscheint angebracht, ein eigenes Gesetz über die Errichtung der unabhängigen Öffentlichkeitsbeteiligungsinstitution und ihr Verfahren zu schaffen oder die Normen in das (L)VwVfG zu integrieren, statt in jedes Fachgesetz einzeln, da ansonsten leicht Ungenauigkeiten entstehen können, die einer möglichst einheitlichen Lösung zuwiderlaufen. Gegen eine Integration der neuen Normen in das (L)VwVfG spräche zwar, dass zu diesem Zeitpunkt eben gerade noch gar kein Verwaltungsverfahren begonnen habe, da noch über das „ob" des Projektvorhabens gesprochen werde.[24] Auf der anderen

---

[20] Schon vor 45 Jahren für eine ausgegliederte Kommission plädierend: *Schuppert*, AöR 102 (1977), 369, 407 f.; für eine Ausgliederung ebenso schon *Bullinger*, DVBl 1992, 1463, 1468.

[21] Vgl. *Appel*, Staatsziel Nachhaltigkeit in das Grundgesetz?, in: Kahl (Hrsg.), Nachhaltigkeit durch Organisation und Verfahren, S. 95, 97; hier könnte der Vorhabenträger in der Diskussion mit den Bürgern beispielsweise davon überzeugt werden, unter dem Gesichtspunkt der Nachhaltigkeit und des Klimaschutzes seine Investitionsentscheidung nicht nur davon abhängig zu machen, nach wie vielen Jahren diese sich rechnet und beispielsweise Solaranlagen auf dem Fabrikflachdach anzubringen, obwohl es gesetzlich (noch) nicht vorgeschrieben ist.

[22] *Blum/Kühn/Kühnau*, Natur und Landschaft 2014, 243, 248; *Keil et al.*, Bürgerbeteiligung und Verwaltungspraxis, S. 12.

[23] *Keil et al.*, Bürgerbeteiligung und Verwaltungspraxis, S. 13.

[24] *Burgi*, NVwZ 2012, 277, 278.

Seite hätte eine Regelung im Zusammenhang mit § 25 Abs. 3 (L)VwVfG den Vorteil, dass eine Abstufung, wann wirklich die „ganz große frühzeitige öffentliche Debatte" geführt werden muss, und wann eine verpflichtende frühe Öffentlichkeitsbeteiligung im Sinne eines reformierten § 25 Abs. 3 VwVfG ausreichend ist, leichter möglich wäre. Im Übrigen nimmt der derzeitige § 25 VwVfG ebenfalls auf Handlungen vor offizieller Antragstellung Bezug.

4.1.2.2 Föderale Eingliederung

Zuletzt ist noch die Frage zu klären, ob diese neu zu gründende Institution auf Bundes- oder Landesebene geschaffen werden soll bzw. kann. Um Synergieeffekte zu nutzen und Einheitlichkeit zu schaffen sowie sich teilweise bereits bestehenden länderübergreifenden Planungsbehörden wie der Bundesnetzagentur anzupassen, wäre es sinnvoll die unabhängige Institution auf Bundesebene einzurichten, die die anderen (Landesbzw. Bundes-) Fachplanungsbehörden unterstützen oder ergänzen kann. Fraglich ist, ob dies möglich ist.

Gem. Art. 30 GG ist die Ausübung staatlicher Befugnisse und Erfüllung staatlicher Aufgaben Ländersache, soweit das Grundgesetz keine andere Regelung trifft. Die Art. 83 ff. GG konkretisieren diese. Gem. Art. 83 GG führen die Länder Bundesgesetze grds. als eigene Angelegenheiten aus, weswegen sie gem. Art. 84 Abs. 1 S. 1 GG in diesen Fällen die Errichtung der Behörden und das Verwaltungsverfahren grds. selbst regeln. Gem. Art. 87 Abs. 3 S. 1 GG können für Angelegenheiten, in denen dem Bund die Gesetzgebungskompetenz zusteht, neue Bundesoberbehörden geschaffen werden: so beispielsweise die Bundesnetzagentur auf dem Gebiet des Energieinfrastrukturrechts.

Da das NBG Teil des Standortauswahlverfahrens des Atommüllendlagers ist, lag die Gesetzgebungskompetenz gem. Art. 73 Abs. 1 Nr. 14 GG beim Bund, weswegen folgerichtig auch nur eine Institution samt dazugehöriger Geschäftsstelle auf Bundesebene gegründet wurde. Für die im ersten Kapitel untersuchten unmittelbaren Verfahrensprivilegierungen des Immissionsschutz- und Raumordnungsrechts und teilweise des Verkehrs- und Energieinfrastrukturrechts liegt die Gesetzgebungskompetenz größtenteils beim Bund und wird meistens in Bundesauftragsverwaltung durch die Länder ausgeführt. Gem. Art. 87e GG bzw. Art. 90 Abs. 2 GG bzw. Art. 87 Abs. 3 GG wird die Eisenbahnverkehrs- bzw. Bundesfernstraßenverwaltung bzw. Höchstspannungsleitungsausbau in Bundes(eigen)verwaltung geführt. Zu den Verwaltungsaufgaben gehört insbesondere auch die Planung von Neu-, Aus- oder Umbauten.[25] Da die neu zu gründende Institution jedoch gerade verfahrensübergreifend bzw. themenunabhängig zuständig sein soll, und wie gerade ausgeführt, nicht in jedem Fachgesetz separat eingefügt werden sollte, bedarf die Kompetenzverteilung weiterer Betrachtung.

---

[25]Vgl. *Möstl,* in: Dürig/Herzog/Scholz, GG, Art. 87e Rn. 149; *Gröpel,* in: Dürig/Herzog/Scholz, GG, Art. 90 Rn. 37; *Ibler,* in: Dürig/Herzog/Scholz, GG, Art. 87 Rn. 245.

Öffentlichkeitsbeteiligung als grundlegender Verfahrensbestandteil ist im LVwVfG geregelt, da für die Ausführung von Bundesrecht durch die Länder gem. § 1 Abs. 3 VwVfG das Bundes-VwVfG nicht gilt. Jedoch kann der Bund bzgl. aller Materien, für die er die Sachkompetenz hat, als Annex das Verwaltungsverfahren mitregeln.[26] So wurde auch die Einführung der frühen Öffentlichkeitsbeteiligung in § 25 Abs. 3 VwVfG oder das Planungssicherstellungsgesetz kompetenzrechtlich begründet.[27] Die Konkordanzgesetzgebung bzw. Simultangesetzgebung gewährleistet den materiellen Gleichlauf von Bundes- und Landes-VwVfG.[28] In jedem Bundesland eine eigene Öffentlichkeitsbeteiligungsinstitution zu schaffen, sollte dem Telos nach vermieden werden. Das neue Spezialgesetz zum deutschen Pendant der CNDP könnte auch auf mehrere Kompetenztitel gleichzeitig gestützt werden: diejenigen der jeweiligen Fachgesetze, in deren Anwendungsbereich die Öffentlichkeitsbeteiligung optimiert werden soll. In Verbindung mit Art. 87 Abs. 3 S. 1 GG wäre es möglich, das deutsche Pendant zur CNDP auf Bundesebene zu gründen.

4.2   Umsetzung der Ergebnisse der Systematisierung des deutschen Rechts

Ziel der Arbeit war unter anderem, aus dem französischen Recht neue Ideen zu entwickeln, um das deutsche Recht weiter zu verbessern. Nun hat sich herausgestellt, dass das nur bzgl. des *débat public* möglich ist. Hinsichtlich Enteignung und Inbesitznahme ist das deutsche Recht solide aufgestellt, wenn nun noch in allen Fachgesetzen möglichst einheitliche Regelungen gelten würden. Dies schlägt den Bogen zum letzten größeren Abschnitt der Arbeit. Wie lassen sich die oben in der Systematisierung festgestellten Ungereimtheiten beheben? Können die herausgearbeiteten Verfahrensprivilegierungen auf andere Rechtsgebiete und insbesondere auf den Netzbooster übertragen werden?

4.2.1   Zusammenspiel von Zulassung vorläufiger Arbeiten und ggf. erforderlichen eigentumsrechtlichen Konsequenzen

1. Wichtigster Punkt für eine bessere Gesetzessystematik ist die möglichst vollständige Angleichung von Verkehrsinfrastrukturrecht und Energieinfrastrukturrecht. Dies sorgt für Rechtssicherheit und innerliche Geschlossenheit. Es liegt kein ersichtlicher Grund

---

[26] *Degenhardt,* in: Sachs, GG, Art. 70 Rn. 40.

[27] Begründung RegE PlVereinhG v. 16. 05. 2012, BT-Drs. 17/9666, 15; Begründung RegE PlanSiG, BT-Drs. 19/18965, 10.

[28] *Schoch,* in: Schoch/Schneider, VwVfG, Einl. Rn. 279.

vor, diese ähnlichen Rechtsgebiete hinsichtlich ihrer Privilegierungen unterschiedlich zu behandeln. Evtl. ist dafür eine überarbeitete Zuständigkeitsaufteilung der BT-Ausschüsse nötig, damit das gesamte Infrastrukturrecht nur von einem Ausschuss behandelt wird. Des Weiteren sollte eine möglichst umfassende Angleichung zwischen Planfeststellungsrecht und Immissionsschutzrecht angestrebt werden. Dazu zählt auch eine einheitliche Benennung der Privilegierungen.

2. Im Rahmen der Durchführung vorläufiger Arbeiten wäre es schlüssig und zu begrüßen, wenn für Verkehrsinfrastruktur-, Energieinfrastruktur- und Immissionsschutzrecht die gleichen Arbeiten ab demselben frühen Zeitpunkt vorzeitig durchgeführt werden dürften. Dazu sollte für alle drei ein mit dem BImSchG vergleichbarer weiter Umfang gewählt werden, der die Bauausführung samt Probebetrieb auf eigenes Risiko des Vorhabenträgers gestattet und als „reversible" Maßnahmen wertet. Problematisch ist, dass der Vorhabenträger im Planfeststellungsrecht noch nicht zwingend Eigentümer der zu bebauenden Flurstücke ist. In § 44c Abs. 1 S. 1 Nr. 4 EnWG ist deswegen festgeschrieben, dass der Vorhabenträger die notwendigen privaten Rechte haben muss, wenn er die Zulassung des vorzeitigen Baubeginns beantragt. Es ist jedoch vertretbar, aufgrund der großen Bedeutung der Vorhaben für das Gemeinwohl und insbesondere für den Klimaschutz aber auch für eine unabhängige, preisgünstige Energieversorgung, diesen Umstand zurücktreten zu lassen und die erforderlichen Regelungen zu erweitern, die nötig sind, um dem Vorhabenträger für den Fall, dass er keine Einigung mit dem bisherigen Eigentümer erzielen konnte, den Zugriff auf fremde Grundstücke zu gestatten.[29]

3. Deswegen gilt es, gleichzeitig mit der Ausweitung der Zulassung vorläufiger Arbeiten, die vor-vorzeitige Besitzeinweisung vom Energieinfrastrukturrecht in das Verkehrsinfrastrukturrecht zu übertragen. Zur weiteren Beschleunigung würde es sich anbieten, für reversible Maßnahmen die vor-vorzeitige Besitzeinweisung nicht von der aufschiebenden Bedingung des Erlasses des Planfeststellungsbeschlusses abhängig zu machen.[30] Allerdings könnte dies wiederum verfassungsrechtliche Probleme bereiten.[31] Und davor ist noch der Anwendungsbereich der vorzeitigen Besitzeinweisung in § 44b Abs. 1 EnWG auf alle planfeststellungspflichtigen und -fähigen Vorhaben des § 43 Abs. 1 und 2 EnWG auszudehnen, damit insbesondere auch Netzbooster erfasst werden.

Da hier der Besitz nur für Arbeiten, die theoretisch alle rückgängig gemacht werden können, eingeschränkt werden soll, handelt es sich nur um eine verfassungsrechtlich

---

[29] Für LNG-Terminals ist genau dieser Umstand eingetreten. Gem. § 8 Abs. 1 Nr. 4 LNGG sind die entsprechenden privaten Rechte nicht mehr Voraussetzung für den vorzeitigen Baubeginn.

[30] So auch *Kümper*, VerwArch 2020, 404, 437; im LNGG wurde die aufschiebende Bedingung nicht gestrichen.

[31] *Berger*, Die vorzeitige Besitzeinweisung S. 50.

zulässige Inhaltsbestimmung des Eigentums i. S. v. Art. 14 Abs. 1 S. 2 GG.[32] Es wird mit der Zulassung vorzeitig reversibler Baumaßnahmen, dem Bauen auf eigenes Risiko und der vor-vorzeitigen Besitzeinweisung unter aufschiebender Bedingung der Erteilung des Planfeststellungsbeschlusses ausdrücklich kein Zustand geschaffen, der die Hauptsache vorwegnimmt. Solange die aufschiebende Bedingung nicht aufgelöst wurde, gehen von der vor-vorzeitigen Besitzeinweisung keine Rechtswirkung aus.[33] Auch bei (nur) irreversiblen Maßnahmen wird die Hauptsache streng genommen nicht vorweggenommen, da sich der Vorhabenträger verpflichtet, alles wieder rückgängig zu machen, sollte er den beantragten Verwaltungsakt nicht erhalten. Um das Dilemma der eigentlich sinnvollen verfahrensbeschleunigenden Normgestaltung einer vor-vorzeitigen Besitzeinweisung ohne aufschiebende Bedingung zu lösen bzw. (sozial-) verträglicher zu gestalten, könnte zusätzlich in Anlehnung an das französische Recht zum Zeitpunkt der vor-vorzeitigen Besitzeinweisung für reversible Maßnahmen, die ohne aufschiebende Wirkung erfolgt, eine überschlägige von der Planfeststellungsbehörde geschätzte[34] Entschädigung zu zahlen sein. Diese könnte mit der am Ende des Enteignungsverfahrens zu zahlenden Entschädigung oder dem Kaufpreis, falls die Parteien sich doch noch einig werden sollten, verrechnet werden. Damit würden die Grenzen zwischen entschädigungslos zu erduldender Inhaltsbestimmung und entschädigungspflichtiger Enteignung verwischt. Dies ist angesichts der deutlichen Beschleunigungswirkung aus Gründen des Gemeinwohls und insbesondere des Klimaschutzes und für eine unabhängige, preisgünstige Energieversorgung gerechtfertigt. Über das Vorsorgeprinzip ließe sich für umweltschutzfreundliche Vorhaben rechtfertigen, dass bei der vor-vorzeitigen Besitzeinweisung ohne aufschiebende Bedingung noch keine hundertprozentige Sicherheit vorliegt. Es genügen plausible und ernsthafte Anhaltspunkte um eine Grundrechtseinschränkung als verhältnismäßig zu betrachten.[35] Bei der Entscheidung ist der erwartete Planfeststellungsbeschluss zugrunde zu legen, was bedeutet, dass die Wahrscheinlichkeit, dass der Plan letztendlich festgestellt wird, sehr hoch ist.

---

[32] Anders als die „normale" vorzeitige Besitzeinweisung für irreversible, endgültige Bauarbeiten, die eine selbstständige Enteignung i. S. d. Art. 14 Abs. 3 GG darstellt; dazu *Kümper,* VerwArch 2020, 404, 412 ff. m. w. N.; BVerfG, Beschl. v. 25. 01. 2017 – 1 BvR 2297/10, NVwZ 2017, 949, 952 Rn. 50 ff.

[33] *Pielow,* in: Säcker, Berliner Kommentar zum Energierecht, EnWG, § 44b Rn. 15.

[34] Um der Behörde die Schätzung zu erleichtern und für bundesweite Einheitlichkeit zu sorgen könnte beispielsweise eine Verwaltungsvorschrift erlassen werden, die in einer Tabelle je nach Lage m²-Preise festsetzt. Für diese Werte käme, statt einer eigenständigen Neuberechnung zur Minimierung des Gesetzgebungsaufwandes, eine Orientierung an den Bodenrichtwerten, die bis Juli 2022 für die Grundsteuerwerte neu ermittelt wurden, in Betracht.

[35] *Epiney,* in: Landmann/Rohmer, Umweltrecht, AEUV, Art. 191 Rn. 30.

Auch die Aarhus-Konvention dürfte der vor-vorzeitigen Besitzeinweisung ohne auf-schiebende Bedingung nicht entgegenstehen, da für die endgültige Entscheidung die Ergebnisse der Öffentlichkeitsbeteiligung in jedem Fall ausreichende Berücksichtigung finden können.

Der genaue Zeitpunkt für den Beginn vorzeitiger Arbeiten sollte so klar wie möglich definiert werden, damit die Anwendung der Norm nicht aufgrund von verwaltungsinternen Auslegungsschwierigkeiten stockt. Erschwerend kommt für Plan-feststellungsverfahren insgesamt hinzu, dass sich der genaue Strecken-/Trassenverlauf erst im Lauf des Verfahrens herauskristallisiert.[36] Dementsprechend kann eine Prognose-entscheidung keinesfalls so früh wie im Fall von Tesla getroffen werden. Aber alle Vor-haben, bei denen die tatsächliche Lage und Ausführung früh feststehen, und zu denen auch der Netzbooster gehört, können von einem weiten Rechtsrahmen der Gestattung vorläufiger Arbeiten i.V.m. vor-vorzeitiger Besitzeinweisung ohne aufschiebende Bedingung profitieren.

4. Zusammenfassend gesagt: Es gilt ein schlüssiges und bis ins letzte Detail aus-tariertes Gesamtkonzept für das Zusammenspiel von möglichst früher Zulassung und der ggf. erforderlichen eigentumsrechtlichen Konsequenzen zu finden.

4.2.2 Ausweitung von Fiktionsregelungen vs. expliziter Verfahrensfreiheit

Eine Fiktion beschreibt „eine im Gesetz festgelegte Annahme eines Sachverhalts [...], der in Wirklichkeit nicht besteht; die Fiktion ermöglicht in besonderen Fällen die Ableitung sonst nicht gegebener Rechtsfolgen."[37] Anknüpfungspunkt ist das Schweigen der Behörde zu einem gesetzlich festgelegten Zeitpunkt, was beschleunigend wirken soll. So wird im Baurecht beispielsweise die Erteilung einer Genehmigung fingiert (Genehmigungsfiktion), weil sich die Genehmigungsbehörde nicht innerhalb einer festgelegten Frist geäußert hat.[38] Oder bei der Beteiligung im Immissionsschutzrecht oder Baurecht gilt das Schweigen anderer Träger öffentlicher Belange bzw. anderer Angehörter ebenfalls als Nichterhebung von Einwänden. Im Immissionsschutzrecht existiert des Weiteren eine (teilweise) Verfahrensfreistellungsfiktion: Die Fiktion, dass kein förmliches Verfahren durchgeführt werden muss, sondern die erstattete Anzeige ausreicht, tritt bei behördlichem Schweigen durch Zeitablauf ein. Eine solche Ver-fahrensfreiheitsfiktion könnte auch im Anzeigeverfahren nach dem EnWG geschaffen werden. Derzeit werden unwesentliche Änderungen im Energieinfrastrukturrecht über

---

[36]Tatsächlich muss der Verlauf der Leitung/Straße/Schiene bei Antragstellung flurstücksscharf feststehen. Im Verfahren kann es natürlich trotzdem noch zu Änderungen im Verlauf kommen.

[37]*Weber*, Rechtswörterbuch, Fiktion.

[38]Siehe Abschn. 2.2.3.2.

ein Anzeigeverfahren gestattet. Allerdings muss sich im Energieinfrastrukturrecht die Behörde tatsächlich äußern; eine fiktive Genehmigungsfreiheit wie im Immissionsschutzrecht existiert noch nicht.[39]

Bei der Ausweitung von Fiktionsregelungen sind insgesamt strengere Regeln, insbesondere zum Ausgleich der Rechte Dritter zu beachten.[40] Deswegen kommt eine Ausweitung von Fiktionsregelungen nur punktuell in Betracht. Insgesamt ganze Anlagen neu per Genehmigungsfiktion zu gestatten, wie es derzeit insbesondere für Windräder vorgeschlagen wird,[41] kommt aus europarechtlichen Gründen nicht in Betracht, da die dort vorgeschriebenen materiell-rechtlichen Prüfungen (UVP, Naturschutz, Wasser) nicht einfach fingiert werden können.[42] Um daran etwas zu ändern, müssten die jeweiligen Richtlinien geändert werden, was aber aufgrund der strengen Rechtsprechung des EuGH schwierig sein dürfte. Eine Fiktion könnte nur dann in Betracht kommen, wenn die genannten Untersuchungen schon zeitnah im Rahmen der Aufstellung von Raumordnungs-, Flächennutzungs- oder Bebauungsplänen durchgeführt wurden.[43] Eine Möglichkeit der verwaltungsinternen Fiktion, die auch teilweise schon genutzt wird, ist diejenige, das Schweigen der beteiligten Träger öffentlicher Belange als „Fehlanzeige" zu werten. Derzeit wird dafür regelmäßig ein Monat eingeräumt. Diese Frist ließe sich auf zwei Wochen verkürzen, mit der Möglichkeit, dass bei vorhandenen Bedenken eine zweiwöchige Verlängerungsmöglichkeit zugestanden wird, um diese auszuformulieren bzw. passende Nebenbestimmungen vorzuschlagen, um den Bedenken gegen die Erteilung der Genehmigung abzuhelfen.

Stattdessen bietet es sich an, konkrete gemeinwohlfördernde Vorhaben als verfahrensfrei auszugestalten. Die Wirkung tritt dann von Gesetzeswegen ein und nicht aufgrund fehlenden Behördenhandelns. Wenn die Auswirkungen des Vorhabens auf Rechte Dritter oder die Umwelt dies nicht zulassen sollten, bietet sich zumindest immer noch die Möglichkeit der Einstufung der Vorhaben in ein vereinfachtes Verfahren an.[44] Die Frage der Zulässigkeit von vereinfachtem Verfahren und Verfahrensfreiheit richtet sich nach denselben Fragekomplexen: öffentliche Belange, Rechte Dritter,

---

[39] Siehe Abschn. 2.2.1.5.2.

[40] Siehe dazu die Zusammenfassung bei *Ziekow*, Möglichkeiten zur Verbesserung der Standortbedingungen für kleinere und mittlere Unternehmen durch Einführung von Genehmigungsfiktionen, S. 38 f.; und Abschn. 2.4.2.2.3.

[41] Deutsche Energie-Agentur (Hrsg.), dena-Netzstudie III, S. 65 f.; in diesem Zusammenhang wird außerdem eine Feststellungsfiktion für Altanlagen analog zu § 71 Luftverkehrsgesetz in Betracht gezogen, die damals planfeststellungsfrei errichtet wurden und nun nachgerüstet werden sollen: *Bons et al.*, Zügiger Verteilnetzbau, S. 106.

[42] *Schmidt/Sailer*, Reformansätze zum Genehmigungsrecht von Windenergieanlagen, Würzburger Studien zum Umweltenergierecht, S. 56.

[43] *Schäfer/Weidinger/Eschenhagen*, Ein guter Plan für die Energiewende – Maßnahmen zur Beschleunigung des EE-Ausbaus, S. 15.

[44] Siehe Abschn. 2.2.1.4 und 2.2.4.1.

Umweltverträglichkeitsprüfung.[45] Spezialprivilegierungen bei Verfahrensfreiheit im AEG und PBefG für Lärmschutz, Digitalisierung und Barrierefreiheit sind Einzelbeispiele für konkrete Privilegierungen aus Gemeinwohlgründen. Diese Systematik ließe sich zum einen einfach auf die anderen Infrastrukturrechtsbereiche übertragen, und zum anderen auf weitere konkrete klimaschutzfreundliche Maßnahmen ausweiten. Es wird sogar die Einführung einer Vorrangregel für Plangenehmigungen vorgeschlagen,[46] da sich diese als wirksames Beschleunigungsmitttel etabliert haben.

4.2.3 Verwaltungsinterne Optimierung durch „gute Gesetzgebung"

Schon vor mehr als 20 Jahren wurde konstatiert, dass das Recht einer so komplexen Gesellschaft wie der unseren nicht mehr gerecht werde, sich das Recht in einem Dauerzustand der Überarbeitung befinde und dadurch Gefahr laufe, sich mehr und mehr selbst zu widersprechen.[47] „Die Herrschaft des Gesetzes ist ersetzt worden durch die Herrschaft der Richter, an die Stelle des Rechtsstaats ist der Justizstaat getreten."[48] Aus diesen Gründen sollten Gesetzesänderungen mit Bedacht, dann aber umfassend und einheitlich erfolgen.[49] Nachdem neue Normen in Kraft getreten sind, vergeht eine gewisse Zeit, bis diese wirklich in der Praxis „ankommen" (bspw. durch Verwaltungsanweisungen des Ministeriums oder behördeninterne Absprachen, wie man Ermessensvorschriften hausintern einheitlich umsetzt). Außerdem wählen die Behörden tendenziell den Weg der größten Rechtssicherheit, was dazu führen kann, dass bei Zweifelsfragen der Subsumption unter offene Rechtsbegriffe mangels einschlägiger Rechtsprechung die Verfahrensfreistellung oder Anwendbarkeit eines vereinfachten Verfahrens eher verneint als bejaht wird.[50] Um diesem Problem zu begegnen können technische Regeln, Verwaltungsvorschriften oder Leitfäden zur Konkretisierung helfen, oder können „Kann-Vorschriften" in „Soll-Vorschriften" umgestaltet werden, sodass gewährleistet ist, dass bei Vorliegen der Voraussetzungen wirklich davon Gebrauch gemacht wird.[51] Hierbei ist kritisch anzumerken, dass Vollzugshilfen und Leitfäden häufig nicht über

---

[45] *Wickel*, in: Fehling/Kastner/Störmer, Verwaltungsrecht, VwVfG, § 74 Rn. 201.

[46] *Spieth/Hantelmann/Stadermann*, IR 2017, 98, 102 f.

[47] *Calliess*, Prozedurales Recht, S. 268.

[48] *Calliess*, Prozedurales Recht, S. 268.

[49] *Hitschfeld et al.*, Evaluierung des gestuften Planungs- und Genehmigungsverfahrens, S. 167, 212; *Ohms*, Verfahrensbeschleunigung in der Verwaltungspraxis, in: Sauer/Schneller (Hrsg.), Beschleunigung von Planverfahren für Freileitungen, S. 48; *Steinberg et al.*, Zur Beschleunigung des Genehmigungsverfahrens für Industrieanlagen; S. 147.

[50] *Spieth/Hantelmann/Stadermann*, IR 2017, 98, 101; vgl. *Schmidt/Kelly*, VerwArch 2021, 235, 259 ff.

[51] *Hitschfeld et al.*, Evaluierung des gestuften Planungs- und Genehmigungsverfahrens, S. 205.

das Entwurfsstadium hinauskommen bzw. deren Ausarbeitung sehr lange dauert, weil sich die Bundesländer nicht auf eine einheitliche Fassung einigen können.[52] Deswegen heißt es insgesamt: mehr „gute Gesetzgebung"![53] Statt sich über die Notwendigkeit des Erörterungstermins zu streiten, würde es beispielsweise helfen, verbindlich festzulegen, dass die Erstellung eines Wortprotokolls nicht notwendig ist, da dies äußerst zeit- und kostenaufwendig ist und keinen echten Mehrwert für die Beteiligten bringt.[54] Im Fall von Windrädern oder Photovoltaikanlagen, bei denen es häufig um ähnlich gelagerte Strukturen geht, können in Anlehnung an Typenprüfungen einzelne Rechtsfragen gutachtenmäßig gelöst und dann unter allen Genehmigungsbehörden weiter geteilt werden. Es würde sich dann nicht um einen bundesweit langwierig abgestimmten Leitfaden handeln, sondern um freiwillige verwaltungsinterne Kooperation. So könnten beispielsweise die südlichen Bundesländer von der Expertise aus Norddeutschland profitieren, wo schon viel mehr Windräder errichtet wurden.

In diesem Zusammenhang darf nicht unerwähnt bleiben, dass die Behörden auch mit ausreichend qualifiziertem Personal ausgestattet sein müssen, um den Anforderungen an die Klärung anspruchsvoller fachtechnischer Fragen gerecht zu werden.[55] Hierfür ist die Konkurrenzfähigkeit des Staatsdienstes insbesondere in naturwissenschaftlichen Fachrichtungen von enormer Bedeutung.

4.2.4 Mittelbare Privilegierung durch mehr Öffentlichkeitsbeteiligung existiert

Auch wenn die Kausalität zwischen Öffentlichkeitsbeteiligung und Effizienz des Gesamtverfahrens kritisch gesehen werden bzw. nicht als Allheilmittel verstanden werden darf, hat der Rechtsvergleich zu Frankreich gezeigt, dass eine sehr frühzeitige Öffentlichkeitsbeteiligung Vorteile bringt. Da auch gesamtgesellschaftliche Probleme hier eine Rolle spielen, ist ein verwaltungsrechtlicher Lösungsweg alleine nicht erfolgversprechend. (Infrastrukturelle) Großvorhaben sind sehr stark politisch geprägt und müssen als solche dort gerechtfertigt werden.[56] Indem gewählte Volksvertreter projektbezogene Verantwortung übernehmen, schaffen Sie zumindest eine Möglichkeit für ein

---

[52] *Ziekow et al.,* Dialog mit Expertinnen und Experten zum EU-Rechtsakt für Umweltinspektionen, S. 199.

[53] *Kahl/Mödinger,* DÖV 2021, 93, 94.

[54] So auch *Schneller,* DVBl 2007, 529, 532.

[55] *Reidt,* EurUP 2020, 86, 92; *ders.,* DVBl 2020, 597, 598; *Chladek,* Rechtsschutzverkürzung als Mittel der Verfahrensbeschleunigung, S. 266; das gilt nicht nur für die nicht nur die Genehmigungsbehörden, sondern auch die Fachbehörden als untere Verwaltungsbehörden, die im Rahmen der Beteiligung der Träger öffentlicher Belange anzuhören sind.

[56] *Franzius,* GewArch 2012, 225, 235.

störungsfreies Verfahren.[57] Allerdings gilt dies nur soweit, wie die politischen Mehr-heitsverhältnisse reichen. Um sich vom Rhythmus politischer Verantwortung zu lösen, erweist sich der oben ausgebreitete Vorschlag eines deutschen Pendants zum *débat public* als erfolgversprechend. Insgesamt ist es erstrebenswert das eigentliche Ver-waltungsverfahren möglichst frei von politischer Einflussnahme zu halten.[58] Die Evaluation der baden-württembergischen Verwaltungsvorschrift zur Öffentlichkeitsbe-teiligung[59] hat gezeigt, dass durch die erhöhte Professionalisierung und Systematisierung der Öffentlichkeitsbeteiligung zeitlich vor der bundesweit geltenden frühen Öffentlich-keitsbeteiligung gem. § 25 Abs. 3 VwVfG zu erhöhter Akzeptanz in Bezug auf Vorhaben und Verfahren geführt hat.[60]

Information darf nicht mit Beteiligung gleichgesetzt werden, sondern ist jeweils nur der erste Schritt dahin. Deswegen sollte die Öffentlichkeitsbeteiligung in dem Moment beginnen, in dem der Plan noch wirklich ein Plan ist und noch keine Details feststehen. Konsequenterweise müsste bei den zweistufigen Infrastrukturprojekten, die auf einem zuvor festgestellten Bedarf aufbauen, sogar schon auf der „Bedarfsebene" angesetzt werden, da es dort gerade noch um das „ob" geht.[61] Wenn nämlich erst bei der konkreten Vorhabenumsetzung die Frage des Bedarfs in das öffentliche Interesse rückt, ist diese Einstufung nicht (mehr) angreifbar.[62] Die Bedarfsfrage ist insbesondere vor dem Hinter-grund der Erreichung der Klimaschutzziele von großer Bedeutung.[63] Bei „einstufig" zuzulassenden (baurechtlich-/immissionsschutzrechtlichen) Projekten ist zu verhindern, dass Betroffene über Dritte (und nicht vom Vorhabenträger selbst) von dem anstehenden Projekt erfahren. Dies führt zu Misstrauen und Vertrauensverlust.[64]

---

[57] *Ziekow* NVwZ 2020, 677, 685.

[58] *Waechter,* Großvorhaben als Herausforderung für den demokratischen Rechtsstaat, VVDStRL 72 (2013), 499, 508 ff.; siehe auch oben Abschn. 2.3.1.2.4.

[59] Siehe oben Abschn. 2.3.1.1.

[60] *Keil et al.,* Bürgerbeteiligung und Verwaltungspraxis, S. 8.

[61] *Groß,* VerwArch 2013, 1, 16.

[62] Die Bedarfsplanung durch Parlamentsbeschluss für Autobahnen, Eisenbahnen und Höchst-spannungsleitungen wäre theoretisch per Verfassungsbeschwerde angreifbar, dafür fehlt es aber mangels konkreter Strecke an der persönlichen Betroffenheit und damit Beschwerdebefug-nis. Im Ergebnis kann Rechtsschutz dann erst im späteren Planfeststellungsverfahren erlangt werden, allerdings wird der Bedarfsplan dort nur auf evidente Unsachlichkeit überprüft, BVerfG, Beschl. v. 08.06.1998 – 1 BvR 650/97, BeckRS 2012, 55324 Rn. 11; siehe auch *Franke,* Stand der Energiewende, in: Gundel/Lange (Hrsg.) Neuausrichtung der deutschen Energieversorgung – Zwischenbilanz der Energiewende, S. 76; *Appel,* Die Bundesfachplanung nach §§ 4 ff. NABEG – Rechtsnatur, Bindungswirkungen und Rechtsschutz, in: Gundel/Lange (Hrsg.), Der Umbau der Energienetze als Herausforderung für das Planungsrecht, S. 33 ff.

[63] *Groß,* VerwArch 2013, 1, 16, der deswegen für eine Klimaverträglichkeitsprüfung plädiert.

[64] *Erbguth,* DÖV 2012, 821, 855; *Wulfhorst,* DÖV 2011, 581, 588.

Beste Beschleunigung ist gut organisierte Planung,[65] deswegen ist es hilfreich, wenn durch frühzeitige Öffentlichkeitsbeteiligung herausgefunden werden kann, wo evtl. mit Widerstand aus der Bevölkerung zu rechnen ist, sodass diesbezüglich seitens des Vorhabenträgers frühzeitig Gutachten eingeholt werden können, die die Bedenken zerstreuen. Dies zeigt insbesondere, dass die Einwender ernst genommen werden und kann verhindern, dass aufgrund dieser Belange gegen die gestattende Behördenentscheidung geklagt wird.

Während der bisher durchgeführten Öffentlichkeitsbeteiligung gibt es je nach Verfahren unterschiedlich geregelte „Beteiligtenkreise".[66] Im Planfeststellungsverfahren dürfen gem. § 73 Abs. 4 VwVfG nur Betroffene Einwendungen erheben, im Raumordnungs-, Bundesimmissionsschutz- und Baurechtsverfahren ist es jedermann. Grundsätzlich gilt in Deutschland traditionell ein hierarchisches Verständnis der Trennung von Staat und Gesellschaft, in welchem der Einzelne stets auf die Geltendmachung subjektiver Rechte verwiesen wird.[67] In Frankreich ist es, wie oben beschrieben, so, dass immer die gesamte Öffentlichkeit zu beteiligen ist, da die Bürger als *surveillants de l'administration* verstanden werden, die nicht ihr Recht erstreiten, sondern eine Aufgabe der Allgemeinheit wahrnehmen.[68] Es bietet sich an, auch in Deutschland eine einheitliche Beteiligungsbefugnis zu schaffen und nicht mehr zwischen Betroffenen- und Jedermanns-Beteiligung zu differenzieren,[69] da dies systematisch zur Einführung des Pendants zum *débat public* und der Ausweitung der Öffentlichkeitsbeteiligung passen würde.

---

[65] So auch: *Burgi/Durner,* Modernisierung des Verwaltungsverfahrensrechts durch Stärkung des VwVfG, S. 1179; *Berger,* Die vorzeitige Besitzeinweisung S. 81 m. w. N.; *De Witt,* ZUR 2021, 80, 84. Vorantragskonferenzen zur Festlegung des Untersuchungsrahmens und möglichst vollständige Planungsunterlagen werden als am meisten verfahrensbeschleunigend eingeschätzt, vgl. *Hitschfeld et al.,* Evaluierung des gestuften Planungs- und Genehmigungsverfahrens, S. 198–200; *Buschmann/Reidt,* UPR 2020, 292 f.; *Spieth/Hantelmann/Stadermann,* IR 2017, 98, 103.

[66] *Burgi/Durner,* Modernisierung des Verwaltungsverfahrensrechts durch Stärkung des VwVfG, S. 160.

[67] *Martin,* Das Steuerungskonzept der informierten Öffentlichkeit, S. 33, 40; BVerwG, Urt. v. 26. 06. 1954 – BVerwG V C 78/54, BVerwGE 1, 159, 161; *Langstädtler,* Effektiver Umweltrechtsschutz in Planungskaskaden, S. 56 f.; *Gaillet,* RFDA 2013, 793, 794.

[68] *Martin,* Das Steuerungskonzept der informierten Öffentlichkeit, S. 45; vgl. auch *Gaudemet,* Traité de droit administratif, Bd. 1, Rn. 1042, *Masing,* Die Mobilisierung des Bürgers für die Durchsetzung des Rechts, S. 198; *Moliner-Dubost,* AJDA 2011, 259, 260 m. w. N.

[69] So auch *Appel,* NVwZ 2012, 1361, 1365; *Chladek,* Rechtsschutzverkürzung als Mittel der Verfahrensbeschleunigung, S. 181 plädiert in letzter Konsequenz sogar dafür, den deutschen Sonderweg der subjektiven öffentlichen Rechte aufzugeben, da das europäische Recht weder zwischen individual- und umweltschützenden Vorschriften noch zwischen Verbands- und Individualklage differenziere.

Gleichzeitig bietet es sich an, die Regelungen des PlanSiG dauerhaft ins VwVfG oder zumindest die Fachgesetze zu übernehmen und nicht weiter zu befristen.[70] Mit der Digitalisierung des Erörterungstermins ließe sich insbesondere bei linienförmigen Vorhaben sehr viel Zeit und Aufwand sparen, da hier Erörterungstermine entlang der Strecke bisher mehrfach durchgeführt werden (müssen).[71] Digital würde ein Durchgang genügen.

Als kleiner Nebenaspekt am Rande sei auch erwähnt, dass eine kontinuierliche Information über den Verfahrensstand auf eigenen Internetseiten des jeweiligen Projekts ebenfalls hilfreich ist.[72] Zwar erfolgt dies schon teilweise, aber nicht immer durchgängig. Insbesondere die Auffindbarkeit von behördlicherseits aufgrund gesetzlicher Verpflichtung veröffentlichter Entscheidungen bzw. Unterlagen ist ausbaufähig.

Digital ließen sich die verschiedenen Ebenen der Öffentlichkeitsbeteiligung besser miteinander verbinden, bzw. die Bezüge zueinander darstellen: Grds. ist es notwendig und in Ordnung, dass verschiedene Thematiken auf unterschiedlichen Ebenen zu unterschiedlichen Zeitpunkten der Öffentlichkeitsbeteiligung diskutiert werden. Da dies aber nicht jeder Einwender aufgrund ggf. hoher Komplexität bzw. Abstraktheit trennscharf nachvollziehen kann, wäre eine Verbesserungsmöglichkeit beispielsweise „in Form einer Verpflichtung zur vorläufigen bzw. vorbereitenden Auswertung, zur Archivierung und Weitergabe auch von bereits bei [jetzt] eingegangenen, jedoch erst auf späterer Entscheidungsebene relevanten Stellungnahmen."[73]

Zu guter Letzt sind die oben dargestellten[74] Widersprüche und Unterschiede zwischen den Rechtsgebieten im Umgang mit der Öffentlichkeit bei Änderungen während des Verfahrens aufzulösen. Der dabei empfohlene Vorschlag einer Reduzierung der Öffentlichkeitsbeteiligung und Vereinheitlichung auf dem kleinsten gemeinsamen Nenner widerspricht nicht der hier herausgebildeten Grundannahme, dass mittelbare Privilegierung durch mehr Öffentlichkeitsbeteiligung existiert. Stattdessen wird durch das deutsche Pendant zum *débat public* eine ausreichende Diskussionsmöglichkeit im Vorhinein geschaffen, sodass dann während des Verfahrens nicht immer wieder von null angefangen werden muss.

---

[70] *Groß*, ZUR 2021, 75, 80; Für den Anwendungsbereich des Baus von LNG-Terminals wurde gem. § 10 Abs. 2 LNGG die Befristung der Anwendung des PlanSiG jedenfalls schon einmal aufgehoben; zum technischen Potenzial von Verfahrensanpassungen *Janson,* Der beschleunigte Staat, S. 233 ff.

[71] *Reidt,* DVBl 2020, 597, 599.

[72] BMVI (Hrsg.), Innovationsforum Planungsbeschleunigung Abschlussbericht, S. 6; *Horelt/ Ewen,* Chancen und Grenzen informeller Bürgerbeteiligung, in: Hentschel/Hornung/Jandt (Hrsg.), Mensch-Technik-Umwelt; Verantwortung für eine sozialverträgliche Zukunft, FS-Roßnagel, S. 708; *Renn et al.,* ZUR 2014, 281, 286; *Schink,* DVBl 2011, 1377 f.

[73] *Schmitz,* Die obligatorische Öffentlichkeitsbeteiligung im Raumordnungsverfahren, in: Schlacke/ Beaucamp/Schubert (Hrsg.), Infrastruktur-Recht, FS-Erbguth, S. 336; aA *Erbguth,* DÖV 2012, 821, 826.

[74] Siehe Abschn. 2.4.1.3.

Aufgrund der oben schon angedeuteten Proceduralisierung des Verwaltungsrechts durch immer mehr von der Verwaltung noch zu konkretisierende Rechtsbegriffe, kommt einer ausführlich durchgeführten Öffentlichkeitsbeteiligung als Teil des Verfahrensrechts besondere Bedeutung zu, da die Tatbestandsmerkmale nicht nur nach der klassischen juristischen Auslegungsmethode bestimmt werden können, sondern aufgrund des technischen Bezugs mittels nicht rechtlicher Standards zu subsumieren ist.[75] Möglicherweise komplexe technische Zusammenhänge, naturwissenschaftliche Wirkungsweisen oder Gefahrenpotenziale können für den Bürger schwer nachvollziehbar sein, sodass es diese in besonderer Weise zu erläutern gilt.

In Bezug auf den Netzbooster bleibt Folgendes festzuhalten: Zum jetzigen Zeitpunkt hat der Vorhabenträger den offiziellen Antrag auf Einleitung des Planfeststellungsverfahrens noch nicht gestellt, bzw. ist eine Vollständigkeitsmitteilung der Behörde bislang nicht erfolgt. Jetzt ist der richtige Zeitpunkt für die informelle Öffentlichkeitsbeteiligung, die durch den Vorhabenträger nach derzeitigem Gesetzesstand mit den online einsehbaren Informationsangeboten auch hinreichend ausgeführt wird.

4.2.5   Exkurs: Bürgerbeteiligung außerhalb des konkreten Verfahrens

Bei einer Arbeit, die sich mit der mittelbaren Privilegierung durch Öffentlichkeitsbeteiligung beschäftigt, ist es quasi unvermeidbar sich nicht zumindest auch am Rand mit der Bürgerbeteiligung außerhalb eines konkreten Vorhabens auseinanderzusetzen. Da dieses Prozedere auf kommunaler Ebene demselben Grundgedanken wie dem der mittelbaren Privilegierung folgt, nämlich, dass es für die Akzeptanz von Veränderungen und einem besseren Miteinander in der Gemeinde förderlich ist, die Bürger am Entscheidungsprozess zu beteiligen, soll hier kurz darauf eingegangen werden.

In den letzten Jahren hat unter anderem die Einbeziehung der Bürger in die Ideenfindung weitere Verbreitung gefunden. Beispiel dafür ist die „Konferenz zur Zukunft Europas", bei der über 50.000 registrierte Teilnehmer aus ganz Europa auf einer Onlineplattform mehr als 18.000 Ideen zur Zukunft Europas veröffentlicht haben.[76] Auch setzt sich das Konzept der Auswahl der Teilnehmer der Bürgerbeteiligung nach dem Zufallsprinzip nach repräsentativen Gesichtspunkten[77] immer öfters durch. Als neue Form

---

[75] *Schulze-Fielitz,* Einheitsbildung durch Gesetz oder Pluralisierung durch Vollzug, in: Trute et al. (Hrsg.), Allgemeines Verwaltungsrecht – zur Tragfähigkeit eines Konzepts, S. 158.

[76] https://futureu.europa.eu/?locale=de (zuletzt abgerufen am 20. 06. 2022); Die Ideen wurden in einem Bericht aufgearbeitet und gebündelt. Dieser umfasst 49 detaillierte Vorschläge und 320 Maßnahmen. Das weitere Vorgehen wird daran anschließend von den Präsidenten des Europäischen Parlaments, dem Rat und der Präsidentin der Europäischen Kommission schnellstmöglich geprüft.

[77] *Blum/Kühn/Kühnau,* Natur und Landschaft 2014, 243, 248.

der politischen Beratung und Akzeptanzschaffung sollen laut Koalitionsvertrag „neue Formen des Bürgerdialogs, wie etwa Bürgerräte [genutzt werden], ohne das Prinzip der Repräsentation aufzugeben."[78] Das Pendant zu mehr Öffentlichkeitsbeteiligung im Verwaltungsverfahren ist mehr Konsultationen im Gesetzgebungsverfahren.[79] Dies wäre beispielsweise im Fall des umstrittenen Maßnahmengesetzvorbereitungsgesetzes hilfreich gewesen.[80] Wie es schon die Vorgängerregierung geplant hatte, ist im Koalitionsvertrag die Schaffung eines digitalen Gesetzgebungsportals angedacht, in dem öffentliche Kommentierungsmöglichkeiten erprobt werden sollen.[81] Die CNDP nutzt für den *débat public* ein Online-Tool, das digitale, öffentliche Kommentierung ermöglicht, seit Jahren erfolgreich.

4.2.6 Weitere Verbesserungsvorschläge

Aus der Umsetzung des Systematisierungsergebnisses ergeben sich folgende weiteren Verbesserungsvorschläge:

1. Wie nun auch im Koalitionsvertrag vorgesehen[82] ist auf eine bessere Verzahnung zwischen Raumordnung und Planfeststellung für alle Projekte (nicht nur solche des NABEG) zu achten. Dazu würde es sich anbieten, einen Systementwicklungsplan für integrierte Planung von Energieinfrastrukturen zu schaffen,[83] um die oben dargestellten Vorteile der integrierenden räumlichen Steuerung zu nutzen.[84]

2. Alternativ könnte der Behörde für schwierige fachliche Fragen aus dem naturwissenschaftlichen Bereich ein behördlicher Beurteilungsspielraum eingeräumt werden,[85] der gerichtlich nicht abschließend nachzuvollziehen ist. Gerichte dürfen „wertende Einschätzungen, Prognosen und Abwägungen […] nicht durch eigene […] ersetzen, sondern [haben sie] als rechtmäßig hinzunehmen […], soweit sie methodisch einwandfrei zustande gekommen und in der Sache vernünftig sind."[86] Für das Naturschutzrecht ist dies

---

[78] *SPD/Die Grünen/FDP,* Koalitionsvertrag 2021–2025, S. 8.

[79] Dazu *Kahl/Mödinger,* DÖV 2021, 93, 95.

[80] Teilweise wurden gerade einmal neun Stunden Zeit für eine Stellungnahme eingeräumt, *Zschiesche,* Stellungnahme für den Deutschen Bundestag, Ausschuss für Verkehr und digitale Infrastruktur, zum MgvG, Ausschussdrucks. 19(15)308-D, S. 2.

[81] *SPD/Die Grünen/FDP,* Koalitionsvertrag 2021–2025, S. 8.

[82] *SPD/Die Grünen/FDP,* Koalitionsvertrag 2021–2025, S. 10.

[83] Deutsche Energie-Agentur (Hrsg.), dena-Netzstudie III, S. 6.

[84] Siehe Abschn. 2.2.2.5.

[85] Vgl. *Ohms,* Verfahrensbeschleunigung in der Verwaltungspraxis, in: Sauer/Schneller (Hrsg.), Beschleunigung von Planungsverfahren für Freileitungen, S. 56.

[86] BVerwG, Urt. v. 17. 01. 1986 4 C 6, 7/87; NVwZ 1986, 471; BVerwG, Urt. v. 23. 02. 2005–4 A 2/04, BeckRS 2005, 36381.

anerkannt.[87] Nach dem neuesten Bundesverfassungsgerichtsbeschluss in dieser Thematik kann eine mit Art. 19 Abs. 4 S. 1 GG vereinbare Begrenzung der gerichtlichen Kontrolle grds. möglich sein, „wenn die Anwendung eines Gesetzes tatsächliche […] Feststellungen verlangt, zu denen weder eine untergesetzliche Normierung erfolgt ist noch in Fachkreisen und Wissenschaft allgemein anerkannte Maßstäbe und Methoden existieren.“[88]

3. Insgesamt sollte in allen Fachgesetzen die digitale Antragstellung, Unterlagenauslegung und Bekanntgabe bzw. Veröffentlichung der Entscheidung zum Regelfall gemacht werden, so wie es jetzt in den neuesten Gesetzesnovellen des NABEG im Anschluss an das ROG gemacht wird.

4. In der derzeitigen Fassung des Maßnahmengesetzvorbereitungsgesetzes[89] bietet es sich nicht an, ein Maßnahmengesetz für Netzbooster zu schaffen. Zum einen ist die Beschleunigungswirkung zu gering und zum anderen ist es ein zu aufwendiges Prozedere für eine vergleichsweise harmlose Anlage. Verfassungsrechtlich ist ein Maßnahmengesetz sowieso nur für Ausnahmefälle möglich, und darunter fallen Netzbooster, die langfristig in größerer Anzahl gebaut werden könnten, wohl nicht.

4.3 Schlussbetrachtung

Zum Schluss ist die dieser Arbeit zugrunde liegende Frage zu beantworten, ob und wie sich klimaschutzfreundliche Projekte genehmigungsrechtlich *überhaupt* noch *weiter* (als bisher) fördern lassen. Dafür wurde untersucht, ob es bisherige umweltrechtliche oder infrastrukturelle (Genehmigungs-)Verfahren in Deutschland gibt, die aus Gründen des Gemeinwohls verändert wurden, ob das französische Recht neue Ideen für weitere Verfahrensprivilegierungen liefern kann und ob sich diese Veränderungen gegebenenfalls auf Netzbooster übertragen lassen.

Diese Frage kann zurückhaltend positiv beantwortet werden: klimaschutz- und gemeinwohlfördernde Projekte können verfahrensrechtlich gefördert werden, aber nicht indem noch mehr neue Spezialverfahren geschaffen werden. Aus den verstreuten

---

[87] BVerwG, Urt. v. 09. 06. 2004–9 A 11/03, NVwZ 2004, 1486, 1497; „Der Planfeststellungsbehörde steht folglich bei der Bewertung der Eingriffswirkungen eines Vorhabens und ebenso bei der Bewertung der Kompensationswirkung von Ausgleichs- und Ersatzmaßnahmen, insbesondere was deren Quantifizierung betrifft, eine naturschutzfachliche Einschätzungsprärogative zu.".

[88] BVerfG, Beschl. v. 23. 10. 2018–1 BvR 2523/13, 1 BvR 595/14, NJW 2019, 141, 142.

[89] Dem Koalitionsvertrag kann entnommen werden, dass diesbezüglich noch weiterer Rechtsschutz wie beim StandAG integriert werden soll: „Wir wollen große und besonders bedeutsame Infrastrukturmaßnahmen auch im Wege zulässiger und unionsrechtskonformer Legalplanung beschleunigt auf den Weg bringen […]. Für die Ausgestaltung werden wir uns eng mit der Europäischen Kommission abstimmen, die erforderliche Umweltprüfung durchführen und durch den Zugang zum Bundesverwaltungsgericht den Rechtsschutz und die Effektivität des Umweltrechts sicherstellen.", *SPD/Die Grünen/FDP,* Koalitionsvertrag 2021–2025, S. 11.

Privilegierungen wurden die besten Lösungen herausgefiltert, damit sie allgemein für alle Vorhaben im jeweiligen Anwendungsbereich gelten können. So kann das deutsche Planungsrecht insgesamt verbessert werden. Dies dient dem Gemeinwohl in einem übergreifenden Sinn. Außerdem kann mit einem besseren Verfahrensrecht auf zukünftige Krisen und Herausforderungen effektiver reagiert werden, als nur kurzfristig auf die nahe liegenden Probleme zu blicken. Im Detail können besonders klimaschützende bzw. gemeinwohlfördernde Vorhaben über die Einstufung als verfahrensfrei, oder einem vereinfachten Verfahren unterfallend besonders privilegiert werden. Dies geschieht dann aber abgestimmt, innerhalb des bestehenden Systems, ohne die bisherigen optimierten Regelungen durcheinanderzubringen.

Aufgrund der mittlerweile ausgeprägten Prozeduralisierung des Verwaltungsrechts wird es wohl schwierig sein, ein zu hundert Prozent einheitliches Verfahren zu schaffen, da damit die Besonderheiten der einzelnen Sektoren nicht angemessen berücksichtigt werden können.[90] Dennoch sollte der Gesetzgeber sein Bestmögliches versuchen, um unter Beibehaltung der einzelnen Fachgesetze eine größtmögliche Einheit der Rechtsordnung beizubehalten. Dem Anspruch, einen „unübersichtlichen und unabgestimmten Bestand von verschiedensten Regelungen zu ordnen und zu systematisieren",[91] konnte der Gesetzgeber, bisher nur ansatzweise, aber noch nicht vollständig genügen.[92] Auch in Bezug auf eine formell gute Gesetzgebung wären mehr Einheitlichkeit wünschenswert.

Für das Verhältnis von unmittelbarer und mittelbarer Privilegierung heißt das, dass die Öffentlichkeit frühzeitig entscheidungswirksam zu beteiligen ist, indem über die bestehenden Regelungen hinaus ein deutsches Pendant zum *débat public* geschaffen werden könnte, aber trotzdem alle anderen Elemente zur Verfahrensstraffung, soweit es die Grenzen der Privilegierung zulassen, genutzt werden sollten. Wenn vor Beginn des Verfahrens zusätzliche Zeit in die Öffentlichkeitsbeteiligung investiert wird, kann im laufenden Verfahren daran gespart werden, ohne das Niveau zu verschlechtern.

Der Vergleich zum französischen Recht hat gezeigt, dass das deutsche Planfeststellungsverfahren durch seine Verknüpfung der Zulassungs- und Enteignungsebene doch Vorteile bietet, auch wenn es dadurch ein aufwendigeres Verfahren mit mehr

---

[90] Vgl. *Schulze-Fielitz*, Einheitsbildung durch Gesetz oder Pluralisierung durch Vollzug, in: Trute et al. (Hrsg.), Allgemeines Verwaltungsrecht – zur Tragfähigkeit eines Konzepts, S. 160; *Calliess*, Prozedurales Recht, S. 177: „Zusammenfassend bezeichnet prozedurales Recht auf der Normenebene alle Kompetenz-, Organisations- und Verfahrensvorschriften, die einen Bezug zur Richtigkeit (Rationalität, Gerechtigkeit, Legitimation) der durch sie ermöglichten Entscheidungen aufweisen."; *Sheplyakova*, Prozeduralisierung des Rechts, S. 19–40 dort gibt die Autorin einen Überblick über die verschiedenen Theorien der Prozeduralisierung, auf die hier nicht weiter eingegangen werden soll.

[91] *Wahl/Hönig*, NVwZ 2006, 161, 164.

[92] Siehe Abschn. 2.2.1.9.

Prüfung und Abwägung ist. Als Beispiel ist hier die Gestattung des Baubeginns durch die vorzeitige Besitzeinweisung anzuführen. Außerdem hat der deutsche Gesetzgeber schon einige kreative Rechtsinstitute geschaffen, die es in Frankreich nicht gibt, um das Verfahren zu verbessern und zu beschleunigen. Genannt sei hier beispielsweise die vor-vorzeitige Besitzeinweisung. Gleichzeitig hat der Vergleich seinen zweiten Zweck erfüllt, die Perspektive zu erweitern, da hierdurch die aufgestellte These unterstützt wird, dass mehr Öffentlichkeitsbeteiligung befriedend wirkt, mehr Akzeptanz schaffen kann und dass mittelbare Privilegierung wirklich existiert, weswegen an einer möglichst umfassenden Öffentlichkeitsbeteiligung festzuhalten ist. Der *débat public* hat als zentral-staatliche Institution eine höhere Problemlösungskapazität als die bisherigen deutschen Verfahren, um zu einem besseren und schnelleren Verfahren zu gelangen. Je einheitlicher die Öffentlichkeitsverfahren dem Grunde nach sind, desto einfacher lässt sich ein gleich guter bundesweiter Standard etablieren, sodass Verbesserungen einfacher durchsetzbar werden. Der unterbreitete Vorschlag eines deutschen Pendants zum *débat public* greift die untersuchten Elemente und vergleichbaren Institutionen auf und führt sie zu einem Kompromissvorschlag zusammen.[93]

Für den Netzbooster von Kupferzell kommt die neue unabhängige Öffentlichkeits-beteiligungsinstitution mit einem deutschen Pendant zum *débat public* zu spät, aber für künftige Verfahren ist sie sinnvoll. Gerade bei technisch unbekannten Vorhaben kann die sehr frühzeitige Einbindung der Öffentlichkeit helfen, Bedenken hinsichtlich Sicherheit der Anlagentechnik, möglichen Auswirkungen auf die Gesundheit oder Natur, oder den Bedarf bzw. zusätzlichen Nutzen der (neuen) Technologie zu erklären. Die sich aus der Systematisierung ergebenden Verbesserungen des EnWG können, je nach Umfang der Übergangsregelungen, auch dem Netzbooster zugutekommen. Beispielsweise könnte beim Netzbooster nach einer Angleichung des Energieinfrastrukturrechts an das Verkehrsinfrastrukturrecht auf den Erörterungstermin im Anhörungsverfahren verzichtet werden, weil er nicht UVP-pflichtig ist.[94]

Langfristig gilt es, auf europäischer Ebene die UVP-RL zu überarbeiten und Klarstellungen zu treffen. Auch die IE-RL könnte in Bezug auf die Genehmigungspflicht klimaschutzfreundlicher Vorhaben überarbeitet werden.

Es bleibt die Hoffnung, dass manche der hier vorgeschlagenen Verbesserungs-möglichkeiten von den im Koalitionsvertrag angedeuteten Planungsbeschleunigungs-bestrebungen umfasst sind. Des Weiteren bleibt offen, wie Deutschland die Verfahrensprivilegierungsmöglichkeiten nutzt, um in Anspielung auf das eingangs erwähnte Zitat von *Hoesung Lee* die globale Erwärmung zu begrenzen und eine lebenswerte Zukunft zu sichern.

---

[93] Siehe Abschn. 4.1.2.

[94] Siehe Abschn. 2.2.1.2.1.

Literatur

Alle angegebenen URLs waren im Juni 2022 zuletzt abrufbar.

Agora Energiewende: Wie weiter mit dem Ausbau der Windenergie? Zwei Strategievorschläge zur Sicherung der Standortakzeptanz von Onshore Windenergie, Januar 2018, abrufbar unter: https://www.agora-energiewende.de/veroeffentlichungen/wie-weiter-mit-dem-ausbau-der-windenergie/.

Ahlborn, Ilkka-Peter: Die Plangenehmigung als Instrument zur Verfahrensbeschleunigung - Eine bundesweite empirische Studie unter besonderer Berücksichtigung des Straßenrechts-, zugl. Diss. Bielefeld 2006.

Antweiler, Clemens: Planungsbeschleunigung für Verkehrsinfrastruktur – Rückabwicklung der Lehren aus „Stuttgart 21", NVwZ 2019, S. 29–33.

Appel, Ivo: Staat und Bürger in Umweltverwaltungsverfahren, NVwZ 2012, S. 1361–1369.

Appel, Ivo: Staatsziel Nachhaltigkeit in das Grundgesetz?, in: Wolfgang Kahl (Hrsg.), Nachhaltigkeit durch Organisation und Verfahren, Tübingen 2016, S. 83–102.

Appel, Markus: Die Bundesfachplanung nach §§ 4 ff NABEG. – Rechtsnatur, Bindungswirkungen und Rechtsschutz, in: Jörg Gundel/Knut Werner Lange (Hrsg.), Der Umbau der Energienetze als Herausforderung für das Planungsrecht. Tagungsband der Dritten Bayreuther Energierechtstage 2012, Tübingen 2012, S. 25–48.

Appel, Markus: Bundesfachplanung versus landesplanerische Ziele der Raumordnung, NVwZ 2013, S. 457–462.

Arnim, Hans Herbert von: Gemeinwohl im modernen Verfassungsstaat am Beispiel der Bundesrepublik Deutschland, in: Hans Herbert von Arnim/Karl-Peter Sommermann (Hrsg.), Gemeinwohlgefährdung und Gemeinwohlsicherung. Vorträge und Diskussionsbeiträge auf der 71. Staatswissenschaftlichen Fortbildungstagung vom 12. bis 14. März 2003 an der Deutschen Hochschule für Verwaltungswissenschaften Speyer, Berlin 2004, S. 63–88.

Arnstein, Sherry R.: A Ladder Of Citizen Participation, Journal of the American Institute of Planners 1969, S. 216–224.

Arzberger, Monika: Das betrifft mich auch! Beteiligungserwartungen im Umweltbereich begegnen, ZfU 2019, S. 1–25.

Assmann, Lukas/Peiffer, Max (Hrsg.)*:* Beck'scher Online Kommentar EnWG, 2. Aufl., München 2022 [zitiert als: *Bearbeiter,* in: Assmann/Peiffer, BeckOK EnWG].

Aubreby, Marc d'/Lafont, Jean/Lhostis, Alain/Massoni, Michel/Schmit, Philippe: Mission sur l'accélération des procédures relatives aux projets d'infrastructures en Île-de-France. Affaire

© Der/die Herausgeber bzw. der/die Autor(en), exklusiv lizenziert an Springer Fachmedien Wiesbaden GmbH, ein Teil von Springer Nature 2023
I. Dörrfuß, *Verfahrensprivilegierung aus Gründen des Gemeinwohls,* Schriftenreihe des Instituts für Klimaschutz, Energie und Mobilität, https://doi.org/10.1007/978-3-658-41218-0

n° 005902–01. Paris 2008, abrufbar unter: http://temis.documentation.developpement-durable. gouv.fr/docs/Temis/0063/Temis-0063093/17592.pdf [zitiert als: *Aubreby et al.*, Mission sur l'accélération des procédures relatives aux projets d'infrastructures en Île-de-France].

Auzannet, Pascal: Les Secrets du Grand Paris. Zoom sur un processus de décision publique, Paris 2018.

Bader, Johann/Ronellenfitsch, Michael (Hrsg.)*:* BeckOK VwVfG mit VwVG und VwZG, 54. Aufl., München 2022 [zitiert als: *Bearbeiter*, in: Bader/Ronellenfitsch, BeckOK VwVfG].

Battis, Ulrich/Krautzberger, Michael/Löhr, Rolf-Peter (Begr.): Baugesetzbuch. Kommentar, 15. Aufl., München 2022 [zitiert als: *Bearbeiter*, in: Battis/Krautzberger/Löhr, BauGB].

Baumann, Wolfgang/Brigola, Alexander: Das Gesetz zur Beschleunigung des Energieleitungsausbaus und die Bremskraft der Garantie des effektiven Rechtsschutzes. Eine Analyse im Anwendungsbereich des NABEG, DVBl 2020, S. 324–330.

Baumgart, Sabine/Kment, Martin: Die nachhaltige Stadt der Zukunft – Welche Neuregelungen empfehlen sich zu Verkehr, Umweltschutz und Wohnen? Gutachten D zum 73. Deutschen Juristentag, München 2020.

Beckmann, Klaus: Das bauordnungsrechtliche vereinfachte Genehmigungsverfahren – ein Plädoyer für dessen Abschaffung, KommJur 2013, S. 327–336.

Behnsen, Alexander: Maßnahmengesetze: Mittel zur Beschleunigung von Infrastrukturvorhaben?, NVwZ 2021, S. 843–847.

Berger, Anja: Die vorzeitige Besitzeinweisung, Tübingen 2016.

Berger, Ariane: Onlinezugangsgesetz und Digitalisierungsprogramm – Auf die Kommunen kommt es an!, KommJur 2018, S. 441–445.

Berghäuser, Klaus/Berghäuser, Monika: E-Partizipation und frühzeitige Öffentlichkeitsbeteiligung in der Bauleitplanung, NVwZ 2009, S. 766–769.

Bertrand, Thomas/Marguin, Julien: La notation de participation à l'aune de la protection de l'environnement et de la procédure de débat public, RJE 2017, S. 457–493.

Bétaille, Julien: „Le Grenelle de l'environnement“: la France comble son retard?, REDE 2007, S. 437–454.

Bétaille, Julien: La contribution du droit aux effets de la participation du public. De la prise en consideration des résultats de la participation, RJE 2010, S. 197–217.

Bétaille, Julien: Le droit français de la participation du public face à la convention d'Aarhus, AJDA 2010, S. 2083–2088.

Binger, Jan: Grenzen informeller Bürgerbeteiligung im Rahmen von Planfeststellungsverfahren, Göttingen 2020.

Birk, Hans-Jörg: Frühzeitige Bürgerbeteiligung – das Konzept des Entwurfs eines Gesetzes zur Verbesserung der Öffentlichkeitsbeteiligung und Vereinheitlichung von Planfeststellungsverfahren, DVBl 2012, S. 1000–1003.

Blatrix, Cécile: Genèse et consolidation d'une institution: le débat public en France, in: Cécile Blatrix/Loïc Blondiaux/Jean-Michel Fourniau/Rémi Lefevre/Martine Revel (Hrsg.), Le débat public: une expérience française de démocratie participative, Paris 2007, S. 43–56.

Blondiaux, Loïc: Introduction. Débat public : la genèse d'une institution singulière, in: Cécile Blatrix/Loïc Blondiaux/Jean-Michel Fourniau/Rémi Lefevre/Martine Revel (Hrsg.), Le débat public: une expérience française de démocratie participative, Paris 2007, S. 35–41.

Blum, Peter/Kühne, Olaf/Kühnau, Christina: Energiewende braucht Bürgerpartizipation. Beteiligungsformen vor dem Hintergrund gesellschaftlicher Rahmenbedingungen, Natur und Landschaft 2014, S. 243–248.

Blümel, Willi (Hrsg.): Frühzeitige Bürgerbeteiligung bei Planungen. Vorträge und Diskussionsbeiträge der 49. Staatswissenschaftlichen Fortbildungstagung 1981 der Hochschule für Verwaltungswissenschaften Speyer, Berlin 1982.

Bundesministerium für Verkehr und digitale Infrastruktur: Innovationsforum Planungs-beschleunigung – Abschlussbericht, Berlin 2017, abrufbar unter: https://www.bmvi.de/SharedDocs/DE/Publikationen/G/innovationsforum-planungsbeschleunigung-abschlussbericht.pdf?__blob=publicationFile [zitiert als: *BMVI,* Innovationsforum Planungsbeschleunigung – Abschlussbericht].

Bock, Stephanie/Reimann, Bettina: Beteiligungsverfahren bei umweltrelevanten Vorhaben. Umweltforschungsplan des Bundesministeriums für Umwelt, Naturschutz, Bau und Reaktor-sicherheit, Dessau-Roßlau 2017, abrufbar unter: https://www.umweltbundesamt.de/sites/default/files/medien/1410/publikationen/2017-05-30_texte_37-2017_beteiligungsverfahren-umweltvorhaben.pdf

Böckenförde, Ernst-Wolfgang: Gemeinwohlvorstellungen bei Klassikern der Rechts- und Staats-philosophie, in: Herfried Münkler/Karsten Fischer (Hrsg.), Gemeinwohl und Gemeinsinn im Recht. Konkretisierung und Realisierung öffentlicher Interessen, Berlin 2002, S. 43–65.

Böckenförde, Ernst-Wolfgang: Demokratie als Verfassungsprinzip, in: Josef Isensee/Paul Kirch-hof (Hrsg.), Handbuch des Staatsrechts der Bundesrepublik Deutschland. Bd. II: Verfassungs-staat, 3. Aufl., Heidelberg 2004, S. 429–496.

Bogdandy, Armin von: Gubernative Rechtssetzung. Eine Neubestimmung der Rechtssetzung und des Regierungssystems unter dem Grundgesetz in der Perspektive gemeineuropäischer Dogmatik, Tübingen 2000.

Böhm, Monika: Bürgerbeteiligung nach Stuttgart 21: Änderungsbedarf und -perspektiven, NuR 2011, S. 614–619.

Bohne, Eberhard: Aktuelle Ansätze zur Reform umweltrechtlicher Zulassungsverfahren, in: Willi Blümel/Rainer Pitschas (Hrsg.), Reform des Verwaltungsverfahrensrechts. Vorträge und Dis-kussionsbeiträge des Forschungsseminars am Forschungsinstitut für Öffentliche Verwaltung bei der Hochschule für Verwaltungswissenschaften Speyer vom 3. bis 5. März 1993, Berlin 1994, S. 41–81.

Bon, Pierre: Vers un nouveau code de l'expropriation, in: Frédéric Allaire (Hrsg.), Études offertes au professeur René Hostiou, Paris 2008, S. 25–36.

Bon, Pierre (Hrsg.): Code de l'expropriation pour cause d'utilité public. Annoté & commenté, 6. Aufl., Paris 2020.

Bon, Pierre/Auby, Jean-Bernard/Terneyre, Philippe: Droit administratif des biens. Domaine public et privé, Travaux et ouvrages publics, Expropriation, 8. Aufl., Paris 2020.

Bons, Marian/Knapp, Jonas/Steinbacher, Karoline/Greve, Marco/Grioleit, Joachim/Kippelt, Stefan/Burges, Karsten: Verwirklichung des Potenzials der erneuerbaren Energien durch Höherauslastung des Bestandsnetzes und zügigen Stromnetzausbau auf Verteilnetzebene, Dessau-Roßlau 2020 [zitiert als: *Bons et al.,* Zügiger Verteilnetzausbau].

Bora, Alfons: Differenzierung und Inklusion. Partizipative Öffentlichkeit im Rechtssystem moderner Gesellschaften, Baden-Baden 1999.

Boukheloua, Naïla: Une nouvelle servitude d'utilité publique: la servitude en tréfonds, AJDA 2016, S. 661–665.

Bovet, Jana: Kommunaler Ressourcenschutz – Auf der Zielgeraden beim Flächensparen?, ZUR 2020, S. 31–40.

Boy, Daniel/Brugidou, Mathieu/Halpern, Charlotte/Lascoumes, Pierre: Le Grenelle de l'environnement. Acteurs, discours, effets, Paris 2012.

Braud, Xavier: Cours de droit administratif des biens, 2. Aufl., Paris 2021.

Brigola, Alexander/Heß, Franziska: Das Maßnahmengesetzvorbereitungsgesetz vom 22. März 2020 – Fundament legislativer Bauwerke ohne Rechtsschutz?, NuR 2021, S. 104–112.

Bringewat, Jörn/Scharfenstein, Clara: Entwurf für ein Windenergie-an-Land-Gesetz. Ein Vorschlag der Stiftung Klimaneutralität, Berlin 2021, abrufbar unter: https://www.stiftung-klima. de/de/themen/energie/wind-an-land-gesetz.

Britz, Gabriele/Hellermann, Johannes/Hermes, Georg/Arndt, Felix: EnWG. Energiewirtschaftsgesetz. Kommentar, 3. Aufl., München 2015 [zitiert als: *Bearbeiter* in: Britz/Hellermann/ Hermes, EnWG].

Brohm, Winfried: Beschleunigung der Verwaltungsverfahren – Straffung oder konsensuales Verwaltungshandeln? – Zugleich ein Beitrag zu den Voraussetzungen der "Mediation" in den USA und den strukturellen Unterschieden zwischen amerikanischem und deutschem Recht, NVwZ 1991, S. 1025–1033.

Broschart, Alven/Kohls, Malte: Möglichkeiten der Digitalisierung im Planfeststellungsverfahren, NVwZ 2020, S. 1703–1708.

Brouard, Sylvain/Kerrouche, Eric/Deiss-Helbig, Elisa/Costa, Olivier: From Theory to Practice: Citizens' Attitudes about Representation in France, The Journal of Legislative Studies 2013, S. 178–195.

Brügelmann, Herman (Begr.): Baugesetzbuch. Kommentar, 121. Aufl., Stuttgart 2022 [zitiert als: *Bearbeiter,* in: Brügelmann, BauGB].

Brugger, Winfried/Kirste, Stephan/Anderheiden, Michael (Hrsg.): Gemeinwohl in Deutschland, Europa und der Welt, Baden-Baden 2002.

Bull, Hans Peter: Wissenschaft und Öffentlichkeit als Legitimationsbeschaffer. Eine kritische Analyse des Standortauswahlgesetzes, DÖV 2014, S. 897–907.

Bull, Hans Peter: Zum Ansehens- und Legitimationsverlust der Parlamente und seiner Kompensation durch Wissenschaft und Öffentlichkeit, in: Karl-Peter Sommermann (Hrsg.), Öffentliche Angelegenheiten – interdisziplinär betrachtet. Forschungssymposium zu Ehren von Klaus König, Berlin 2016, S. 9–26.

Bullinger, Martin: Beschleunigte Genehmigungsverfahren für eilbedürftige Vorhaben. Ein Beitrag zur zeitlichen Harmonisierung von Verwaltung, Wirtschaft und Gesellschaft, Baden-Baden 1991.

Bullinger, Martin: Aktuelle Probleme des deutschen Verwaltungsverfahrensrechts, DVBl 1992, S. 1463–1468.

Bullinger, Martin: Beschleunigung von Investitionen durch Parallelprüfung und Verfahrensmanagement, JZ 1993, S. 492–500.

Bundesministerium für Wirtschaft und Energie (BMWi): Was ist eigentlich ein Netzbooster?, abrufbar unter: https://www.bmwi-energiewende.de/EWD/Redaktion/Newsletter/2020/02/Meldung/ direkt-erklaert.html.

Bundesnetzagentur: Bedarfsermittlung 2019–2030 Bestätigung Netzentwicklungsplan Strom, Bonn 2019, abrufbar unter: https://www.netzausbau.de/Wissen/Ausbaubedarf/Netzentwicklungsplan/Archiv/de.html.

Bundesnetzagentur: Quartalsbericht Netz- und Systemsicherheit – Gesamtes Jahr 2020 2021, abrufbar unter: https://www.bundesnetzagentur.de/DE/Fachthemen/ElektrizitaetundGas/Versorgungssicherheit/Netzengpassmanagement/start.html.

Bundesnetzagentur: Bedarfsermittlung 2021–2035. Bestätigung Netzentwicklungsplan Strom 2022, abrufbar unter: https://www.netzausbau.de/Wissen/Ausbaubedarf/Netzentwicklungsplan/ de.html.

Bundesnetzagentur: Monitoringbericht zum Stromnetzausbau Viertes Quartal 2021 2022, abrufbar unter: https://www.netzausbau.de/Vorhaben/uebersicht/report/de.html.

Bunge, Thomas: Öffentlichkeitsbeteiligung nach Art. 6 und Zugang zu Gerichten nach Art. 9 Abs. 2 der Aarhus-Konvention, NuR 2021, S. 670–681.

Burdeau, François: Histoire de l'administration française. Du 18e au 20e siècle, 2. Aufl., Paris 1994.

Burdeau, François: Histoire du droit administratif. De la révolution au début des années 1970, Paris 1995.

Burgi, Martin: Verwaltungsverfahrensrecht zwischen europäischem Umsetzungsdruck und nationalem Gestaltungsunwillen, JZ 2010, S. 105–112.

Burgi, Martin: Das Bedarfserörterungsverfahren: Eine Reformoption für die Bürgerbeteiligung bei Großprojekten, NVwZ 2012, S. 277–280.

Burgi, Martin/Durner, Wolfgang: Modernisierung des Verwaltungsverfahrensrechts durch Stärkung des VwVfG. Transparenz, Bürgerfreundlichkeit und Perspektiven der Bürgerbeteiligung insbesondere in Verfahren der Eröffnungskontrolle, Baden-Baden 2012.

Buschmann, Henning/Reidt, Olaf: Vorarbeiten und Betretungsrechte gem. § 44 EnWG im Energieleitungsbau, UPR 2020, S. 292–297.

Buus, Marcel: Bedarfsplanung durch Gesetz. Unter besonderer Berücksichtigung der Netzbedarfsplanung nach dem EnWG, Baden-Baden 2017.

Cabanel, Henri/Bonnecarrère, Philippe: Décider en 2017: le temps d'une démocratie „coopérative". Rapport d'information n°556 (2016–2017) pour le Senat, abrufbar unter: https://www.senat.fr/notice-rapport/2016/r16-556-1-notice.html.

Çalışkan, Barış: Digitale Verwaltung 2022/2023. Implementationsstrategien unter Berücksichtigung des Eckpunktepapiers „Digitalstrategie der Bundesregierung", DÖV 2020, S. 1032–1035.

Calliess, Christian: Die umweltrechtliche Verbandsklage nach der Novellierung des Bundesnaturschutzgesetzes. Tendenzen zu einer „Privatisierung des Gemeinwohls" im Verwaltungsrecht?, NJW 2003, S. 97–102.

Calliess, Christian: Das „Klimaurteil" des Bundesverfassungsgerichts: „Versubjektivierung" des Art. 20 a GG?, ZUR 2021, S. 355–358.

Calliess, Gralf-Peter: Prozedurales Recht, Baden-Baden 1999.

Caspar, Johannes: Der fiktive Verwaltungsakt – Zur Systematisierung eines aktuellen verwaltungsrechtlichen Instituts, AöR 125 (2000), S. 131–153.

CDU/CSU/SPD: Ein neuer Aufbruch für Europa. Eine neue Dynamik für Deutschland. Ein neuer Zusammenhalt für unser Land. Koalitionsvertrag zwischen CDU, CSU und SPD. 19. Legislaturperiode, Berlin 2018, abrufbar unter: https://archiv.cdu.de/system/tdf/media/dokumente/koalitionsvertrag_2018.pdf?file=1 [zitiert als: *CDU/CSU/SPD*, Koalitionsvertrag 19. Legislaturperiode].

Chevallier, Jacques: Le débat public en question, in: Domenico Amirante/Marcel Bayle/Laurence Boisson de Chazournes/Laurence Boy (Hrsg.), Pour un droit commun de l'environnement. Mélanges en l'honneur de Michel Prieur, Paris 2007, S. 489–508.

Chladek, Julia: Rechtsschutzverkürzung als Mittel der Verfahrensbeschleunigung. Völker- und europarechtliche Anforderungen an Umweltprüfungen und Umweltrechtsschutz in der gestuften Infrastrukturplanung unter besonderer Berücksichtigung des MgvG, Berlin 2022.

Chrétien, Patrice: Frankreich, in: Armin von Bogdandy/Sabino Cassese/Peter M. Huber (Hrsg.), Handbuch Ius Publicum Europaeum. Band IV: Verwaltungsrecht in Europa: Wissenschaft, Heidelberg 2011, S. 81–120.

CNDP: Rapport annuel 2020, Paris 2021, abrufbar unter: https://www.debatpublic.fr/bilan-de-la-cndp-en-chiffres-1956.

Commissariat général au développement durable: La modernisation du droit de l'environnement, Paris 2017, abrufbar unter: https://www.ecologie.gouv.fr/lautorisation-environnementale und https://www.ecologie.gouv.fr/sites/default/files/Th%C3%A9ma%20-%20La%20modernisation%20du%20droit%20de%20l%27environnement.pdf.

Conseil d'État (Hrsg.): Consulter autrement, participer effectivement. Rapport public 2011. Paris 2011, abrufbar unter: https://www.vie-publique.fr/rapport/34023-conseil-detat-rapport-public-2011-volume-2-consulter-autrement-p.

Conseil d'État (Hrsg.): Les autorités administratives indépendantes. Rapport public 2001, Jurisprudence et avis de 2000, Paris 2001, abrufbar unter: https://www.vie-publique.fr/rapport/24697-rapport-public-2001-conseil-etat-autorites-administratives-independantes.

de Witt, Siegfried: Instrumente zur beschleunigten Verwirklichung von Infrastrukturvorhaben, ZUR 2021, S. 80–84.

de Witt, Siegfried/Scheuten, Frank-Jochen (Hrsg.): NABEG Netzausbaubeschleunigungsgesetz, Übertragungsnetz mit Energieleitungsausbaugesetz (EnLAG). Kommentar, München 2013 [zitiert als: *Bearbeiter,* in: de Witt/Scheuten, NABEG].

Degen, Linda: Das neue Plansicherstellungsgesetz, NJW-Spezial 2020, S. 364–365.

Denkhaus, Wolfgang/Richter, Eike/Bostelmann, Lars (Begr.): E-Government-Gesetz, Online-zugangsgesetz. Mit E-Government-Gesetzen der Länder und den Bezügen zum Verwaltungs-verfahrensrecht. Kommentar, München 2019 [zitiert als *Bearbeiter,* in: Denkhaus/Richter/Bostelmann, EGovG].

Denninger, Erhard: Gemeinwohl. Was ist das?, KJ 2019, S. 361–372.

Deutsch, Markus: Infrastrukturvorhaben zwischen Raumordnung, Bauleitplanung und Fach-planung, ZUR 2021, S. 67–75.

Deutsche Energie-Agentur: dena-Netzstudie III – Stakeholderdialog zur Weiterentwicklung der Planungsverfahren für Energieinfrastrukturen auf dem Weg zum klimaneutralen Energiesystem, Berlin 2022, abrufbar unter: https://www.dena.de/fileadmin/dena/Publikationen/PDFs/2022/Abschlussbericht_dena-Netzstudie_III.pdf.

Di Nucci, Maria Rosaria: NIMBY oder IMBY. Akzeptanz, Freiwilligkeit und Kompensationen in der Standortsuche für die Endlagerung radioaktiver Abfälle, in: Achim Brunnengräber (Hrsg.), Problemfalle Endlager. Gesellschaftliche Herausforderungen im Umgang mit Atommüll, Baden-Baden 2016, S. 119–144.

Die Grünen/CDU: Jetzt für morgen – Der Erneuerungsvertrag für Baden-Württemberg. BÜND-NIS 90/DIE GRÜNEN Baden-Württemberg und der CDU Baden-Württemberg, abrufbar unter: https://www.baden-wuerttemberg.de/fileadmin/redaktion/dateien/PDF/210506_Koalitions-vertrag_2021-2026.pdf [zitiert als: *Die Grünen/CDU,* Koalitionsvertrag 2021–2026].

Dietenhoeffer, Jérôme/Goellner, Jérôme/Hornung, Pascal/Lambert, Patrick/Majchrzak, Yves: Modernisation de le participation du public de des procédures environnementales relatives à l'autorisation des projets de l'approbation des plan-programmes. Rapport n° 013721–01 du Conseil général de l'environnement et du développement durable, Paris 2021, abrufbar unter: https://www.vie-publique.fr/sites/default/files/rapport/pdf/282226.pdf [zitiert als: *Dietenhoeffer et al.,* Modernisation de le participation du public de des procédures environnementales relatives à l'autorisation des projets de l'approbation des plan-programmes].

Dippel, Martin: Praxisfragen der Öffentlichkeitsbeteiligung im Genehmigungsverfahren nach dem Bundes-Immissionsschutzgesetz, NVwZ 2010, S. 145–154.

Dolde, Klaus-Peter: Neue Formen der Bürgerbeteiligung?, NVwZ 2013, S. 769–775.

Dosière, René/Vanneste, Christian: Les autorités administratives indépendantes. Rapport d'information n° 2925 fait au nom du comité d'évaluation et de contrôle de politiques publiques, Paris 2010, abrufbar unter: https://www.assemblee-nationale.fr/13/rap-info/i2925-tI.asp.

Dürig, Günter/Herzog, Roman/Scholz, Rupert (Begr.): Grundgesetz. Kommentar, 95. Aufl., München 2021 [zitiert als: *Bearbeiter,* in: Dürig/Herzog/Scholz, GG].

Durner, Wolfgang: Möglichkeiten der Verbesserung förmlicher Verwaltungsverfahren am Beispiel der Planfeststellung, ZUR 2011, S. 354–363.

Durner, Wolfgang: Reform der Eröffnungskontrollen und des förmlichen Verfahrens II: die Normierung eines allgemeinen Genehmigungsverfahrens im Verwaltungsverfahrensgesetz, in: Hermann Hill/Karl-Peter Sommermann/Ulrich Stelkens/Jan Ziekow (Hrsg.), 35 Jahre Verwaltungsverfahrensgesetz – Bilanz und Perspektiven. Vorträge der 74. Staatswissenschaftlichen Fortbildungstagung vom 9. bis 11. Februar 2011 an der Deutschen Hochschule für Verwaltungswissenschaften Speyer, Berlin 2011, S. 238–253.

Durner, Wolfgang: Die neuen Instrumente für den Umbau der Energienetze – eine verfassungsrechtliche Bewertung, in: Jörg Gundel/Knut Werner Lange (Hrsg.), Der Umbau der Energienetze als Herausforderung für das Planungsrecht. Tagungsband der Dritten Bayreuther Energierechtstage 2012, Tübingen 2012, S. 1–24.

Durner, Wolfgang: Öffentlichkeitsbeteiligung und demokratische Legitimation im Energie-Infrastrukturrecht, in: Sabine Schlacke/Mathias Schubert (Hrsg.), Energie-Infrastrukturrecht. Kolloquium anlässlich der Verabschiedung von Prof. Dr. Wilfried Erbguth am 11. September 2014, Berlin 2015, 87–117.

Durner, Wolfgang: Planfeststellung und Energienetzplanung im System des NABEG, in: Michael Quaas/Deutsches Anwaltsinstitut e. V. (Hrsg.), Rechtsprobleme der Energiewende, Baden-Baden 2015, S. 57–82.

Durup de Baleine, Antoine: Le juge administratif et les requêtes abusives en matière d'urbanisme, Droit & Ville 2018 (1), S. 111–130.

Eckert, Lucia: Beschleunigung von Planungs- und Genehmigungsverfahren, Speyer 1997.

Eding, Annegret: Bundesfachplanung und Landesplanung. Das Spannungsverhältnis zwischen Bund und Ländern beim Übertragungsnetzausbau nach §§ 4 ff. NABEG, Tübingen 2014.

Ehemann, Eva-Maria Isabell: Umweltgerechtigkeit. Ein Leitkonzept sozio-ökologisch gerechter Entscheidungsfindung, Tübingen 2020.

Ekardt, Felix: Praktische Probleme des Art. 20a GG in Verwaltung, Rechtsprechung und Gesetzgebung, SächsVBl. 1998, S. 49–56.

Ekardt, Felix/Beckmann, Klaus/Schenderlein, Kirstin: Abschied von der Baugenehmigung – Selbstregulierung versus modernes Ordnungsrecht, NJ 2007, 481–487.

Emanuel, Florian: Partizipation? Auch während „Corona"! Die Öffentlichkeitsbeteiligung während Hochgefährdungslagen als kontinuierliche Gewährleistung von Grundrechten durch den Staat. Am Beispiel des Standortauswahlverfahrens für ein Endlager für hochradioaktive Abfälle in Deutschland, ZNER 2020, S. 369–375.

Engel, Bernd/Hesse, Holger, Jossen, Andreas/Loges, Hauke/Müller, Marcus/Naumann, Maik/ Osterkamp, Björn/Puchta, Matthias/Schimpe, Michael/Schwalm, Michael/Truong, Nam: Technik der Batteriespeicher, in: Jörg Böttcher/Peter Nagel (Hrsg.), Batteriespeicher. Rechtliche, Technische und Wirtschaftliche Rahmenbedingungen, Berlin/Boston 2018, S. 139–232.

Epiney, Astrid: Nachhaltigkeitsprinzip und Integrationsprinzip, in: Wolfgang Kahl (Hrsg.), Nachhaltigkeit durch Organisation und Verfahren, Tübingen 2016, S. 103–116.

Erbguth, Wilfried: Die Zulässigkeit der funktionalen Privatisierung im Genehmigungsrecht, UPR 1995, S. 369–378.

Erbguth, Wilfried: Infrastrukturprojekte: Akzeptanz durch Verfahren und Raumordnung, DÖV 2012, 821–827.

Erbguth, Wilfried: Raumbezogenes Infrastrukturrecht: Entwicklungslinien und Problemlagen, in: Martin Kment (Hrsg.), Das Zusammenwirken von deutschem und europäischem Öffentlichen Recht. Festschrift für Hans D. Jarass zum 70. Geburtstag, München 2015, S. 413–427.

Erbguth, Wilfried: Energiewende, Verkehrswende: sektorale oder integrative räumliche Steuerung?, ZUR 2021, S. 1–2.

Erbguth, Wilfried: Räumliche Steuerung im Verkehrsrecht: Stand und Effektivität, ZUR 2021, S. 22–25.

Erbguth, Wilfried/Stollmann, Frank: Entwicklung im Bauordnungsrecht, JZ 2007, S. 868–878.

Erler, Gisela/Arndt, Ulrich: Die Verwaltungsvorschrift Öffentlichkeitsbeteiligung für die Landesverwaltung Baden-Württemberg – auf dem Weg zu mehr Bürgerbeteiligung im Planungswesen, VBlBW 2014, S. 81–91.

Ernst, Werner/Zinkahn, Willy/Bielenberg, Walter/Krautzberger, Michael (Begr.): Baugesetzbuch. Kommentar, 143. Aufl., München 2021 [zitiert als: *Bearbeiter,* in: Ernst/Zinkahn/Bielenberg/ Krautzberger, BauGB].

Europäische Kommission, Generaldirektion Umwelt: Die Auslegung der Definitionen der in den Anhängen I und II der UVP-Richtlinie aufgeführten Projektkategorien, Brüssel 2017, abrufbar unter: https://doi.org/10.2779/403098.

Evers, Mira: § 13b BauGB – Anwendungspraxis auf Grundlage einer Feldstudienuntersuchung, in: Stephan Mitschang (Hrsg.), Schaffung von Bauland. In Gebieten nach § 34 BauGB und durch Bauleitpläne nach den §§ 13, 13a und b BauGB, Baden-Baden 2019, S. 119–138.

Ewen, Christoph/Gabriel, Oscar W./Ziekow, Jan: Bürgerdialog bei der Infrastrukturplanung: Erwartungen und Wirklichkeit. Was man aus dem Runden Tisch Pumpspeicherwerk Atdorf lernen kann, Baden-Baden 2013.

Fehling, Michael: Verwaltung zwischen Unparteilichkeit und Gestaltungsaufgabe, Tübingen 2001.

Fehling, Michael: Eigenwert des Verfahrens im Verwaltungsrecht, VVDStRL 70 (2011), S. 278–337.

Fehling, Michael/Kastner, Berthold/Störmer, Rainer: Verwaltungsrecht, VwVfG. VwGO. Nebengesetze. Handkommentar. 5. Aufl., Baden-Baden 2021 [zitiert als: *Bearbeiter,* in: Fehling/ Kastner/Störmer, Verwaltungsrecht].

Feldmann, Mirja: Neue Wege bei der Bürger- und Öffentlichkeitsbeteiligung und mehr Transparenz im Umweltbereich. Ausgewählte Neuerungen des Umweltverwaltungsgesetzes für Baden-Württemberg, NVwZ 2015, S. 321–327.

Ferezin, Elodie: Développement du territoire, environnement et démocratie participative. Le cas de la LGV Bordeaux – Toulouse, zugl. Diss. Toulouse 2015.

Fisahn, Andreas: Demokratie und Öffentlichkeitsbeteiligung, Tübingen 2002.

Flick, Corinne Michaela (Hrsg.): Das Gemeinwohl im 21. Jahrhundert, Göttingen 2018.

Fourniau, Jean-Michel: L'expérience du débat public institutionnalisé: vers une procédure démocratique de décision en matière d'aménagement ?, Annales des mines 2001 (24), S. 67–80.

Fourniau, Jean-Michel: Consultation, délibération et contestation: trois figures du débat comme procédure de légitimation, in: Loïc Blondiaux/Bernard Manin (Hrsg.), Le tournant délibératif de la démocratie, Paris 2021, S. 279–308.

Franke, Peter: Stand der Energiewende – Perspektiven und Probleme aus Sicht der Bundesnetzagentur, in: Jörg Gundel/Knut Werner Lange (Hrsg.), Neuausrichtung der deutschen Energieversorgung - Zwischenbilanz der Energiewende. Tagungsband der Fünften Bayreuther Energierechtstage 2014, Tübingen 2015, S. 65–88.

Franke, Peter/Karrenstein, Fabian: Neue Instrumente zur Beschleunigung des Netzausbaus, EnWZ 2019, S. 195–201.

Franke, Peter/Recht, Thomas: Räumliche Steuerung im Energierecht: Stand und Effektivität, ZUR 2021, S. 15–22.

Franzius, Claudio: Stuttgart 21: Eine Epochenwende?, GewArch 2012, 225–236.

Frerichs, Stefan/Hamacher, Karl/Simon, André/Prenger-Berninghoff/Witte, Andreas/Groth, Klaus-Martin: Qualitative Stichprobenuntersuchung zur kommunalen Anwendung des § 13b BauGB. Ergänzungsbericht zur Evaluierung der praktischen Anwendung der neuen Regelungen der BauGB-Novellen 2011 / 2013 zur Förderung einer klimagerechten und flächensparenden Siedlungsentwicklung durch die kommunale Bauleitplanung anhand von Fallstudien,

Dessau-Roßlau 2020, abrufbar unter: https://www.umweltbundesamt.de/publikationen/ qualitative-stichprobenuntersuchung-zur-kommunalen.

Frey, Michael: Der Beitrag des Verwaltungsorganisationsrechts zum Klimaschutz und zur Klimawandelanpassung. Stand und Anpassungsbedarf am Beispiel Baden-Württembergs, VBlBW 2021, S. 455–459.

Führ, Martin: Anlagenänderung durch Anzeige. § 15 BImSchG als Modell für die Risikoverteilung zwischen Behörde und Privaten?, UPR 1997, S. 421–431.

Gaentzsch, Günter: Der Erörterungstermin im Planfeststellungsverfahren – Instrument zur Sachverhaltsaufklärung oder Einladung zur Verfahrensverzögerung?, in: Klaus-Peter Dolde/Klaus Hansmann/Stefan Paetow/Eberhard Schmidt-Aßmann (Hrsg.), Verfassung – Umwelt – Wirtschaft. Festschrift für Dieter Sellner zum 75. Geburtstag, München 2010, S. 219–235.

Gaillet, Aurore: Le Conseil d'État français: histoire d'une exportation difficile en Europe, RFDA 2013, S. 793–804.

Garancher, Thomas/Nicolas, Marie/Pessoa, Pascale: Mener une évaluation environnementale. Principes, Acteurs, Champ d'application, Procédure, 2. Aufl., Paris 2019.

Gärditz, Klaus Ferdinand: Angemessene Öffentlichkeitsbeteiligung bei Infrastrukturplanungen als Herausforderung an das Verwaltungsrecht im demokratischen Rechtsstaat, GewArch 2011, S. 273–279.

Gärditz, Klaus Ferdinand: Die Entwicklung des Umweltrechts im Jahr 2011: Umweltpolitische Herausforderungen zwischen Partizipation, Wutbürgertum und Energiewende, ZfU 2012, S. 249–282.

Gärditz, Klaus Ferdinand: Nachhaltigkeit durch Partizipation der Öffentlichkeit, in: Wolfgang Kahl (Hrsg.), Nachhaltigkeit durch Organisation und Verfahren, Tübingen 2016, S. 351–370.

Gärditz, Klaus Ferdinand: Die Entwicklung des Umweltrechts in den Jahren 2016–2018: Rechtsschutz, Klimaschutz und Diesel in Zeiten politischer Polarisierung, ZfU 2019, S. 369–404.

Gärditz, Klaus Ferdinand: Rechtsschutz im Standortauswahlverfahren für ein Endlager hoch radioaktiver Abfälle, in: Sabine Schlacke/Guy Beaucamp/Mathias Schubert/Wilfried Erbguth (Hrsg.), Infrastruktur-Recht. Festschrift für Wilfried Erbguth zum 70. Geburtstag, Berlin 2019, S. 479–500.

Gaudemet, Yves: Traité de droit administratif. Tome 1: Droit administratif général, 16. Aufl., Paris 2001.

Gaudemet, Yves: Traité de Droit administratif. Tome 2: Droit administratif des biens, 15. Aufl., Paris 2014.

Gerard, Patrick: Expropriation: procédure d'extrême urgence et réquisition temporaire, AJPI 1988, S. 144–148.

Geynet-Dussauze, Cloë: La contribution de la Commission nationale du débat public à la démoctratie environnementale, RDP 2020, S. 965–995.

Glaab, Kerstin: Die zwangsweise Vollstreckung von Entscheidungen der Verwaltung. Ein deutsch-französischer Vergleich, Frankfurt am Main 2010.

Gniechwitz, Arne: Städtebaupläne in Frankreich. Eine rechtsvergleichende Untersuchung auf der Grundlage des reformierten französischen Städtebaurechts nach dem Gesetz der städtischen Solidarität und Erneuerung vom 13.12.2000 und dem Städte- und Wohnungsbaugesetz vom 02.07.2003, Baden-Baden 2005.

Grigoleit, Joachim/Klanten, Moritz: Die Zulassung von Änderungen im Anzeigeverfahren nach § 43f EnWG, EnWZ 2020, S. 435–440.

Groß, Thomas: Welche Klimaschutzpflichten ergeben sich aus Art. 20a GG?, ZUR 2009, S. 364–368.

Groß, Thomas: Stuttgart 21 – Folgerungen für Demokratie und Verwaltungsverfahren, in: Hermann Hill/Karl-Peter Sommermann/Ulrich Stelkens/Jan Ziekow (Hrsg.), 35 Jahre

Verwaltungsverfahrensgesetz – Bilanz und Perspektiven. Vorträge der 74. Staatswissenschaft-
  lichen Fortbildungstagung vom 9. bis 11. Februar 2011 an der Deutschen Hochschule für Ver-
  waltungswissenschaften Speyer, Berlin 2011, S. 32–43.
Groß, Thomas: Stuttgart 21: Folgerungen für Demokratie und Verwaltungsverfahren, DÖV 2011,
  S. 510–515.
Groß, Thomas: Die Bedeutung des Umweltstaatsprinzips für die Nutzung Erneuerbarer Energien,
  in: Thorsten Müller (Hrsg.), 20 Jahre Recht der Erneuerbaren Energien, Baden-Baden 2012,
  S. 107–119.
Groß, Thomas: Regelungsdefizite der Bundesverkehrswegeplanung, VerwArch 104 (2013),
  S. 1–25.
Groß, Thomas: Rechtsschutz gegen Maßnahmengesetze im Verkehrsbereich, JZ 2020, S. 76–82.
Groß, Thomas: Beschleunigungsgesetzgebung – Rückblick und Ausblick, ZUR 2021, S. 75–80.
Groß, Thomas: Die intertemporale Dimension des Verfassungsrechts, ZRP 2022, S. 6–8.
Grotefels, Susan: Integrative Steuerung in der Energie- und Verkehrswende durch Raumordnung,
  insbesondere Regionalplanung: Stand und Fortentwicklung, ZUR 2021, S. 25–33.
Guckelberger, Annette: Bürokratieabbau durch Abschaffung des Erörterungstermins, DÖV 2006,
  S. 97–105.
Guckelberger, Annette: Die Rechtsfigur der Genehmigungsfiktion, DÖV 2010, S. 109–119.
Guckelberger, Annette: Formen von Öffentlichkeit und Öffentlichkeitsbeteiligung im Umweltver-
  waltungsrecht, VerwArch 103 (2012), S. 31–62.
Guckelberger, Annette: Das französische Gesetz Nr. 2012–1460 zur Öffentlichkeitsbeteiligung in
  Umweltangelegenheiten, NVwZ 2013, S. 1196–1199.
Guckelberger, Annette: Öffentlichkeitsbeteiligung und Netzausbau – zwischen Verfahrens-
  partizipation und Gewinnbeteiligung, in: Martin Kment (Hrsg.), Netzausbau zugunsten
  erneuerbarer Energien, Tübingen 2013, S. 59–92.
Guckelberger, Annette: Schnellerer Energienetzausbau durch Unionsrecht, DVBl 2014, S. 805–
  813.
Guckelberger, Annette: Öffentliche Verwaltung im Zeitalter der Digitalisierung. Analysen und
  Strategien zur Verbesserung des E-Governments aus rechtlicher Sicht, Baden-Baden 2019.
Guckelberger, Annette: Maßnahmengesetzvorbereitungsgesetz und weitere Überlegungen zur
  Beschneidung des Umweltrechtsschutzes, NuR 2020, S. 805–815.
Guckelberger, Annette: Höherrangige Vorgaben integrativer räumlicher Steuerung: Verfassungs-
  recht und Unionsrecht, ZUR 2021, S. 6–15.
Gurlit, Elke: Eigenwert des Verfahrens im Verwaltungsrecht, VVDStRL 73 (2014) 70 (2011),
  S. 227–277.
Gurlit, Elke: Abteilung Öffentliches Recht: Neue Formen der Bürgerbeteiligung? – Planung und
  Zulassung von Projekten in der parlamentarischen Demokratie, JZ 2012, S. 833–841.
Häberle, Peter: Öffentliches Interesse als juristisches Problem. Eine Analyse von Gesetzgebung
  und Rechtsprechung, Bad Homburg 1970.
Habermas, Jürgen: Strukturwandel der Öffentlichkeit. Untersuchung zu einer Kategorie der
  bürgerlichen Gesellschaft, 13. Aufl., Darmstadt/Neuwied 1982.
Habermas, Jürgen: Faktizität und Geltung. Beiträge zur Diskurstheorie des Rechts und des demo-
  kratischen Rechtsstaats, 7. Aufl., Frankfurt am Main 2019.
Häfner, Christof: Verantwortungsteilung im Genehmigungsrecht. Entwicklung und Aspekte der
  Umsetzung eines Sachverständigenmodells für das immissionsschutzrechtliche Genehmigungs-
  verfahren, Berlin 2010.
Hamacher, Hendrik: Flächenverbrauch im Recht: 30-Hektar-Ziel und Flächenzertifikatehandel,
  NuR 2020, S. 388–394.

Hartmann, Bernd J.: Eigeninteresse und Gemeinwohl bei Wahlen und Abstimmungen, AöR 134 (2009), S. 1–34.

Hartmann, Bernd J.: Digitale Partizipation, MMR 2017, S. 383–386.

Haug, Volker/Schadtle, Kai: Der Eigenwert der Öffentlichkeitsbeteiligung im Planungsrecht. Zugleich ein Beitrag zur Dogmatik des § 46 VwVfG, NVwZ 2014, 271–275.

Heemeyer, Carsten: Zur Abgrenzung von Zielen und Grundsätzen der Raumordnung, UPR 2007, S. 10–16.

Held, Jürgen: Der Grundrechtsbezug des Verwaltungsverfahrens, Berlin, 1984.

Held, Jürgen: Individualrechtsschutz bei fehlerhaftem Verwaltungsverfahren, NVwZ 2012, S. 461–468.

Held, Jürgen: Wahrnehmung und Bedeutung des Verwaltungsverfahrensrechts aus der Sicht der Rechtsanwender: Verwaltungsgerichtsbarkeit, in: Hill et al. (Hrsg.), 35 Jahre Verwaltungsverfahrensgesetz – Bilanz und Perspektiven, S. 69–94.

Hélin, Jean-Claude: Le projet d'ordonnance relative au dialogue environnemental. Bien visé, mal tiré?, Énergie, Environnement, Infrastructures 2016 (8–9), S. 261–262.

Herbert, Christian: Der Enteignungsbegriff und das Enteignungsverfahren in Deutschland und Frankreich. Eine Gegenüberstellung unter Einbeziehung der Planungs- und Enteignungsverfahren zur Realisierung von Verkehrsvorhaben, Frankfurt am Main 1998.

Hesse, Konrad: Die verfassungsrechtliche Stellung der politischen Parteien im modernen Staat, VVDStRL 17 (1959), S. 11–52.

Hien, Eckart: Partizipation im Planungsverfahren, UPR 2012, S. 128–132.

Hirth, Lion/Schlecht, Ingmar/Maurer, Christoph/Tersteegen, Bernd: Kosten- oder Marktbasiert? Zukünftige Redispatch-Beschaffung in Deutschland. Schlussfolgerungen aus dem Vorhaben „Untersuchung zur Beschaffung von Redispatch", Berlin 2019, abrufbar unter: https://neon. energy/Neon_Marktbasierter-Redispatch_BMWi.pdf [zitiert als: *Hirth et al.,* Kosten- oder Marktbasiert? Zukünftige Redispatch-Beschaffung in Deutschland].

Hitschfeld, Uwe/Eichenseer, Christoph/Görge, Marc-Stefan/Holznagel, Bernd/Kaufmann, Melanie/ Hammer, Rainer: Evaluierung des gestuften Planungs- und Genehmigungsverfahrens. Stromnetzausbau im Hinblick auf seine Wirksamkeit für den Umweltschutz – juristisch, planerisch, technisch, Dessau-Roßlau 2018, abrufbar unter: https://www.bmu.de/fileadmin/Daten_BMU/ Pools/Forschungsdatenbank/fkz_3715_41_114_stromnetzausbau_umweltschutz_bf.pdf [zitiert als: *Hitschfeld et al.,* Evaluierung des gestuften Planungs- und Genehmigungsverfahrens].

Hoffmann-Riem, Wolfgang: Reform des allgemeinen Verwaltungsrechts als Aufgabe, AöR 115 (1990), S. 400–447.

Hofmann, Hasso: Verfassungsrechtliche Annäherungen an den Begriff des Gemeinwohls, in: Herfried Münkler/Karsten Fischer (Hrsg.), Gemeinwohl und Gemeinsinn im Recht. Konkretisierung und Realisierung öffentlicher Interessen, Berlin 2002, S. 25–42.

Hofmeister, Andreas/Mayer, Christoph: Die Erstreckung des beschleunigten Verfahrens auf die Überplanung von Außenbereichsflächen für Wohnnutzungen gemäß § 13b BauGB 2017 – Anwendungsvoraussetzungen, Rechtsfolgen und ausgewählte Anwendungsprobleme, ZfBR 2017, S. 551–560.

Holznagel, Bernd: Beschleunigter Stromleitungsausbau im gestuften Verfahren – ein Abschied auf Raten?, ZUR 2020, 515–521.

Hoppe, Werner/Beckmann, Martin/Kment, Martin (Hrsg.): Gesetz über die Umweltverträglichkeitsprüfung (UVPG), Umwelt-Rechtsbehelfsgesetz (UmwRG). Kommentar, 5. Aufl., Köln 2018 [zitiert als: *Bearbeiter,* in: Hoppe/Beckmann/Kment, UVPG].

Horelt, Michel-André/Ewen, Christoph: Chancen und Grenzen von informeller Bürgerbeteiligung, in: Anja Hentschel/Gerrit Hornung/Silke Jandt (Hrsg.), Mensch – Technik – Umwelt:

Verantwortung für eine sozialverträgliche Zukunft. Festschrift für Alexander Roßnagel zum 70. Geburtstag, Baden-Baden 2020, S. 697–715.

Hostiou, René: Le code de l'expropriation pour cause d'utilite publique, version 2015. Un coup pour (presque) rien?, AJDA 2015, S. 689–694.

Huber, Peter M.: Grundzüge des Verwaltungsrechts in Europa, in: Armin von Bogdandy/Sabino Cassese/Peter M. Huber (Hrsg.), Handbuch Ius Publicum Europaeum. Band V: Verwaltungsrecht in Europa: Grundzüge, Heidelberg 2014, S. 3–76.

Hübner, Ulrich/Constantinesco, Vlad: Einführung in das französische Recht, 4. Aufl., München 2001.

Huck, Winfried/Müller, Martin (Hrsg.): Verwaltungsverfahrensgesetz, 3. Aufl., München 2020 [zitiert als: *Bearbeiter,* in: Huck/Müller, VwVfG].

Hullmann, Christian/Zorn, Mirko: Probleme der Genehmigungsfiktion im Baugenehmigungsverfahren, NVwZ 2009, S. 756–760.

IÖW/IKEM/BBH/BBHC: Finanzielle Beteiligung von betroffenen Kommunen bei Planung, Bau und Betrieb von erneuerbaren Energieanlagen (FinBEE). Ergebnisse für die Windenergie, Berlin 2020, abrufbar unter: https://www.ikem.de/wp-content/uploads/2020/09/20200914_FinBEE_Bericht_WEA.pdf.

Isensee, Josef: Staat und Verfassung, in: Josef Isensee/Paul Kirchhof (Hrsg.), Handbuch des Staatsrechts der Bundesrepublik Deutschland. Bd. II: Verfassungsstaat, 3. Aufl., Heidelberg 2004, S. 3–106.

Isensee, Josef: Gemeinwohl und Staatsaufgaben im Verfassungsstaat, in: Josef Isensee/Paul Kirchhof (Hrsg.), Handbuch des Staatsrechts der Bundesrepublik Deutschland. Bd. IV: Aufgaben des Staates, 3. Aufl., Heidelberg 2006, 3–80.

Jäde, Henning: Aktuelle „Nahtstellenprobleme" des Bauordnungsrechts, ZfBR 1997, S. 171–180.

Janin, Patrick: Principe de précaution et contrôle de l'utilité publique, RFDA 2017, S. 1068–1073.

Janson, Nils: Der beschleunigte Staat, Tübingen 2021.

Jarass, Hans D. (Hrsg.): Bundes-Immissionsschutzgesetz. Kommentar, 13. Aufl., München 2020 [zitiert als: *Bearbeiter,* in: Jarass, BImSchG].

Jarass, Hans D./Kment, Martin (Hrsg.): Grundgesetz für die Bundesrepublik Deutschland. Kommentar, 16. Aufl., 2020 [zitiert als: *Bearbeiter,* in: Jarass/Kment, GG].

Jestaedt, Matthias: Demokratieprinzip und Kondominialverwaltung. Entscheidungsteilhabe Privater an der öffentlichen Verwaltung auf dem Prüfstand des Verfassungsprinzips Demokratie, Berlin 1993.

Jörke, Dirk: Re-Demokratisierung der Postdemokratie durch alternative Beteiligungsverfahren?, Politische Vierteljahresschrift 2013, S. 485–505.

Jouanjan, Olivier: Frankreich, in: Armin von Bogdandy/Pedro Cruz Villalón/Peter M. Huber (Hrsg.), Handbuch Ius Publicum Europaeum. Band I: Grundlagen und Grundzüge staatlichen Verfassungsrechts, Heidelberg 2007, S. 87–150.

Jouanno, Chantal: Pas de transition écologique sans participation citoyenne. Kolumne in der Zeitung Le Monde vom 24.09.2021, abrufbar unter: https://www.debatpublic.fr/tribune-pas-de-transition-ecologique-sans-participation-citoyenne-2410.

Jouanno, Chantal/Casillo, Ilaria/Augagneur, Floran: Une nouvelle ambition pour la démocratie environnementale, Paris 2019.

Kahl, Wolfgang: Klimaschutz durch die Kommunen – Möglichkeiten und Grenzen, ZUR 2010, S. 395–403.

Kahl, Wolfgang/Mödinger, Maximilian: Gute Gesetzgebung und Nachhaltigkeit, DÖV 2021, S. 93–103.

Kahl, Wolfgang/Welke, Britta: Über die unveränderte Notwendigkeit einer integrierten Vorhabengenehmigung und deren Regelungsstandort, DVBl 2010, S. 1414–1424.

Keil, Silke I./Hamann, Ingo/Bickmann, Friederike/Scharpf, Lucia/Bühren, Katharina/Ziekow, Jan: Bürgerbeteiligung und Verwaltungspraxis. Langzeitevaluationen der Auswirkungen von Beteiligungsregelungen in Baden-Württemberg, Wiesbaden 2022.

Kelly, Ryan/Schmidt, Kristina: Energieleitungsausbau auf der infrastrukturrechtlichen Überholspur. „NABEG 2.0": ohne Tempolimit zum Stromautobahnnetz der Energiewende, AöR 144 (2019), S. 577–654.

Kindler, Lars: Zur Steuerungskraft der Raumordnungsplanung. Am Beispiel akzeptanzrelevanter Konflikte der Windenergieplanung, Baden-Baden 2018.

Kirchhof, Paul: Allgemeiner Gleichheitssatz, in: Josef Isensee/Paul Kirchhof (Hrsg.), Handbuch des Staatsrechts der Bundesrepublik Deutschland. Bd. VIII: Grundrechte: Wirtschaft, Verfahren, Gleichheit, 3. Aufl., Heidelberg, Hamburg 2010, S. 697–838.

Klein, Oliver: Das Untermaßverbot – Über die Justiziabilität grundrechtlicher Schutzpflichterfüllung, JuS 2006, S. 960–964.

Kloepfer, Michael: Verfahrensdauer und Verfassungsrecht. Verfassungsrechtliche Grenzen der Dauer von Gerichtsverfahren, JZ 1979, S. 209–216.

Kloepfer, Michael: Infrastrukturnetze und Grundrechte – eine Strukturskizze, in: Sabine Schlacke/Guy Beaucamp/Mathias Schubert/Wilfried Erbguth (Hrsg.), Infrastruktur-Recht. Festschrift für Wilfried Erbguth zum 70. Geburtstag, Berlin 2019, 167–176.

Kment, Martin: Die Stellung nationaler Unbeachtlichkeits-, Heilungs- und Präklusionsvorschriften im europäischen Recht, EuR 2006, S. 201–235.

Kment, Martin: Verwaltungsrechtliche Instrumente zur Ordnung des virtuellen Raums. Potenziale und Chancen durch E-Government, MMR 2012, S. 220–225.

Kment, Martin: Vorzeitige Besitzeinweisung und vorzeitiges Enteignungsverfahren nach dem Energiewirtschaftsgesetz, NVwZ 2012, S. 1134–1139.

Kment, Martin: Das Planungsrecht der Energiewende, Die Verwaltung 47 (2017) S. 377–406.

Kment, Martin: Bundesfachplanung von Trassenkorridoren für Höchstspannungsleitungen. Grundlegende Regelungselemente des NABEG, NVwZ 2015, S. 616–626.

Kment, Martin: Die Umweltverfassungsbeschwerde – Unionsrechtlich erzwungener Rechtsschutz von Umweltverbänden gegen die gesetzliche Standortwahl eines atomaren Endlagers, in: Martin Kment (Hrsg.), Das Zusammenwirken von deutschem und europäischem Öffentlichen Recht. Festschrift für Hans D. Jarass zum 70. Geburtstag, München 2015, S. 301–318.

Kment, Martin (Hrsg.): Energiewirtschaftsgesetz, 2. Aufl., Baden-Baden 2019 [zitiert als: *Bearbeiter,* in: Kment, EnWG].

Kment, Martin (Hrsg.): Raumordnungsgesetz. Mit Landesplanungsrecht, Baden-Baden 2019 [zitiert als: *Bearbeiter,* in: Kment, ROG].

Kment, Martin: Das deutsche Planungsrecht unter unionsrechtlichem Einfluss – eine bilanzierende Beobachtung aktueller Entwicklungen, DVBl 2020, S. 991–998.

Knauff, Matthias: Öffentlichkeitsbeteiligung im Verwaltungsverfahren, DÖV 2012, S. 1–8.

Knemeyer, Franz-Ludwig: Good Governance und Bürger-Verantwortung, in: Hermann Butzer/Markus Kaltenborn/Wolfgang Meyer (Hrsg.), Organisation und Verfahren im sozialen Rechtsstaat. Festschrift für Friedrich E. Schnapp zum 70. Geburtstag, Berlin 2008, S. 629–641.

Koch, Hans-Joachim: Energie-Infrastrukturrecht zwischen Raumordnung und Fachplanung – das Beispiel der Bundesfachplanung 'Trassenkorridore', in: Sabine Schlacke/Mathias Schubert (Hrsg.), Energie-Infrastrukturrecht. Kolloquium anlässlich der Verabschiedung von Prof. Dr. Wilfried Erbguth am 11. September 2014, Berlin 2015, S. 65–86.

Koch, Hans-Joachim/Suckow, Jorina: Formen der Öffentlichkeitsbeteiligung im Verfahren der Endlagersuche für hochradioaktive Abfälle, in: Ivo Appel/Kersten Wagner-Cardenal (Hrsg.), Verwaltung zwischen Gestaltung, Transparenz und Kontrolle. Beiträge zum Symposium anlässlich des 70. Geburtstags von Ulrich Ramsauer, Baden-Baden 2019, S. 63–82.

Koch, Johannes: Verwaltungsrechtsschutz in Frankreich. Eine rechtsvergleichende Untersuchung zu den verwaltungsinternen und verwaltungsgerichtlichen Rechtsbehelfen des Bürgers gegenüber der Verwaltung, Berlin 1998.

Köck, Wolfgang: Pläne, in: Wolfgang Hoffmann-Riem/Eberhard Schmidt-Aßmann/Andreas Voßkuhle (Hrsg.), Grundlagen des Verwaltungsrechts, Band II: Informationsordnung, Verwaltungsverfahren, Handlungsformen, 2. Aufl., München 2012, S. 1389–1455.

Köck, Wolfgang: Die Bedarfsplanung im Infrastrukturrecht, ZUR 2016, S. 579–591.

Köck, Wolfgang/Salzborn, Nadja: Handlungsfelder zur Fortentwicklung des Umweltschutzes im raumbezogenen Fachplanungsrecht – eine Skizze, ZUR 2012, S. 203–210.

Koltirine, Remi: Utilité publique, Aménagement et Nature 2021 (140), S. 7–28.

Koltsoff, Leo: Die Wahrnehmung der Gemeinwohlbelange durch Private unter besonderer Berücksichtigung des Energiesektors, Berlin 2022.

Kordeva, Maria: Die Umsetzung organisations- und verfahrensrechtlicher Vorgaben des Umweltrechts der Union in Frankreich, in: Cristina Fraenkel-Haeberle/Johannes Socher/Karl-Peter Sommermann (Hrsg.), Praxis der Richtlinienumsetzung im Europäischen Verwaltungsverbund. Die Reichweite der Umgestaltung der nationalen Umwelt- und Energieverwaltung, Berlin 2020, S. 75–86.

Korn, Matthias: Place and Situated Deliberation in Participatory Planning – A Research Proposal, International Reports on Socio-Informatics (IRSI) 2011, S. 41–48.

Koslowski, Peter (Hrsg.): Das Gemeinwohl zwischen Universalismus und Partikularismus. Zur Theorie des Gemeinwohls und der Gemeinwohlwirkung von Ehescheidung, politischer Sezession und Kirchentrennung. Beiträge und Zusammenfassungen der Diskussionen der 3. Jahrestagung 1995 des Collegium Philosophicum des Forschungsinstituts für Philosophie Hannover am 3. und 4. November 1995 in Hannover, Stuttgart-Bad Cannstatt 1999.

Kramer, Urs: Die Entwicklung des Eisenbahnrechts in den Jahren 2019/2020, N&R 2020, S. 226–242.

Kriele, Martin: Das demokratische Prinzip im Grundgesetz, VVDStRL 29 (1971), S. 46–80.

Kube, Hanno: Nachhaltigkeit und parlamentarische Demokratie, in: Wolfgang Kahl (Hrsg.), Nachhaltigkeit durch Organisation und Verfahren, Tübingen 2016, S. 137–158.

Kübler, Cornelia/Merz, Barbara: Zum Zusammenwirken von Regionalplanung und Regionalmanagement beim Klimaschutz: Konzeptentwurf für die Region Oberland, in: Walter Kufeld (Hrsg.), Klimawandel und Nutzung von regenerativen Energien als Herausforderungen für die Raumordnung, Hannover 2013, S. 124–142.

Kufeld, Walter/Wagner, Sebastian: Klimawandel und regenerative Energien: Herausforderungen für die Raumordnung, in: Walter Kufeld (Hrsg.), Klimawandel und Nutzung von regenerativen Energien als Herausforderungen für die Raumordnung, Hannover 2013, S. 253–263.

Kukk, Alexander: Rechtschutz gegen raumgreifende Großvorhaben insbesondere der „Energiewende" nach „Garzweiler II", in: Michael Quaas/Deutsches Anwaltsinstitut e. V. (Hrsg.), Rechtsprobleme der Energiewende, Baden-Baden 2015, S. 83–98.

Kümper, Boas: Flächennutzungsplan, Raumordnungsplan und Fachplan – Vertikale Anpassungs- und horizontale Koordinierungserfordernisse, ZfBR 2012, S. 631–641.

Kümper, Boas: Das Verhältnis der Bundesfachplanung nach §§ 4 ff. NABEG zur Raumordnung der Länder, NVwZ 2014, S. 1409–1415.

Kümper, Boas: Nochmals: Bundesfachplanung für Höchstspannungsleitungen und räumliche Gesamtplanung, NVwZ 2015, S. 1486–1490.

Kümper, Boas: Der Unterbleibensbescheid im Planfeststellungsrecht nach der Bereinigung des Fachplanungsrechts durch das Planvereinheitlichungsgesetz, NVwZ 2016, S. 1280–1285.

Kümper, Boas: Die Freistellung von der Planfeststellungspflicht. Verfahrensrechtliche Modelle nach allgemeinem Verwaltungsverfahrensrecht und besonderem Fachplanungsrecht, DÖV 2017, S. 856–867.

Kümper, Boas: Die sog. Zulassung unwesentlicher Änderungen auf Anzeige nach dem Planfeststellungsrecht der Energieleitungen im System der staatlichen Anlagenaufsicht, UPR 2017, S. 211–219.

Kümper, Boas: Die vorzeitige Besitzeinweisung zur beschleunigten Verwirklichung von Bauvorhaben Enteignungsqualität und Verortung zwischen öffentlichem und privatem Recht, VerwArch 111 (2000), S. 404–438.

Kümper, Boas: Parallelführung von Planfeststellungs- und Enteignungsverfahren im Recht des Energieleitungsausbaus. Zu ihrer verfassungsrechtlichen Bewertung, NVwZ-Extra 13/2020, S. 1–12.

Kümper, Boas: Integrative Steuerung in der Energie- und Verkehrswende durch städtebauliche Instrumente: Stand und Fortentwicklung, ZUR 2021, S. 33–39.

Kürschner, Alexandra: Legalplanung. Eine Studie am Beispiel des Standortauswahlgesetzes für ein atomares Endlager, Tübingen 2020.

Ladenburger, Clemens: Verfahrensfehlerfolgen im französischen und im deutschen Verwaltungsrecht. Die Auswirkung von Fehlern des Verwaltungsverfahrens auf die Sachentscheidung, Berlin 1999.

Lafaix, Jean-Francois: Das Verhältnis von Rechtswissenschaft und Rechtspraxis im Verwaltungsrecht, in: Johannes Masing/Matthias Jestaedt/Olivier Jouanjan/David Capitant (Hrsg.), Rechtswissenschaft und Rechtspraxis. Ihr Verhältnis im Verfassungs-, Verwaltungs- und Unionsrecht: Dokumentation des 7. Treffens des Deutsch-Französischen Gesprächskreises für Öffentliches Recht, Tübingen 2019, S. 59–81.

Landmann, Robert von; Rohmer, Ernst (Begr.): Umweltrecht. Kommentar, 96. Aufl., München 2021 [zitiert als: *Bearbeiter,* in: Landmann/Rohmer, Umweltrecht].

Langenbach, Pascal: Der Anhörungseffekt, Tübingen 2015.

Langer, Christopher: Die Endlagersuche nach dem Standortauswahlgesetz. Normgebung zwischen Konsistenz und Widerspruch, Berlin 2021.

Langstädtler, Sarah: Brauchen wir ein Wasserstoffinfrastrukturgesetz?, ZUR 2021, S. 203–212.

Langstädtler, Sarah: Effektiver Umweltrechtsschutz in Planungskaskaden. Untersucht für die Planungsverfahren des FStrG, NABEG und StandAG, Baden-Baden 2021.

Laubinger, Hans-Werner: Der Verfahrensgedanke im Verwaltungsrecht, in: Klaus König/Detlef Merten (Hrsg.), Verfahrensrecht in Verwaltung und Verwaltungsgerichtsbarkeit. Symposium zum Gedächtnis an Carl Hermann Ule, Berlin 2000, S. 47–67.

Lauf, Thomas/Memmler, Michael/Schneider, Sven: Emissionsbilanz erneuerbarer Energieträger. Bestimmung der vermiedenen Emissionen im Jahr 2020, Dessau-Roßlau 2021, abrufbar unter: http://www.umweltbundesamt.de/publikationen/emissionsbilanz-erneuerbarer-energietraeger.

Lecheler, Helmut: Planungsbeschleunigung bei verstärkter Öffentlichkeitsbeteiligung und Ausweitung des Rechtsschutzes?, DVBl 2007, S. 713–719.

Lee, Hoesung: Remarks by the IPCC Chair during the Press Conference presenting the Working Group III contribution to the Sixth Assessment Report, 4. April 2022, abrufbar unter: https://www.ipcc.ch/2022/04/04/ipcc-remarks-wgiii-ar6-press-conference.

Leidinger, Tobias: Netzausbaubeschleunigung zum Zweiten, NVwZ 2020, S. 1377–1382.

Lewald, Jonas: Online-Tagung des Vereins für Infrastrukturrecht e. V. und der Initiative on Energy Law and Policy: „Grüner Wasserstoff im Recht" am 5. November 2020, ZUR 2021, S. 122–124.

Lietz, Franziska: Rechtlicher Rahmen für die Power-to-Gas-Stromspeicherung, Baden-Baden 2017.

Löher, Andrea: Das Verwaltungsverfahren im Spannungsfeld zwischen Gewährleistungsauftrag und Beschleunigungsbestreben. Eine Untersuchung der Auswirkungen einer Reduktion der staatlichen Präventivkontrolle, Hamburg 2013.

Lorenzen, Jaqueline: Staatsziel Umweltschutz, grundrechtliche Schutzpflichten und intertemporaler Freiheitsschutz in Zeiten der Klimakrise, VBlBW 2021, S. 485–494.

Lüer, Stefanie: Der Ausgleich der Interessen der Wirtschaft und des Umweltschutzes in Frankreich. Eine rechtsvergleichende Studie zu Ermessensentscheidungen im Umweltrecht im Lichte der Internationalisierung des Rechts am Beispiel der National- und Regionalparks in Frankreich, Frankfurt am Main 2019.

Luhmann, Niklas: Legitimation durch Verfahren, Neuwied am Rhein 1969.

Lühr, Theodor: Die Öffentlichkeitsbeteiligung als Instrument zur Steigerung der Akzeptanz von Großvorhaben, Hamburg 2017.

Lüsebrink, Hans-Jürgen: Frankreich. Wirtschaft, Gesellschaft, Politik, Kultur, Mentalitäten. Eine landeskundliche Einführung, 4. Aufl., Stuttgart 2018.

Mackoundi, Rodrigue Goma: L'expropriation pour cause d'utilité publique de 1833 à 1935. Législation, doctrine et jurisprudence avec des exemples tirés des archives de la Moselle et de la Meurthe-et-Moselle, zugl. Diss. Nancy 2010.

Maclouf, Pierre: The "Modernization of the State" in France: From "Users" to Citizens. The Case of the Ministère de l'Equipement, in: Willi Blümel/Rainer Pitschas (Hrsg.), Reform des Verwaltungsverfahrensrechts. Vorträge und Diskussionsbeiträge des Forschungsseminars am Forschungsinstitut für Öffentliche Verwaltung bei der Hochschule für Verwaltungswissenschaften Speyer vom 3. bis 5. März 1993, Berlin 1994, S. 173–203.

Malyuga, Mykola: L'organisation des débats publics en France à travers le rôle de la CNDP et l'étude du projet EuropaCity 2016, zugl. Mémoires de Masters (ENA) Strasbourg 2016.

v. Mangoldt, Hermann (Begr.)/*Klein, Friedrich/Starck, Christian* (vorm. Hrsg.)/*Huber,Peter/Voßkuhle, Andreas* (Hrsg.): Kommentar zum Grundgesetz, 7. Aufl., München 2018 (zitiert als: *Bearbeiter*, in: v. Mangoldt/Klein/Starck, GG).

Mann, Thomas: Großvorhaben als Herausforderung für den demokratischen Rechtsstaat, VVDStRL 72 (2013), S. 544–593.

Mann, Thomas/Sennekamp, Christoph/Uechtritz, Michael (Hrsg.): Verwaltungsverfahrensgesetz. Großkommentar, 2. Aufl., Baden-Baden 2019 [zitiert als: *Bearbeiter*, in: Mann/Sennekamp/Uechtritz, VwVfG].

Marcant, Oliver/Lamare, Kevin: Espaces publics et co-construction de l'intérêt général: apprentissages croisés des acteurs, in: Cécile Blatrix/Loïc Blondiaux/Jean-Michel Fourniau/Rémi Lefevre/Martine Revel (Hrsg.), Le débat public: une expérience française de démocratie participative, Paris 2007, S. 227–238.

Marcou, Gérard: Verwaltungsbehörden und die Einflussnahme der öffentlichen Hand auf die Wirtschaft. Eine Analyse ausgewählter Bereich „abhängiger" und „unabhängiger" Verwaltungsbehörden, in: Johannes Masing/Gérard Marcou (Hrsg.), Unabhängige Regulierungsbehörden. Organisationsrechtliche Herausforderungen in Frankreich und Deutschland, Tübingen 2010, S. 99–133.

Marcou, Gérard: Die Verwaltung und das demokratische Prinzip, in: Armin von Bogdandy/Sabino Cassese/Peter M. Huber (Hrsg.), Handbuch Ius Publicum Europaeum. Band V: Verwaltungsrecht in Europa: Grundzüge, Heidelberg 2014, S. 1131–1174.

Markus, Till: Zur Rechtsvergleichung im nationalen und internationalen Umweltrecht, ZaöRV 2020, S. 649–707.

Marsch, Nikolaus/Vilain, Yoan/Wendel, Mattias (Hrsg.): Französisches und Deutsches Verfassungsrecht. Ein Rechtsvergleich, Berlin/Heidelberg 2015 [zitiert als: *Bearbeiter*, in: Marsch/Vilain/Wendel (Hrsg.), Französisches und deutsches Verfassungsrecht].

Martin, Jule: Das Steuerungskonzept der informierten Öffentlichkeit. Neue Impulse aus dem Umweltrecht des Mehrebenensystems, Berlin 2012.

Masing, Johannes: Die Mobilisierung des Bürgers für die Durchsetzung des Rechts. Europäische Impulse für eine Revision der Lehre vom subjektiv-öffentlichen Recht, Berlin 1997.

Masing, Johannes: Organisationsdifferenzierung im Zentralstaat – unabhängige Verwaltungsbehörden in Frankreich, in: Hans-Heinrich Trute/Thomas Groß/Hans Christian Röhl/Christoph Möllers (Hrsg.), Allgemeines Verwaltungsrecht – zur Tragfähigkeit eines Konzepts, Tübingen 2008, S. 399–429.

Maurer, Hartmut: Kontinuitätsgewähr und Vertrauensschutz, in: Josef Isensee/Paul Kirchhof (Hrsg.), Handbuch des Staatsrechts der Bundesrepublik Deutschland. Bd. IV: Aufgaben des Staates, 3. Aufl., Heidelberg 2006, S. 395–476.

Mehde, Veith: Die nächste Runde der Beschleunigungsdiskussion. Planungsverfahren und Infrastrukturentwicklung als Organisations- und Managementaufgabe, DVBl 2020, S. 1312–1319.

Meier, Dominik/Blum, Christian: Macht und Gemeinwohl, Gesellschaft.Wirtschaft.Politik 2019, S. 391–399.

Mélin-Soucramanien, Ferdinand/Pactet, Pierre: Droit constitutionnel, 39. Aufl., Paris 2021.

Mercadal, Georges: La réussite du débat public ouvre la réflexion sur sa portée, in: Cécile Blatrix/ Loïc Blondiaux/Jean-Michel Fourniau/Rémi Lefevre/Martine Revel (Hrsg.), Le débat public: une expérience française de démocratie participative, Paris 2007, S. 332–338.

Mercadal, Georges: Le débat public: pour quel „développement durable"? Pour la Transition Écologique!, 2. Aufl., Paris 2020.

Messinger-Zimmer, Sören/Zilles, Julia: (De-)zentrale Energiewende und soziale Konflikte: Regionale Konflikte um die Vertretung des Gemeinwohls, Vierteljahreshefte zur Wirtschaftsforschung 2016, S. 41–51.

Metschke, Andreas: Wahrnehmung und Bedeutung des Verwaltungsverfahrensrechts aus Sicht des Anwenders: Verwaltung, in: Hermann Hill/Karl-Peter Sommermann/Ulrich Stelkens/Jan Ziekow (Hrsg.), 35 Jahre Verwaltungsverfahrensgesetz – Bilanz und Perspektiven. Vorträge der 74. Staatswissenschaftlichen Fortbildungstagung vom 9. bis 11. Februar 2011 an der Deutschen Hochschule für Verwaltungswissenschaften Speyer, Berlin 2011, S. 56–69.

Milankovic, Christian: „S-21-Gegner betreiben Panikmache", Stuttgarter Nachrichten 30.04.2021, S. 25.

Mitschang, Stephan: Netzausbau und räumliche Gesamtplanung, UPR 2015, S. 1–11.

Mitschang, Stephan: Zur planungspraktischen Bedeutung von § 7 BauGB, ZfBR 2017, S. 28–39.

Mitschang, Stephan: Anwendungsfragen und aktuelle Rechtsprechung, in: Stephan Mitschang (Hrsg.), Schaffung von Bauland. In Gebieten nach § 34 BauGB und durch Bauleitpläne nach den §§ 13, 13a und b BauGB, Baden-Baden 2019, S. 89–118.

Mitschang, Stephan: Klimaschutz und Klimaanpassung im Besonderen Städtebaurecht, ZfBR 2020, S. 613–628.

Mödinger, Maximilian: Bessere Rechtsetzung. Leistungsfähigkeit eines europäischen Konzepts, Tübingen 2020.

Moench, Christoph/Ruttloff, Marc: Netzausbau in Beschleunigung, NVwZ 2011, S. 1040–1045.

Moench, Christoph/Ruttloff, Marc: Enteignung zur „Vorzeit" bei Netzausbauprojekten?, NVwZ 2013, S. 463–467.

Moliner-Dubost, Marianne: Démocratie environnementale et participation des citoyens, AJDA 2011, S. 259–263.

Monnoyer-Smith, Laurence: Le débat public en ligne: une ouverture des espaces et des acteurs de la délibération?, in: Cécile Blatrix/Loïc Blondiaux/Jean-Michel Fourniau/Rémi Lefevre/ Martine Revel (Hrsg.), Le débat public: une expérience française de démocratie participative, Paris 2007, S. 155–166.

Morand-Deviller, Jaqueline/Bourdon, Pierre/Poulet, Florian: Droit administratif des biens. Cours réflexions et débats, 11. Aufl., Paris 2020.

Müller, Therese: Besitzschutz in Europa. Eine rechtsvergleichende Untersuchung über den zivilrechtlichen Schutz der tatsächlichen Sachherrschaft, Tübingen 2010.

Mund, Dorothea: Das Recht auf menschliche Entscheidung – Freiheit in Zeiten der Digitalisierung und einer automatisierten Rechtsanwendung, in: Ruth Greve/Benjamin Gwiasda/Thomas Kemper/Joshua Moir/Sabrina Müller/Arno Schönberger/Sebastian Stöcker/Julia Wagner/Lydia Wolff (Hrsg.), Der digitalisierte Staat – Chancen und Herausforderungen für den modernen Staat. 60. Assistententagung Öffentliches Recht Trier 2020: Tagung der wissenschaftlichen Mitarbeiterinnen und Mitarbeiter, wissenschaftlichen Assistentinnen und Assistenten, Baden-Baden 2020, S. 177–198.

Murswiek, Dietrich: Die staatliche Verantwortung für die Risiken der Technik. Verfassungsrechtliche Grundlagen und immissionsschutzrechtliche Ausformung, Berlin 1985.

Neumann, Sybille/Berg, Oliver: Einführung in das französische Recht, Baden-Baden 2019.

Neyret, Laurent: France, in: Emma Lees/Jorge E. Viñuales (Hrsg.), The Oxford handbook of comparative environmental law, Oxford 2019, S. 172–189.

Oellers, Daniel: Elektronisches Arbeiten mit der landeseinheitlichen E-Akte BW, VBlBW 2020, S. 454–458.

Ohms, Martin J.: Verfahrensbeschleunigung in der Verwaltungspraxis, in: Gustav W. Sauer/Christian Schneller (Hrsg.), Beschleunigung von Planungsverfahren für Freileitungen. Fachtagung am 2. Juni 2005 in Hamburg, Baden-Baden 2006, S. 47–64.

Ortloff, Karsten-Michael: Abschied von der Baugenehmigung – Beginn beschleunigten Bauens?, NVwZ 1995, S. 112–119.

Ortloff, Karsten-Michael: Verwaltungsrechtsschutz zwischen Privaten? Zu den Folgen der Genehmigungsfreistellung im öffentlichen Baurecht, NVwZ 1998, S. 932–934.

Ossenbühl, Fritz: Verwaltungsverfahren zwischen Verwaltungseffizienz und Rechtsschutzauftrag, NVwZ 1982, S. 465–472.

Otto, Christian-W.: Innenentwicklung und Klimaschutz – Besteht ein Vorrang?, ZfBR 2013, S. 434–437.

Pabst, Heinz-Joachim: Das Investitionsmaßnahmengesetz „Südumfahrung Stendal" vor dem BVerfG, UPR 1997, S. 284–286.

Pastor, Jean-Marc: La démocratie environnementale de décline par décret, AJDA 2017, S. 908.

Pause, Jérôme: Der französische Conseil d'État als höchstes Verwaltungsgericht und oberste Verwaltungsbehörde. Seine Entwicklung und heutige Stellung, Frankfurt am Main u.a. 2008.

Peters, Birgit: Die Bürgerbeteiligung nach dem Energiewirtschafts- und Netzausbaubeschleunigungsgesetz – Paradigmenwechsel für die Öffentlichkeitsbeteiligung im Verwaltungsverfahren, DVBl 2015, S. 808–815.

Peters, Birgit: Legitimation durch Öffentlichkeitsbeteiligung? Die Öffentlichkeitsbeteiligung am Verwaltungsverfahren unter dem Einfluss internationalen und europäischen Rechts, Tübingen 2020.

Peters, Heinz-Joachim: Verkehrswegerechtliche und immissionsschutzrechtliche Zulassungsverfahren mit UVP ohne Erörterungstermin?, NuR 2018, S. 457–460.

Peters, Heinz-Joachim/Balla, Stefan/Hesselbarth, Thorsten (Hrsg.): Gesetz über die Umweltverträglichkeitsprüfung. Handkommentar, 4. Aufl., Baden-Baden 2019 [zitiert als: *Bearbeiter,* in: Peters/Balla/Hesselbarth, UVPG].

Petri, Thomas/Tinnefeld, Marie-Theres: Völlige Unabhängigkeit der Datenschutzkontrolle – Demokratische Legitimation und unabhängige parlamentarische Kontrolle als moderne Konzeption der Gewaltenteilung, MMR 2010, S. 157–161.

Pfannkuch, Benjamin/Schönfeldt, Mirko: Die Realisierung von Infrastrukturvorhaben im Blickwinkel des Planungs- und Vergaberechts. Erwägungen zur Modifizierung des rechtlichen Rahmens, NVwZ 2020, S. 1557–1562.

Pierre, Michel Désiré: L'article 45 de la constitution du 4 octobre 1958. Rationalisation de la navette parlementaire et équilibre des pouvoirs constitutionnels, Paris 1981.

Pietzcker, Jost: Mitverantwortung des Staates, Verantwortung des Bürgers, JZ 1985, S. 209–216.

Pinel, Florian: La participation du citoyen à la décision administrative, zugl. Diss. Rennes 2018.

Pleiner, Tom: Überplanung von Infrastruktur, Tübingen 2015.

Pomade, Adélie: Le paradoxe de la participation das le débat public, Droit de l'environnement 2007, S. 304–307.

Posch, Dieter/Sitsen, Michael: Möglichkeiten der Beschleunigung des Netzausbaus, NVwZ 2014, S. 1423–1426.

Potschies, Tanja: Raumplanung, Fachplanung und kommunale Planung, Tübingen 2016.

Preschel, Christina: Abbau der präventiven bauaufsichtsrechtlichen Prüfung und Rechtsschutz, DÖV 1998, S. 45–54.

Prieur, Michel: Droit de l'environnement, 8. Aufl., Paris 2019.

Rebler, Adolf: Das Planungssicherstellungsgesetz (PlanSiG) – Neue Möglichkeiten zur Öffentlichkeitsbeteiligung in Zeiten der Corona-Pandemie, ZUR 2020, S. 478–481.

Reese, Moritz: Nachhaltige urbane Mobilitätsentwicklung – Potenziale eines Gemeindeverkehrsplanungsgesetzes, ZUR 2020, S. 401–410.

Reidt, Olaf: Beschleunigungsgesetze – Machen Gesetze wie das NABEG Planungsverfahren schneller?, DVBl 2020, S. 597–602.

Reidt, Olaf: Maßnahmengesetze für Infrastrukturvorhaben – Ein Modell für die Zukunft?, EurUP 2020, S. 86–92.

Renn, Ortwin/Köck, Wolfgang/Schweizer, Pia-Johanna/Bovet, Jana/Benighaus, Christina/Scheel, Oliver/Schröter, Regina: Öffentlichkeitsbeteiligung bei Vorhaben der Energiewende, ZUR 2014, S. 281–288.

Riege, Steffen: Erste Erfahrungen zum vorzeitigen Baubeginn nach § 44c EnWG, EnWZ 2020, S. 305–311.

Ringel, Hans-Jürgen: Die Plangenehmigung im Fachplanungsrecht. Anwendungsbereich, Verfahren und Rechtswirkungen, Berlin 1996.

Röcker, Isabel: Rechtssicherheit in Zeiten der Pandemie: das Gesetz zur Sicherstellung ordnungsgemäßer Planungs- und Genehmigungsverfahren während der COVID-19-Pandemie (Plansicherstellungsgesetz), VBlBW 2021, S. 89–96.

Rodi, Michael: Das Rechtsprivileg als Steuerungsmittel im Umweltschutz?, in: Michael Kloepfer (Hrsg.), Umweltschutz als Rechtsprivileg 2014, S. 13–34.

Rodi, Michael: Das Recht der Windkraftnutzung zu Lande unter Reformdruck, ZUR 2017, S. 658–667.

Rombach, Paul: Der Faktor Zeit in umweltrechtlichen Genehmigungsverfahren. Verfahrensdauer und Beschleunigungsansätze in Deutschland, Frankreich und den Vereinigten Staaten, Baden-Baden 1994.

Romi, Raphaël: Le débat public dans le droit positif, in: Cécile Blatrix/Loïc Blondiaux/Jean-Michel Fourniau/Rémi Lefevre/Martine Revel (Hrsg.), Le débat public: une expérience française de démocratie participative, Paris 2007, S. 57–66.

Ronellenfitsch, Michael: Der Entwurf eines Gesetzes zur Beschleunigung der Planungen für Verkehrswege in den neuen Ländern sowie im Land Berlin, DVBl 1991, S. 920–933.

Ronellenfitsch, Michael: Beschleunigung und Vereinfachung der Anlagenzulassungsverfahren, Berlin 1994.

Ronellenfitsch, Michael: Rechtsfolgen fehlerhafter Planung, NVwZ 1999, S. 583–590.

Rossen-Stadtfeld, Helge: Beteiligung, Partizipation und Öffentlichkeit, in: Wolfgang Hoffmann-Riem/Eberhard Schmidt-Aßmann/Andreas Voßkuhle (Hrsg.), Grundlagen des Verwaltungsrechts, Band II: Informationsordnung, Verwaltungsverfahren, Handlungsformen, 2. Aufl., München 2012, S. 625–688.

Roßnagel, Alexander/Birzle-Harder, Barbara/Ewen, Christoph/Götz, Konrad/Hentschel, Anja/Horelt, Michel-André/Huge, Antonia/Stieß, Immanuel: Entscheidungen über dezentrale Energieanlagen in der Zivilgesellschaft. Vorschläge zur Verbesserung der Planungs- und Genehmigungsverfahren, Kassel 2016.

Roth, Katrin: Die Akzeptanz des Stromnetzausbaus. Eine interdisziplinäre Untersuchung der Möglichkeiten und Grenzen gesetzlicher Regelungen zur Akzeptanzsteigerung entlang des Verfahrens für einen beschleunigten Stromnetzausbau nach dem EnWG und dem NABEG, Baden-Baden 2020.

Roth-Isigkeit, David: Die Begründung des vollständig automatisierten Verwaltungsakts, DÖV 2020, S. 1018–1025.

Ruffert, Matthias: Verselbstständigte Verwaltungseinheiten: Ein europäischer Megatrend im Vergleich, in: Hans-Heinrich Trute/Thomas Groß/Hans Christian Röhl/Christoph Möllers (Hrsg.), Allgemeines Verwaltungsrecht – zur Tragfähigkeit eines Konzepts, Tübingen 2008, S. 433–457.

Ruge, Reinhard: Das Planungssicherstellungsgesetz (PlanSiG) – Digitalisierung der Öffentlichkeitsbeteiligung von Planungsverfahren in der COVID-19-Pandemie, ZUR 2020, S. 481–487.

Runkel, Peter: Zur geplanten Neuregelung des Rechts der Raumordnung, UPR 1997, S. 1–9.

Sachs, Michael (Hrsg.): Grundgesetz, 9. Aufl., München 2021 [zitiert als: *Bearbeiter*, in: Sachs, GG].

Säcker, Franz Jürgen (Hrsg.): Berliner Kommentar zum Energierecht. Band 1(Energiewirtschaftsrecht, Energieplanungsrecht, Energiesicherungsgesetz), 4. Aufl., Frankfurt am Main 2019 [zitiert als: *Bearbeiter* in: Säcker, Berliner Kommentar zum Energierecht].

Säcker, Franz Jürgen/Ludwigs, Markus (Hrsg.): Berliner Kommentar zum Energierecht. Band 3 (Energieumweltrecht, Energieeffizienzrecht, Energieanlagenrecht), 5. Aufl., Frankfurt am Main 2022 [zitiert als: *Bearbeiter*, in: Säcker/Ludwigs, Berliner Kommentar zum Energierecht].

Salzwedel, Jürgen: Schutz natürlicher Lebensgrundlagen, in: Josef Isensee/Paul Kirchhof (Hrsg.), Handbuch des Staatsrechts der Bundesrepublik Deutschland. Bd. IV: Aufgaben des Staates, 3. Aufl., Heidelberg 2006, S. 1109–1158.

Sauer, Johannes: Großvorhaben als Herausforderung für den demokratischen Rechtsstaat, DVBl 2012, S. 1082–1089.

Sauter, Helmut (Begr.): Landesbauordnung für Baden-Württemberg. Kommentar, 60. Aufl., Stuttgart 2021[zitiert als: *Bearbeiter*, in: Sauter, LBO].

Sauvé, Jean-Marc: Consulter autrement, participer effectivement 2012. Intervention lors du colloque du Conseil d'État sur le rapport public 2011 le 20 janvier 2012, abrufbar unter: https://www.conseil-etat.fr/actualites/discours-et-interventions/consulter-autrement-participer-effectivement.

Schäfer, Judith/Weidinger, Roman/Eschenhagen, Philipp: Ein guter Plan für die Energiewende – Maßnahmen zur Beschleunigung des EE-Ausbaus. Reformvorschläge EE-Ausbau, Berlin 2022, abrufbar unter: https://www.ikem.de/publikation/ein-guter-plan-fuer-die-energiewende-massnahmen-zur-beschleunigung-des-ee-ausbaus.

Schäfer, Judith/Wilms, Susan: Wasserstoffherstellung: Aktuelle Rechtsfragen rund um die Genehmigung von Elektrolyseuren, ZNER 2021, S. 131–135.

Schäfer-Stradowsky, Simon: Akzeptanzsteigerung im Windkraftausbau: Individuelle Entschädigungen sind der falsche Ansatzpunkt, EnWZ 2020, S. 1–2.

Scheidler, Alfred: Die vorzeitige Besitzeinweisung nach § 116 BauGB, BauR 2010, S. 42–48.

Scheidler, Alfred: Unkonventionelles Erdgas: Berg- und Wasserrecht, NuR 2012, S. 247–253.

Scheidler, Alfred: Verfahrenserleichterungen bei der Bauleitplanung in der Corona-Krise durch das Planungssicherstellungsgesetz, KommJur 2020, S. 325–329.

Schink, Alexander: Öffentlichkeitsbeteiligung – Beschleunigung – Akzeptanz. Vorschläge zur Verbesserung der Akzeptanz von Großprojekten durch Öffentlichkeitsbeteiligung, DVBl 2011, S. 1377–1385.

Schink, Alexander: Neue Impulse aus dem Energierecht (NABEG) für eine Modernisierung des Planungsrechts?, in: Martin Kment (Hrsg.), Das Zusammenwirken von deutschem und europäischem Öffentlichen Recht. Festschrift für Hans D. Jarass zum 70. Geburtstag, München 2015, S. 483–501.

Schink, Alexander: Vereinbarkeit von baulandschaffenden Satzungen mit Europarecht, in: Stephan Mitschang (Hrsg.), Schaffung von Bauland. In Gebieten nach § 34 BauGB und durch Bauleitpläne nach den §§ 13, 13a und b BauGB, Baden-Baden 2019, S. 13–36.

Schlacke, Sabine: Zugang zu Rechtsschutz im Umwelt- und Atomrecht, in: Christian Raetzke/ Ulrike Feldmann/Akos Frank (Hrsg.), Aus der Werkstatt des Nuklearrechts. News From the Front Lines of Nuclear Law, Baden-Baden 2016, S. 53–78.

Schlacke, Sabine: Klimaschutzrecht – Ein Grundrecht auf intertemporale Freiheitssicherung, NVwZ 2021, S. 912–917.

Schlacke, Sabine/Römling, Dominik: Die Novelle von NABEG und EnWG 2019. Beschleunigung des Planungsverfahrens durch Verfahrensvereinfachung und Flexibilisierung, DVBl 2019, S. 1429–1437.

Schmidt, Kristina/Kelly, Ryan: (R)Evolution des Infrastrukturrechts in der Verkehrswege- und Energieleitungsplanung – planungsrechtliche Beschleunigung vs. verfassungsrechtliche Entschleunigung (Teil 1), VerwArch 112 (2021), S. 97–132.

Schmidt, Kristina/Kelly, Ryan: (R)Evolution des Infrastrukturrechts in der Verkehrswege- und Energieleitungsplanung – planungsrechtliche Beschleunigung vs. verfassungsrechtliche Entschleunigung (Teil 2), VerwArch 112 (2021), S. 235–279.

Schmidt, Maximilian/Sailer, Frank: Reformansätze zum Genehmigungsrecht von Windenergieanlagen. Würzburger Studien zum Umweltenergierecht Nr. 25 vom 28.01.2022, abrufbar unter: https://stiftung-umweltenergierecht.de/wp-content/uploads/2022/01/Stiftung-Umweltenergierecht_Reformansaetze-Genehmigungsrecht-Windenergie_2022-01-28-1.pdf.

Schmidt, Maximilian/Wegner, Nils/Sailer, Frank/Müller, Thorsten: Gesetzgeberische Handlungsmöglichkeiten zur Beschleunigung des Ausbaus der Windenergie an Land. Leitplanken und Werkzeuge für die Ausweisung zusätzlicher Flächen sowie die Vereinfachung und Beschleunigung von Genehmigungen. Würzburger Berichte zum Umweltenergierecht Nr. 53 vom 28.10.2021, abrufbar unter: https://stiftung-umweltenergierecht.de/wp-content/uploads/2022/01/Stiftung_Umweltenergierecht_WueBerichte_53_Beschleunigung_Windenergieausbau_2021-12-16.pdf.

Schmidt, Reiner: Die Reform von Verwaltung und Verwaltungsrecht. Reformbedarf – Reformanstöße – Reformansätze, VerwArch 111 (2000), S. 149–168.

Schmidt-Aßmann, Eberhard: Verwaltungslegitimation als Rechtsbegriff, AöR 116 (1991), S. 329–390.

Schmidt-Aßmann, Eberhard: Verwaltungsverfahren, in: Josef Isensee/Paul Kirchhof (Hrsg.), Handbuch des Staatsrechts der Bundesrepublik Deutschland. Bd. III: Das Handeln des Staates, 2. Aufl., Heidelberg 1996, S. 623–651.

Schmidt-Aßmann, Eberhard: Das allgemeine Verwaltungsrecht als Ordnungsidee. Grundlagen und Aufgaben der verwaltungsrechtlichen Systembildung, 2. Aufl., Berlin 2006.

Schmidt-Aßmann, Eberhard: Verwaltungsverfahren und Verwaltungskultur, NVwZ 2007, S. 40–44.

Schmidt-Aßmann, Eberhard: Der Verfahrensgedanke im deutschen und europäischen Verwaltungsrecht, in: Wolfgang Hoffmann-Riem/Eberhard Schmidt-Aßmann/Andreas Voßkuhle (Hrsg.),

Grundlagen des Verwaltungsrechts, Band II: Informationsordnung, Verwaltungsverfahren, Handlungsformen, 2. Aufl., München 2012, S. 495–565.

Schmidt-Aßmann, Eberhard: Zum Standort der Rechtsvergleichung im Verwaltungsrecht, ZaöRV 2018, S. 807–862.

Schmidt-Aßmann, Eberhard/Dagron, Stéphanie: Deutsches und französisches Verwaltungsrecht im Vergleich ihrer Ordnungsideen – Zur Geschlossenheit, Offenheit und gegenseitigen Lernfähigkeit von Rechtssystemen-, ZaöRV 2007, S. 395–468.

Schmidt-Bleibtreu, Bruno/Klein, Franz/Bethge, Herbert (Hrsg.): Bundesverfassungsgerichtsgesetz. Kommentar, 61. Aufl., München 2021 [zitiert als: *Bearbeiter,* in: Schmidt-Bleibtreu/Klein/Bethge, BVerfGG].

Schmidt-Preuß, Matthias: Das Allgemeine des Verwaltungsrechts, in: Max-Emanuel Geis/Dieter Lorenz (Hrsg.), Staat, Kirche, Verwaltung. Festschrift für Hartmut Maurer zum 70. Geburtstag, München 2001, S. 777–802.

Schmidt-Preuß, Matthias: Gegenwart und Zukunft des Verfahrensrechts, NVwZ 2005, S. 489–496.

Schmidt-Preuß, Matthias: Das Europäische Energierecht, in: Martin Kment (Hrsg.), Das Zusammenwirken von deutschem und europäischem Öffentlichen Recht. Festschrift für Hans D. Jarass zum 70. Geburtstag, München 2015, S. 115–131.

Schmitt Glaeser, Walter: Partizipation an Verwaltungsentscheidungen, VVDStRL 31 (1973), S. 179–265.

Schmitt Glaeser, Walter: Die Position der Bürger als Beteiligte im Entscheidungsverfahren gestaltender Verwaltung, in: Peter Lerche/Walter Schmitt Glaeser/Eberhard Schmidt-Aßmann (Hrsg.), Verfahren als staats- und verwaltungsrechtliche Kategorie, Heidelberg 1984, S. 35–96.

Schmitz, Heribert/Prell, Lorenz: Planungsvereinheitlichungsgesetz. Neue Regelungen im Verwaltungsverfahrensgesetz, NVwZ 2013, S. 745–754.

Schmitz, Holger: Die obligatorische Öffentlichkeitsbeteiligung im Raumordnungsverfahren, in: Sabine Schlacke/Guy Beaucamp/Mathias Schubert/Wilfried Erbguth (Hrsg.), Infrastruktur-Recht. Festschrift für Wilfried Erbguth zum 70. Geburtstag, Berlin 2019, S. 327–348.

Schnapauff, Klaus-Dieter/Capitant, David: Staats- und Verwaltungsorganisation in Deutschland und Frankreich, München/Paris 2007.

Schneider, Jens-Peter: Strukturen und Typen von Verwaltungsverfahren, in: Wolfgang Hoffmann-Riem/Eberhard Schmidt-Aßmann/Andreas Voßkuhle (Hrsg.), Grundlagen des Verwaltungsrechts, Band II: Informationsordnung, Verwaltungsverfahren, Handlungsformen, 2. Aufl., München 2012, S. 557–662.

Schneider, Jens-Peter: Akzeptanz für Energieleitungen durch Planungsverfahren, in: Dirk Heckmann/Ralf P. Schenke/Gernot Sydow (Hrsg.), Verfassungsstaatlichkeit im Wandel. Festschrift für Thomas Würtenberger zum 70. Geburtstag, Berlin 2013, S. 411–424.

Schnellenberger, Thomas/Schneider, Raphaël: Droit des pollutions et des nuisances, RJE 2018, S. 167–179.

Schneller, Christian: Objektbezogene Legalplanung. Zur Zulässigkeit von Investitionsmassnahmengesetzen, Berlin 1999.

Schneller, Christian: Beschleunigter Ausbau des Stromtransportnetzes. Chancen und Defizite des „Infrastrukturplanungsbeschleunigungsgesetzes", DVBl 2007, S. 529–537.

Schneller, Christian: Beschleunigung und Akzeptanz im Planungsrecht für Hochspannungsleitungen, in: Jörg Gundel/Knut Werner Lange (Hrsg.), Neuausrichtung der deutschen Energieversorgung – Zwischenbilanz der Energiewende. Tagungsband der Fünften Bayreuther Energierechtstage 2014, Tübingen 2015, S. 115–124.

Schoch, Friedrich/Schneider, Jens-Peter (Hrsg.): Verwaltungsrecht VwVfG. Grundwerk zur Fortsetzung, München 2021 [zitiert als: *Bearbeiter,* in: Schoch/Schneider, VwVfG].

Schröder, Meinhard: Postulate und Konzepte zur Durchsetzbarkeit und Durchsetzung der EG-Umweltpolitik, NVwZ 2006, S. 389–395.

Schröder, Meinhard: Genehmigungsverwaltungsrecht, Tübingen 2016.

Schrödter, Wolfgang (Hrsg.): Baugesetzbuch, 9. Aufl., Baden-Baden u.a. 2019 [zitiert als: *Bearbeiter,* in: Schrödter, BauGB].

Schröer, Thomas/Kümmel, Dennis: Aktuelles zum Öffentlichen Baurecht, NVwZ 2020, S. 1401–1405.

Schulze-Fielitz, Helmuth: Einheitsbildung durch Gesetz oder Pluralisierung durch Vollzug, in: Hans-Heinrich Trute/Thomas Groß/Hans Christian Röhl/Christoph Möllers (Hrsg.), Allgemeines Verwaltungsrecht – zur Tragfähigkeit eines Konzepts, Tübingen 2008, S. 135–160.

Schulze-Fielitz, Helmuth: Grundmodi der Aufgabenwahrnehmung, in: Wolfgang Hoffmann-Riem/Eberhard Schmidt-Aßmann/Andreas Voßkuhle (Hrsg.), Grundlagen des Verwaltungsrechts, Band I: Methoden, Maßstäbe, Aufgaben, Organisation, 2. Aufl., München 2012, S. 823–904.

Schulze-Fielitz, Helmuth: Energie-Infrastrukturrecht im Prozess der Wissenschaftsentwicklung, in: Sabine Schlacke/Mathias Schubert (Hrsg.), Energie-Infrastrukturrecht. Kolloquium anlässlich der Verabschiedung von Prof. Dr. Wilfried Erbguth am 11. September 2014, Berlin 2015, S. 9–30.

Schuppert/Gunnar Folke: Bürgerinitiativen als Bürgerbeteiligung an staatlichen Entscheidungen, AöR 102 (1977), S. 369–409.

Schuppert, Gunnar Folke: Die Verfassungsgerichtsbarkeit im Gefüge der Staatsfunktionen. Aussprache und Schlußworte, VVDStRL 39 (1981), S. 147–212.

Schuppert, Gunnar Folke: Verwaltungswissenschaft. Verwaltung, Verwaltungsrecht, Verwaltungslehre, Baden-Baden 2000.

Schwab, Joachim: Akzeptanz für industrielle Projekte durch frühe Öffentlichkeitsbeteiligung, VDI-Richtlinien und Unternehmenskommunikation, UPR 2016, S. 377–385.

Schwarz, Tim: Anwendungsbereich und Abgrenzungsfragen beim vereinfachten Verfahren nach § 13 BauGB, in: Stephan Mitschang (Hrsg.), Schaffung von Bauland. In Gebieten nach § 34 BauGB und durch Bauleitpläne nach den §§ 13, 13a und b BauGB, Baden-Baden 2019, S. 37–56.

Schwerdtfeger, Angela: Der deutsche Verwaltungsrechtsschutz unter dem Einfluss der Aarhus-Konvention. Zugleich ein Beitrag zur Fortentwicklung der subjektiven öffentlichen Rechte unter besonderer Berücksichtigung des Gemeinschaftsrechts, Tübingen 2010.

Seidel, Achim: Bauordnungsrechtliche Verfahrensprivatisierung und Rechtsschutz des Nachbarn. Öffentlich-rechtlicher Schutzanspruch und quasinegatorischer Abwehranspruch im Vergleich, NVwZ 2007, S. 139–146.

Sheplyakova, Tatjana (Hrsg.): Prozeduralisierung des Rechts, Tübingen 2018.

Shirvani, Foroud: Rückenwind für kommunale Bürgerwindparks, NVwZ 2014, S. 1185–1190.

Siegel, Thorsten/Himstedt, Jana: Neues Planungsrecht für Straßenbahnen. Zu den Auswirkungen dreier Planungsgesetze aus dem Jahr 2020 auf die Planfeststellung nach dem Personenbeförderungsgesetz, DÖV 2021, 137–146.

Siegert, Stephan: Beschleunigung von Planungsverfahren – Kann Deutschland von Dänemark lernen?, UPR 2019, S. 468–475.

Socher, Johannes: Die Umsetzung organisations- und verfahrensrechtlicher Vorgaben des europäischen Umweltrechts in Deutschland, in: Cristina Fraenkel-Haeberle/Johannes Socher/Karl-Peter Sommermann (Hrsg.), Praxis der Richtlinienumsetzung im Europäischen Verwaltungsverbund. Die Reichweite der Umgestaltung der nationalen Umwelt- und Energieverwaltung, Berlin 2020, S. 61–74.

Socher, Johannes: Organisation und Unabhängigkeit der Energieregulierungsbehörden in Deutschland, in: Cristina Fraenkel-Haeberle/Johannes Socher/Karl-Peter Sommermann (Hrsg.),

Praxis der Richtlinienumsetzung im Europäischen Verwaltungsverbund. Die Reichweite der Umgestaltung der nationalen Umwelt- und Energieverwaltung, Berlin 2020, S. 239–251.

Socher, Johannes: Organisations- und verfahrensrechtliche Vorgaben im Umweltbereich: der europarechtliche Ausgangspunkt, in: Cristina Fraenkel-Haeberle/Johannes Socher/Karl-Peter Sommermann (Hrsg.), Praxis der Richtlinienumsetzung im Europäischen Verwaltungsverbund. Die Reichweite der Umgestaltung der nationalen Umwelt- und Energieverwaltung, Berlin 2020, S. 33–44.

Söfker, Wilhelm: Das Gesetz zur Förderung des Klimaschutzes bei der Entwicklung in den Städten und Gemeinden, ZfBR 2011, S. 541–549.

Sommermann, Karl-Peter: Staatsziele und Staatszielbestimmungen, Tübingen 1997.

Sommermann, Karl-Peter: Das Verwaltungsverfahrensgesetz im europäischen Kontext: eine rechtsvergleichende Bilanz, in: Hermann Hill/Karl-Peter Sommermann/Ulrich Stelkens/Jan Ziekow (Hrsg.), 35 Jahre Verwaltungsverfahrensgesetz – Bilanz und Perspektiven. Vorträge der 74. Staatswissenschaftlichen Fortbildungstagung vom 9. bis 11. Februar 2011 an der Deutschen Hochschule für Verwaltungswissenschaften Speyer, Berlin 2011, S. 192–213.

Sommermann, Karl-Peter: Prinzipien des Verwaltungsrechts, in: Armin von Bogdandy/Sabino Cassese/Peter M. Huber (Hrsg.), Handbuch Ius Publicum Europaeum. Band V: Verwaltungsrecht in Europa: Grundzüge, Heidelberg 2014, S. 863–892.

Sommermann, Karl-Peter: Das Verhältnis von Rechtswissenschaft und Rechtspraxis im Verwaltungsrecht. Vergleichende Betrachtungen zu Deutschland und Frankreich, in: Johannes Masing/Matthias Jestaedt/Olivier Jouanjan/David Capitant (Hrsg.), Rechtswissenschaft und Rechtspraxis. Ihr Verhältnis im Verfassungs-, Verwaltungs- und Unionsrecht: Dokumentation des 7. Treffens des Deutsch-Französischen Gesprächskreises für Öffentliches Recht, Tübingen 2019, S. 83–101.

Spannowsky, Willy: Das Planungssystem in Frankreich – Entwicklungsperspektiven für Deutschland?, ZUR 2021, S. 659–670.

Spannowsky, Willy/Runkel, Peter/Goppel, Konrad (Hrsg.): Raumordnungsgesetz (ROG). Kommentar, 2. Aufl., München 2018 [zitiert als: *Bearbeiter,* in: Spannowsky/Runkel/Goppel, ROG].

Spannowsky, Willy/Uechtritz, Michael (Hrsg.): Beck'scher Online Kommentar BauGB, 54. Aufl., München 2022 [zitiert als: *Bearbeiter,* in: Spannowsky/Uechtritz, BeckOK BauGB].

Spannowsky, Willy/Uechtritz, Michael (Hrsg.): Beck'scher Online Kommentar Bauordnungsrecht Baden-Württemberg, 20. Aufl., München 2022 [zitiert als: *Bearbeiter,* in: Spannowsky/ Uechtritz, BeckOK LBO].

SPD/Die Grünen/FDP: Mehr Fortschritt wagen. Bündnis für Freiheit, Gerechtigkeit und Nachhaltigkeit. Koalitionsvertrag 2021–2025 zwischen der Sozialdemokratischen Partei Deutschlands (SPD), Bündnis 90/Die Grünen und den Freien Demokraten (FDP), Berlin 2021, abrufbar unter: https://fragdenstaat.de/dokumente/142083-koalitionsvertrag-2021-2025/ [zitiert als: *SPD/Die Grünen/FDP,* Koalitionsvertrag 2021 – 2025].

Spieß, Gerhard: Anwendungsbereich und Abgrenzungsfragen beim beschleunigten Verfahren nach § 13a BauGB, in: Stephan Mitschang (Hrsg.), Schaffung von Bauland. In Gebieten nach § 34 BauGB und durch Bauleitpläne nach den §§ 13, 13a und b BauGB, Baden-Baden 2019, S. 57–72.

Spieth, Friedrich/Hantelmann, Lina Joana/Stadermann, David: Die Beschleunigung der Genehmigung von Verkehrsprojekten am Beispiel des Ersatzneubaus von Autobahnbrücken, IR 2017, S. 98–105.

Spitzhorn, Daniel: Beschleunigung von Genehmigungsverfahren – Fingierte Genehmigungen, ZRP 2002, S. 196–199.

Spitzlei, Thomas: Der Klimabeschluss des BVerfG – Intertemporale Verteilung von Freiheits-chancen auch im Sozialversicherungsrecht?, NZS 2021, S. 945–949.

Staatsministerium Baden-Württemberg: Leitfaden für eine neue Planungskultur vom März 2014, abrufbar unter: https://beteiligungsportal.baden-wuerttemberg.de/fileadmin/redaktion/ beteiligungsportal/StM/140717_Planungsleitfaden.pdf.

Statistisches Bundesamt: Private Haushalte in der Informationsgesellschaft – Nutzung von Informations- und Kommunikationstechnologien. – Fachserie 15 Reihe 4, 2021, abrufbar unter: https://www.destatis.de/DE/Themen/Gesellschaft-Umwelt/Einkommen-Konsum-Lebens-bedingungen/IT-Nutzung/Publikationen/_publikationen-innen-ikt-private-haushalte.html.

Stecher, Michaela: Das Prinzip der umweltverträglichen Energieversorgung in energiewirtschafts-rechtlichen Ausprägungen und umwelt(energie)rechtlichen Verzahnungen, Berlin 2015.

Steenbreker, Thomas: Klimapolitische Freiheitssicherung durch digitale Sozialkreditsysteme?, ZD 2022, S. 13–18.

Steinbach, Armin/Franke, Peter (Hrsg.): Kommentar zum Netzausbau. NABEG/EnLAG/EnWG/ BBPlG/PlfZV/WindSeeG, 3. Aufl., Berlin/Boston 2022 [zitiert als: *Bearbeiter,* in: Steinbach/ Franke, Kommentar zum Netzausbau].

Steinberg, Rudolf: Verfassungsrechtlicher Umweltschutz durch Grundrechte und Staatsziel-bestimmung, NJW 1996, S. 1985–1994.

Steinberg, Rudolf: Die Bewältigung von Infrastrukturvorhaben durch Verwaltungsverfahren – eine Bilanz, ZUR 2011, S. 340–351.

Steinberg, Rudolf/Allert, Hans-Jürgen/Grams, Carsten/Scharioth, Joachim: Zur Beschleunigung des Genehmigungsverfahrens für Industrieanlagen. Eine empirische und rechtspolitische Unter-suchung, Baden-Baden 1991.

Stelkens, Paul/Bonk, Heinz Joachim/Leonhardt, Klaus (Begr.): Verwaltungsverfahrensgesetz. Kommentar, 9. Aufl., München 2018 [zitiert als: *Bearbeiter,* in: Stelkens /Bonk/Sachs, VwVfG].

Stender-Vorwachs, Jutta: Neue Formen der Bürgerbeteiligung?, NVwZ 2012, S. 1061–1066.

Sterz, Anke: Plangenehmigung statt Planfeststellung – Verfahrensbeschleunigung für die Zulassung UVP-pflichtiger Vorhaben nach dem PBefG?, UPR 2021, S. 54–62.

Stracke, Marius: Öffentlichkeitsbeteiligung im Übertragungsnetzausbau. Akzeptanzförderung als gesetzgeberisches Leitbild. Umsetzung und Defizite unter Berücksichtigung der TEN-E-Ver-ordnung Nr. 347/2013, Baden-Baden 2016.

Struillou, Jean-François: Expropriation et théorie de l'urgence. Remarques sur le référé-suspension, in: Frédéric Allaire (Hrsg.), Études offertes au professeur René Hostiou, Paris 2008, S. 499–512.

Struillou, Jean-François/Huten, Nicolas: Democratie environnementale, RJE 2020, S. 147–169.

Struillou, Jean-François/Huten, Nicolas: Chronique – Démocratie environnementale, RJE 2021, S. 143–159.

Stüer, Bernhard: Handbuch des Bau- und Fachplanungsrechts. Planung – Genehmigung – Rechts-schutz, 5. Aufl., München 2015.

Stüer, Bernhard: 22. Planungsrechtstage und Luftverkehrsrechtstag 2020, DVBl 2020, S. 678–684.

Stüer, Bernhard: Planungsbeschleunigungsgesetze 2020 und Maßnahmengesetzvorbereitungsges etz, DVBl 2020, S. 617–622.

Stüer, Bernhard/Probstfeld, Willi E.: Anhörungsverfahren bei straßenrechtlichen Großvorhaben. Die Hochmoselquerung, DÖV 2000, S. 701–711.

Svoboda, Petr: Randbedingungen für große stationäre Batteriespeicher, in: Jörg Böttcher/ Peter Nagel (Hrsg.), Batteriespeicher. Rechtliche, Technische und Wirtschaftliche Rahmen-bedingungen, Berlin/Boston 2018, S. 477–501.

Terhechte, Jörg Philipp (Hrsg.): Verwaltungsrecht der Europäischen Union, 2. Aufl., Baden-Baden 2021 [zitiert als: *Bearbeiter*, in: Terhechte, Verwaltungsrecht in der Europäischen Union].

Tesla Manufacturing Brandenburg SE: Amicus-Curiae-Brief zum Verfahren OVG 11 A 22/21 vor dem Oberverwaltungsgericht Berlin-Brandenburg in dem Verwaltungsrechtsstreit Deutsche Umwelthilfe e. V. ./. Bundesrepublik Deutschland, 7. April 2021, abrufbar unter: https://teslamag.de/wp-content/uploads/2021/04/Amicus-Curiae-Brief-Tesla-1.pdf.

Teubert, Benjamin: Mitarbeiter der Verwaltung als Mediatoren in Verwaltungsverfahren? Eine Untersuchung am Beispiel der Arbeit von Raumordnungs- und Landesplanungsbehörden, Baden-Baden 2011.

Theobald, Christian/Kühling, Jürgen (Hrsg.): Energierecht. Energiewirtschaftsgesetz mit Verordnungen, EU-Richtlinien, Gesetzesmaterialien, Gesetze und Verordnungen zu Energieeinsparung und Umweltschutz sowie andere energiewirtschaftlich relevante Rechtsregelungen. Kommentar, 114. Aufl., München 2022 [zitiert als: *Bearbeiter*, in: Theobald/Kühling, Energierecht].

Thon, Leopold: Beschleunigung energierechtlicher Leitungsvorhaben durch Parallelführung von Planfeststellungs- und Enteignungsverfahren, Baden-Baden 2016.

TransnetBW GmbH: Netzbooster-Pilotanlage Factsheet, abrufbar unter: https://www.transnetbw.de/files/pdf/netzentwicklung/projekte/netzbooster-pilotanlage/Factsheet_Netzbooster-Pilotanlage.pdf.

Trute, Hans-Heinrich: Die demokratische Legitimation der Verwaltung, in: Wolfgang Hoffmann-Riem/Eberhard Schmidt-Aßmann/Andreas Voßkuhle (Hrsg.), Grundlagen des Verwaltungsrechts, Band I: Methoden, Maßstäbe, Aufgaben, Organisation, 2. Aufl., München 2012, S. 307–389.

Uechtritz, Michael/Ruttloff, Marc: Der Klimaschutz-Beschluss des Bundesverfassungsgerichts. Auswirkungen auf Planungs- und Genehmigungsentscheidungen, NVwZ 2022, S. 9–15.

van den Berg, Dennis: Wiederherstellbare Wälder? – Zur Anwendbarkeit der Zulassung des vorzeitigen Beginns auf Rodungsmaßnahmen, NuR 2020, S. 729–736.

Vialatte, Paul: Dix ans de débat public. Un bilan global positif, Environnement 2007 (12), S. 9–13.

Vieira, Julien: Éco-citoyenneté et démocratie environnementale, zugl. Diss. Bordeaux 2017.

Vittorelli, Laura von: Stellungnahme zur Anhörung des Ausschusses für Verkehr und digitale Infrastruktur des Deutschen Bundestages am 15. Januar 2020. Stellungnahme zum Entwurf eines Maßnahmengesetzvorbereitungsgesetzes (BT-Drs. 19/15619), BT-Ausschussdrucks. 19(15)308-G, Berlin 2020, abrufbar unter: https://www.bundestag.de/resource/blob/677252/9880fc25c12fa5e782f345e592912b05/19_15_308_G-data.pdf.

Voßkuhle, Andreas: Beteiligung Privater an der Wahrnehmung öffentlicher Aufgaben und staatliche Verantwortung, VVDStRL 62 (2003), S. 266–335.

Voßkuhle, Andreas: Umweltschutz und Grundgesetz, NVwZ 2013, S. 1–8.

Voßkuhle, Andreas/Sydow, Gernot: Die demokratische Legitimation des Richters, JZ 2002, S. 673–682.

Waechter, Kay: Großvorhaben als Herausforderung für den demokratischen Rechtsstaat, VVDStRL 72 (2013), 501-543.

Waechter, Kay: Infrastrukturvorhaben als Komplexitätsproblem, DÖV 2015, S. 121–128.

Wagner, Jörg: Die Harmonisierung der Raumordnungsklauseln in den Gesetzen der Fachplanung, Münster 1990.

Wagner, Jörg: Verfahrensbeschleunigung durch Raumordnungsverfahren, DVBl 1991, S. 1230–1237.

Wahl, Rainer/Hönig, Dietmar: Entwicklung des Fachplanungsrechts, NVwZ 2006, S. 161–171.

Wahlhäuser, Jens: Räumliche Strategien in der Energie- und Verkehrswende aus Sicht des Bundesministeriums des Innern, für Bau und Heimat (BMI), ZUR 2021, S. 3–6.

Waline, Jean: Droit administratif, 28. Aufl., Paris 2020.

Weber, Klaus: Rechtswörterbuch, 24. Aufl., München 2021.

Wegener, Bernd W.: Verkehrsinfrastrukturgenehmigungen durch Gesetz und ohne fachgerichtlichen Rechtsschutz? Verfassungs-, völker- und europarechtliche Anforderungen an die Maßnahmengesetzgebung im Verkehrsbereich, ZUR 2020, S. 195–204.

Weidinger, Roman: Teilhabe am Ausbau der Erneuerbaren Energien – Zur Bürgerbeteiligung an Verfahren und Wertschöpfung, REthinking Law 2020, S. 52–55.

Wernert, Guillain: L'autorisation environnementale, une simplification en trompe – l'œil du droit de l'environnement, RJE 2018, S. 585–599.

Wickel, Martin: Die Änderungen im Planfeststellungsverfahren durch das Gesetz zur Beschleunigung von Planungsverfahren für Infrastrukturvorhaben, UPR 2007, S. 201–206.

Wiget, Andreas: Studien zum französischen Besitzrecht, Zürich 1982.

Will, Martin: Bauplanungsrecht in Zeiten der Pandemie, NVwZ 2022, S. 111–115.

Winter, Gerd: Von der Bewahrung zur Bewirtschaftung, ZUR 2022, S. 215–221.

Wissenschaftliche Dienste Deutscher Bundestag: Verfassungsrechtliche Zulässigkeit planfeststellender Gesetze Zu den Vorgaben des Bundesverfassungsgerichts. WD 3 – 3000 – 229/16, Berlin 2016, abrufbar unter: https://www.bundestag.de/resource/blob/484630/0f6d6573dbe890 82f92765718268caa6/WD-3-229-16-pdf-data.pdf.

Wissenschaftliche Dienste Deutscher Bundestag: Rechtsstellung der Bundesnetzagentur. WD 3 – 3000 – 158/17, Berlin 2017, abrufbar unter: https://www.bundestag.de/resource/blob/529464/1 7d91d69577a4b1697c7c012218ed18b/WD-3-158-17-pdf-data.pdf.

Wissenschaftliche Dienste Deutscher Bundestag: Integration des Raumordnungsverfahrens in das Planfeststellungsverfahren. WD 7 – 3000 – 210/18, Berlin 2018, abrufbar unter: https://www. bundestag.de/resource/blob/592118/a0742e87c808774017a20091974468fa/WD-7-210-18-pdf-data.pdf.

Wißmann, Hinnerk: Die Anforderungen an ein zukunftsfähiges Infrastrukturrecht, VVDStRL 73 (2014), S. 369-427.

Woehrling, Jean-Marie: Umweltschutz und Umweltrecht in Frankreich, DVBl 1992, S. 884–892.

Wormit, Maximilian: Die Digitalisierung der Öffentlichkeitsbeteiligung unter dem neuen Plansicherstellungsgesetz, DÖV 2020, S. 1026–1031.

Wu, Mei: Öffentlichkeitsbeteiligung an umweltrechtlichen Fachplanungen, Baden-Baden 2013.

Wulfhorst, Reinhard: Konsequenzen aus „Stuttgart 21": Vorschläge zur Verbesserung der Bürgerbeteiligung, DÖV 2011, S. 581–590.

Wulfhorst, Reinhard: Neue Wege bei der Bürgerbeteiligung zu Infrastrukturvorhaben. – Ein Werkstattbericht -, DÖV 2014, S. 730–740.

Würtenberger, Thomas: Akzeptanz durch Verwaltungsverfahren, NJW 1991, S. 257–263.

Würtenberger, Thomas: Die Akzeptanz von Verwaltungsentscheidungen, Baden-Baden 1996.

Wysk, Peter: Planungssicherstellung in der COVID-19-Pandemie, NVwZ 2020, S. 905–910.

Wysk, Peter: Die Verfahrensdauer als Rechtsproblem: Was lange währt… muss kürzer werden?, in: Ivo Appel/Kersten Wagner-Cardenal (Hrsg.), Verwaltung zwischen Gestaltung, Transparenz und Kontrolle. Beiträge zum Symposium anlässlich des 70. Geburtstags von Ulrich Ramsauer, Baden-Baden 2019, S. 27–62.

Zeccola, Marc/Pfleiderer, Roman: Legitimation durch Partizipation? Verfassungsrechtliche Hürden am Beispiel der Kohlekommission, DÖV 2021, S. 59–69.

Zémor, Pierre: Développer en France une culture du débat public, RFDA 2015, S. 1101–1112.

Ziamos, Georgios: Städtebau im Rechtsvergleich. Eine Untersuchung zur Steuerung des privaten Wohnungsbaus durch das Städtebaurecht in Deutschland, England und Frankreich, Frankfurt am Main/Berlin 1998.

Ziekow, Jan: Von der Reanimation des Verfahrensrechts, NVwZ 2005, S. 263–267.

Ziekow, Jan: Die Verbesserung der Rahmenbedingungen für mittelständische Unternehmen durch Einfügung von Genehmigungsfiktionen in das rheinland-pfälzische Landesrecht, LKRZ 2008, S. 1–7.

Ziekow, Jan: Möglichkeiten zur Verbesserung der Standortbedingungen für kleinere und mittlere Unternehmen durch Einführung von Genehmigungsfiktionen, Berlin 2008.

Ziekow, Jan: Neue Formen der Bürgerbeteiligung? Planung und Zulassung von Projekten in der parlamentarischen Demokratie. Gutachten D zum 69. Deutschen Juristentag, München 2012.

Ziekow, Jan: Frühe Öffentlichkeitsbeteiligung. Der Beginn einer neuen Verwaltungskultur, NVwZ 2013, S. 754–760.

Ziekow, Jan: Verfahrensrechtliche Regelung der Vorbereitung von Maßnahmengesetzen im Verkehrsbereich. Das Maßnahmengesetzvorbereitungsgesetz, NVwZ 2020, S. 677–685.

Ziekow, Jan: Vorhabenplanung durch Gesetz. Verfassungsrechtliche und prozedurale Anforderungen an die Zulassung von Verkehrsinfrastrukturen durch Maßnahmengesetz, Baden-Baden 2020.

Ziekow, Jan/Bauer, Christian/Hamann, Ingo: Optimierung der Anhörungsverfahren im Planfeststellungsverfahren für Betriebsanlagen der Eisenbahnen des Bundes, Baden-Baden 2019.

Ziekow, Jan/Bauer, Christian/Steffens, Carolin/Willwacher, Hanna/Keimeyer, Friedhelm/Hermann, Andreas: Dialog mit Expertinnen und Experten zum EU-Rechtsakt für Umweltinspektionen – Austausch über mögliche Veränderungen im Vollzug des EU-Umweltrechts, Dessau-Roßlau 2018, abrufbar unter: https://www.umweltbundesamt.de/sites/default/files/medien/1410/publikationen/2018-03-01_texte_21-2018_umweltinspektionen.pdf.

Ziekow, Jan/Oertel, Martin-Peter/Windoffer, Alexander: Dauer von Zulassungsverfahren. Eine empirische Untersuchung zu Implementation und Wirkungsgrad von Regelungen zur Verfahrensbeschleunigung, Köln/Berlin/München 2005.

Ziller, Jacques: Die Entwicklung des Verwaltungsverfahrensrechts in Frankreich, in: Hermann Hill/Karl-Peter Sommermann/Ulrich Stelkens/Jan Ziekow (Hrsg.), 35 Jahre Verwaltungsverfahrensgesetz – Bilanz und Perspektiven. Vorträge der 74. Staatswissenschaftlichen Fortbildungstagung vom 9. bis 11. Februar 2011 an der Deutschen Hochschule für Verwaltungswissenschaften Speyer, Berlin 2011, S. 141–154.

Zoellner, Jan/Schweizer-Ries, Petra/Rau, Irina: Akzeptanz erneuerbarer Energien, in: Thorsten Müller (Hrsg.), 20 Jahre Recht der Erneuerbaren Energien, Baden-Baden 2012, S. 91–106.

Zschiesche, Michael: Öffentlichkeitsbeteiligung in umweltrelevanten Zulassungsverfahren. Status quo und Perspektiven, Berlin 2015.

Zschiesche, Michael: Stellungnahme Anhörung des Ausschusses für Verkehr und digitale Infrastruktur des Deutschen Bundestages am 15. Januar 2020, Berlin 2020, abrufbar unter: https://www.bundestag.de/resource/blob/677106/352d645d4135d3cd78f8c3850e316f1b/19_15_30 8_D-data.pdf.

Stichwortverzeichnis

Printed in the United States
by Baker & Taylor Publisher Services